普通高等教育"十五"国家级规划教材
高等学校水利学科专业规范核心课程教材·农业水利工程
"十四五"时期水利类专业重点建设教材
江苏省高等学校重点教材（2021-1-082）

水土资源规划与管理（第4版）

主 编 张展羽 俞双恩 冯宝平

中国水利水电出版社
www.waterpub.com.cn
·北京·

内 容 提 要

本书主要介绍水土资源规划与管理的基本理论与计算分析方法。主要内容包括：绪论；水资源计算；水资源合理利用与节约；水资源供需平衡分析；水资源保护；土地资源调查与评价；土地利用规划；土地整治；水土资源的预测内容及方法；水土资源综合规划；水土资源现代化管理。

本书可作为农业水利工程、水利水电工程、水文与水资源工程、土地整治工程、土地资源管理等专业的教学参考书，也可供从事土地管理、水土资源开发治理、土地经济、生态环境以及城镇建设和农业系统工程等领域的研究生、工程技术人员与科研工作者参考。

图书在版编目（CIP）数据

水土资源规划与管理 / 张展羽，俞双恩，冯宝平主编. -- 4版. -- 北京 : 中国水利水电出版社, 2023.12
普通高等教育"十五"国家级规划教材 高等学校水利学科专业规范核心课程教材. 农业水利工程 "十四五"时期水利类专业重点建设教材 江苏省高等学校重点教材
ISBN 978-7-5226-1997-2

Ⅰ. ①水… Ⅱ. ①张… ②俞… ③冯… Ⅲ. ①水资源管理－高等学校－教材②土地资源－资源管理－高等学校－教材 Ⅳ. ①TV213.4②F301

中国国家版本馆CIP数据核字(2023)第235417号

书　名	普通高等教育"十五"国家级规划教材 高等学校水利学科专业规范核心课程教材·农业水利工程 "十四五"时期水利类专业重点建设教材 江苏省高等学校重点教材 **水土资源规划与管理（第 4 版）** SHUITU ZIYUAN GUIHUA YU GUANLI
作　者	主编　张展羽　俞双恩　冯宝平
出版发行	中国水利水电出版社 （北京市海淀区玉渊潭南路1号D座　100038） 网址：www.waterpub.com.cn E-mail: sales@mwr.gov.cn 电话：(010) 68545888（营销中心）
经　售	北京科水图书销售有限公司 电话：(010) 68545874、63202643 全国各地新华书店和相关出版物销售网点
排　版	中国水利水电出版社微机排版中心
印　刷	清淞永业（天津）印刷有限公司
规　格	184mm×260mm　16开本　21.5印张　509千字
版　次	2006年5月第1版第1次印刷 2023年12月第4版　2023年12月第1次印刷
印　数	0001—2000 册
定　价	**58.00元**

凡购买我社图书，如有缺页、倒页、脱页的，本社营销中心负责调换
版权所有·侵权必究

总 前 言

随着我国水利事业与高等教育事业的快速发展以及教育教学改革的不断深入，水利高等教育也得到很大的发展与提高。与1999年相比，水利学科专业的办学点增加了将近一倍，每年的招生人数增加了将近两倍。通过专业目录调整与面向新世纪的教育教学改革，在水利学科专业的适应面有很大拓宽的同时，水利学科专业的建设也面临着新形势与新任务。

在教育部高教司的领导与组织下，从2003年到2005年，各学科教学指导委员会开展了本学科专业发展战略研究与制定专业规范的工作。在水利部人教司的支持下，水利学科教学指导委员会也组织课题组于2005年底完成了相关的研究工作，制定了水文与水资源工程，水利水电工程，港口、航道与海岸工程以及农业水利工程四个专业规范。这些专业规范较好地总结与体现了近些年来水利学科专业教育教学改革的成果，并能较好地适用不同地区、不同类型高校举办水利学科专业的共性需求与个性特色。为了便于各水利学科专业点参照专业规范组织教学，经水利学科教学指导委员会与中国水利水电出版社共同策划，决定组织编写出版"高等学校水利学科专业规范核心课程教材"。

核心课程是指该课程所包括的专业教育知识单元和知识点，是本专业的每个学生都必须学习、掌握的，或在一组课程中必须选择几门课程学习、掌握的，因而，核心课程教材质量对于保证水利学科各专业的教学质量具有重要的意义。为此，我们不仅提出了坚持"质量第一"的原则，还通过专业教学组讨论、提出，专家咨询组审议、遴选，相关院、系认定等步骤，对核心课程教材选题及其主编、主审和教材编写大纲进行了严格把关。为了把本套教材组织好、编著好、出版好、使用好，我们还成立了高等学校水利学科专业规范核心课程教材编审委员会以及各专业教材编审分委员会，对教材编纂与使用的全过程进行组织、把关和监督。充分依靠各学科专家发挥咨询、评审、决策等作用。

本套教材第一批共规划52种，其中水文与水资源工程专业17种，水利水电工程专业17种，农业水利工程专业18种，计划在2009年年底之前全部出齐。尽管已有许多人为本套教材作出了许多努力，付出了许多心血，但是，由于专业规范还在修订完善之中，参照专业规范组织教学还需要通过实践不断总结提高，加之，在新形势下如何组织好教材建设还缺乏经验。因此，这套教材一定会有各种不足与缺点，恳请使用这套教材的师生提出宝贵意见。本套教材还将出版配套的立体化教材，以利于教、便于学，更希望师生们对此提出建议。

高等学校水利学科教学指导委员会

中国水利水电出版社

2008年4月

第 4 版　前言

《水土资源规划与管理》已于 2006 年、2009 年和 2017 先后出版了 3 版，受到广大读者的欢迎。该教材第 1 版为普通高等教育"十五"国家级规划教材；第 2 版为高等学校水利学科专业规范核心课程教材，2009 年被评为"江苏省高等学校精品教材"，2014 年被中国水利教育协会、教育部高等学校水利类专业教学指导委员会评为"第一届高等学校水利类专业优秀教材"；第 3 版被评为"十二五"江苏省高等学校重点教材。本书对我国水利工程、农业工程领域的水土资源管理人才培养发挥了重要作用。

《水土资源规划与管理》（第 4 版）保持了前 3 版的特色和风格，并更趋于完善。第 4 版吸纳了近年来国内外水土资源规划与管理学科的最新进展和研究成果，依据我国水土资源领域规划、设计和管理的新规范、新规程和最新管理要求，对第 3 版进行了全面修编，更新了我国水土资源现状以及农业、工业、生活用水等最新数据，补充和完善了土地利用分类的发展历程、目前常用的分类方法以及最新国家标准，补充了土地资源调查内容、方法和成果要求，完善了土地利用总体规划的发展历程，增加了国土空间规划相关理论以及村庄规划编制方法，补充了水土资源信息化管理新技术，对全书例题和思考题进行了充实和完善。

全书共 11 章，从水土资源的特征、水资源计算、国民经济各行业用水分析，以及区域水资源供需平衡与保护，到土地资源调查与评价、土地利用规划、土地整治、水土资源的动态预测方法与综合规划，分别进行了阐述。本书第 1 章、第 9 章、第 10 章由张展羽修编，第 2 章、第 3 章由俞双恩修编，第 4 章、第 5 章由翟亚明修编，第 6 章由冯宝平、张展羽、徐翠兰、刘敏、武茂勋修编，第7章、第8章由冯宝平、张展羽修编，第11章由朱成立修编，冯宝平承担了思考题的修编和全书例题的计算复核工作。全书由张展羽、冯宝平统稿。

本书可作为农业水利工程、水利水电工程、水资源及环境工程、土地整治工程、土地资源管理等专业的教学参考书，也可供从事土地管理、水土资源开发治理、土地经济、生态环境，以及水利、城镇建设和农业系统工程等方面的研究生、工程技术人员与科研工作者阅读参考。

本书第2版由武汉大学杨金忠教授审稿，他提出了许多宝贵意见，第3版和第4版由江苏省教育厅组织评审，特在此一并致谢。

作 者

2023年12月

第 1 版 前言

　　人口众多、水土资源相对较少是我国的基本国情。随着经济建设的不断发展，土地承载量不断加大，水土资源供需矛盾已成为我国国民经济和社会发展所面临的十分突出的问题。加强水土资源的评价、分析与管理，合理开发、利用水土资源，提高土地生产力，实施水土资源的开源节流，建设可持续的良性循环体系，是关系到中华民族生存和发展的重大措施之一。50 多年来，我国的水土资源开发整治取得了很大的进展，已建成的水利工程设施，在防洪、除涝、灌溉、航运、供水等方面发挥了极其重要的作用；土地开发整治、低产田改造等土地治理工程为我国农业发展制造了良好的条件。水土资源工程作为国民经济建设的基础设施，在国家经济建设中起着不可替代的作用。水资源和土地资源作为自然地理系统中的两个重要组成因子，彼此间相互联系，相互制约，不可分割。水是生命之源，土是万物之本。随着科学技术的不断发展和人类对水土资源的不断开发利用，人们对这两种资源的关系以及综合利用研究不断深入，研究水资源、土资源的评价分析、理论及方法、分析水土资源供需平衡，以及水土资源的综合规划，是利用和保护不可再生自然资源，满足人类和社会经济可持续发展的需要。从这个观点出发，为适应我国当前水土资源开发利用和保护的形势，适应国民经济建设对高等工科人才培养的需要，在水利类专业学生中开设有关水土资源分析与管理的课程是十分必要的。

　　河海大学从 1994 年以来，先后为水利类专业的学生开设了《水土资源系统分析》《水土资源分析与管理》等选修和必修课程，并编写了相应的教材。本书即是在多年的教学实践过程中，不断总结、充实和修改后编写而成的。

全书共11章，从水土资源的特征、水资源计算、国民经济各行业用水分析，以及区域水资源供需平衡与保护，到土地资源计算与评价、土地资源总体规划及保护、土地开发整理、水土资源的动态预测方法与综合规划，分别进行了阐述。本书第一章、第六章、第七章、第九章、第十章由张展羽编写，第二章、第三章、第四章、第五章由俞双恩编写，第八章、第十一章由朱成立编写，冯宝平、张国华承担了部分图件的绘制及例题的计算复核工作。全书由张展羽、俞双恩统稿。

本书是普通高等教育"十五"国家级规划教材，主要适用于农业水利工程、水利水电工程、水资源及环境工程、区域规划等专业，也可供从事土地管理、水土资源开发治理、土地经济、生态环境，以及水利、城镇建设和农业系统工程等方面的研究生、工程技术人员及科研工作者阅读参考。

水土资源分析与管理，在我国是一新的研究领域，很多问题仍在探索中，加之编者水平有限，书中存在错误或不妥之处，恳请读者批评指正。

本书在编写过程中，得到了河海大学农业水利规划教研室有关老师的支持和帮助；得到了许多生产和科研单位有关同行的支持，并引用了他们的大量资料，在此一并表示感谢。本书由武汉大学杨金忠教授审稿，他提出了许多宝贵意见，特在此一并致谢。

作　者
2005年12月

目 录

总前言
第 4 版前言
第 1 版前言

第 1 章 绪论 ·· 1
   1.1 水土资源的概念 ··· 1
   1.2 水土资源的特征 ··· 3
   1.3 我国水土资源概况 ··· 7
   1.4 水土资源研究的主要方向与内容 ·· 15

第 2 章 水资源计算 ·· 17
   2.1 自然界的水循环 ··· 17
   2.2 地表水资源计算 ··· 20
   2.3 地下水资源计算 ··· 27
   2.4 水资源总量计算 ··· 36
   2.5 水资源可利用量 ··· 37

第 3 章 水资源合理利用与节约 ·· 40
   3.1 概述 ··· 40
   3.2 农业用水 ··· 43
   3.3 工业用水 ··· 60
   3.4 生活用水 ··· 73
   3.5 生态用水及其他用水 ··· 80

第 4 章 水资源供需平衡分析 ·· 89
   4.1 供需分析的目的和分类 ··· 89
   4.2 全国水资源分区 ··· 90
   4.3 水资源供需分析方法 ··· 92

第 5 章 水资源保护 … 98
- 5.1 水污染 … 98
- 5.2 水质 … 102
- 5.3 水功能区划 … 116
- 5.4 水体纳污能力 … 119
- 5.5 水资源保护原则及对策措施 … 126

第 6 章 土地资源调查与评价 … 142
- 6.1 土地资源的分类 … 142
- 6.2 土地资源调查 … 150
- 6.3 土地资源的生产力和承载力 … 156
- 6.4 农用地分等定级 … 162
- 6.5 耕地资源保护 … 172

第 7 章 土地利用规划 … 180
- 7.1 土地利用规划概述 … 180
- 7.2 土地利用总体规划 … 185
- 7.3 国土空间规划 … 192
- 7.4 村庄规划编制 … 201

第 8 章 土地整治 … 213
- 8.1 土地整治概述 … 213
- 8.2 农用地整理 … 222
- 8.3 建设用地整理 … 241
- 8.4 废弃地复垦和未利用地开发 … 244

第 9 章 水土资源的预测内容及方法 … 247
- 9.1 预测的内容及步骤 … 247
- 9.2 特尔菲（Delphi）法 … 249
- 9.3 时间序列法 … 251
- 9.4 相关分析法 … 259
- 9.5 灰色预测法 … 261

第 10 章 水土资源综合规划 … 269
- 10.1 指导思想和基本原则 … 269
- 10.2 规划方法 … 270
- 10.3 研究实例 … 283

第 11 章 水土资源现代化管理 … 288
- 11.1 水资源管理 … 288
- 11.2 土地资源管理 … 291
- 11.3 水土资源信息化管理 … 297

附录 1　单纯性法 FORTRAN 语言程序清单 …………………………………… 307
附录 2　思考题 …………………………………………………………………… 310
附录 3　土地资源分类 …………………………………………………………… 315
参考文献 …………………………………………………………………………… 331

第1章 绪论

　　水土资源由水资源和土地资源两部分组成。

　　水是地球上分布最广泛的物质之一，它以气态、液态和固态三种形式存在于空中、地面与地下，成为大气中的水、海洋水、陆地水以及动植物有机体内的生物水。它们相互之间紧密联系，循环往复，组成覆盖全球的水圈。

　　土地由地球表面陆地部分及其相应附属物组成。人们通常把地面称为土地，这是最简单的概念。水资源和土地资源相辅相成，又相互制约。水资源直接影响到土地资源的生产效率，而土地资源开发也制约着水资源的利用，水资源和土地资源的分析研究密不可分。

　　水土资源是人类社会赖以生存与发展的基本物质条件。"逐水草而居"，这是古代各民族共同遵循的普遍规律，古代四大文明都发源于大河流域便是最生动的例证。现代社会发展过程中，水土资源不仅是人们日常生活必不可少的生活资源，而且也是工农业生产、交通运输、能源建设、城市建设、环境卫生等部门最基本最重要的生产资料，在我国已明确将水利事业作为国民经济的基础行业，将节约和保护土地资源作为一项基本国策。此外，水土资源又是环境保护、维护生态平衡必不可少的基本条件。水土资源的科学分析与管理具有十分重要的意义。

1.1 水土资源的概念

1.1.1 水资源

　　水作为一种自然资源，其使用价值表现为水量、水质及水能三个方面，也有将其所占的空间——水域，亦包括在内。由于涉及面广，比较复杂，至今还未得出统一的水资源定义，以致国内外权威性文献，在论及水资源定义时，差别颇大。

　　例如，在《中国大百科全书·气海水卷》中，水资源的定义为"地球表层可供人类利用的水，包括水量（质量）、水域和水能资源"，同时又强调"一般指每年可更新的水量资源"。

　　在《中国水资源评价》一书中，关于区域水资源总量（W）定义为"当地降水形成的地表和地下的产水量"。

在《简明不列颠百科全书》中，水资源（water resources）被定义为"世界水资源包括地球上所有的（气态、液态或固态）天然水"，并注明"其中可供我们利用的为海水、河水和湖水；其他可利用的为潜水和深层地下水、冰川和永久积雪"。

在联合国教科文组织和世界气象组织共同制定的《水资源评价活动——国家评价手册》中，定义水资源为"可资利用或有可能被利用的水源，具有足够的数量和可用的质量，并能在某一地点为满足某种用途而可被利用"。

对于这些不同的论述，水资源可归纳为广义水资源与狭义水资源两种不同的涵义。

按照广义水资源的涵义，地球上一切水体，包括海洋、江河、湖泊、冰川、地下水以及大气中的水分等，都能够直接或间接地加以利用，对人类都有益，是人类社会的财富，均属于自然资源的范畴。照此理解，地球上的水体与水资源是同义词，是同一物质的两种不同称谓。

按照狭义水资源的理解，水资源与地球上的水体是两个不同的概念，不能混淆，更不能等同。地球上的各种天然水体，早在人类社会形成之前就已存在，它们是不依赖人类社会而存在的客观实体。但作为水资源则是对人类社会而言的，其主要表现为能够直接被人类所使用，这种使用显然要受到人类社会条件的制约。由此可见，水资源包含有双重性：一种是作为自然界水体所固有的自然属性；另一种是人类社会所给定的社会属性。前者如运动上的往复循环性，时间变化上的不稳定性与空间分布上的不均匀性等；后者如水资源利用多目标性，利弊的双重性，技术上的可靠性与经济上的合理性等。因而所谓水资源，仅指在一定时段内能被人们直接开发与利用的那一部分水体。这种开发利用不仅在技术上是可做到的，而且要求在经济上是合理的，开发后所造成的环境影响是可接受的。浩瀚的海洋，除了为人们提供水产品、盐以及航运之利外，由于盐度高，海水淡化费用太大，还不能作为水资源被大规模地开发利用。陆地上的咸水湖以及高矿化度的地下水，亦存在类似的问题。极地冰川，本是地球上最大的淡水宝库，但是由于远离人类聚居的大陆而难以被利用。因而通常所说的水资源，是指陆地上可供生产、生活直接利用的江河、湖泊以及储存在地下的淡水资源。这部分水量还不到地球上各种水体总储水量的万分之一。如进一步从满足长期开发利用需要的角度来衡量，水资源仅指一定区域内逐年可以恢复、更新的淡水量，具体来说，是指以河川径流量表征的地表水资源，以及以积极参与水循环的地下径流量为表征的地下水资源。由于地表水与地下水之间存在密切联系，一部分地下水资源直接转化为地表径流量，因而在我国第一次水资源评价工作中，将地表河川径流量加上地下水资源量再扣除两者之间的重复量作为水资源总量。

此外，按照狭义水资源的理解，除了考虑水的数量特征外，还要重视水的质量，水质不良、不符合有关水质标准的水，在水质没有改善之前就不能归属于水资源范畴。遭受严重污染的水，为了消除污染影响和危害，常常需要用清洁的水来加以稀释和净化，反而消耗水资源。由此可见，对于一定区域范围而言，水资源量并非恒定不变的，而是随着用水目的、水质要求的不同，以及经济发展与科学技术水平的不断提高而变化的，所以说狭义水资源是动态的、相对的，水资源量是可变的，随着经济发展与开发利用技术的提高，可供利用的水资源量将逐步增大。

1.1.2 土地资源

土地资源也是一种自然资源，是人类生产和生活所依赖的宝贵资源之一。随着地学和生态学的发展，人们不断加深对土地的理解。1972年联合国粮农组织（FAO）在荷兰瓦赫宁根市（Wageningen）土地评价讨论会上提出："土地是包含地球特定地域表面及其以上和以下的大气、土壤及基础地质、水文和植被，它还包括这一地域范围内过去和现在人类活动的种种结果。"这一定义表明土地是自然和经济的历史产物。美国土地经济学者Ely认为："土地这个词，指的是自然的各种力量，或自然资源。它的意义不仅是指土地表面，而且还包含地面上下的东西。"我国学者在《土地利用工程》一书中认为："土地是由地形、土壤、植被、气候等多因素形成的综合体，也是人类生产活动的场所。由于这些综合因素的影响，土地的性质、特征和功能表现各异，而形成了不同的土地类型。"综上所述，土地是地球表面陆地部分上下一定范围内岩石、土壤、水、植被等构成的自然综合体。土地的发生和发展，主要取决于自然力的作用，同时受控于人类活动的影响，它是自然和经济活动的综合产物。

土地和土壤是两个不同的概念。土壤是指地球陆地表面具有肥力的疏松土层。它既是自然环境中有机界与无机界相互作用形成的独特的自然体，又是生物尤其是植物和微生物生活的重要环境，也是地表物质循环与能量转换的活动场所，是土地组成要素之一。正如联合国土地资源开发与保持局所认为的那样："土地比土壤的概念更为广泛，因为土地除了土壤以外，还包含对土地评价的全部属性，如地形、植被、水文地质、气候以及土地所处的区位。"

土地与国土也不是一个概念。国土是一个国家人们赖以生存和发展的空间，指国家主权范围内管辖的版图，包括陆地与海洋和相应的领空。它是国家经济与社会发展的主要物质基础。就资源来讲，国土除包括土地、水、生物、海洋、矿产、光热等自然资源外，还包括人口及劳动力资源，虽然都没有离开土地，但就其含义的广度和深度而言，远远超过了土地本身的概念。

人类在生存和繁衍过程中，不断从周围环境中开发和直接利用自然资源。自然资源是指一定时间、地点条件下，能够产生经济价值以供人类当前和未来利用的自然因素和条件，包括水资源、土地资源、气候资源、生物和矿产资源等。水土资源是人类生活和生产活动的基本自然资源，是人类生存不可缺少的物质条件。农业生产对水土资源的需求，是国民经济中一切产业之最。水土资源是农业生产的基本资料和劳动对象，无水之土或无土之水，均不可能存在农业生产。在非农业部门，水土资源是当作基地，作为载体或原料来发挥作用，无论工业、建筑业或交通运输业无不以土地为基地，以水资源为基本条件。总之，在国民经济建设中，水土资源以特有的职能为人类服务。合理开发和保护水土资源，研究水土资源的评价、规划和经济利用，维护生态平衡，实施可持续发展战略，具有十分重要的意义。

1.2 水土资源的特征

1.2.1 水资源的特征

水是自然环境中的重要组成物质，是环境中最活跃的要素。它不断地运动着，积极参与自然环境中一系列物理的、化学的和生物的过程。地表化学元素的迁移和转化，地表的侵蚀、搬运和堆积，土壤的形成和演化，生物的生长发育和进化，都与水的循环密切相关。

水的作用很广，而且可以重复使用。在同一个流域，上游的水到达中游、下游或河口都可以使用。在同一个工厂或地区，如果广泛采用工艺处理，厂内或区内的水可以重复循环利用。所以，水是可以再生的资源。

水资源具有以下独有的特征：

(1) 储量的有限性。地球表面大约有71%的面积覆盖着水。据估算，地球上水的总体积为13.86亿km^3，其中海洋湖泊等咸水占97.3%，淡水只占2.7%。淡水中有77.2%储藏在极地冰帽和冰川中，约22.4%为地下水和壤中水（约2/3位于地表以下750多米的深处），约0.35%在湖泊和沼泽中，约0.01%在大气中，江河中的淡水不足0.01%。全世界实际使用的江河、湖泊中的全部地表水，估计还不到可用淡水的0.5%，然而，正是这部分淡水成为供人类使用的基本可用水量。

(2) 补给的循环性。水资源在各行各业中广泛使用，工业、农业的发展不断增大用水量。然而地球上的淡水储量仅占全球总储量的2.7%，水量小，又经长期天然消耗，何以满足人类不断使用呢？其原因在于水是一种动态资源，具有循环性。水循环是一个庞大的天然水资源系统，水汽以雨水的形式从空中降落到陆地上，经地面或地下流向下游，汇入海洋，再经太阳辐射蒸发回到大气层中。这样循环往复，使地表和地下的淡水处在水循环系统中，不断获得大气降水的补给，水便可以不断供给人类利用并满足生态环境平衡的需要。

(3) 时空分布的不均匀性。水资源循环过程在自然界中具有一定的时间和空间分布。全球河川径流量为46848km^3，其中亚洲为14410km^3，占世界径流总量的31%；南美洲为11760km^3，占25%；北美洲为8200km^3，占17%；非洲为4570km^3，占10%；欧洲为3210km^3，占7%；大洋洲为2388km^3，占5%；南极洲为2310km^3，占5%。

水资源在地区上的分布极不均匀。总的来看，沿海多，内陆少；山区多，平原少。在同一地区中，不同时间分布也不均匀，一般夏多冬少。

(4) 用途的不可替代性。一切生物和非生物都含有水。没有氧气可以有生命存在，但是没有水便没有生命。人的身体有70%由水组成，血液含水79%，淋巴液含水96%，三天的胎儿含水97%，三个月的婴儿含水91%，哺乳动物含水60%~68%，植物含水75%~90%。按生物学家推算，栖居地球上的全部动植物和65亿人口含有水分为14000亿t。如果缺乏水，植物就要枯萎，动物就要死亡，物种就会绝迹，人类就不能生存。因此，水是维持动植物生存和人类生存不可替代的物质。

陆地上川流不息的溪涧江河，碧波荡漾的湖泊，飞流直下的瀑布，它们赋予了大自然多姿多彩的壮丽奇观。因此水是自然环境和生态环境美丽景色不可替代的物质。

水资源在国民经济建设的各行各业中占有重要地位，没有水各项建设事业就没有发展前景。水既是生活资料，又是生产资料，工业生产、农业生产和生活供水都要消耗大量水。水是推动人类进步和社会发展不可替代的资源。

(5) "利"与"害"的矛盾性。水是重要的自然资源，当一个地区水资源量适宜且时空分布均匀，将为区域经济发展、自然环境的良性循环和人类社会进步做出巨大贡献。然而，在水量过多或过少的季节和地区，往往又产生各种各样的自然灾害。水量过多容易造成洪水泛滥，内涝渍水；水量过少容易形成干旱、荒漠化等自然灾害。

水资源开发利用不恰当同样为祸人类。如水利工程设计不当，管理不善，造成垮坝事故，引起土壤次生盐碱化等。有的引起生态环境发生重大变化，如埃及阿斯旺水坝建成后，血吸虫病蔓延，每公顷每年需花费 3～4 美元使用软体动物控制血吸虫病滋生。工业废水、生活污水、有毒农药的施用等容易造成水质污染，环境恶化。过量抽取地下水会造成地面下沉、诱发地震等，这些都是违背自然规律、水资源利用不合理引起的灾害。

无论是自然灾害，还是人为引起的灾害都会严重威胁人类的生命财产，造成严重的经济损失，引起社会经济的衰退。因此，对水资源应实行综合开发、合理利用、兴利除害、保护环境的策略。

1.2.2 土地资源的特征

土地是自然历史产物。人类依靠土地这个自然综合体，通过利用土地上的生物成分和非生物成分，并施以劳动活动，促进、调整和控制人和自然之间的物质和能量变换的过程，以达到一定的经济目的。土地资源的价值，是人类通过土地的不断开发、整治、建设而表现出来的。人类合理开发利用土地资源，必须正确了解土地资源的基本特征。

土地资源的基本特征主要表现在以下几方面：

(1) 地域性与差异性。由于受水热条件支配的地带性规律和受地质、地形条件影响的非地带性规律的作用，土地的空间分布具有一定的地域性。如土壤的分布，我国东部地区自北向南依次为灰化土、黑土、黑垆土、褐土、棕壤、黄壤、红壤及砖红壤等，呈现明显的区域性特征。

由于地方性土地资源形成因素（母质、地形、水文地质、岩石）的不同，便产生了地区上的差异性。如我国东北的三江平原，由于长期或季节性受到水分过度湿润或水分饱和的影响而形成沼泽；在气候低温高寒的青藏高原则形成山地冰川和冻土地带；沿海则成为海涂；黄淮海平原形成盐碱地等。一般来讲，土地不能自行移动和互换，也不能因为人类利用而转移和挪位。正因为如此，不同位置的土地具有严格的地域性和差异性，不同地域的土地资源，具有不同的环境条件，因而也就形成了不同的土地类型和不同的使用价值，所以，只有因地制宜，才能合理利用。

(2) 有限性和供需的矛盾性。土地资源的总量是自然界固有的。人类使用的各种生产资料，几乎都是劳动的产物，只有土地始终保持着其原始性和难以再生性。人类活动会影响土地质量，合理的开发使贫瘠的土地变为肥沃的粮仓，不符合自然规律的过度利用将造成土地质量的下降，但这些对数量几乎没有影响。尽管人类进行围海造田扩大土地、整治荒漠建设城镇，但实质是人类有目的地改变土地利用形式，或从土地中开发可利用的资源，但并没有制造土地，也没有改变土地的数量。土地资源的有限性，决定了供给量的限制。

地球表面积约 5.1 亿 km^2，其中海洋面积为 3.61 亿 km^2，约占地球总面积的

71%；陆地面积只有 1.49 亿 km^2，约占地球总面积的 29%。在陆地面积中，除岩石、沙漠等难以利用的土地之外，真正可利用的仅有 7000 万 km^2 的限量。随着人口以及人类生产和生活对土地需求量的增加，土地资源供给一直处于供不应求状况。加上水资源、土地资源及人口资源空间分布的不均匀性，土地资源紧缺的地区越加短缺。许多国家和地区为暂时的经济利益所驱使，大量占用耕地，使世界上仅占陆地 10.8% 面积的耕地，不断转为他用，严重威胁着人类生物量的供给，土地资源的供需矛盾更加突出。

(3) 永久性和可变性。土地资源作为特殊的生产资料，与其他消耗性生产资料不一样。消耗性生产资料在生产过程中会不断磨损，直至丧失功能，在有效使用期末实施报废。只有土地在合理开发、利用和养护情况下，能不断改良，保持和提高生产能力，从低产出转变为高产出，并可做到可持续利用。这是土地永久性的反映。另一方面，构成土地的各因子的特性，是随时间而变化的。在正常的自然变化周期限度内，土地的各因子相互制约而保持平衡，土地特性处于相对稳定状态。当人们将土地作为资源进行开发利用时，其特性常会发生突变，而且变化周期变短，幅度变大。土地资源在自然和人类活动的影响下，始终处于动态变化之中，违背土地的生态规律，盲目开发利用，陶醉于索取，会导致地力衰退，当土地因子突破平衡能力临界线时，土地生态环境将遭到破坏，从良田变为劣地，从高产出变为低产出，从适宜居住到对人类构成威胁。所以，在土地资源利用中，必须充分认识土地因子的可变特性，切实做到用养结合、合理投入，控制水、土、肥流失，合理、有效、适度地开发利用和整治建设，这样才能满足人类对土地资源的不断要求。

(4) 生产性和周期性。土地资源的生产性包括土地生产的种类和产量。前者由土地的类别所决定，后者指一定条件下土地生产的农作物、林木和牧草的能力。土地的生产性有现有条件下的生产能力和改变某种条件下将来的生产能力两种类型。土地生产能力的大小，取决于土地资源本身的性质和人类生产技术水平两方面。

土地资源的生产特征呈现随时间变化的周期性。由于地球表面多数地区水热条件具有明显的季节变化，因而土地的性质和生产特征也都随着季节变化而呈现周期性变化。土壤肥力的重要物质基础——土壤有机质主要来源于绿色高等植物的根、茎、叶等有机残体及分解的中间产物和代谢的产物，这些有机物的生长受气候条件控制并随季节的变动而变化，春季苏醒，夏秋季生长，冬季休眠或死亡。而有机残体的分解者——微生物的活动与气温有极大的关系，在土壤温度 0~35℃ 范围内，随着温度的升高，微生物活动明显增强；温度高于 35℃ 时，微生物活动即受到抑制。依赖于土壤而生长的大多数农作物也都是春季播种，秋季收获，土地资源的产出也呈现明显的周期性特征。

1.2.3 水土资源的联系与制约

水资源和土地资源作为自然地理系统的重要组成因子，彼此之间相互联系、相互渗透、相互制约。随着科学技术的不断发展和人类对水土资源的不断开发利用，人们对这两种资源的关系以及综合利用研究不断深入，以便在改造自然环境中，利用其基本规律，自觉地保护自然地理环境，满足人类和社会经济发展要求，实施可持续发展战略。

水资源是自然界地质循环的重要动力。土壤的形成与消失变化，是经过地质循环四个连续过程，即风化过程、运输过程、沉淀过程和构造过程而进行的。成土物质沿着这条"传输带"，不间断地更替着土壤的发生与消失。水资源是传输带的重要能量之一。水土流失、土地沙漠化、盐碱化、沼泽化无一不与水的不合理开发利用有关。

土地资源是水循环的重要媒介。自然界中，水以"三态"存在，构成了水圈。土地联系了水分蒸发、降水而后径流三个过程，通过循环提供了人类需求和生物生存用水，整个过程都是通过土地储存、传输和供应完成的。地面水、土壤水库、地下水均以土地资源为媒介，水、土资源分析密不可分。

水土资源相互协调，构成了自然界生物、能量系统循环交换的基础。水、土、植物、大气 SPAC 系统（soil plant atmosphere continum）中，依靠水进行物质和能量的传输，水土资源的协调和耦联保证了自然界生物、生态循环的正常转化。总之，水资源是土地资源发挥最大优势的基本条件，水资源利用得合理与否，直接影响到土地资源的生产效率；而土地资源的利用程度也制约着水资源的利用，土地资源利用效率比较高，则为水资源的合理开发利用制造了条件。水土资源相互依赖、制约，与人类社会经济活动相结合，构成了其动态、大系统结构特征。

1.3 我国水土资源概况

1.3.1 我国水资源总量及其开发利用情况

我国地处欧亚大陆东南部，濒临太平洋，地形西高东低，境内山脉、丘陵、盆地、平原相互交错，地形构成江河湖泊众多。根据统计，流域面积在 10000km^2 以上的河流有 97 条，在 1000km^2 以上的有 1500 多条，在 100km^2 以上的有 5 万多条。

我国是一个多湖泊国家，根据统计面积在 1.0km^2 以上的湖泊约 2300 个，总面积为 71787km^2，约占全国总面积的 0.8%。湖泊储水总量约 7088 亿 m^3，其中淡水储量为 2261 亿 m^3，占湖泊储水总量的 31.9%。

我国是世界上中低纬度山岳冰川最多的国家之一。全国冰川总面积约为 58650km^2，约相当于全球冰川覆盖面积（1620 万 km^2）的 0.36%。但冰川规模大小分布很不均匀，我国冰川储量约为 51320 亿 m^3，年平均冰川融水量为 563 亿 m^3，冰川融水量是逐年可更替的动态水量，称为冰川水资源，是河川径流的组成部分。

总体上，水资源总量包括地表水资源量和地下水资源量两部分。

1. 地表水资源量

地表水体包括河流水、湖泊水、冰川水和沼泽水，地表水资源量通常用地表水的动态水量，即河川径流量来表示。

全国按流域水系划分为十大片，即 10 个一级区，以反映水资源条件的地区差别，并尽可能保持河流水系的完整性，按大江大河干流进行分段，自然地理条件相同的小河适当合并，便于进行地表水资源量计算和供需平衡分析。又将全国划分为 80 个分区，即二级区。根据各省、自治区、直辖市和各流域片的计算成果汇总，求得全国平均年径流总量为27115亿 m³，折合年径流深284mm。有关全国主要河流的径流量见表1.1。

表1.1　　　　全国主要河流径流量表（以平均年径流量次序排列）

河名/江名	河长/km	总流域面积/km²	平均年径流量/亿 m³	备　注
长江	6300	1808500	9334	
珠江	2214	453690	3360	
雅鲁藏布江	2057	240460	1654	
松花江	2308	557180	718	长江水量在世界上排第三位
黄河	5464	752443	592	
淮河	1000	191174	443	
海河	1090	263631	228	
辽河	1390	228960	148	

2. 地下水资源量

按地形地貌特征将全国划分为山丘区和平原区，平原区又分为北方平原区和南方平原区。

北方平原区地下水计算面积为1799898km²，平均年地下水资源量为1468亿 m³，其中降水入渗补给量为764亿 m³，占52%；地表水体渗漏补给量为599亿 m³，占41%。因此，降水和地表水体同为北方平原区的主要补给来源。

南方平原区地下水的计算面积为183904km²，平均年地下水资源量为405亿 m³，其中降水入渗补给量为292亿 m³，占72%；地表水体渗漏补给量为113亿 m³，占28%。平均年潜水蒸发量为119亿 m³。

山丘区地下水计算面积占全国地下水计算面积的77%，为6790906km²。该区内平均年地下水资源量为6762亿 m³，其中河川基流量占97.6%。

各流域片山丘区和平原区地下水资源量及其重复计算量成果见表1.2。

表1.2　　　各流域片山丘区和平原区地下水资源量及其重复计算量成果表

流域片	山 丘 区		平 原 区		重复计算量/亿 m³	计算总面积/km²	地下水资源总量/亿 m³
	计算面积/km²	地下水资源量/亿 m³	计算面积/km²	地下水资源量/亿 m³			
黑龙江	593056	223.6	297581	221.9	14.8	890634	430.7
辽河	230524	95.7	110300	108.2	9.7	340824	194.2
海滦河	171372	157.9	106424	178.2	37.6	277796	265.2
黄河	608357	292.1	167007	157.2	43.7	775364	405.6
淮河	127923	107.2	169938	296.7	10.9	297861	393.0
长江	1625293	2218.0	132876	260.6	14.4	1758169	2464.2
珠江	550113	1027.8	30468	92.7	5.0	580581	1115.5
浙闽诸河	218639	561.8	20560	51.9	0.6	239199	613.1

续表

流域片	山丘区		平原区		重复计算量 /亿 m³	计算总面积 /km²	地下水资源总量 /亿 m³
	计算面积 /km²	地下水资源量 /亿 m³	计算面积 /km²	地下水资源量 /亿 m³			
西南诸河	851406	1543.8				851406	1543.8
内陆诸河	1782444	535.5	927700	486.0	201.7	2710144	819.8
额尔齐斯河	31782	31.9	20948	20.2	9.4	52730	42.5
全国总计	6790906	6762.0	1983802	1873.4	347.8	8774708	8287.6

3. 水资源总量

我国年平均地表水资源量（即河川径流量）为27115亿 m³，平均年地下水资源量为8287.6亿 m³。扣除重复计算量以后，全国平均年水资源总量为28124亿 m³，按流域分片计算成果见表1.3。

表1.3　　　　　　　　全国分片水资源总量成果表

流域片	计算面积 /km²	地表水资源量 /亿 m³	地下水资源量 /亿 m³	重复计算量 /亿 m³	水资源总量 /亿 m³	产水模数 /(万 m³/km²)
黑龙江	903418	1165.9	430.7	244.8	1351.8	14.96
辽河	345027	487.0	194.2	104.5	576.7	16.71
海滦河	318161	287.8	265.2	131.8	421.1	13.24
黄河	794712	661.4	405.6	323.6	743.6	9.36
淮河	329211	741.3	393.0	173.4	961.0	29.19
长江	1808500	9513.0	2464.2	2363.8	9613.4	53.16
珠江	580641	4685.0	1115.5	1092.4	4708.1	81.08
浙闽台诸河	239803	2557.0	613.1	578.4	2591.7	108.08
西南诸河	851406	5853.1	1543.8	1543.8	5853.1	68.75
内陆诸河	3321713	1063.7	819.8	682.7	1200.7	3.61
额尔齐斯河	52730	100.0	42.5	39.3	103.2	19.57
全国总计	9545322	27115.2	8287.6	7278.5	28124.4	29.46

4. 我国水资源开发利用情况

截至2021年年底，全国已建成各类水库97036座，水库总库容9853亿 m³。其中，大型水库805座，总库容7944亿 m³；中型水库4174座，总库容1197亿 m³。全国已建成设计灌溉面积2000亩及以上的灌区共21619处，耕地灌溉面积3972.7万 hm²。其中，50万亩及以上灌区154处，耕地灌溉面积1220.9万 hm²；30万～50万亩大型灌区296处，耕地灌溉面积565.9万 hm²。全国灌溉面积7831.5万 hm²，耕地灌溉面积6960.9万 hm²，占全国耕地面积的51.6%。

截至2021年年底，全国水利工程供水能力达8984.2亿 m³，其中，跨县级区域供水工程631.5亿 m³，水库工程2442.5亿 m³，河湖引水工程2120.8亿 m³，河湖泵站工程 1851.4 亿 m³，机电井工程 1383.7 亿 m³，塘坝窖池工程 373.5 亿 m³，非常规水资源利用工程 180.9 亿 m³。

2021 年，全国供水总量 5920.2 亿 m³，其中，地表水源供水量 4928.1 亿 m³，地下水源供水量 853.8 亿 m³，其他水源供水量 138.3 亿 m³。全国用水总量 5920.2 亿 m³，其中，生活用水量 909.4 亿 m³，工业用水量 1049.6 亿 m³，农业用水量 3644.3 亿 m³，人工生态环境补水量 316.9 亿 m³。全国人均综合用水量 419m³，农田灌溉水有效利用系数 0.568，万元国内生产总值（当年价）用水量 51.8m³，万元工业增加值（当年价）用水量 28.2m³。

70 多年来，我国修建了大量水利工程，水资源开发利用在满足日益增长的工农业发展需要方面，取得了很大的进展，为国家的经济建设和社会发展提供了有力保障。

1.3.2 我国土地资源及其开发利用情况

我国幅员辽阔，组成土地的主要因素地貌、土壤、植被及利用状况千差万别，它们之间不同的组合形成了纷繁多样的土地资源类型。根据《中国 1∶100 万土地资源图》分类系统，约有 2700 多个分类单位。土地资源类型多样是中国一大特点。

1.3.2.1 我国土地资源的类型和分布

我国地形总的特点是：高差大，西高东低，阶梯状下降；类型多样，山地面积大；结构复杂，地形骨架呈网格状结构。

地形按海拔高度，最高为 8844.43m（珠穆朗玛峰），最低为 -150m（吐鲁番盆地的艾丁湖）。根据在 1∶150 万地形图上量算结果，海拔低于 1000m 的面积约占全国总面积的 42%，低于 1500m 的约占 60.4%，海拔在 3000m 以上的面积约占全国总面积的 25%。平均海拔高度在 1200～1300m（表 1.4）。

表 1.4　　　　　不同海拔高度土地面积占全国土地总面积的百分比

海拔/m	占全国土地总面积的百分比/%	海拔/m	占全国土地总面积的百分比/%
100 以下	9.5	2000～3000	6.8
100～300	9.3	3000～4000	4.8
300～500	8.3	4000～5000	14.6
500～1000	15.6	5000 以上	5.6
1000～1500	17.7	水域	1.0
1500～2000	6.8	合计	100

1.3.2.2 土壤与植被

影响土壤与植被形成、分布的主导因素是水热条件，以及引起水热再分配的地质地貌因素。根据《中国 1∶100 万土地资源图》，我国有 46 个土类，可以归纳为 10 个土壤类别（表 1.5），其中半水成土、棕壤类和红壤类，分别占全国土地总面积的 13.7%、12.1% 和 11.4%，3 类合计占 37.2%；其次是水成土、岩成土类、钙层土类和高山土类，分别占全国土地总面积的 7.7%、7.6%、7.2% 和 6.9%。其余土壤类别所占比例甚少，盐成土仅占 1.4%。

表 1.5　　　　　　　　　　　　中国土壤资源构成表

土壤类别	面积/亿亩	占全国土地总面积/%	土壤类别	面积/亿亩	占全国土地总面积/%
红壤类	16.4	11.4	半水成土类	19.7	13.7
棕壤类	17.4	12.1	水成土类	11.1	7.7
黑土类	4.0	2.8	盐成土类	2.0	1.4
褐土、垆土类	6.6	4.6	岩成土类	11.0	7.6
钙层土类	10.3	7.2	高山土类	10.0	6.9

土壤与植被的分布特点表现为水平地带性与垂直地带性相结合、纬度地带性与经度地带性结合、地带性与非地带性结合，呈现强烈的区域性。我国南北约跨 49 个纬度，包括了赤道热带、中热带、北热带、南亚热带、中亚热带、北亚热带、暖热带、中温带和寒温带等 9 个热量带和 1 个青藏高寒区。全国东西跨 62 个经度，按水分条件包括湿润、半湿润、半干旱、干旱地区。

1.3.2.3　土地资源开发利用情况

土地资源按利用方式，包括耕地、园地林地、草地等类型。

1. 耕地资源

根据第三次全国国土调查成果，我国现有耕地 191792.79 万亩。其中，水田 47087.97 万亩，占 24.55%；水浇地 48172.21 万亩，占 25.12%；旱地 96532.61 万亩，占 50.33%。我国 64%耕地的分布在秦岭—淮河以北，黑龙江、内蒙古、河南、吉林、新疆等 5 个省（自治区）耕地面积较大，占全国耕地的 40%。

依据《耕地质量等级》(GB/T 33469—2016)，全国耕地按质量等级由高到低依次划分为一~十等。2019 年，全国耕地质量平均等级为 4.76 等，较 2014 年提升了 0.35 个等级，全国耕地质量等级面积比例及主要分布区域数据见表 1.6。耕地质量评价为一~三等的耕地面积为 6.32 亿亩，占耕地总面积的 31.24%，这部分耕地基础地力较高，障碍因素不明显，应按照用养结合方式开展农业生产，确保耕地质量稳中有升。评价为四~六等的耕地面积为 9.47 亿亩，占耕地总面积的 46.81%，这部分耕地所处环境气候条件基本适宜，农田基础设施条件相对较好，障碍因素较不明显，是今后粮食增产的重点区域和重要突破口。评价为七~十等的耕地面积为 4.44 亿亩，占耕地总面积的 21.95%，这部分耕地基础地力相对较差，生产障碍因素突出，短时间内较难得到根本改善，应持续开展农田基础设施建设和耕地内在质量建设。

表 1.6　　　　　　　全国耕地质量等级面积比例及主要分布区域

耕地质量等级	面积/亿亩	比例/%	主　要　分　布　区　域
一等地	1.38	6.82	东北区、长江中下游区、西南区、黄淮海区
二等地	2.01	9.94	东北区、黄淮海区、长江中下游区、西南区
三等地	2.93	14.48	东北区、黄淮海区、长江中下游区、西南区

续表

耕地质量等级	面积/亿亩	比例/%	主要分布区域
四等地	3.50	17.30	东北区、黄淮海区、长江中下游区、西南区
五等地	3.41	16.86	长江中下游区、东北区、西南区、黄淮海区
六等地	2.56	12.65	长江中下游区、西南区、东北区、黄淮海区、内蒙古及长城沿线区
七等地	1.82	9.00	西南区、长江中下游区、黄土高原区、内蒙古及长城沿线区、华南区、甘新区
八等地	1.31	6.48	黄土高原区、长江中下游区、内蒙古及长城沿线区、西南区、华南区
九等地	0.70	3.46	黄土高原区、内蒙古及长城沿线区、长江中下游区、西南区、华南区
十等地	0.61	3.01	黄土高原区、黄淮海区、内蒙古及长城沿线区、华南区、西南区

数据来源：农业农村部《2019年全国耕地质量等级情况公报》。

我国国土中还存在部分耕地后备资源，主要是可开垦种植农作物、人工牧草和经济林果的荒草地、盐碱地、内陆滩涂、裸地等。根据2016年全国耕地后备资源调查评价结果，耕地后备资源具有数量少、区域分布不均衡、多数呈零散破碎、受生态环境制约大等特点。耕地后备资源总面积8029.15万亩，近期可供开发利用的耕地后备资源面积为3307.18万亩，占耕地后备资源总量的41.1%；集中连片耕地后备资源仅有940.26万亩，且分布极不均衡。

2. 园地资源

园地虽然面积占国土总面积比例很小，但由于其集约化程度和单位面积效益较高，在国民经济中占有较为重要的地位。根据第三次全国国土调查成果，我国现有园地总面积30257.33万亩，其中果园19546.88万亩，占64.6%；茶园2527.05万亩，占8.35%；橡胶园2271.48万亩，占7.51%；其他园地5911.93万亩，占19.54%。受自然条件、栽培历史、经济条件等多种因素的影响，我国园地资源分布范围很广，但区域间很不均衡。在全国各省（自治区、直辖市）均有分布，主要分布在秦岭—淮河以南地区，占全国园地的66%。

3. 林地资源

我国林地总面积426188.82万亩，其中乔木林地296027.43万亩，占68.74%；竹林地10529.53万亩，占2.44%；灌木林地87939.19万亩，占20.63%；其他林地31692.67万亩，占7.44%。87%的林地分布在年降水量400mm（含400mm）以上地区。四川、云南、内蒙古、黑龙江等4个省（自治区）林地面积较大，占全国林地的34%。

4. 草地资源

草地是生长草本植物为主的土地。我国草地总面积396795.21万亩，其中，天然牧草地319758.21万亩，占80.59%；人工牧草地870.97万亩，占0.22%；其他草地76166.03万亩，占19.19%。草地主要分布在西藏、内蒙古、新疆、青海、甘肃、四川等6个省（自治区），占全国草地的94%。

1.3.3 我国水土资源的特点

1. 人均水土资源占有量少

我国平均降水量约 6 亿 m^3，水资源总量为 2.81×10^{12} 亿 m^3，相当于全球年径流总量 47 亿 m^3 的 6%，居世界第 6 位。但按人口计算，人均水资源占有量约 $2200m^3$，相当于世界人均水资源量的 1/4，因此，我国水资源量并不丰富。在我国 2.81 亿 m^3 的水资源总量中，长江占 34%（约 9600 亿 m^3），珠江占 16%，西南和东南诸江河占 30%，而黄河只占 2.4%，海河只占 1.1%。从北方的缺水形势来看，我国可以说是"贫水国"。

我国耕地的绝对数量约 19.18 亿亩，约占国土面积的 13%。我国耕地总量仅次于印度、美国，居世界第 3 位；人均耕地面积 1.36 亩，不足世界平均水平的 40%，同时分布上又很不平衡，约 85% 的耕地集中于仅占全国土地面积 44% 的东部季风区 22 个省（直辖市）内，其中大部分分布于温带、暖温带和亚热带的湿润、半湿润地区。而占全国面积一半以上的西部各省、自治区，其耕地只占全国耕地的 15%，耕地只占这些省（自治区）土地总面积 23.3%。总的来说，我国人均耕地不仅少，而且分布也比较集中。

2. 水土资源不匹配

由于我国所处地理位置，每年夏、秋季都有太平洋和孟加拉海湾来的东南风，带来大量雨水，由东南向西北方向输送。冬春季节，西伯利亚寒流干旱少雨，自西北到东南走向，常在我国西北和华北形成大面积干旱。年平均降水量自东南的 1600～1800mm，向西北方向逐渐减少到 200mm 以下，如从 400mm 年降水量为分界线，在我国西北和华北约有 45% 的国土面积处于干旱和半干旱地带，形成了成片的沙漠、戈壁和干旱的黄土高原。

我国水资源地区分布是南多北少，相差悬殊，与人口和耕地分布不相适应，基本上是水少地方耕地多，水多地方耕地少。长江流域及其以南的珠江流域、浙闽台、西南诸河等 4 片，面积占全国的 36.5%，耕地占全国的 36%，水资源量却占全国总量的 81%，人均占有水量为 $4180m^3$，约为全国平均值的 1.6 倍；亩均占有水量为 $4130m^3$，为全国平均值的 2.3 倍。辽河、海滦河、黄河、淮河 4 个流域片，总面积占全国的 18.7%，接近南方 4 片的 1/2，但水资源总量仅为 2177 亿 m^3，相当于南方 4 片水资源总量的 10%。而北方 4 片土地多属平原，耕地占全国的 45.2%，人口占全国的 38.4%，其中尤以海滦河最为突出，人均占有水量仅为 $430m^3$，为全国平均值的 16%，亩均占有水量仅有 $251m^3$，为全国平均值的 14%，可见水土资源不匹配的矛盾很明显。水资源分布均匀与否，对国民经济布局和发展影响很大，水资源严重缺乏地区，对工农业发展将产生明显的制约作用。

3. 年内和年际降水不均匀

我国降水量和径流量在年内、年际间的变化幅度都很大，并有枯水年和丰水年持续出现的特点。这种年际变化，北方大于南方，如东北松花江哈尔滨站水文记录，1916—1928 年连续 13 年为枯水年，径流量比常年少 40%；1960—1966 年为连续丰水年，径流量比正常年份多 32%。又如淮河蚌埠站，丰水年（1921 年）径流量为

718亿 m^3，是枯水年（1978年）径流量的26.7倍。

从全年来看，我国大部分地区冬春少雨，夏秋多雨。南方各省汛期一般为5—8月，降雨量占全年的60%~70%，2/3的水量都以洪水和涝水形式排入海洋，而华北、西北和东北地区，年降雨集中在6—9月，占全年降雨的70%~80%。这种高度集中的降水，往往又集中在几次暴雨过程中，容易造成洪涝灾害，而在冬春季节少雨，又往往干旱缺水。我国水资源时程分配极不均匀，是造成水旱灾害出现频繁、农业生产极不稳定的主要原因。

虽然我国水资源在时间和地区上分配极不均匀，这是不利的一面，但水资源在时间分配上的雨热同期也是有利的方面。在每年6—8月，大部分农作物进入生长期，雨季也同时来临，为农作物生长提供了热和水两个重要条件，如无异常降雨，即会形成风调雨顺、农业取得丰收的自然气候条件，有助于解决中国众多人口的吃饭问题。

4. 山地面积多，平原面积少

我国是个多山的国家，平原面积少，平原盆地只占国土面积的26%，丘陵占10%，山地高原占64%，而且许多海拔在2000m以上。寒漠、冰川有2万 km^2；沙漠、戈壁约110万 km^2；石质山约43万 km^2。所以我国土地面积中有20%在开发利用上是有困难的，但从另一角度来看，广阔的丘陵、山地，复杂而多变的山地气候，也为我国发展多种果林、药材等经济林木以及开发牧场提供了场所。

5. 水土资源污染

根据《2022中国生态环境状况公报》，2022年我国地表水环境质量总体较好，但部分城市河段水环境质量较差，部分流域依然存在水环境污染问题。主要河流监测水质断面中，Ⅰ~Ⅲ类、Ⅳ~Ⅴ类和劣Ⅴ类（丧失使用功能的水）水质断面比例分别占90.2%、9.4%和0.4%，其中长江流域、珠江流域、浙闽片河流、西北诸河和西南诸河水质为优，黄河流域、淮河流域和辽河流域水质为良好，松花江流域和海河流域为轻度污染。开展水质监测的210个重要湖泊（水库）中，Ⅰ~Ⅲ类、Ⅳ~Ⅴ类和劣Ⅴ类湖泊（水库）分别占73.8%、21.4%和4.8%，其中太湖、巢湖、滇池水质均为轻度污染；开展营养状态监测的204个重要湖泊（水库）中，贫营养状态湖泊（水库）占9.8%，中营养状态占60.3%，轻度富营养状态占24.0%，中度富营养状态占5.9%，主要湖泊富营养化问题依然比较严重。全国监测的1890个国家地下水环境质量考核点位中，Ⅰ~Ⅳ类水质点位占77.6%，Ⅴ类占22.4%，地下水水质状况有待改善。

根据多年中国生态环境状况公报，目前全国土壤环境风险得到基本管控，土壤污染加重趋势得到初步遏制。全国农用地安全利用率保持在90%以上，农用地土壤环境状况总体稳定，影响农用地土壤环境质量的主要污染物是重金属。

6. 水土流失、土壤沙化

近年来，我国水土流失状况总体改善，水土流失面积和强度持续减少。2021年水土流失动态监测成果表明，全国水土流失面积为267.42万 km^2。其中，水力侵蚀面积为110.58万 km^2，占水土流失总面积的41.35%；风力侵蚀面积为156.84万 km^2，占水土流失总面积的58.65%。按侵蚀强度分，轻度、中度、强烈、极强烈和剧烈侵蚀面积分别占全国水土流失总面积的64.4%、16.6%、7.4%、5.5%和

6.1%。从总体格局看,我国水土流失由西部向东部逐步减轻,东部、中部、西部水土流失面积均有所减少,西部地区减少量大,中部和东部地区减幅大。我国水力侵蚀呈明显流域分布,长江上游和黄河中游地区最为严重,其土地面积仅占全国的14%,却集中了全国40%的中度和强烈及以上水蚀面积。黄河中游多沙粗沙区是全国水蚀面积占土地面积比例和高强度水蚀发生率最高的区域。我国风力侵蚀则呈现明显的区域分布特征,主要分布在北方风沙区、青藏高原区和东北黑土区,其中北方风沙区集中了八成的全国风力侵蚀面积。

根据第六次全国荒漠化和沙化调查结果,我国荒漠化和沙化土地面积持续减少,荒漠化和沙化程度稳步减轻。截至2019年,全国荒漠化土地面积257.37万km^2,占国土面积的26.81%;沙化土地面积168.78万km^2,占国土面积的17.58%;具有明显沙化趋势的土地面积27.92万km^2,占国土面积的2.91%。与2014年第五次调查相比,5年间全国荒漠化土地面积净减少378.80万hm^2,年均减少75.76万hm^2;沙化土地面积净减少333.52万hm^2,年均减少66.70万hm^2。

1.4 水土资源研究的主要方向与内容

根据世界粮农组织估测,到2050年世界粮食产量需要比2012年增长50%才能满足全球需求,当前全球土地、土壤及水资源状况持续恶化,已濒临极限。同时,在气候变化和生物多样性丧失的背景下,如何利用和保护水土资源,改善环境状况,是21世纪人类面临的艰巨且复杂的任务。水土资源规划与管理作为一门交叉学科,涉及的领域与研究范围在不断扩大,除了研究水土资源的数量、质量、时空分布与变化规律、水土资源相互制约与供需平衡外,还涉及环境、生态、技术经济、国土整治乃至国民经济的发展以及社会政治等各个领域。当前主要着眼于以下方面的研究:

(1) 水土资源分析评价。水土资源分析评价将传统的水资源研究与土地资源分析评价相结合,其研究的主要内容有水平衡研究、水资源数量质量的评估、土地资源的评价与分析、区域水土资源供需平衡分析、水土资源利用现状评价与中长期预测等。

(2) 水土资源工程系统分析。水土资源工程系统分析是水土资源研究的重要手段和方法,是系统分析方法在资源工程中的具体运用,它把水土资源工程系统问题抽象为某种数学模型,然后通过优化、模拟等方法,为水土资源工程的决策提供科学依据。水土资源系统分析贯穿于工程的规划、设计、施工和运行等各个阶段,运用广泛,发展迅速。

(3) 水土资源保护与环境影响评价。水土资源开发利用与保护紧密联系在一起,为了水土资源的永续利用,必须保护水土资源。尤其在当前水土资源污染严重、生态环境失调、水土资源供需矛盾日趋扩大的情况下,水土资源保护与水土资源工程的环境影响评价工作更显得重要。其研究内容涉及地理环境与人类活动对水土循环、土地资源的影响,水质预测,土地质量监控与治理,水土环境质量控制,水土资源开发工程对环境、生态的影响评价以及防治对策等。

(4) 水土资源规划与管理。水土资源研究不单纯是工程技术问题,还是社会经济问题与计划管理问题。所以水土资源规划和管理是水土资源研究的重要内容,涉及规划原则、规划目标、流域水土资源与地区水土资源规划、专业水土资源规划、水土资源管理程序、管理方法以及水土资源立法等。

（5）水土资源节约与可持续利用研究。建设资源节约型社会是我国 21 世纪的重大战略决策，水土资源节约与可持续利用的研究是针对我国水土资源紧缺且分布不均的现状，解决水土资源供需不平衡，建设节约型社会的重要措施，包括水资源合理利用与节水型社会研究；土地资源经济开发与节约；水土资源承载力分析；水土资源可持续利用的基本理论、关键技术及模式；水土资源优化配置及高效利用等。这些研究涉及面广，影响因素复杂，需要动员多学科力量共同研究。

（6）土地开发整治与保护技术研究。包括土地资源综合治理的理论及技术，中低产田、风沙化土地的控制治理技术，盐碱地的治理与防治，区域土地生态的营建与保护，荒地、非耕地的垦殖与保护、水土流失治理技术等。

（7）都市水土资源与特殊地区水土资源研究。包括新型城镇化地区水土资源承载力分析，以水定城、以水定地、以水定人、以水定产等"四水四定"理论模型及其运行机制构建，生态脆弱区、功能保护区等特殊地区水土资源研究等。

（8）新技术、新手段在水土资源开发与水土资源保护中的应用。包括遥感技术、GIS 技术、时空数据挖掘方法等多手段在水土资源规划与配置中的应用研究，信息技术、大数据、物联网、智慧管理等多学科交叉研究应用等。

以上列举 8 个方面并不是水土资源研究的全部内容，而是反映了当前水土资源研究的主要方向，而且相互之间不是截然分开的，存在着密切的内在联系。

第 2 章

水 资 源 计 算

2.1 自然界的水循环

2.1.1 水循环的过程

自然界的水不是静止的,而是不断运动变化和相互交换的,这种变化和交换构成了自然界的水循环。在太阳辐射和地心引力的作用下,地球上各种状态的水从海洋、江河、湖沼、陆地和植物表面蒸发、散发变成水汽上升于空中,或停留在空中,或被气流带到其他地区,在适当条件下凝结,然后以降水形式落到海洋面或陆地表面。到达地面的水,在重力作用下,部分入渗到地下形成地下径流,部分形成地表径流流入江河、湖泊,汇归海洋,还有一部分重新蒸发回空中。此后,再经蒸发、输送、凝结、降水、产流和汇流构成一个巨大的、统一的连续的动态系统,这种循环往复的过程称为水循环。地球上水循环的过程见图 2.1。

水循环不是一个简单的重复过程,因为循环过程中各个环节都在交错进行,使水循环复杂化。如蒸发并非单纯存在于江河、湖泊、海洋和冰雪表面,而是土壤、植物体的蒸发和蒸腾同时进行。蒸发不单是水循环的起点,而且贯穿于循环的全过程,如降雨过程中水是随处都有蒸发。所以水循环是一个复杂的动态系统。

水循环的内因是水的特性,水具有液态、固态和气态三种形式,在常温条件下,三态可以相互转化,是水循环的条件;水循环的外因是太阳辐射和地心引力,太阳辐射是水循环能量的源泉,是水循环的动力,地心引力是水体流动的动力。

水循环是自然界最重要的物质循环之一。在水循环的过程中,水分的数量和状态不断地变化,因此水循环包括水的输送、暂时储存和状态变换三方面,并且组成一个动态系统。水分蒸发从海洋到陆地,降水后又以径流的形式返回海洋,这种发生在海陆之间的水循环称为大循环。陆地(或海洋)蒸发的水分,又重新以降水的形式回到陆地(或海洋),这种蒸发、降水的循环称为小循环。

2.1.2 地球上的水量平衡

水量平衡是指自然界的水分循环量,大体上为一相对稳定值,地球上总的蒸发量与总的降水量的多年平均值是相等的。海洋和陆地上,在多年期间水量并无明显的增减。

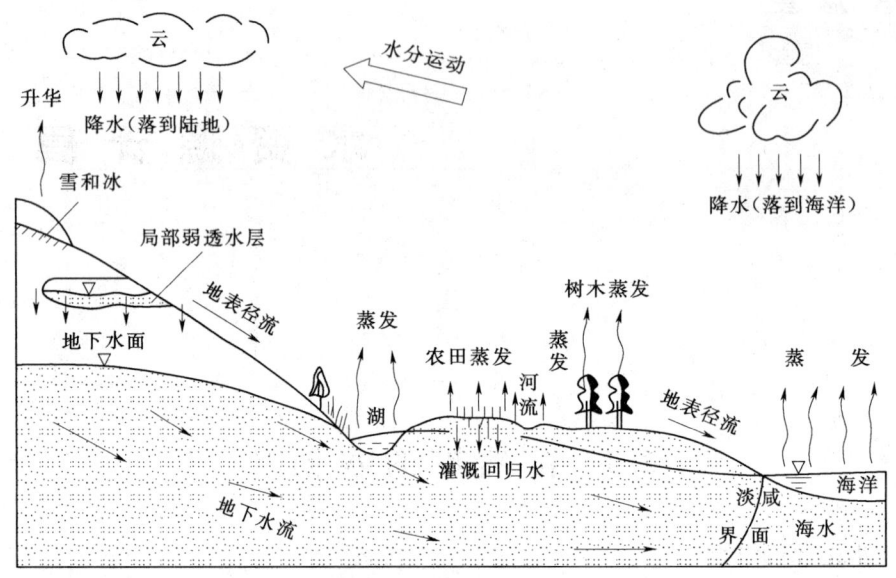

图 2.1 地球上的水循环示意图

1. 陆地的水量平衡

一年内陆地水量平衡方程为

$$P_c = E_c + R + \Delta U \tag{2.1}$$

式中:P_c 为陆地降水量;E_c 为陆地蒸发量;R 为陆地径流量;ΔU 为一年内陆地蓄水的增减量,正值表明陆地蓄水增加,负值表明陆地蓄水减少,就长期平均而言,$\sum \Delta U = 0$。

多年平均情况时,内陆地水量平衡方程为

$$\overline{P_c} = \overline{R} + \overline{E_c} \tag{2.2}$$

式中:$\overline{P_c}$、$\overline{R}$、$\overline{E_c}$ 分别为陆地降水量、陆地径流量、陆地蒸发量的多年平均值。

2. 海洋的水量平衡

海洋多年平均的水量平衡方程为

$$\overline{P_m} = \overline{E_m} - \overline{R} \tag{2.3}$$

式中:$\overline{P_m}$ 为海洋面多年平均降水量;$\overline{E_m}$ 为海洋面多年平均蒸发量。

3. 全球的水量平衡

全球多年平均的水量平衡方程为

$$\overline{E_c} + \overline{E_m} = \overline{P_c} + \overline{P_m} \quad 或 \quad \overline{P} = \overline{E} \tag{2.4}$$

式 (2.4) 说明,就长期而言,地球上的总降雨量等于总蒸发量。

地球上水量平衡的基本数据见表 2.1。

表 2.1　　　　　　　　　　　　　地球上水量平衡情况

地表部位	面积 /亿 km²	多年平均降水量		多年平均蒸发量		多年平均入海径流量	
		mm	km³	mm	km³	mm	km³
陆地	1.49	800	119000	485	72000	315	47000
海洋	3.61	1270	458000	1400	505000	130	47000
全球	5.10	1130	577000	1130	577000		

2.1.3 水循环的基本特征

水循环具有下列特征：

(1) 全球多年平均总蒸发量和全球多年平均总降水量相等。海洋蒸发是降水和水汽输送的主要来源，海洋上的蒸发量等于海洋降水与陆地注入海洋的径流量之和。

(2) 参加水循环的水量只占全球总水量的极小部分。全球总水量为 13.86 亿 km³，而参加水循环的水量只有 57.7 万 km³，参加水循环的水量占全球水量的 0.04%，若循环水量略增加一小部分，将使全球水资源利用量大为改观。

(3) 海陆之间水交换的有效水量只占水循环量的极小部分。海洋输送到陆地上空的水汽只占海洋总蒸发量的 8%，而 92% 的水汽以降水形式落回海洋。

(4) 不同水体的循环速度相差甚大。大气圈中有 57.7 万 km³ 水参加全年水循环。假设各水体交换的更新周期是有规律和逐步轮换的，它的更新周期可写成：

$$T = \frac{Q}{\Delta Q} \tag{2.5}$$

式中：T 为更新周期，年；Q 为水体储量，km³；ΔQ 为水体参与水循环的量，km³/年。

由此可以近似地计算出各类水体的更新周期：大气水更新周期为 9 天，生物水更新周期为 7 天，江河水为 12 天，土壤水为 280 天，地下水需 300 年，海洋水需 3100 年，湖泊水需 17 年，沼泽水需 5 年，极地冰川需要 10000 年，高山冰川需要 1600 年，全球水量更新交换一次平均为 2670 年。

从水资源利用角度来看，水体更新速度越快，水资源利用率越高，受污染的水体其水质恢复越快；相反，水体更新周期越长，可开发利用的数量越受限制，水体自净能力降低。

2.1.4 水循环与环境的关系

水循环深刻地影响着全球环境的结构和环境的演变，影响自然界中一系列的物理、化学和生物过程，影响人类社会的发展和生产活动。自然环境和社会环境的变化又反过来影响水环境。

(1) 水循环使地球上各水体组合成一个连续的、统一的水圈，并把地球上四大圈层（大气圈、岩石圈、生物圈和水圈）联立组成既互相联系、又互相制约的有机整体。

(2) 水循环使地球上的物质和能量得到传递和输送。它把地表上获得的太阳辐射能重新分布，使地区之间得到调节；水量和热量的不同组合，又使地表形成不同的自然带，组成丰富多彩的自然景观。如大气降水落到地面后，除了部分蒸发和下渗外，地表上形成径流，径流的冲刷和侵蚀作用，创造了各种地貌形态，水流把冲刷出来的大量泥沙输送到低洼地区，经长期堆积作用形成平原；部分低洼地由于地表水的蓄积形成湖泊、沼泽。所有这些形态的塑造，水循环都功不可没。

（3）水循环使海洋与陆地之间的联系十分紧密。海洋向陆地输送水汽，影响陆地上一系列的环境过程，而陆地向海洋输送泥沙、有机物和营养盐，也影响海洋的物理、化学、生物的变化。

（4）水循环使地球上的水周而复始地补充、消耗和变化，供人们利用，使水成为可再生的资源。水循环的强弱、循环路径等都会影响区域内水资源可开发利用的程度，对生态环境和经济发展均有重大影响。

（5）环境的变化使水循环的数量、路径、速度也随之发生变化。

2.2 地表水资源计算

地表水体包括河流水、湖泊水、冰川水和沼泽水，地表水资源量通常用地表水体的动态水量即河川径流量来表示。大气降水是地表水体的主要补给来源，在一定程度上能反映水资源的丰枯情况。

地表水资源的评价计算是通过实测径流还原计算和天然径流量系列一致性分析与处理，提出系列一致性较好、反映近期下垫面条件下的天然年径流系列，作为评价地表水资源量的依据。

2.2.1 径流还原计算
2.2.1.1 径流还原计算的原理

根据多年水文观测资料，应用数理统计方法，推求设计年径流和其他有关数据，一直是水文分析与计算工作的主要方法。这种方法的基本要求是：水文统计样本要具有某种相同的基础，具有可比性。即所运用的资料系列要具有一致性和代表性，也就是说，在所研究的年代内，水文情势不受或极少受人为的干扰，其所取得的资料系列要基本上反映天然状况。

实际情况是：随着人口的增长、经济的发展，人类影响自然界的能力和影响的程度越来越大。就我国而言，自新中国成立以来，由于开垦农田，砍伐森林，实施水土保持，大规模兴修水利，大量引水、提水灌溉农田，以及满足城市、工矿企业用水的需要，所以流域下垫面条件与江河水文情势逐年发生改变，严重影响到自然界水循环的强度与循环路径，影响径流的形成过程。由于这种影响逐年增大、情况不一，所以各年实测的水文资料是在不同基础条件下取得的，资料系列之间缺乏一致性，因而这些资料在原则上不能直接应用数理统计方法进行分析，必须采取适当方法，消除人类活动对水文资料所带来的影响，以求得资料系列之间的一致性与可比性。

所谓还原计算，就是消除人为的影响，将资料系列回归到"天然状态"的一种处理方法。但在具体计算时，首先要明确还原计算的时序方向。长江流域规划办公室水文局有关专家，在总结国内水资源研究成果的基础上，归纳为"向后还原""向前还原""向中看"等三种方式。其中"向后还原"是指将还原的基础统一到过去的某一个不受（或极少受）人为影响的年代，其后各年的观测值均以此为标准进行修正，常用来对历史已建工程设计的复核；"向前还原"则是将还原基准统一到现状，历年资料均以现状为准向前还原，常用来新建工程规模的确定；"向中看"是指在观测年份系列中间选取某一年作为"还原"的基准，在此以前的各年作"向前还原"，在此以后的各年作"向后还原"。

2.2.1.2 径流还原计算的内容与方法

根据径流还原计算的基本要求，原则上各种人类活动对径流的影响都要加以消除。所以还原计算涉及的内容很广泛，也很复杂，归纳起来主要有：研究区域内灌溉净耗水量；研究区域内蓄水工程的蓄水变量与渗漏量；研究区域内引入、引出的水量和分洪决口的水量；研究区域内因水面变化而引起蒸发量的变化量；研究区域内工业和城市生活用水净耗水量等。

通常还原计算时段内天然年径流量的计算公式为

$$W_{天然} = W_{实测} + W_{农灌} + W_{工业} + W_{城镇生活} \pm W_{引水} \pm W_{分洪} \pm W_{库蓄} \quad (2.6)$$

式中：$W_{天然}$ 为还原后的天然径流量；$W_{实测}$ 为水文站实测径流量；$W_{农灌}$ 为农业灌溉耗水量；$W_{工业}$ 为工业用水耗水量；$W_{城镇生活}$ 为城镇生活用水耗水量；$W_{引水}$ 为跨流域（或跨区间）引水量，引出为正，引入为负；$W_{分洪}$ 为河道分洪决口水量，分出为正，分入为负；$W_{库蓄}$ 为大中型水库蓄水变量，增加为正，减少为负。

1. 灌溉耗水量

灌溉耗水量是指农田、林果、草场引水灌溉过程中，因蒸发消耗和渗漏损失掉而不能回归到河流的水量。灌溉耗水量大，是还原计算的重点项目，应结合水资源开发利用调查工作，查清渠道引水口、退水口的位置和灌区分布范围，收集渠道引水量、退水量、灌溉制度、实灌面积、实灌定额、渠系水利用系数、灌溉回归系数等资料，根据资料条件采用不同方法进行估算，提出年还原量和年还原过程。理论上讲，农业灌溉还原水量为渠首取水量与回归（入河）水量之差；缺乏回归系数资料时，可将净灌溉水量近似作为还原水量。

2. 工业和城镇生活耗水量

该项耗水量包括用户消耗水量和输排水损失量，为取水量与入河废污水量之差。可根据工矿企业和生活区的水平衡测试、废污水排放监测和典型调查等有关资料，分析确定耗损率，乘以地表水取水量推求耗水量。工业和城镇生活的耗水量较小且年内变化不大，可按年计算还原水量，然后平均分配到各月。

3. 跨流域（或跨区间）引水量

跨流域引水量一般应根据实测流量资料逐年逐月进行统计，引出水量全部作为正值还原水量，引入水量只将利用后的回归水量作为负值还原量。跨区间引水量是指引水口在测站断面以上、用水区在断面以下的情况，应将渠首引水量全部作为正值还原水量。

4. 河道分洪决口水量

在发生大水年份，河道分洪决口水量可根据上、下游站和分洪口门的实测流量资料，以及蓄滞洪区水位、水位容积曲线和洪水调查等资料，用水量平衡法进行估算。

5. 水库蓄水变量

水库蓄水变量是根据大中型水库水位-库容关系曲线，按照实测水位求得计算时段始末时库容,其差值即为该时段的还原量。对于无资料的中小型水库,可通过典型分析,确定水库不同时段的蓄水变量指标,然后移用到相似地区。

6. 其他

农村生活用水面广量小,且多为地下水,对测站径流影响较小,一般可以不做还原计算。

2.2.2 天然年径流系列的一致性分析

对天然年径流进行一致性分析的目的是处理下垫面条件变化对径流的影响,同时可以检查还原计算成果的合理性,通过修正后得到具有一致性且能反映近期下垫面条件的天然年径流系列。其步骤如下。

(1) 在单站还原计算的基础上,点绘面平均降水量与天然年径流深的相关图,如果近期年代的点据明显偏离于历史年代的点据,则说明下垫面条件变化对径流影响较大,需要对年径流系列进行修正。

(2) 将径流系列划分为近期和历史两个系列,分别点绘其降水-径流关系曲线(在同一个坐标系内,降水为纵坐标,年径流为横坐标),两根曲线之间的横坐标距离即为年径流的变化值。

(3) 选定一个年降水值,从图中两根曲线上可查出两个年径流深值(R_1 和 R_2),用下列公式计算年径流衰减率和修正系数:

$$\alpha = \frac{R_1 - R_2}{R_1} \times 100\% \tag{2.7}$$

$$\beta = \frac{R_2}{R_1} \tag{2.8}$$

式中:α 为年径流衰减率;β 为年径流修正系数;R_1 为历史年代下垫面条件的产流深;R_2 为近期年代下垫面条件的产流深。

根据查算的不同年降水量的 α 值和 β 值,可以绘制 $P - \beta$ 关系曲线,作为修正历史年代天然径流系列的依据。

(4) 根据需要修正年份的降水量,从 $P - \beta$ 关系曲线上查得修正系数,乘以该年修正前的天然年径流量,即可求得修正后的天然径流量。

【例 2.1】 以河北省某水库站为例说明以上步骤。

解:(1) 点绘年降水-径流相关图(图 2.2),可以看出,在同量级降水条件下,20 世纪 50—60 年代大多数点据位于右边,80—90 年代大多数点据位于左边,表明年径流量呈衰减态势。

(2) 将径流系列划分为 1956—1979 年和 1980—2000 年两个年代阶段,分别通过点群中心绘制其年降水-径流关系曲线。右边虚线代表 20 世纪 50—70 年代的年降水径流关系,左边实线代表 20 世纪 80—90 年代的年降水径流关系,两根曲线之间的横坐标距离即为年径流衰减值。

(3) 选定一个年降水值,从图中两根曲线上可查出两个年代径流深值(R_1 和 R_2),用式(2.7)和式(2.8)分别计算年径流衰减率 α 和修正系数 β。

根据查算的不同年降水量的 α 值和 β 值(表 2.2),可以绘制 $P - \beta$ 关系曲线(图 2.3),作为修正 1956—1979 年天然年径流系列的依据。

2.2 地表水资源计算

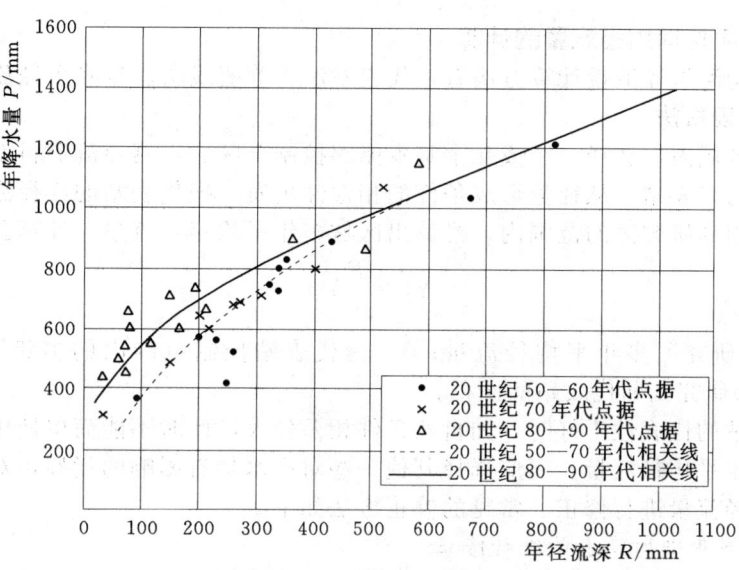

图 2.2 河北省某站 P-R 相关图

表 2.2　　河北省某站不同年降水量的 α 值和 β 值

P/mm	400	500	600	700	800	900	1000	1100
α/%	65	48	36	27	17	8	3	0
β	0.35	0.52	0.64	0.73	0.83	0.92	0.97	1.00

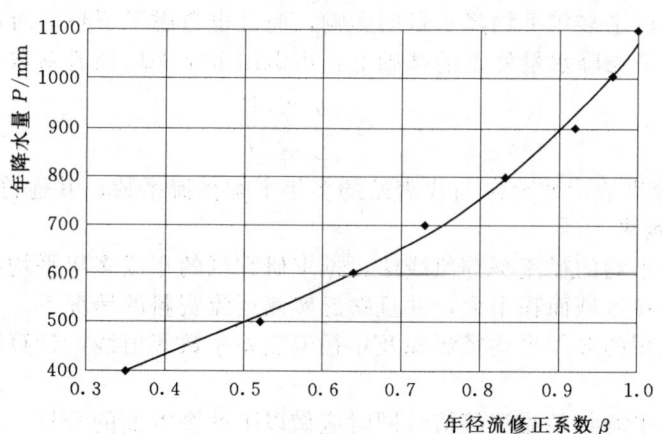

图 2.3 河北省某站 P-β 关系曲线

(4) 根据需要修正年份的降水量，从 P-β 关系曲线上查得修正系数，乘以该年修正前的天然年径流量，即可求得修正后的天然年径流量。

在年降水-径流关系图中，如果 20 世纪 80—90 年代相关线位于 50—70 年代相关线右侧，则表明年径流呈增加态势。在这种情况下，仍可以用前述公式计算 α 值和 β 值，但 α 为负值，β 值大于 1.0。

2.2.3 多年平均河川径流量的计算

多年平均河川径流量计算方法有：代表站法、等值线法、年降水径流关系法。

2.2.3.1 代表站法

在研究区域内，选择一个或几个基本能够控制全区、实测径流资料系列较长并具有足够精度的代表站，从径流形成条件的相似性出发，把代表站的年径流量，按面积比的方法移用到研究区的范围内，推算出区域多年平均年径流量。计算公式如下：

$$\overline{Y}_F = \frac{F}{f}\overline{Y}_f \tag{2.9}$$

式中：$\overline{Y}_F$ 为研究区多年平均径流量；$\overline{Y}_f$ 为代表站控制范围内的多年平均径流量；F、f 分别为研究区和代表站的面积。

当代表站的代表性不好时，如自然条件相差较大，此时不能简单地用面积为权重计算年与多年平均径流量，而应选择其他一些对产水量有影响的指标，对研究区的年与多年平均径流量进行修正。常见的修正方法如下。

1. 引用多年平均降水量进行修正

在面积为权重计算的基础上，再考虑代表站和研究区降水条件的差异，可进行如下修正：

$$\overline{Y}_F = \overline{Y}_f \frac{\overline{X}_F F}{\overline{X}_f f} \tag{2.10}$$

式中：$\overline{X}_F$、$\overline{X}_f$ 分别为研究区和代表站的多年平均降水量；其他符号意义同前。

2. 引用多年平均降水、多年平均年径流系数进行修正

该法不仅考虑了多年平均降水量的影响，而且也考虑了下垫面对产水量的综合影响，在引用多年平均降水量修正的基础上，再引用多年平均径流系数 α 进行修正：

$$\overline{Y}_F = \overline{Y}_f \frac{\overline{\alpha}_F \overline{X}_F F}{\overline{\alpha}_f \overline{X}_f f} \tag{2.11}$$

式中：$\overline{\alpha}_F$、$\overline{\alpha}_f$ 分别表示研究区与代表站的多年平均径流系数；其他符号意义同前。

2.2.3.2 等值线法

用年或多年平均的径流深等值线法，推求研究区的年或多年平均的径流深，是一种常用的方法。在区域面积不大，并且缺乏实测径流资料的情况下，可以借用包括该区在内的较大面积的多年平均径流深及年径流变差系数等值线，计算区域多年平均径流量。

在使用多年平均年径流深等值线图时应做以下两个方面的分析。

1. 成因分析

降雨是径流的来源，因此在使用径流深等值线时，应当充分注意降雨等值线图；另外地形地貌不仅影响降雨量，而且对径流可直接产生影响，径流是降雨与下垫面综合作用下的产物。下垫面包含地质、地貌、水文地质及植被等环境因素，下垫面对径流的影响较大。

用年径流与年降水地区分布进行对比检查。一般降水与径流的地区分布规律大体一致，可以通过年径流与年降水等值线的对比，论证等值线图的合理性，若二者

地区变化的总趋势以及高、低值的地区分布比较吻合，即可认为年径流等值线基本合理。

以年径流与流域平均高程的关系进行检查。通常随着流域高程的增加，地面坡度加大，气温降低，蒸发损失减小，在同样降水条件下径流深加大，为了验证径流深等值线图是否符合上述一般规律，可在径流等值线图上选择若干流域分区绘制多年平均年径流深与流域平均高程关系图，如图 2.4 所示。然后在研究区范围内选择几处无实测径流资料的天然流域，分别根据其流域平均高程，查图 2.4 得多年平均径流深，若其值基本在原等值线的范围内，说明等值线图是合理的。

2. 水量平衡控制

应使径流等值线平面与垂直方向上水量达到平衡。所谓面上水量平衡，是指用等值线图计算面的径流深与实测的径流深基本相近；所谓垂直方向水量平衡是指径流、降水和蒸发三要素之间互相协调，无突出矛盾。

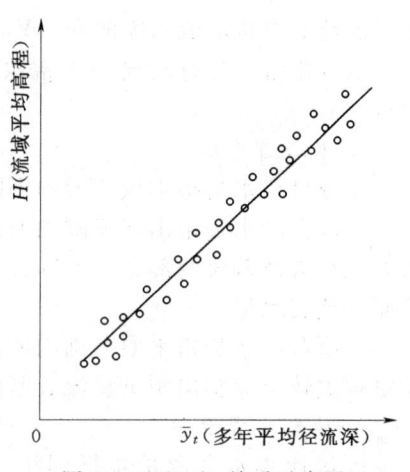

图 2.4 $H - \bar{y}_t$ 关系示意图

一般是选择大支流或独立水系控制站，自上游向下游逐级检查，其实测多年平均径流深与用等值线量算的径流深相对误差应不超过 ±5%，且无系统偏差，即认为合理。垂直方向上通过对年降水 X_t、年径流 Y_t、年陆面蒸发量 E_t 等值线图三要素之间的综合平衡分析进行检查，当计算的 $(X_t - Y_t)$ 与 E_t 之差的相对误差不大于 ±10%，且无系统偏差时，则年径流深等值线及其他等值线可认为是合理的。

2.2.3.3 年降水径流关系法

在代表区域内，选择具有充分实测降水、年径流资料的代表站，统计逐年面平均降水量、年径流深，建立年降水径流关系。如果计算区域与代表流域的自然地理条件比较接近，即可依据计算区域实测逐年面平均降水量，在年降水径流关系图上查得逐年径流深，乘以区域面积得逐年年径流量，其算术平均值即为多年平均年径流量。

2.2.4 地表水资源量统计

地表水资源的组成部分主要为入境水和本区域因降水而自产的水。由于山区与平原降水的下垫面因素差异较大，形成自产水的状况显著不同，因此常常要分别计算山区自产水和平原自产水。

1. 入境水

入境水是指从外域（或外省、自治区）流入本域（或本区）的地表水。它包括未经控制的天然输入境内的地表水和人为修建水库后有控制的往内输入的水两部分。其中水库拦蓄的河川径流量是要经过还原计算的水库控制天然入境地表水。

(1) 天然情况下的入境水，按入境代表水文站实测资料计算。

(2) 经水库调节控制的入境地表水（$Y_{进库}$）量，可按水库蓄水变化量（ΔW_h）、水库向下游放水量（$Y_{出库}$）等实测资料还原计算。

$$Y_{进库} = Y_{出库} - (\Delta W_h) \tag{2.12}$$

式中：$Y_{进库}$为进入水库的所有入境水量，m^3，包括入境河系水文站实测径流和水库周围流域上直接汇流入库的水；$Y_{出库}$为经人工控制放出水库的水量，m^3；ΔW_h为水库蓄水变化量，计算时段初末蓄水量之差，初时蓄水量大于末时蓄水量为正，反之为负。

2. 本域自产水

本域自产水是指本域范围内因降水或地下水溢出而产生的地表径流。

山区自产水是指山区范围内所产生的地表径流量，可按河流断面流量过程线分割出洪水径流及基流两部分。实际计算中，要分别计算入库地表水及未经拦蓄直接流入平原的地表水量。

平原自产水是指平原范围内所产生的地表径流量。同理，可按平原控制站断面流量过程大致上分割出雨洪径流及基流量。

3. 地表水资源量

区域地表水资源量是指同年（或多年平均）输入本域的入境水量与山区自产水量和平原区自产水量之和。在我国北方缺水地区，由于各流域实行水资源的梯级开发，上游修建了很多水库，入境水量常常迅速衰减，把入境水作为区域水资源的输入，其保证程度日趋降低，所以，计算本域境内自产的地表水资源总量更显重要。

2.2.5 地表水资源量年内分配

受多种因素综合影响的河川径流年内分配有很大差别，在开发利用水资源时，研究它具有现实意义。

1. 多年平均径流的年内分配

常用多年平均的月径流过程，多年平均的连续最大4个月径流百分率和枯水期径流百分率表示年内分配。

(1) 多年平均的月径流过程线常用直方图的形式，一目了然地表示出径流的年内分配，既直观又清楚。

(2) 多年平均连续最大4个月径流百分率是指连续最大4个月的径流总量占多年平均径流量的百分数。连续最大4个月径流量是在多年平均的月径流量中挑选而得。可以绘制百分率的等值线图，即将各流域的百分率及出现月份标在流域重心处，绘制等值线。也可按出现月份进行分区，一般同一分区中，要求出现月份相同，径流补给来源一致，天然流域应当完整，这样便于分析径流的年内变化规律。

(3) 枯水期径流百分率是指枯水期径流量与年径流量比值的百分数。根据灌溉、养殖、发电、航运等用水部门的不同要求，枯水期可分别选为5—6月、9—10月或11月至次年4月，用前述方法绘制相应时段径流量百分率等值线图，以供生产部门应用。

2. 不同频率年径流年内分配

(1) 典型年法。以典型年的年内分配作为相应频率设计年内分配过程，这种方法称为典型年法。选择典型年时，应当使典型年径流量接近某一保证率的径流量，并要求其月分配过程不利于用水部门的要求和径流调节。在实际工作中，可根据某一频率的年径流量，挑选年径流量接近的实测年份若干个，然后分析比较其月分配过程，从中挑选资料质量较好、月分配不利的年份为典型年，再用同倍比法求出设计年相应频率的径流年内分配过程。

（2）随机分析法。采用典型年法计算径流年内分配过程时，相同频率的不同年份的年径流量的年内分配形式往往有很大差别。用指定频率的年径流量控制选择典型年，由此确定不同需水期、供水期的水量分配，容易产生较大的误差。若根据需水期或供水期（季节或某一时段）逐年系列进行频率计算，求得不同频率的相应时段的水量，以此为控制选择典型年，将其径流分配过程作为该频率的径流年内分配过程，这种方法称为随机分析法。

3. 径流的年际变化

河川径流量的年际变化，可用年径流变差系数 C_v 值反映。一般情况下，年径流变差系数越大，径流年际间变化越大；反之亦然。此外，选择资料质量好、实测系列较长的代表站，通过丰、平、枯水年的周期分析及连丰、连枯变化规律分析研究河川径流量的多年变化。

年径流的周期变化规律可通过年径流模数差积曲线分析得到，因为差积曲线能够较好地反映年径流的丰枯变化，差积曲线形状即反映了年径流变化的周期。

年径流连续丰水和连续枯水变化规律的分析十分重要。目前采用实测系列长的代表站，通过对年径流系列的频率计算，按给定的丰枯水标准，统计分析连丰、连枯年出现的规律，提出研究区中连丰、连枯的年数及其概率，为水资源开发利用提供依据。

2.2.6 地表水资源可利用量

地表水资源可利用量是指在经济合理、技术可行及满足河道内用水量，同时顾及下游用水的前提下，通过蓄、引、提等地表水工程措施可能控制利用的河道外一次性最大水量（不包括回归水的重复利用）。当前对地表水资源可利用量的计算，通常采用的方法如下。

（1）扣损法。即选定某一频率的代表年，在已知该年的自产水量、入境水量基础上，扣除蒸发渗漏等损失，以及出境入海等不可利用的水量，求得该频率的地表水资源可利用量。

（2）根据现状大中型水利工程设施，对各河的径流过程以时历法或代表年法进行调节计算，以求得某一频率的地表水资源可利用量。

上述两种方法中，选择代表年具有一定的任意性，而时历法的调节计算不仅需要大量的相关资料，而且工作量繁杂。

2.3 地下水资源计算

2.3.1 地下水资源基本概念

地下水是指地下水体中积极参与水循环过程，而能不断得到更新的具有利用价值的那部分地下水,是地球上整个水资源的有机组成部分。地下水与地表水一样是人类社会赖以生存、发展的宝贵财富。

在以往的地下水分析评价中,经常运用苏联学者普洛特尼柯夫所提出的地下水静储量、调节储量、动储量和开采储量四大类。实践证明,上述4个概念不能全面反映地下水开发利用的各个方面。我国水文地质工作者于1979年从地下水资源开发利用角度提出了"补给量""储存量"和"允许开采量"三个基本概念。

1. 补给量

补给量是指通过边界层进入含水系统的水量,它包括大气降水入渗量、侧向地下水流入量、地表水渗入量、其他含水层越流补给量、人工增加的补给量等。

一般来说,地下水资源的补给量,既受外界补给条件的变化而变化,又因排泄基准或开采量的不同而不同。所以补给量是动态的变量。只有在补给源、排泄基准面或开采量相对稳定时,补给量才接近为一个常数。此外,同一地区的补给量还因是否处于开采条件下而有不同,如单纯处于天然补给排泄状态下,天然补给量只与上述补给种类的自身强度有关。而在开采条件下,增大了地下水开采影响半径的水力坡度,因而促进地下水流加速,增大地下水循环强度,所以大多数情况下,开采补给量都大于天然补给量。

2. 储存量

储存量是指储存于稳定含水层中的重力水体积。在含水层中处于季节水位变动带内的地下水量,是补给量的一部分,不应计入储存量内。

潜水含水层中,储存量的变化主要反映为水体积的变化,所以称为"容积储存量"($Q_{容储}$)。

$$Q_{容储} = \mu V \tag{2.13}$$

式中:V 为潜水含水层内水位变动带以下的体积;μ 为含水层的给水度。

承压含水层中,通过开采减压能释放出来的水量称为"弹性存储量"($Q_{弹储}$)。

$$Q_{弹储} = Fsh \tag{2.14}$$

式中:F 为含水层的分布面积;h 为承压含水层自顶板算起的测压高度;s 为承压含水层的储水系数。

3. 允许开采量

允许开采量是指现行技术经济条件下允许开发利用的地下水量。其允许界限包括以下两个方面。

(1) 不因开采而引起环境恶化、发生地面沉降、海水入侵等现象。

(2) 地下水动水位不超过设计要求,水质、水温变化在允许范围内。

允许开采量的计算公式为

$$W_{允许} = \mu \Delta h F \tag{2.15}$$

式中:μ 为地下水给水度;Δh 为地下水安全降深变幅;F 为开采区面积。

地下水是在不断补给和消耗中形成和发展的,天然状态下,地下水补给和消耗处于不断变化的动平衡中;人工开采后,地下水从天然动态向开采动态转化,达到开采条件下的新平衡。所以在开采前后,任何时刻任何地段的地下水,普遍地由补给量、储存量和排泄量三部分组成。

2.3.2 地下水资源的计算

2.3.2.1 山丘区地下水总补给量和总排泄量的计算

山丘区多年平均总补给量等于山丘区多年平均总排泄量，因此通常用山丘区地下水的排泄量近似作为山丘区地下水补给量。

山丘区地下水总排泄量包括河川基流量、河床潜流量、山前侧向流出量、未计入河川径流的山前泉水出露总量、山间盆地潜水蒸发量、浅层地下水实际开采的净消耗量等项。

1. 河川基流量 R_g

当地表径流消退完后，由地下水继续补给河流中的那一部分流量称为河川基流。出口断面的实测流量过程包括了地表和地下径流两部分，地下部分为河川基流。因此，可用直线斜割法分割河流流量年过程线如图 2.5 所示，自起涨点 a 至峰后无雨情况下退水段的转折点 b（又称为拐点）处，以直线相连，直线以下部分即为河川基流量。退水转折点 b 可用综合退水曲线法确定，即绘制逐年日平均流量过程线，选择峰后无雨、退水时间较长的退水段若干条，将各退水段在水平方向移动，使尾部重合，作出下包线即为综合退水曲线。把综合退水曲线绘在透明纸上，再在欲分割的流量过程线上水平移动，使其与实测流量过程线退水段尾部相重合，两条曲线的分叉处即为退水转折点 b。

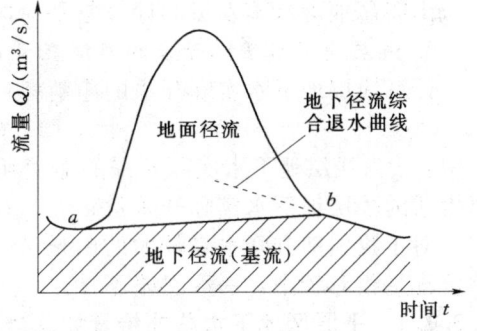

图 2.5 直线斜割法示意图

2. 河床潜流量 R_u

地下径流可分为浅层地下径流和深层地下径流，当透水层中间有不透水层隔开时，其上为浅层地下水，其下为深层地下水。所以，潜水是埋藏于地表以下、第一个稳定的隔水层以上具有自由水面的重力水。当河床中有松散沉积物时，松散沉积物中的径流量称为河床潜流量。河床潜流量未被水文站所测得，即未包括在河川径流量或河川基流量中，故应单独计算。计算公式为

$$R_u = KIFT \tag{2.16}$$

式中：R_u 为河床潜流量；K 为渗透系数；I 为水力坡度，一般用河底坡度代替；F 为垂直于地下水流方向的河床潜流过水断面面积；T 为河道或河段过水时间。

3. 山前侧向流出量 U_k

山前侧向流出量是指山丘区地下水通过裂隙、断层或溶洞以潜流形式直接补给平原沉积层的水量。计算公式为

$$U_k = KIFT \tag{2.17}$$

式中：U_k 为山前侧向流出水量；其他符号意义同前。

4. 未计入河川径流的山前泉水出露量 Q_s

山体中的地下水，沿裂隙、断层或溶洞向平原流动，在山丘区与平原区的交界带，受地形落差的影响，山丘区地下水出露地表，形成泉水。有些泉水通过地表水泄

入河道,这部分泉水已被下游河道水文站测到,包含在分割的河川基流之中。而有些泉水不泄入河道,在当地自行消耗,这部分泉水的总和称为未计入河川径流的山前泉水出露量。这一出露量可采用调查分析和统计的方法进行计算。

在调查分析山前泉水出露量时,应注意以下问题。

(1) 选择流量较大,水文地质边界清楚,有代表性的泉进行调查分析。若某泉代表性较好,但缺乏实测流量资料,则应进行泉水流量的观测,以取得分析区域内完整的泉水出露量资料。

(2) 若泉水受多年降水补给的影响,分析计算泉水流量与降水量关系时,应当以当年和以前若干年的降水资料作为分析依据。

(3) 对已经开发利用的泉水,除应调查现状泉水流量外,还应调查开采量,并将其还原计入现状泉水流量中,以取得天然情况下的泉水流量。

(4) 若所调查的泉水流量已包括在河川径流量中,则应在分析计算重复水量时加以说明,并将重复部分的泉水单独列出。

5. 山间盆地潜水蒸发量 E_g

山间盆地潜水蒸发量的计算与平原区潜水蒸发量计算方法相同。

6. 浅层地下水实际开采的净消耗量 q

计算浅层地下水实际开采的净消耗量的公式为

$$q = q_1(1-\beta_1) + q_2(1-\beta_2) \tag{2.18}$$

式中:q 为浅层地下水实际开采的净消耗量;q_1、q_2 分别为用于农田灌溉、工业及城镇生活的浅层地下水实际开采量;β_1、β_2 分别为井灌回归系数、工业用水回归系数。

对于我国南方降水量较大的山丘区,上述第 1 项基流占的比重较大,而第 2~6 项资源量相对较小,一般忽略不计。

2.3.2.2 平原区地下水总补给量和总排泄量的计算

平原区地下水资源是指地下水矿化度小于 2g/L 的平原淡水区的地下水资源。平原区又分为北方平原区(指黑龙江、辽河、海滦河、黄河、淮河、内陆河 6 个流域片)和南方平原区(指长江、珠江、浙闽台诸河等流域片)。

平原区地下水资源可以通过计算总补给量或总排泄量的途径获得。在有条件的地区,也可以同时计算两个量,以便互相验证。另外在平原区地下水资源计算中,一般还需计算可开采量,以便为水资源供需分析提供依据。

1. 北方平原区地下水总补给量的计算

北方平原地区地下水总补给量,包括降水入渗补给量、河道渗漏补给量、山前侧向流入补给量、渠系渗漏补给量、水库(湖泊及闸坝)蓄水渗漏补给量、渠灌田间入渗补给量、越流补给量、人工回灌补给量等项。

(1) 降水入渗补给量 U_p。降水入渗补给量是指当地降水平均年入渗补给地下水的水量,包括地表坡面漫流和洼地水渗入到土壤,并在重力作用下渗透补给含水层的水量。它是浅层地下水的重要补给来源(干旱区例外),计算公式为

$$U_p = 10^{-5} P \alpha F \tag{2.19}$$

式中:U_p 为年降水入渗补给量,亿 m^3;P 为多年平均降水量,mm;α 为多年平均年降水入渗补给系数;F 为接受降水入渗补给的计算面积,km^2。

(2) 河道渗漏补给量 U_r。当江河水位高于两岸地下水位时，河水渗入补给地下水的水量。应对每条骨干河道的水文特征和两岸地下水位变化情况进行分析，确定年内河水补给地下水的河段，逐段进行年内河道渗漏补给量计算。计算公式为

$$U_r = 10^{-8} KIFLT \tag{2.20}$$

式中：U_r 为单侧河道渗漏补给量，亿 m^3；K 为渗透系数，m/d；I 为垂直于剖面方向上的水力坡度；F 为单位长度河道垂直地下水流方向的剖面面积，m^2/m；L 为河道或河段长度，m；T 为河道或河段渗漏时间，$d/年$。

当河水位变化稳定时，对于岸边有钻孔资料的河流，可沿河道岸边切割渗流剖面，根据钻孔水位和河水位确定垂直于剖面的水力坡度。若河道（段）两岸水文地质相同，则以上式之2倍为该河道（段）渗漏补给量。

计算深度应是河水渗漏补给地下水的影响带的深度。当剖面为多层岩性结构时，K 值应取计算深度内各岩层渗透系数的加权平均值。

(3) 山前侧向流入补给量 U_k。山前侧向流入补给量是指山丘区山前地下水以地下径流的形式补给平原区浅层地下水的水量，计算方法与山前侧向流出量计算方法相同。

计算剖面应尽可能选在山丘区与平原区交界处，剖面方向应与地下水流向相垂直。水力坡度 I 值可选用平水年上下游浅层地下水水头差计算。若水力坡度小于 $1/5000$，可不计算山前侧向补给量。

(4) 渠系渗漏补给量 U_c、田间入渗补给量 U_f。渠系渗漏补给量是指干、支、斗、农、毛各级渠道在输水过程中，对地下水的渗漏补给量，由于渠道水位一般高于两岸地下水位，所以渠道输水对地下水产生渗漏补给。可采用渠系渗漏补给系数法计算，计算公式为

$$U_c = mW = r(1-\eta)W \tag{2.21}$$

式中：U_c 为渠系渗漏补给量，亿 m^3；m 为渠系入渗补给系数；W 为渠首引水量，亿 m^3；r 为渠系渗漏补给地下水系数；η 为渠系水有效利用系数。

田间入渗补给量是指灌溉水进入田间后，经过包气带渗漏补给地下水的水量，可用灌入田间的水量乘以渠灌田间入渗补给系数求得，计算公式为

$$U_f = \beta W \tag{2.22}$$

式中：U_f 为田间入渗补给量，亿 m^3；β 为田间入渗补给系数；W 为灌入田间的水量，亿 m^3。

(5) 水库（湖泊、闸坝）蓄水渗漏补给量 U_d。水库（湖泊、闸坝）蓄水渗漏补给量的计算公式为

$$U_d = (W_1 + P_d - E_d - W_2 + \Delta W)\beta \tag{2.23}$$

式中：U_d 为水库（湖泊、闸坝）蓄水渗漏补给量，亿 m^3；W_1 为进入水库（湖泊、闸坝）的水量，亿 m^3；P_d 为水库（湖泊、闸坝）水面上的降水量，亿 m^3；E_d 为水库（湖泊、闸坝）的水面蒸发量，亿 m^3；W_2 为水库（湖泊、闸坝）的出库水量，包括溢流量、灌溉引水量和经坝体渗入下游河道的水量等，亿 m^3；ΔW 为水库（湖泊、闸坝）的蓄水变化量（增加为正值，减少为负值），亿 m^3；β 为水库（湖泊、闸

(6) 越流补给量 U_j。越流补给量又称为越层补给量，主要指深层地下水水头高于浅层地下水水头的情况下，深层地下水通过弱透水层对浅层地下水的补给，计算公式为

$$U_j = 10^{-2} \Delta H F T K_e \tag{2.24}$$

式中：U_j 为越流补给量，亿 m^3；ΔH 为压力水头差（深层地下水水头与浅层地下水水头差），m；F 为接受越流补给的计算面积，km^2；T 为时段，d；K_e 为越流系数（弱透水层的渗透系数/弱透水层厚度），$m/(d \cdot m)$。

(7) 人工回灌补给量 q_m。人工回灌补给量是指通过井孔、河渠、坑塘或田面，人为地将地表水灌入地下，补给浅层地下水的水量。人工回灌补给地下水目前各地都持慎重态度，原因是现状地表水质较差，大规模的人工回灌会引起地下水质的恶化。人工回灌补给量按实际回灌量统计计算。

在补给量计算中除以上 7 项外，有时还要计算井灌回归补给量。该项是指井灌区提取地下水灌溉，灌溉水入渗补给地下水的水量。这一补给量可用地下水实际开采量中用于井灌部分乘以井灌回归补给系数求得。另外越流补给量及人工回灌补给量一般相对较小，且资料不易齐全，通常忽略不计。

2. 南方平原区地下水总补给量的计算

南方平原区河渠纵横，雨量充沛，地下水埋藏较浅，以垂直补给为主，即以降水和灌溉入渗为主。

南方平原区地下水总补给量包括旱地降水入渗补给量、河道渗漏补给量、山前侧渗补给量、旱地渠系渗漏补给量、旱地灌溉田间入渗补给量、水库（湖泊、闸坝）蓄水渗漏补给量、水田生长期降水入渗和灌溉入渗补给量、水田旱作期降水入渗补给量。

南方平原区补给量的计算分水田和旱地两种情况，水田又分为水旱轮作两个阶段。其他各项补给量的计算同北方平原区。

(1) 水稻生长期降水入渗和灌溉入渗补给量 Q_1。由于水稻生长期降水和灌溉水对地下水的补给难以区分，可合并按式（2.25）计算：

$$Q_1 = 10^{-5} \phi F_r T \tag{2.25}$$

式中：Q_1 为水田生长期的降水、灌溉入渗补给量，亿 m^3，可按水稻生长期有效降水量与同期灌溉水量间比例关系，分别确定降水入渗补给量和灌溉入渗补给量；ϕ 为水田入渗率，mm/d；F_r 为计算区内水稻田面积，km^2；T 为水稻生长期（包括泡田期）天数，d。

(2) 水田旱作期降水入渗补给量 Q_2。水田旱作期的降水入渗补给量的计算公式为

$$Q_2 = 10^{-5} \alpha P_{rd} F_r \tag{2.26}$$

式中：Q_2 为水田旱作期降水入渗补给量，亿 m^3；α 为降水入渗补给系数；P_{rd} 为水田面积上旱作期降水量，mm；F_r 为计算区内水田面积，km^2。

(3) 旱地降水入渗补给量 Q_3。除水田、水面以及房屋、道路等不透水面积外的旱地，其补给量计算公式为

$$Q_3 = 10^{-5} \alpha P_d F_d \tag{2.27}$$

式中：Q_3 为旱地降水入渗补给量，亿 m^3；α 为降水入渗补给系数；P_d 为旱地面积上的年降水量，mm；F_d 为旱地面积，包括计算区内荒地、林地等面积，km^2。

3. 北方平原区地下水总排泄量的计算

按排泄形式，可将排泄量分为潜水蒸发、人工开采净消耗、河道排泄、侧向流出和越流排泄等。

(1) 潜水蒸发量 E_g。潜水蒸发量是指在土壤毛细管作用下，浅层地下水沿着毛细管不断上升，形成了潜水蒸发量。潜水蒸发量的大小，主要取决于气候条件、潜水埋深、包气带岩性以及有无作物生长等。采用潜水蒸发系数法计算，计算公式为

$$E_g = 10^{-5} E_0 C F \tag{2.28}$$

式中：E_g 为潜水蒸发量，亿 m^3；E_0 为年水面蒸发量，mm；C 为潜水蒸发系数；F 为计算面积，km^2。

一般情况下，陆面蒸发能力越大，地下水埋深越浅，潜水蒸发量也越大。

(2) 浅层地下水实际开采净消耗量 q。浅层地下水实际开采净消耗量是地下水开发利用程度较高地区的一项主要排泄量，包括农业灌溉用水开采净消耗量和工业、城市生活用水开采净消耗量。

农业灌溉用水量一般采用水利部门的实际调查统计成果。在缺乏上述成果时，可采用灌水定额法来确定，计算公式为

$$Q = Q_i F n N \tag{2.29}$$

式中：Q 为农业灌溉用水量，m^3；Q_i 为灌水定额，m^3/亩；F 为灌溉面积，亩；n 为灌水次数；N 为复种指数。

工业、城市生活用水量由统计调查取得，可根据具体供水部门逐个调查统计。

根据农业灌溉用水量和工业城市生活用水量及井灌回归系数、工业用水回归系数，可按式（2.18）计算 q 值。

(3) 河道排泄量 Q_r。当江河水位低于岸边地下水位时，平原区地下水排入河道的水量称为河道排泄量。采用地下水动力学法计算，为河道渗漏补给量的反运算，计算公式同式（2.20）。

(4) 侧向流出量 Q_k。当区外地下水位低于区内地下水位时，通过区域周边流出本计算区的地下水量称为侧向流出量，计算公式同式（2.17）。

(5) 越流排泄量 Q_j。当浅层地下水位高于当地深层地下水位时，浅层地下水向深层地下水排泄称为越流排泄。计算公式同式（2.24）。

4. 南方平原区地下水总排泄量的计算

南方平原区水稻生长期（包括泡田期，不包括晒田期），田面呈积水状态，没有潜水蒸发。因此，南方平原区可近似地用河道排泄量与旱地潜水蒸发量、水田旱作期潜水蒸发量的总和代表总排泄量。

(1) 河道排泄量 Q_r。根据实测或推算的平原区河川径流资料，采用平原区多年平均基流量与多年平均河川径流量的比值，计算平原区多年平均河道排泄量。有条件时，可根据多年平均河道水位和岸边水井水位资料（无水井时也可用坑塘水位代替）用达西公式计算河道排泄量，为河道渗漏补给量的反运算，计算公式同式（2.20）。

(2) 潜水蒸发量 E_g。潜水蒸发量的计算公式为

$$E_g = E_{rd} + E_d \tag{2.30}$$

$$E_{rd} = 10^{-5} E_{ord} C F_r \tag{2.31}$$

$$E_d = 10^{-5} E_{od} C F_d \tag{2.32}$$

式中：E_g 为潜水蒸发量，亿 m^3；E_{rd} 为水田旱作期潜水蒸发量，亿 m^3；E_d 为旱地面积上潜水蒸发量，亿 m^3；E_{ord} 为水田旱作期水面蒸发量，mm；C 为潜水蒸发系数，可根据典型地区成果类比移用或根据土壤类型、地下水埋深等选用经验数据；F_r 为水田面积，km^2；E_{od} 为旱地相应地区的水面蒸发量，mm；F_d 为旱地面积，km^2。

2.3.2.3 地下水可开采量的计算

地下水资源受开采条件的限制，往往不能被全部开采利用。因此，需对地下水资源量中的可开采量进行评价。

地下水可开采量是指在经济合理、技术可能且不发生因开采地下水而造成水位持续下降、水质恶化、海水入侵、地面沉降等环境地质问题和不对生态环境造成不良影响的情况下，允许从含水层中取出的最大水量，地下水可开采量应小于相应地区地下水总补给量。地下水可开采量是开发利用地下水资源的一项重要数据，它是在一定限期内既有补给保证，又能从含水层中稳定取出的开采量。要保持稳定的开采量，在开采期间就要有一定的补给量与之平衡，没有补给保证的开采量，只能代表开采能力，而没有稳定性；同样，取不出来的储存量只能是天然资源，而不是开采资源。

地下水可开采量计算方法很多，但一般不宜采用单一方法，而应同时采用多种方法并将其计算成果进行综合比较，从而合理地确定可开采量。

分析确定可开采量的方法有：实际开采量调查法、开采系数法、多年调节计算法、类比法、平均布井法等。

1. 实际开采量调查法

实际开采量调查法适用于浅层地下水开发利用程度较高、开采量调查统计较准、潜水蒸发量较小、水位动态处于相对稳定的地区。若平水年年初、年末浅层地下水位基本相等，则该年浅层地下水实际开采量便可近似地代表多年平均浅层地下水可开采量。例如，北京市 1978 年平原区平均降雨量为 674.2mm，接近多年平均降水量 625.1mm，可视为平水年。根据实际观测资料与机井利用情况调查统计，地下水工农业总开采量为 18.8 亿 m^3，接近多年平均补给量 20.1 亿 m^3。中心地区、大兴、通州及山前地区，因工业用水集中开采造成了地下水位下降，而平谷、房山、昌平南部和顺义东南部地区，地下水位则上升，故 1978 年地下水工农业总开采量 18.8 亿 m^3 可作为地下水可利用量的近似值。

2. 开采系数法

在浅层地下水有一定开发利用水平的地区，通过对多年平均实际开采量、水位动态特征、现状条件下总补给量等因素的综合分析，确定出合理的开采系数值，则地下水多年平均可开采量等于开采系数与多年平均条件下地下水总补给量的乘积。

在确定地下水开采系数时，应考虑浅层地下水含水层岩性及厚度、单井单位降深出水量、平水年地下水埋深、年变幅、实际开采模数和多年平均总补给模数等因素。

3. 平均布井法

根据当地地下水开采条件，确定单井出水量、影响半径、年开采时间，在计算区内进行平均布井，用这些井的年内开采量代表该地区地下水的可开采量，计算公式为

$$Q_{me} = 10^{-8} q_s N t \tag{2.33}$$

$$N = \frac{10^6 F}{F_s} = \frac{10^6 F}{4R^2} \tag{2.34}$$

式中：Q_{me} 为多年平均可开采量，亿 m^3；q_s 为单井出水量，m^3/h；N 为计算区内平均布井数，眼；t 为机井多年平均开采时间，h；F 为计算区布井面积，km^2；F_s 为单井控制面积，m^2；R 为单井影响半径，m。

单井出水量的计算，必须在广泛收集野外抽水试验资料的基础上进行。该法不属于水均衡法，采用此法时应注意与该地区现状条件下多年平均浅层地下水总补给量相验证（一般应小于现状条件下多年平均浅层地下水总补给量）。

2.3.3 地下水开采前后补给量、排泄量、储存量、开采量之间的平衡关系

在一个地下水均衡单元（某一地下水流域、某一含水层的开采地段）内，开采前的某一时段内地下水的均衡式为

$$Q'_{mf} = Q'_d + \Delta Q_{st} \tag{2.35}$$

式中：Q'_{mf} 为地下水天然补给量；Q'_d 为地下水的天然排泄量；ΔQ_{st} 为该时段内地下水储存量变化，增加取正值，减少取负值。

多年平均时，式（2.35）可近似地表示为

$$Q'_{mf} \approx Q'_d \tag{2.36}$$

地下水开采后，引起天然状态下补排关系的变化，补给量增加，人工排泄量（即开采量）增加，而天然排泄量（包括蒸发量、地下径流量）减少。因此，天然状态的动平衡被破坏，建立了开采条件下新的平衡。此时，地下水均衡式为

$$Q_{me} = Q_{mf} - Q_d - \Delta Q_{st} \tag{2.37}$$

式中：Q_{me} 为地下水开采量；Q_{mf} 地下水开采状态下的补给量；Q_d 为地下水开采状态下的排泄量。

开采状态下的 Q_{mf} 和 Q_d 与天然状态下的 Q'_{mf} 和 Q'_d 之间有如下关系：

$$Q_{mf} = Q'_{mf} + \Delta Q_{mf} \tag{2.38}$$

$$Q_d = Q'_d - \Delta Q_d \tag{2.39}$$

式中：ΔQ_{mf} 为开采后增加的补给量；ΔQ_d 为开采后减少的天然排泄量。

将式（2.38）、式（2.39）代入式（2.37）得

$$Q_{me} = (Q'_{mf} + \Delta Q_{mf}) - (Q'_d - \Delta Q_d) - \Delta Q_{st} \tag{2.40}$$

考虑到式（2.36），可得

$$Q_{me} = \Delta Q_{mf} + \Delta Q_d + (-\Delta Q_{st}) \tag{2.41}$$

从式（2.41）可看出，地下水的开采量由增加的补给量、减少的天然排泄量和含水层所提供的一部分储存量三部分组成。式（2.41）中 ΔQ_{st} 前的负号表示含水层中

储存量的减少。

在开采过程中上述三个部分并不是固定不变的。

在补给条件良好且在时间上又较稳定的地方，开采区地下水的降落漏斗扩展到一定程度后，开采量与增加的补给量和减少的天然排泄量之间达到平衡，此时储存量的变化等于零（即 $-\Delta Q_{st}=0$），此时式（2.41）变为

$$Q_{me}=\Delta Q_{mf}+\Delta Q_d \tag{2.42}$$

如果地下水位不再下降，漏斗趋向稳定，平衡也趋向稳定，地下水由非稳定流动转向稳定流动，成为稳定型水源地。

当地下水补给条件差，增加的天然补给量和减少的天然排泄量不能抵偿开采量时，则需长期消耗储存量。这时，随着地下水位持续下降，降落漏斗不断扩大，便形成了非稳定型水源地，为了补充消耗了的储存量，可采用人工补给方法，使其达到在某一降深下的稳定平衡。

如果一个地下水盆地补给量不大，即使储存量很大也是无源之水，长期开采必然导致含水层疏干；反之，虽然含水体规模不大，储存量有限，但补给量丰富，则开采量便可源源不断得到补充，地下水便成了取之不竭的财富。

2.4 水资源总量计算

2.4.1 水资源总量的概念

地表水、土壤水、地下水是陆地上普遍存在的三种水体。地表水主要有河流水和湖泊水，由大气降水、高山冰川融水和地下水所补给，以河川径流、水面蒸发、土壤入渗的形式排泄。地下水为储存于地下含水层的水量，由降水和地表水的下渗所补给，以河川径流、潜水蒸发、地下潜流的形式排泄。土壤水为存在于包气带的水量，上面承受降水和地表水的补给，下面接受地下水的补给，主要消耗于土壤蒸发和植物蒸腾，一般是在土壤含水量超过田间持水量的情况下才下渗补给地下水或形成壤中流汇入河川，所以它具有供给植物水分并连通地表水和地下水的作用。降水、地表水、土壤水、地下水之间的转化，称为"四水转化"。

在一个区域内，如果把地表水、土壤水、地下水作为一个整体看待，则天然情况下的总补给量为降水，总排泄量为河川径流量、总蒸散发量、地下潜流量之和。总补给量与总排泄量之差为区域内地表、土壤、地下的蓄水变量。一定时段内的区域水量平衡公式为

$$P=R+E+U_g+\Delta U \tag{2.43}$$

式中：P 为降水量；R 为河川径流量；E 为总蒸发量；U_g 为地下潜流量；ΔU 为地表、土壤、地下的蓄水变量。

在多年均衡情况下蓄变量可以忽略不计，式（2.43）可简化为

$$P=R+E+U_g \tag{2.44}$$

将河川径流量划分为地表径流量 R_s 和河川基流量 R_g，将总蒸散发量划分为地表蒸散发量 E_s 和潜水蒸发量 E_g，于是式（2.44）可改写为

$$P = R_s + R_g + E_s + E_g + U_g \tag{2.45}$$

根据地下水多年平均补给量与多年平均排泄量相等的原理,在没有外区来水的情况下,区域内地下水的降水入渗补给量 U_p 应为河川基流量、潜水蒸发量、地下潜流量等三项之和,即

$$U_p = R_g + E_g + U_g \tag{2.46}$$

将式（2.46）代入式（2.45），可得到区域内降水与地表径流、地下径流、地表蒸散发的平衡关系,即

$$P = R_s + U_p + E_s \tag{2.47}$$

以 W 代表区域水资源总量,它应等于当地降水形成的地表、地下的产水量之和,即

$$W = P - E_s = R_s + U_p \tag{2.48}$$

或

$$W = R + E_g + U_g \tag{2.49}$$

式（2.48）和式（2.49）是将地表水和地下水统一考虑的区域水资源总量计算公式,前者把河川基流量归并入地下水补给量中,后者把河川基流量归并入河川径流量中,可以避免水量的重复计算。潜水蒸发可以由地下水开采而夺取,故把它作为水资源量的组成部分。

在实际工作中,由于资料条件的限制,直接采用式（2.48）和式（2.49）计算区域水资源总量比较复杂,而是将地表水和地下水分别计算,再扣除两者的重复计算量来计算水资源总量。

2.4.2 水资源总量计算

地表水和地下水是水资源的两种表现形式,它们之间互相联系而又相互转化。由于河川径流量中包括一部分地下水排泄量,而地下水补给量中又包括了一部分地表水的入渗量,因此将河川径流量与地下水补给量两者简单地相加作为水资源总量,成果必然偏大,只有扣除两者之间的重复水量才等于真正的水资源总量。一定区域多年平均水资源总量计算公式为

$$W = R + Q - D \tag{2.50}$$

式中：W 为多年平均水资源总量；R 为地表水资源量（多年平均河川径流量）；Q 为地下水资源量（多年平均地下水补给量）；D 为地表水和地下水互相转化的重复水量（多年平均河川径流量与多年平均地下水补给量之间的重复量）。

若区域内的地貌条件既包括山丘区又包括平原区,在计算区域多年平均水资源总量时,应首先将计算区域划分为山丘区和平原区两大地貌单元,然后再分别计算式（2.50）中的各项数值。

2.5 水资源可利用量

水资源是重要的自然资源和经济资源,对水资源的开发利用应有一定的限度,既不可能,也不应该用光耗尽。因此,在水资源评价工作中,不仅要评价水资源的数量,还要搞清水资源的可利用量,为合理的配置水资源提供科学依据。

2.5.1 叠加法评价水资源可利用量

为确定一个地区水资源的最大可利用量,可将地表水可利用量和地下水可开采资源量叠加起来,以此去评价地区的水资源可利用总量。

叠加不是简单的累加。由于地表水可利用量、地下水可开采资源量不仅在一年之中有变化,在多年气象周期中还有丰水年、平水年及枯水年之分,对于动态资源来说,即年际变化决定了必须是相同年的累加。据此,其叠加可以有以下方式。

(1) 典型年地表水可利用量与地下水可开采资源量之和,依此评价地区的水资源可利用总量。

(2) 逐年地表水可利用量与地下水可开采资源量之和,依此统计其最大、最小、平均值等,以此评价地区水资源可利用总量的年际变化特征。

(3) 平均年地表水可利用量与地下水可开采资源量之和,依此评价正常年的水资源可利用总量。平均年是指在地表水可利用量多年系列与地下水可开采资源量多年系列同步长的情况下,统计出的多年平均值,在不能达到统计平均值所要求的资料系列情况下,要根据其与降水资料系列的相关分析进行必要的插补延长。

2.5.2 保证率曲线法评价水资源可利用总量

1. 保证率曲线的绘制

(1) 统计历年地表水可利用量、地下水可开采资源量的系列资料,进行频率计算。

(2) 分别统计两资料系列的统计参数(均值 $\overline{Q}_k$、变差系数 C_v、偏差系数 C_s)。

(3) 按统计计算的 $\overline{Q}_k$、C_v、$C_s = 2C_v$ (或 $C_s = 3C_v = \cdots$)等,依选取的分布函数(如 Pearson-Ⅲ型),按该三参数查现成的概率表,再分别绘制不同的理论频率曲线。理论频率曲线要同经验频率曲线按相同的坐标绘制在一起。

(4) 把理论与经验频率曲线拟合最好的参数 C_v、C_s 作为评价用保证率曲线参数。

(5) 按选定参数计算出不同地表水可利用量、不同地下水可采资源量的保证率,并分别绘制保证率曲线。

(6) 把上述两保证率曲线叠加,即将相同保证率的地表水可利用量同地下水可采资源量相加,得到不同保证率的水资源可利用量,并绘制叠加后的保证率曲线,以此作为评价地区水资源可利用量的依据。

2. 不同保证率下水资源可利用总量的确定

根据给出的枯水年(保证率 $P = 87.5\% \sim 95\%$)、偏枯水年($P = 62.5\% \sim 87.5\%$)、平水年($P = 50\%$)、偏丰水年($P = 12.5\% \sim 37.5\%$)、丰水年($P > 12.5\%$)的年型,利用叠加后的水资源可利用量保证率曲线,可以查得相应年型的水资源可利用总量。

水资源可利用总量应结合地区实际需要和现有引水取水工程的供水能力而确定,水资源可利用总量的确定,对于评价水资源余缺和建立开源工程,以提高供水能力等许多实际问题,以及评价地区性缺水或有否开源潜力,预测发生水源危机都具有现实意义。

2.5.3 提高地区水资源可利用量的途径

水资源的地下调蓄问题是当今水资源高效利用的热点问题,许多水文地质专家研究水资源地下调蓄（又称"地下水库研究"）问题，但解决不了调蓄的容水水源问题。而水库或水利工程专家在实施水库多年调节的运行调度管理时，要遇到放水排沙和防洪弃水，客观存在弃蓄矛盾，但这为地下水库的调蓄提供了可利用的水源。因此，把两者结合起来，从地表水、地下水联合调蓄的新观念出发，研究采用适当的方法和途径，把水库弃水的一部分或大部分用地下水库调蓄的办法拦截在本区域，可以大大提高当地水资源可利用量。也就是说，要扩大水资源可利用量，就必须利用地下含水层所具有的调蓄功能，发挥所谓"地下水库"的作用，把地表水难以控制利用的部分，尽可能多地转蓄到地下含水层储存起来。

提高区域水资源可利用量的途径如下。

（1）按照地表水和地下水综合利用的思路重新修订和完善流域水资源开发利用规划。已有的流域水资源开发利用规划在处理上游与下游、地表水与地下水、资源开发与生态环境保护等关系方面，以及水资源在工业、农业、城市、矿山、生态建设等方面的合理配置上存在诸多问题，尤其是西北内陆盆地下游地区荒漠化严重等问题。因此，有必要对已有规划进行修订和完善。水资源开发利用规划必须以实现水资源的可持续利用为目标、保持生态环境的良性循环为前提，坚持地表水和地下水联合调配、上下游兼顾、综合利用的原则。

（2）修建地下水库，进行地表水地下水联合调蓄。地表水与地下水联合调蓄，就是利用雨洪期多余的地表水，通过天然或人工调蓄工程，把地表水灌入地下储备起来，在缺水的时候再提取出来使用。地下调蓄有很多的优点，如不占地、几乎不蒸发或蒸发损失小、水质稳定、投资小、成本低等，无论是经济效益还是生态环境效益都是比较好的。虽然地表水库对水资源是一个重要的调蓄手段，但库容有限，且由于干旱地区的强烈蒸发，造成的损失浪费很大。尤其是西北地区目前修建的平原水库，水不深，分布面积大，水的蒸发损失很大。因此，北方干旱地区的平原水库应逐渐摒弃，逐步用地下水库来取代地表平原水库。

利用地下空间进行水资源调蓄，是当前世界各国为有效利用水资源和保护生态环境所采取的重要工程措施。2000年世界水均衡预测报告指出，需要调节和控制的不稳定洪水流量，其中60%左右将要利用地下库容调节。美国21世纪水资源战略研究成果提出：地表水库是20世纪水资源最主要的调控手段，而地下水库则是21世纪水资源调控的最主要手段。以色列的人工补给工程有非常成功的经验，美国、荷兰等国家都在大力修建地下水库工程。我国上海在20世纪80年代开展了"冬灌夏用"和"夏灌冬用"的人工回灌工程；北京利用橡皮坝、回灌坑进行的回灌试验；山东烟台大姑夹河、龙口黄水河地下水库工程等，对于调蓄和有效利用水资源均收到了显著的成效。初步分析，我国北方主要缺水区的一些山前平原，如太行山东麓河流冲洪积扇的上中部、甘肃河西走廊、新疆天山北麓山前平原等，有地下调蓄库容1000亿 m^3 以上，占全国地表水库总库容的1/4，有较强的调蓄能力。因此，在利用山区地表水库进行调蓄水资源的同时，发展地下水库，进行地表水和地下水的人工调蓄和联合调度，可充分接纳和利用雨洪资源，实行以丰补歉，最大限度地利用水资源，既能缓解水资源短缺的矛盾，又能防止水土流失，改善生态环境，是一项意义重大的战略工程，应大力推进地下水人工调蓄工作。

第 3 章

水资源合理利用与节约

3.1 概 述

随着人类文明的进步与发展，水资源的需求量也在不断增加。特别是第二次世界大战以后，世界经济发展突飞猛进，用水量急剧增加。1949—2023 年的 74 年间，世界人口翻了近两番，总数从 23 亿增加到 80.86 亿，同期，人均用水量也翻了一番。人口和人均用水量的增长，直接导致过去半个多世纪的全球用水量增加了 4 倍多。2014 年全球人均用水约 540m^3，用水总量约占可利用再生淡水资源量的 10% 左右（世界银行 WBDI 数据库）。由于淡水资源在地区上分布极不均匀，各国人口和经济的发展也很不平衡，用水的迅速增长已使世界许多国家或地区出现了用水紧张的局面。在全球 80 多亿人口中，约有 10% 的人口生活在用水高度紧张的国家或地区内，还有 1/4 的人口生活在即将面临用水严重紧张的国家与地区内。

1977 年在阿根廷马德普拉塔召开的联合国水事大会，就向全世界发出警告：水不久将成为严重的社会危机，石油危机之后的下一个危机便是水危机。1992 年在里约热内卢召开的联合国环境与发展大会上，100 多个国家元首和政府首脑，通过了《二十一世纪议程》，提出"水不仅是地球上一切生命所必需，而且对一切社会经济部分具有生死攸关的重要意义"。1993 年 1 月 18 日，第四十七届联合国大会作出决定，确定每年的 3 月 22 日为"世界水日"，旨在推动对水资源进行综合性统筹规划和管理，加强水资源保护，解决日益严重的淡水缺乏问题，开展广泛的宣传以提高公众对开发和保护水资源的认识。水资源的合理利用与节约已成为国际社会的共识。

新中国成立以来，我国水源工程建设取得了辉煌成就，全国供水量成倍增长，供水不断满足人口增长和经济快速发展的需要，为国民经济发展做出了巨大贡献。1949—1999 年的 50 年内，我国人口增长了 1.3 倍，国内生产总值（GDP）增长了 30 倍（按可比价计算），用水总量增加了 4 倍多。1980 年以前，水资源利用以农业用水为主，灌溉农业有了很大的发展。1980 年以后，用水结构有了很大的变化，用水的增长以工业和城市生活用水为主，农业用水的增长缓慢，工业和城市用水的比重增加,农业用水的比重下降。新中国成立以来全国用水的增长情况见表 3.1。随着经济社会的发展和科学技术的进步,2005 年以来,工业用水和农业用水占比稳中有降,生活用水占比逐渐上升,生态补水占比虽小但增速较快。

表 3.1　　　　　　　　　　新中国成立以来全国用水增长情况

年份	农业		工业		生活		生态		总量 /亿 m³	人均 /m³
	用水量 /亿 m³	占比 /%	用水量 /亿 m³	占比 /%	用水量 /亿 m³	占比 /%	用水量 /亿 m³	占比 /%		
1949	1001	97.1	24	2.3	6	0.6	—	—	1031	187
1959	1938	94.6	96	4.7	14	0.7	—	—	2048	316
1980	3912	88.2	457	10.3	68	1.5	—	—	4437	450
2000	3784	68.8	1139	20.7	575	10.5	—	—	5498	430
2005	3583	63.6	1284	22.8	676	12.0	90	1.6	5633	432
2010	3692	61.3	1445	24.0	765	12.7	120	2.0	6022	450
2015	3851	63.1	1337	21.9	793	13.0	122	2.0	6103	445
2020	3612	62.1	1030	17.7	863	14.9	307	5.3	5813	412

注　1. 2000 年及以前的生活用水是指城镇生活用水(含公共用水),之后的生活用水包括城镇和农村生活用水。
　　2. 2020 年受新冠疫情影响,工业用水量有所下降。
　　3. 表中数据来自《中国水资源公报》。

我国淡水资源的人均占有量低,其时空分布变异性又特别大,水资源与土地资源不相匹配,生态环境相当脆弱。目前,我国北方水资源开发利用程度很高,不少河流超过 50%,20 世纪 70 年代以来频频出现河道断流和湖泊洼淀萎缩等生态环境问题;南方水网地区,因用水后的超标排放,水体污染及富营养化现象严重;西北干旱半干旱地区,经济用水大量挤占生态用水,使荒漠化趋势蔓延;西南山区,坡陡、田高水低,水资源开发利用困难,水土保持工作艰巨。从全国来看,水资源现状承载能力和生态环境容量明显不足。由于气候因素的影响,南涝北旱的情况较为突出,北方地区水资源量减少趋势明显,水资源问题已成为当前影响我国社会发展的瓶颈。我国水资源问题主要表现在以下几个方面:一是干旱缺水,水资源供需矛盾尖锐;二是洪涝灾害频繁,造成损失严重;三是水污染严重,导致水质性缺水;四是生态用水不能保证,导致生态环境恶化;五是水资源管理亟待加强。

21 世纪是我国进入全面建设小康社会、加快推进国家现代化的发展阶段,经济和社会将进一步发展。尤其是 21 世纪的上半叶,GDP 将成倍增长,水资源能否既满足城市生活、工农业各行业用水需求,又保护好生态环境不再继续恶化,将成为我国水资源面临的时代挑战。

2002 年以前《中国水资源公报》的用水量都是按农业、工业、生活三大类用户统计,其中,农业用水包括农田灌溉用水和林牧渔用水;生活用水包括城镇居民、公共用水和农村居民、牲畜用水;工业用水为取用的新水量,不包括企业内部的重复利用量。2003年以后《中国水资源公报》的用水量既按农业、工业、生活三大类用户统计,同时又按居民生活、生产、生态三大类用水统计。

2000年《全国水资源综合规划技术细则》规定了国民经济行业和生产用水行业分类对照见表3.2、用水户分类及其层次结构见表3.3。

表 3.2　　　　　　　　　国民经济行业和生产用水行业分类表

三大产业	7 部门	17 部门	40 部门（投入产出表分类）	部门序号
第一产业	农业	农业	农业	1
第二产业	高用水工业	纺织	纺织业、服装皮革羽绒及其他纤维制品制造业	7、8
		造纸	造纸印刷及文教用品制造业	10
		石化	石油加工及炼焦业、化学工业	11、12
		冶金	金属冶炼及压延加工业、金属制品业	14、15
	一般工业	采掘	煤炭采选业、石油和天然气开采业、金属矿采选业、非金属矿采选业、煤气生产和供应业、自来水的生产和供应业	2、3、4、5、25、26
		木材	木材加工及家具制造业	9
		食品	食品制造及烟草加工业	6
		建材	非金属矿物制品业	13
		机械	机械工业、交通运输设备制造业、电气机械及器材制造业、机械设备修理业	16、17、18、21
		电子	电子及通信设备制造业、仪器仪表及文化办公用机械制造	19、20
		其他	其他制造业、废品及废料	22、23
	电力工业	电力	电力及蒸汽热水生产和供应业	24
	建筑业	建筑业	建筑业	27
第三产业	商饮业	商饮业	商业、饮食业	30、31
	服务业	货运邮电业	货物运输及仓储业、邮电业	28、29
		其他服务业	旅客运输业、金融保险业、房地产业、社会服务业、卫生体育和社会福利业、教育文化艺术及广播电影电视业、科学研究事业、综合技术服务业、行政机关及其他行业	32、33、34、35、36、37、38、39、40

注　1997年国家颁布的40部门为投入产出表的分类口径,与统计年鉴分类口径略有不同,可参考投入产出口径统计。

表 3.3　　　　　　　　　　用水户分类及其层次结构

一级	二级	三级	四级	备注
生活	生活	城镇生活	城镇居民生活	仅为城镇居民生活用水（不包括公共用水）
		农村生活	农村居民生活	仅为农村居民生活用水（不包括牲畜用水）

续表

一级	二级	三级	四级	备注
生产	第一产业	种植业	水田	水稻等
			水浇地	小麦、玉米、棉花、蔬菜、油料等
		林牧渔业	灌溉林果地	果树、苗圃、经济林等
			灌溉草场	人工草场、灌溉的天然草场、饲料基地等
			牲畜	大、小牲畜
			鱼塘	鱼塘补水
	第二产业	工业	高用水工业	纺织、造纸、石化、冶金
			一般工业	采掘、食品、木材、建材、机械、电子、其他［包括电力工业中非火（核）电部分］
			火（核）电工业	循环式、直流式
		建筑业	建筑业	建筑业
	第三产业	商饮业	商饮业	商业、饮食业
		服务业	服务业	货运邮电业、其他服务业、城市消防用水、公共服务用水及城市特殊用水
生态环境	河道内	生态环境功能	河道基本功能	基流、冲沙、防凌、稀释净化等
			河口生态环境	冲淤保港、防潮压咸、河口生物等
			通河湖泊与湿地	通河湖泊与湿地等
			其他河道内	根据河流具体情况设定
	河道外	生态环境功能	湖泊湿地	湖泊、沼泽、滩涂等
		其他生态建设	城镇生态环境美化	绿化用水、城镇河湖补水、环境卫生用水等
			其他生态建设	地下水回补、防沙固沙、防护林草、水土保持等

注 1. 农作物用水行业和生态环境分类等因地而异，可根据各地区情况确定。
2. 分项生态环境用水量之间有重复，提出总量时取外包线。
3. 河道内其他非消耗水量的用户包括水力发电、内河航运等，未列入本表，但书中已作考虑。
4. 生产用水应分成城镇和农村两类口径分别进行统计或预测。
5. 建制市成果应单列。

3.2 农业用水

农业用水包括灌溉用水、水产养殖用水和畜牧业用水。世界上的河流、湖泊和地下蓄水层提供的 2/3 以上的水用于农业用水。灌溉用水占农业用水的绝大部分，灌溉对农业的发展具有重要意义。据估计，目前全球有近 1/3 人口的工作、食物和经济收入要依赖灌溉农业。世界粮食的 30%～40% 来自占耕地面积 18% 的灌溉农业。21 世纪的粮食安全，在某种程度上要取决于灌溉农业的发展。据1997年联合国粮农组织预测，今后30年要供养世界人口所需的粮食，其增加部分的80%要靠灌溉农业生产。

我国是农业大国，农田灌溉面积居世界首位，农业用水占总用水量超过60%，而农田灌溉用水量占农业用水量的90%以上。我国水土资源不足且分布不均，81%的水资源集中分布在长江流域及以南地区；长江以北地区人口和耕地分别占全国的45.3%和64.1%，而水资源却仅占全国的19%，人均占有量为全国的1/5。水资源的分布状况直接影响着土壤水分的分布状况，决定着农作物的生长及产量状况。

新中国成立以来，国家投入大量的资金兴修水利，据2020年《全国水利发展统计公报》，截至2020年底，全国耕地灌溉面积已发展到10.37亿亩，全国设计灌溉面积大于2000亩及以上的灌区共22822处，耕地灌溉面积5.69亿亩。其中：50万亩以上灌区172处，耕地灌溉面积1.85亿亩；30万~50万亩大型灌区282处，耕地灌溉面积0.82亿亩。全国节水灌溉工程面积5.67亿亩，其中：喷灌、微灌面积1.77亿亩，低压管灌面积1.7亿亩。全国已累计建成日取水大于等于20m^3的供水机电井或内径大于200mm的灌溉机电井共517.3万眼；全国已建成各类装机流量1m^3/s或装机功率50kW以上的泵站95049处，其中：大型泵站420处，中型泵站4388处，小型泵站90241处。

易涝耕地及盐碱耕地进一步得到治理，全国现有易涝耕地3.67亿亩，均已得到不同程度的治理，建立了防洪除涝排水体系，平原圩区的防洪除涝工程体系已初具规模，对减免洪涝灾害起到一定作用。截至2015年年底，全国已基本解决了2005年普查时的农村3.2亿人的饮水困难问题。每年在灌溉面积上生产的粮食占全国总量的3/4，生产的经济作物占90%以上。在中国人均耕地面积只占世界人均30%的情况下，我们的耕地灌溉率是世界平均水平的3倍，人均灌溉面积与世界人均水平基本持平。中国灌溉排水事业取得的巨大成就，使中国能够以占世界6%的可更新水资源量、9%的耕地，解决了占世界近20%人口的温饱问题，为保障中国农业生产、粮食安全以及经济社会的稳定发展创造了条件。

从总量上看，我国人均水资源占有量不到世界人均水资源占有量的1/3，且地区分布极不均衡，同一地区降雨量的季节分配差异也很大，干旱缺水和洪涝灾害是制约我国农业生产发展的主要因素之一。20世纪70年代以来，我国许多地区（特别是北方地区）出现了水资源严重短缺的问题，致使广大地区农业生产发展缓慢，不少地区因缺水而长期停滞不前。随着社会经济的发展，城镇工业及人口的增加，工业及生活用水急剧增加，城乡争水、地区争水，又加剧了工农之间和城乡之间的矛盾。因此，在全社会实行节水，特别是发展节水农业，研究和探索农业水资源高效利用的理论和技术，对缓解我国水资源紧缺矛盾，加速国民经济建设具有非常重要的意义。

农业水资源一方面是分配不均，资源紧缺，另一方面是利用过程中又存在较大浪费。不少灌区灌水定额偏大，灌溉水利用系数不足0.6，水分生产效率不足1.0kg/m^3。节水增产灌溉技术和灌区水资源现代化管理理论和技术急需在实践中进一步研究和推广，非工程农业节水理论及应用还只是处于起步阶段，因此，农业水资源的高效利用是充分利用当地水资源，发展节水型农业，促进农业生产持续高效发展的有力保证。

到 2030 年，中国人口总数将达到 15 亿左右，粮食总产需要量为 6400 亿 kg。由于水资源条件的制约，增加灌溉面积势必减少单位面积的可供水量，提高粮食产量将主要靠提高水的产出率，增加单位面积产量和发展非充分灌溉来满足。农业水资源的高效利用研究，是利用农田灌溉理论、系统分析理论、工程经济理论以及土壤农作学理论，从作物耗水规律、作物最优灌溉制度入手，探求区域水资源的最佳管理和高效利用方案，研究灌区灌排工程的最优布局及优化设计，在有限的水资源条件下，生产较多的粮食，创造最大的经济效益。

3.2.1 灌溉用水量
3.2.1.1 作物对灌溉的需求

根据不同地区农作物对灌溉的要求，可将全国分成 3 个不同的灌溉地带。即年平均降水量小于 400mm 的常年灌溉带；年平均降水量 400～1000mm 的不稳定灌溉带；年平均降水量大于 1000mm 的水稻灌溉带。

1. 常年灌溉带

常年灌溉带主要包括西北内陆和黄河中上游部分地区，土地总面积 410 万 km^2，约占国土面积的 42.7%。在这一地带，由于年降水总量和各季节的降水分配，都难以满足农作物正常生长发育的需要，灌溉需要指数（即灌溉水量占农作物总需水量的比值）一般均大于 0.5～0.6。常年灌溉是该地区农业发展的必要条件，没有灌溉就没有农业。

2. 不稳定灌溉带

不稳定灌溉带主要包括黄淮海地区和东北地区。黄淮海地区包括河北、河南、山东、苏北、皖北和京、津二市，土地总面积 67 万 km^2，约占国土面积的 7%。农作物可一年两熟，粮食大部分是旱作物，小部分为水稻，是我国的粮棉主产区，但却是全国水资源最紧缺的地区。东北地区包括辽宁、吉林、黑龙江三省及内蒙古东部地区，土地面积 129 万 km^2，约占国土面积的 13.5%。春旱严重且持续时间长，旱作物主要是播种时缺水，农作物大多一年一熟，是我国大豆、玉米、小麦、谷子、高粱的主要产区之一。近年来随着灌溉条件的改善，中东部平原地区水稻种植面积有较大发展。

由于受季风的强烈影响，降水变化极不均匀，因而农作物对灌溉的要求很不稳定，特别是秋熟作物。在干旱年份，黄淮海地区秋熟作物的灌溉需要指数高达 0.7～0.8，湿润年份灌溉需要指数只有 0.3 左右。但是生长期在冬春的小麦，对灌溉的要求较高，也较稳定，灌溉需要指数在 0.5 左右。在东北，水稻灌溉需要指数较高，达到 0.5 左右，旱作物要求较低，干旱年份为 0.2～0.3，湿润年份则无灌溉要求。

3. 水稻灌溉带

水稻灌溉带又称为补充灌溉带，包括长江中下游地区、珠闽江地区及部分西南地区。长江中下游地区包括湖南、湖北、江西、浙江、上海及江苏、安徽的大部分，土地面积 90 万 km², 约占国土面积的 9.4%。水稻播种面积占全区耕地的 60%～70%, 是我国水稻的重要产区, 由于降雨的时空分布不均, 往往发生伏旱和秋旱, 影响作物生长, 只有灌溉才能保证水稻高产稳产。珠闽江地区包括广东、广西、福建和海南, 土地面积 69 万 km², 约占国土面积的 7.2%, 农作物复种指数较高, 一年两熟或三熟, 主要在丘陵坡地发展灌溉。西南地区包括云南、贵州、四川和西藏, 土地面积 185 万 km², 约占国土面积的 19.3%。由于地形地貌和降雨时空不均, 干旱是农业生产的主要威胁, 水稻必须灌溉才能高产稳产。

这些地区年降水总量虽然丰沛, 但因年际及季节分配不均, 加之大面积种植水稻以及作物复种指数高, 各季水稻仍需人工补充水量, 灌溉需要指数在 0.3～0.6 之间, 旱作物在湿润年间不需要灌溉, 但在干旱年, 也需要补充灌溉, 需要指数在 0.1～0.3 之间。

三个不同地带的灌溉需求见表 3.4。

表 3.4 3 个不同地带的灌溉需要指数

地带分类	地区	作物	干旱年			湿润年		
			总需水量/mm	要求灌溉量/mm	灌溉需要指数	总需水量/mm	要求灌溉量/mm	灌溉需要指数
常年灌溉地带	西北内陆地区	春小麦	450～520	300～450	0.7～0.9	300～450	200～350	0.7～0.8
		玉米	375～450	250～350	0.7～0.8	375～450	250～300	0.7～0.8
		棉花	600～750	450～500	0.6～0.7	600～750	300～450	0.5～0.6
不稳定灌溉带	黄淮海地区	水稻	1000～1200	600～800	0.6～0.7	850～1000	400～600	0.5～0.6
		冬小麦	600～750	300～450	0.5～0.6	500～600	200～300	0.4～0.5
		玉米	450～600	300～450	0.7～0.8	300～500	100～200	0.3～0.4
		棉花	750～900	300～450	0.4～0.5	550～675	100～200	0.2～0.3
	东北地区	水稻	900～1100	500～700	0.5～0.6	800～1000	300～500	0.4～0.5
		春小麦	300～450	80～150	0.2～0.3	225～375	0	0
		玉米	400～500	100～150	0.2～0.3	300～400	0	0
水稻灌溉带	长江中下游地区	水稻（早）	675～825	300～450	0.4～0.5	450～600	100～150	0.3～0.4
		水稻（晚）	825～1000	450～600	0.5～0.6	750～900	150～300	0.2～0.3
		冬小麦	400～600	50～100	0.1～0.2	225～375	0	0
		棉花	750～975	150～300	0.2～0.3	575～700	0～100	0～0.1
	珠闽江及西南部地区	水稻（早）	600～750	300～400	0.4～0.5	450～600	100～150	0.2～0.3
		水稻（晚）	750～825	300～450	0.4～0.5	600～750	150～300	0.3～0.4
		冬小麦	400～600	0～50	0～0.1	250～350	0	0

注 该表摘自中国灌溉农业节水规划项目组《中国灌溉农业节水规划》。

3.2.1.2 作物需水量

1. 农田水分消耗的途径

农田水分消耗有 3 种途径。

(1) 作物的叶面蒸腾。作物根系从土壤中吸收的水分,有 99% 以上通过叶面蒸腾散失在大气中。叶面蒸腾是作物生理活动的基础之一,因而是正常的、有效的水分消耗。

(2) 棵间蒸发。对于旱田就是棵间土壤蒸发,对于水田则是棵间水面蒸发。棵间蒸发是作物的生态需水,它对田间小气候有一定调节作用,但一般认为棵间蒸发是可以减少的,棵间蒸发的大部分是无效消耗。

(3) 深层渗漏。当作物根系活动层中土壤含水量超过田间持水量时,土壤中的重力水就会下渗到根系活动层以下去,这种现象称为深层渗漏。对于旱田,深层渗漏会造成水肥流失,应予防止;对于稻田,适当的渗漏可以调节土壤的气、热状况,消除某些有毒物质,但渗漏量过大也会造成水肥流失。

一般将农田中消耗的总水量(即上述三项消耗之和)称为田间耗水量;不考虑渗漏水量,只将植株蒸腾与棵间蒸发两项所消耗的水量加起来,称为作物需水量,也称为腾发量。

2. 作物需水量的估算

作物需水量的大小与气象条件(温度、日照、湿度、风速等)、土壤性状及含水状况、植物种类及其生长发育阶段、农业技术措施和灌溉排水方法等有关,即受着大气-作物-土壤综合系统中众多因素的影响,且这些因素对需水量的影响又是互相关联的、错综复杂的。所以,目前尚难从理论上对作物需水量做出精确的计算。在生产实践中常采用两个途径来解决,一是通过田间试验的方法直接测定;二是采取某些经验性公式或半理论性公式进行计算。下面简要介绍几种常用的估算方法。

(1) 蒸发器法(α 值法)。大量灌溉试验资料表明,水面蒸发量与作物需水量之间存在一定程度的相关关系,因此可以用水面蒸发量这一参数来衡量作物田间需水量的大小,计算公式为

$$ET = \alpha E_s \tag{3.1}$$

或

$$ET = \alpha E_s + b \tag{3.2}$$

式中:ET 为某时段(月、旬、生育阶段、全生育期)内的作物需水量,mm;E_s 为与 ET 同时段的水面蒸发量(一般指 80cm 口径蒸发皿的蒸发值),mm;α 为需水系数,由实测资料分析确定,一般条件下,水稻 $\alpha=0.80\sim1.57$,小麦 $\alpha=0.30\sim0.90$,棉花 $\alpha=0.34\sim0.90$,玉米 $\alpha=0.33\sim1.00$;b 为经验常数,由实测资料分析确定。

由于水面蒸发量资料易于获得,所以 α 值法在国内外都有广泛应用。此法适用于水稻及土壤水分充足的旱作物的田间需水量计算。

(2) 产量法(k 值法)。农作物的产量是受太阳能的积累与水、土、肥、气诸因素及农业措施综合作用的结果。在一定的气象条件下和一定的产量范围内,作物田间需水量随产量的提高而增加。但两者并不成直线比例关系,随着产量的提高,单位产量的需水量逐渐减少,当产量达到一定水平后,单位产量的需水量将趋于稳定。以产量为指标计算作物需水量的公式为

$$ET = kY \tag{3.3}$$

或
$$ET = kY^n + c \tag{3.4}$$

式中：ET 为作物全生育期的总需水量，m^3/hm^2；Y 为作物单位面积产量，kg/hm^2；k 为需水系数，即单位产量所消耗的水量，根据试验资料确定，一般水稻 $k=0.50\sim1.15$，小麦 $k=0.60\sim1.70$，玉米 $k=0.50\sim1.50$，棉花 $k=1.20\sim3.40$，m^3/kg；n 为经验指数，根据试验确定，一般 $n=0.3\sim0.5$；c 为经验常数，根据试验确定。

k 值法简便易行，只要确定了作物计划产量即可计算出它的需水量，因此曾在我国得到广泛应用，这一方法主要适用于确定供水不充分的旱作物需水量估算。

（3）彭曼-蒙蒂斯法。根据能量平衡原理、水汽扩散原理和空气的导热定理等，1948 年彭曼（Penman）提出参考作物需水量（ET_0）的计算公式，后经多次修正，形成修正彭曼公式，并在各国广泛应用。联合国粮农组织曾于 1977 年出版了《作物需水量（FAO 灌溉与排水手册-42）》，推荐修正彭曼公式作为计算作物蒸腾蒸发量的方法。蒙蒂斯（Monteith）1965 年在彭曼公式的基础上提出了理论基础更强的适用于参考作物需水量计算的阻力模式公式——彭曼-蒙蒂斯公式。经大量研究表明，彭曼-蒙蒂斯公式适用不同地区估算参考作物需水量，且精度较高。为此，联合国粮农组织在 1998 年又出版了《作物腾发量-作物需水量计算指南（FAO 灌溉与排水手册-56）》，文中推荐彭曼-蒙蒂斯（Penman-Monteith）公式作为计算参考作物蒸腾蒸发量的标准计算方法。

因篇幅所限，本书对彭曼-蒙蒂斯法不详述，需进一步了解时可参考《灌溉试验规范》（SL 13—2015）。

3.2.1.3 作物的灌溉制度

作物的灌溉制度是指作物播种前（或水稻插秧前）和整个生育期内合理地进行灌溉的一整套制度，包括灌水次数、每次灌水时间、灌水定额和灌溉定额。灌水定额是指一次灌水单位面积上的灌水量，灌溉定额是指播前和全生育期各次灌水定额之和，它们的单位常以 m^3/hm^2 或 mm 表示。作物灌溉制度是灌区规划设计及管理的重要依据。

灌溉制度随作物种类、品种、自然条件及农业技术措施的不同而变化，必须从当地、当年的具体条件出发进行分析研究，通常采用以下 3 种方法制定作物灌溉制度。

1. 总结群众丰产灌水经验

各地农民群众在长期的生产实践中积累起来的适时适量进行灌溉夺取作物高产稳产的丰富经验，是制定灌溉制度的重要依据。通过调查总结，确定典型气候年份的灌溉制度，作为灌溉工程规划设计的依据，通常是可行的办法。

2. 根据灌溉试验资料制定灌溉制度

我国各地先后建立了不少灌溉试验站，开展作物需水量、灌溉制度和灌水技术等方面试验，有的已有几十年资料，为制定作物灌溉制度提供了重要的依据。

3. 按水量平衡原理分析制定灌溉制度

这一方法是根据设计典型年的气象资料和作物需水要求，通过水量平衡计算，拟定出灌溉制度。

(1) 水稻田水量平衡方程式。在水稻生育期中任何一个时段内，稻田田面水层的消长变化可用以下水量平衡方程式表示：

$$h_1+P+m-E-C=h_2 \tag{3.5}$$

式中：h_1 为时段初田面水层深度；h_2 为时段末田面水层深度；P 为时段内的降雨量；m 为时段内的灌水量；E 为时段内的田间耗水量；C 为时段内的排水量。

(2) 旱作田水量平衡方程式。在旱作物生育期中任何一个时段内，土壤计划湿润层内储水量的消长变化可用以下水量平衡方程式表示：

$$W_0+\Delta W+P_0+K+M-E=W_t \tag{3.6}$$

式中：W_0 为时段初土壤计划湿润层内的储水量；W_t 为时段末土壤计划湿润层内的储水量；ΔW 为由于计划湿润层加深而增加的水量；P_0 为时段内保存在计划湿润层内的有效雨量；K 为时段内的地下水补给量；M 为时段内的灌水量；E 为时段内作物田间需水量。

根据上述水量平衡方程式，在具备各项计算参数的情况下，以各生育期田面适宜水层的上下限为限制条件（水稻田）或以土壤计划湿润层允许最大和最小储水量为限制条件（旱作田），逐时段地进行水量平衡计算（列表法或图解法），便可求出作物的灌溉制度。

3.2.1.4 灌溉用水量

1. 灌溉水的利用效率

为了对农田进行灌溉就需要修建一个灌溉系统，以便把灌溉水输送、分配到各田块。一般的灌溉系统主要由各级渠道连成的渠道网及渠道上的各类建筑物所组成。渠道的级数视灌区面积和地形等条件而定，常分为五级，即干渠、支渠、斗渠、农渠和毛渠。农渠为末级固定渠道，农渠以下的毛渠、输水沟和灌水沟、畦等为临时性工程，统称为田间工程。

一个灌溉系统由渠首将水引入后，在各级渠道的输水过程中有蒸发、渗漏等水量损失，水到田间后，还有深层渗漏和田间流失等损失。为了反映灌溉水的利用效率，衡量灌区工程质量、管理水平和灌水技术水平，通常用以下 4 个系数来表示。

(1) 渠道水利用系数（$\eta_渠$），是指某一条渠道在中间无分水的情况下，渠道末端放出的净流量（$Q_净$）与进入渠道首端的毛流量（$Q_毛$）之比值，即

$$\eta_渠=\frac{Q_净}{Q_毛} \tag{3.7}$$

(2) 渠系水利用系数（$\eta_系$），是指整个渠道系统中各条末级固定渠道（农渠）放出的净流量，与从渠首引进的毛流量的比值，反映了从渠首到农渠的各级渠道的输水损失情况，其数值等于各级渠道水利用系数的乘积，即

$$\eta_系=\eta_干\,\eta_支\,\eta_斗\,\eta_农 \tag{3.8}$$

(3) 田间水利用系数（$\eta_田$），是指田间所需要的净水量与末级固定渠道（农渠）放进田间的水量之比，表示农渠以下（包括临时毛渠直至田间）的水的利用率。一般规定，水田和水浇地的田间水利用系数分别为 0.95 和 0.9。

(4) 灌溉水利用系数（$\eta_水$），是指灌区灌溉面积上田间所需要的净水量与渠首引

进的总水量的比值，其数值等于渠系水利用系数和田间水利用系数的乘积，即

$$\eta_水 = \eta_系 \eta_田 \tag{3.9}$$

2. 灌溉用水量计算

灌溉用水量是灌区需要水源供给的灌溉水量，其数值与灌区各种作物的灌溉制度、灌溉面积以及渠系输水和田间灌水的水量损失等因素有关。一般将灌溉面积上实际需要供水到田间的水量称为净灌溉用水量，而将净灌溉用水量与损失水量之和，也就是从水源引入渠首的总水量，称为毛灌溉用水量。

任何一种作物某次灌水所需要的净灌水量，为灌水定额与灌溉面积之乘积，即

$$\omega_净 = mA \tag{3.10}$$

式中：$\omega_净$ 为某作物某次灌水的净灌水量，m^3；m 为该作物该次灌水的灌水定额，m^3/hm^2；A 为该作物的灌溉面积，hm^2。

全灌区任何一个时段内的净灌溉用水量，是该时段内各种作物净灌溉用水量之和，即

$$W_净 = \sum \omega_净 \tag{3.11}$$

有了净灌溉用水量后，按式 (3.12) 计算毛灌溉用水量：

$$W_毛 = \frac{W_净}{\eta_水} \tag{3.12}$$

3.2.2 林牧渔业用水量

林牧渔业用水量包括林果地灌溉、草场灌溉、鱼塘补水和牲畜用水等4类。林牧渔业用水的研究不像农作物那样系统全面，通常是通过调查或试验得出不同年型的林牧渔业的用水定额，再根据林牧渔业的规模确定不同年型的用水量。

1. 林果灌溉用水量

根据调查或灌溉试验，分别确定不同年型（$P=50\%$、$P=75\%$、$P=90\%$、$P=95\%$）的净灌溉定额；根据灌溉水源及灌溉方式，确定灌溉水利用系数；根据林果灌溉面积计算林果灌溉用水量。

2. 牧草灌溉用水量

根据调查或灌溉试验，分别确定不同年型（$P=50\%$、$P=75\%$、$P=90\%$、$P=95\%$）的牧草净灌溉定额；根据灌溉水源及灌溉方式，确定灌溉水利用系数；根据牧草的灌溉面积计算牧场灌溉用水量。

人工牧草的灌溉定额，也可以通过计算牧草的需水量，利用水量平衡原理来确定。

3. 鱼塘补水量

鱼塘补水是为了维持鱼塘一定水面面积和相应水深所需要补充的水量，通常采用补水定额的方法计算。补水定额可根据鱼塘渗漏量及水面蒸发量与降水量，利用水量平衡原理来确定。

根据灌溉水源及灌溉方式，确定灌溉水利用系数；根据鱼塘补水面积和补水定额计算鱼塘补水量。

4. 牲畜用水量

将牲畜分为大牲畜（牛、马、驴等）、小牲畜（猪、羊、兔等）和禽类，分别调

查其用水定额（该定额与年型关系不大，一般不分年型来统计）；然后按牲畜的数量计算牲畜的用水量。

3.2.3 农村居民生活用水量

除了农业灌溉、林牧渔业用水之外，农村用水中还包括农村居民生活用水和乡镇企业用水，这些用水在整个农村用水中虽然所占比重不大，但一般都要求保证供水。乡镇企业用水可以参照工业用水的估算方法进行估算（见第3.3节）。农村生活用水量的计算如下。

通过典型调查，按人均用水标准进行估算，公式为

$$W_{居} = \sum n_i m_i \tag{3.13}$$

式中：$W_{居}$ 为农村居民生活用水量，万 m^3；m_i 为人均生活用水标准，m^3/人；n_i 为用水人数，万人。

农村居民生活用水标准与各地水源条件、用水设备、生活习惯有关。南方与北方用水标准相差较大，应进行实地调查拟定用水标准。

目前，很多文献将需水分为生活、生产和生态环境三大类，将农村居民生活用水归为生活用水，将农业用水中的灌溉和林牧渔业以及企业用水归为生产用水。

3.2.4 农业节水措施

由于灌水技术粗放，用水管理落后，我国农业灌溉用水效率普遍偏低，致使大量水资源白白浪费。由于水资源短缺和国家现代化进程的不断加快，使得农业用水所占份额逐年下降，为了提高农业产量，确保我国的粮食安全，势必要走节水农业的道路。农业节约用水措施很多，概括讲，可分为工程措施和非工程措施两大类，见图3.1。

3.2.4.1 调整农业结构和作物布局

不同作物耗水量与降雨量相比有盈有亏，因此调整作物种植结构，做到适雨种植、适雨栽培是提高水分利用效率、增加产量的重要途径。具体操作时，应摸清本地区农业水资源区域分布特点和开发利用现状，结合其他农业资源情况，按因地制宜、适水种植的原则，制定合理的农业结构，调控作物布局，使水土资源优化利用，达到节水、增产、增收的目的。例如，华北地区冬小麦生育期正值春季干旱少雨，灌溉需水量大，应集中种植在水肥条件较好的地区，而夏玉米和棉花生育期同天然降水吻合较好，水源条件差的地方也可保产。因此，作物布局有所谓"麦随水走、棉移旱地"的原则。20世纪80年代，山东省对粮棉种植比例作了大的变动，干旱缺水的鲁西北地区棉花播种面积增加。河北省也提出了"棉花东移"的战略，将棉花从太行山前平原移向黑龙港地区，使后者成为华北平原的重要产棉区之一。在黑龙港地区内部，根据水资源短缺，土壤盐渍化重，水土资源分布不平衡等特点，提出"三三制"（粮田、经济作物和旱作物各占耕地1/3）和"四四二"（粮田、经济作物和牧草分别占耕地40%、40%和20%）等农业结构模式。

3.2.4.2 扩大可利用的水源

在统筹兼顾、全面规划的基础上，采取工程措施和管理措施，广开水源，并尽可

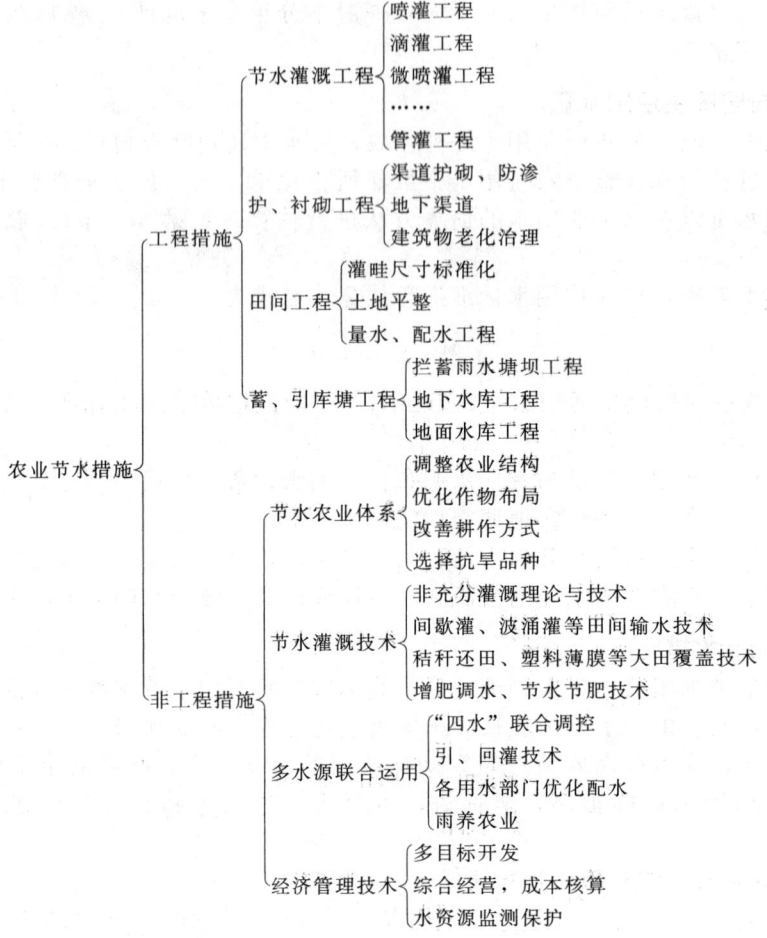

图 3.1 农业节水措施结构图

能做到一水多用，充分利用，将原来不能利用的水转化为可利用的水，这是合理利用水资源的一个重要方面。

我国山区、丘陵地区创建和推广的大中小、蓄引提相结合的"长藤结瓜"系统，是解决山丘区灌溉水源供求矛盾的一种较合理的灌溉系统。它从河流或湖泊引水，通过输水配水渠道系统将灌区内部大量、分散的塘堰和小水库连通起来。在非灌溉季节，利用渠道将河（湖）水引入塘库蓄存，傍山渠道还可承接坡面径流入渠灌塘；用水紧张季节可从塘库放水补充河水之不足。小型库塘之间互相连通调度，可以做到以丰补歉、以闲济急。这样不仅比较充分地利用了山区、丘陵地区可能利用的水源，并且提高了渠道单位引水流量的灌溉能力（一般可比单纯引水系统提高 50%～100%），提高塘堰的复蓄次数及抗旱能力，从而扩大灌溉面积。

黄淮海平原地区推广的群井汇流、井渠结合的办法，将地面水、地下水统一调度，做到以渠水补源，以井水保灌，不仅较合理地利用了水资源，提高了灌溉保证率，而且有效地控制了地下水位，起到了旱涝碱综合治理的作用。

黄河流域的引洪淤灌，只要掌握得当，不仅增加了土壤水分，而且能提高土壤肥力，也是因地制宜充分利用水资源的有效方法。

利用地下水库调蓄水资源，可以对含水层有计划地补给与回采，实现含水层的可持续利用，并有效改善生态环境。我国已经开始实施地下水库调蓄工程，如北京西郊、山东龙口、大连旅顺等地都已经修建了地下水库，积累了一些经验。处于永定河冲洪积扇中上部的北京西郊地下水库，是个多年调节型地下水库。该地下水库利用旧河道、平原水库、深井、废弃砂石坑进行回灌，取得了一定的效果，使得永定河河床地下水位上升 2~3m。山东龙口黄水河地下水库，建成于 1995 年，是国内第一个设计功能较为完整的地下水库，通过修建拦河闸、地下坝及大量引渗设施，联合调蓄地表水与地下水，据估算，此工程每年可增加地下水 1193.4 万~5967.0 万 m^3，起到了阻断海水入侵的作用，同时也改善了库区的生态环境。但是迄今为止，我国利用地下水库调蓄水资源的工作仅局限于个别地区，已经修建的地下水库报道较少，尚未形成规模应用。因此有必要充分理解其意义，总结国内外经验，有计划、分步骤、讲究实效地加以系统推广。

淡水资源十分缺乏的地方，在具备必要的技术和管理措施的前提下适当利用微咸水灌溉，城市郊区利用净化处理后的污水、废水灌溉，只要使用得当都可收到良好的效果。

3.2.4.3 进行灌区改造，减少输水损失

输水损失是指从渠首水源引至田间的渠系输水过程中的水量损失。我国很多灌区由于工程配套不全，管理不善，土质渠道比例较大等原因，输水过程中水量损失相当严重，渠系水利用系数较低。一般大中型自流灌区，其渠系水利用系数为 0.55~0.65，北方较好的大中型灌区也只有 0.65~0.75，而差的甚至不足 0.5，井灌区约为 0.75~0.85；南方水稻灌区的渠系水利用系数，高的为 0.7~0.8，低的也只有 0.6 左右。这就是说，从渠首引入的水量有相当一部分没有被利用，通过渠道和建筑物的渗漏白白浪费掉了。因此，采取措施减少输水损失是节约灌溉水源的重要途径。为减少输水损失，除加强用水管理、提高管理水平以外，在技术上主要应采取以下措施。

1. 灌区节水改造

我国的许多灌区是 20 世纪 50 年代和 60 年代修建的。经过六七十年的建设与发展，全国共建成大中型灌区 7800 多处，泵站、机井、塘坝等各类小型农田水利工程 2000 多万处，基本建成了大中小微并举的农田灌溉排水基础设施网络，形成了较为完善的农田灌排体系。截至 2020 年年底，我国农田有效灌溉面积达到 10.37 亿亩，在约占全国耕地面积一半的灌溉农田上生产了全国 75% 的粮食和 90% 以上的经济作物。大中型灌区是保障我国粮食安全的主战场，全国大中型灌区生产的粮食占全国总量的 50%。1998 年国家启动实施大中型灌区续建配套与节水改造，到 2020 年年底实施了 434 处大型灌区、2000 多处重点中型灌区节水配套改造项目。经过 20 余年改造，大型和重点中型灌区病险、"卡脖子"及骨干渠段严重渗漏等突出问题得到基本解决，有效遏制灌溉面积萎缩、效益衰减势头。

国际上很多国家都把老灌区的更新改造作为水利工作的一项重要任务。美国通过老灌区的改造，到 2000 年将渠系水利用系数提高 0.1。苏联曾计划通过调整灌排渠

系布置，增建必要的建筑物和量水设施，推行管道输水等措施，将老灌区的渠系水利用系数从 0.5 提高到 0.85。

2. 渠道防渗

由于土壤的渗透性较大，故土质渠床输水时的渗漏损失很严重。对渠道进行衬砌防渗，是提高渠系水利用系数的有效措施，常能收到显著的节水效果。根据国内外资料，一般较大的未衬砌土渠输水水量损失为 40%~50%，高的可达 60% 以上；而衬砌渠道输水损失一般都在 20% 以下。多年来我国很多灌区重视了渠道衬砌防渗工作，已经取得显著效果，到 2020 年年底，渠道防渗节水灌溉面积已超过 2.19 亿亩，万亩以上灌区固定渠道防渗长度所占比例已超过 25%，其中干支渠防渗长度所占比例超过 35%。

渠道防渗的方法很多，所用衬砌材料主要有混凝土、石料、沥青和塑料薄膜等，选用时要在保证一定防渗效果的前提下，注意因地制宜、就地取材，以做到技术可靠、经济合理。

3. 管道输水

以管道代替明渠输水，不仅减少了渗漏，而且免除了输水过程中的蒸发损失，因此比渠道衬砌节水效果更加显著，在国外的灌溉系统中日益广泛地被采用。低压管道输水是一种节水节能型的新式灌溉系统。它是利用低耗能机泵或由地形落差所提供的自然压力水头将灌溉水加低压（一般不超过 0.2MPa），然后再通过低压管道网输配水到农田进行灌溉，以满足作物的需水要求。多年来，我国北方井灌区试验推广以低压的地下和地面相结合的管道系统代替明渠输水，用软管直接将水送入田间灌水沟、畦，可节约水量 30% 以上，渠系水利用系数可提高到 0.9 以上。此外，采用管道输水还少占了耕地，提高了输水速度，省时省工，有利作物增产。到 2020 年年底，我国低压管灌面积 1.71 亿亩。

为适应管道输水的需要，已研制成功用料省的薄壁塑料管和内光外波的双壁塑料管，开发了多种类型的当地材料预制管，如砂土水泥管、水泥砂管、薄壁混凝土管等。这一节水技术不仅已证明在井灌区是适用的，而且也有必要有计划地逐步推广到大中型自流灌区，将能发挥出更大的节水潜力。

3.2.4.4 提高灌水技术水平

良好的灌溉技术不仅可以保证灌水均匀，节省用水，而且有利于保持土壤结构和肥力；不正确的灌溉技术常使灌水超量而形成深层渗漏，或跑水跑肥冲刷土壤，造成用水的浪费。因此，正确地选择灌水技术、提高灌溉技术水平是进行合理灌溉、节约灌溉水源的重要环节。

1. 改进传统灌水方法

传统的灌水方法就是地面灌溉的方法。根据灌溉对象的不同，地面灌溉又可分为畦灌（小麦、谷子等密播作物以及牧草和某些蔬菜）、沟灌（棉花、玉米等宽行中耕作物及某些蔬菜）、淹灌（水稻）等不同形式。目前我国 95% 以上的灌溉面积仍采用地面灌溉，因此地面灌溉的技术水平如何对节约用水举足轻重。我国具有悠久的灌溉历史，不乏精耕细作、科学灌水的好经验，但耕作粗放、大水漫灌的情况仍存在于不少地方，造成田间灌水量的严重浪费。改进的地面灌溉技术措施有以下几种。

(1) 土地平整。田面不平整常是大水漫灌、灌水质量低劣的主要原因之一，严重时造成地面冲刷、水土流失。因此，平原地区应高标准平整土地，建设高标准农田；山丘地区应改坡耕地为水平梯田，是提高灌溉效率的一项根本措施。据国外研究，3cm 的不平整度，就可能使田间多耗水 40%。近年来美国采用激光制导的机械平整土地，误差小（仅 15mm），灌水定额可大幅度减小。

(2) 小畦灌溉。在畦灌的地方，应在平整土地的基础上，改大畦长畦为小畦，才能避免大水漫灌和长畦串灌。有关资料表明，灌水定额与畦的大小、长短关系很大，当每亩畦数为 1~5 个时，灌水定额可达 100~150m^3/亩；而当每亩畦数增加到 30~40 个时，灌水定额可减至 40~50m^3/亩。因此，推行耕作精细化，采用小畦浅灌，对节约用水有显著效果。

(3) 细流沟灌。沟灌时控制进入灌水沟的流量（一般不大于 0.1~0.3L/s），使沟内水深不超过沟深的一半。这样，使灌水沟中水流流动缓慢，完全靠毛细管作用浸润土壤，能使灌水分布更加均匀，节约水量。

(4) 波涌灌。波涌灌又称为涌流灌或间歇灌，是间歇地向灌水沟或畦内放水，一般是放水几分钟或几十分钟，然后停水几分钟或几十分钟，重复多次，直到灌水沟或畦的首尾都得到均匀的灌溉为止。这样的放水使得在给定的水量条件下灌水沟或畦中水流的进程距离比连续放水多 2~3 倍，从而可减少沟畦首尾入渗时间的差别，使沿水流方向的土壤水量分布均匀，提高灌水效率。为了要按一定的间歇周期放水，就要配置有自动控制或人工控制的放水设备（灌水器），会增加一些灌溉成本，但它提高了灌水的机械化和自动化程度，节约劳动力。

(5) 单灌单排的淹灌。水稻田的淹灌是将条田分割成一个个格田，将水放入格田并保持田面有一定深度的水层。格田的布置应力求避免互相连通的串灌串排方式，而应采用单灌单排的形式，即每个格田都有独立的进水口和出水口，排灌分开，互不干扰，才能避免跑水跑肥，冲刷土壤、稻苗的现象，并有利于控制排灌水量，节约用水。

2. 采用先进灌水方法

目前国际上先进的节水灌水方法主要有喷灌、滴灌、微喷灌、渗灌和膜上灌等。

(1) 喷灌。它是利用水泵（也可利用天然水头）及管道系统将有压水送到灌溉地段，并通过喷头喷射到空中散成细小的水滴，像天然降雨那样对作物进行灌溉，喷灌不仅因使用管道输水免除了输水损失，而且只要设计合理，喷灌强度和喷水量掌握得好，即使地面不平整也可使灌水均匀，不产生地面径流和深层渗漏，一般可比地面灌溉节水 1/3~1/2。据北京市资料，冬小麦畦灌亩次灌水量一般为 50~60m^3，全生育期亩灌水量达 300~350m^3；喷灌亩次灌水量一般为 20m^3，全生育期 150~200m^3，喷灌比畦灌减少灌水量 50%左右。北京市顺义区麦田喷灌化后可把以往由密云水库引取的每年 1.2 亿 m^3 灌溉用水压缩下来，让给城市居民与工业用水，为缓解首都用水紧张做出了贡献。

(2) 滴灌。它是利用一套低压塑料管道系统将水直接输送到每棵作物根部，由滴头形成点滴状湿润根部土壤。它是迄今最精确的灌溉方式，是一种局部灌水法

（只湿润作物根部附近的土壤），不仅无深层渗漏，而且棵间土壤蒸发也大为减少，因此非常省水，比一般地面灌可省水 1/2～2/3。目前主要用于果园和温室蔬菜的灌溉。

（3）微喷灌。它是介于喷灌与滴灌之间的灌水方法，既保持了与滴灌相接近的小的灌水量，缓解了滴头易堵塞的毛病，又比喷灌受风的影响小，是近年来发展起来并很有前途的灌水技术。

（4）渗灌。它是利用地下管道系统将灌溉水引入田间耕作层，借土壤的毛细管作用自下而上湿润土壤，所以又称地下灌溉。渗灌具有灌水质量好，蒸发损失小等优点，节水效果明显。它适用于透水性较小的土壤和根系较深的作物。

（5）膜上灌。膜上灌是在地膜覆盖栽培的基础上，把过去的地膜旁侧灌水改为膜上流水，水沿放苗孔和地膜旁侧渗水或通过膜上的渗水孔，对作物进行灌水。通过调整膜畦首尾的渗水孔数及孔的大小，来调整沟畦首尾的灌水量，可得到较常规地面灌水方法相对高的灌水均匀度。膜上灌投资少，操作简便，便于控制灌水量，加快输水速度，可减少土壤的深层渗漏和蒸发损失，因此，可以显著提高水的利用率。这种技术在新疆已大面积推广，与常规的玉米、棉花沟灌相比，省水 40%～60%，并有明显增产效果。

3.2.4.5 推广节水农业措施

结合各地的气候、水源、土壤、作物等条件，因地制宜地采用各种农业技术措施，厉行节水，确保产量，是很有意义的。

1. 蓄水保墒耕作技术

我国劳动人民在长期的生产实践中创造了丰富的农田蓄水保墒耕作技术，以充分利用天然降水。例如：深翻耕能创造深厚的耕作层，增强雨水的入渗速度和数量，提高农田耐旱能力，根据观测，深翻耕可打破犁底层，使土壤容重降低 $0.1～0.2 g/cm^3$，非毛管孔隙率增加 3%～5%，土壤持水量增加 2%～7%，既增加蓄水量，同时也利于作物根系生长；在小坡度坡地上采用水平等高耕作法，这种耕作方式使地面自然形成许多等高蓄水的小犁沟和作物行，有利于拦截地表径流，增加降雨入渗率；增施有机肥料改良土壤结构，以提高土壤吸水和保水性能；适时耕锄耙糖压，以改善耕层土壤的水、热、气状况，增加蓄水减少蒸发；汛期引洪漫地，冬季蓄雪保墒等，都是尽量利用土壤本身储存更多的水量以供作物利用的行之有效的措施。

2. 田面覆盖保水技术

农田耗水中作物蒸腾量和土壤蒸发量大体各占一半，因此，减少棵间土壤水分的蒸发损失，是提高作物对水的利用率的关键所在，采取田面覆盖是抑制土壤蒸发的有效措施。田间覆盖可分为秸秆覆盖和地膜覆盖两种。

秸秆覆盖具有蓄水保墒、调节地温、抑制杂草、培肥改土等多种功效，并可就地取材，节水增产效果明显。河北省灌溉中心试验站进行的秸秆覆盖节水效应对比试验表明，用麦秸覆盖夏玉米，从 7 月中旬到 9 月下旬覆盖 2 个多月，可减少土壤蒸发 50～60mm，相当于灌溉一次水的水量。秸秆覆盖条件下冬小麦水分生产率可提高

20%以上,夏玉米提高14%以上,同时具有改善土壤结构、增加土壤孔隙率、充分蓄积雨水的作用。

地膜覆盖主要用于栽培棉花、蔬菜、玉米、花生、瓜果等作物,与秸秆覆盖相比,不仅克服了地温下降的不足,而且保温效果更好,但不及秸秆覆盖那样能够改善土壤结构和增强地力。表3.5为山西省水利厅在不同地区试验所得棉花覆盖耗水量比较结果,由此可以看出地膜覆盖具有节水增产双重效益,此外,地膜覆盖具有提高土层温度、促进作物生长发育等作用。北京冬灌后地膜覆盖的麦田,到次年开春解冻时土壤含水量仍接近田间持水量,可免浇返青水。中科院地理所在山东试验,地膜覆盖可使无效蒸发降低60%。

表3.5 棉花地膜覆盖耗水量比较

试验站名称	总耗水量/(m^3/hm^2)			灌溉定额/(m^3/hm^2)			产量/(kg/hm^2)		
	覆盖	不覆盖	节水量	覆盖	不覆盖	少灌水量	覆盖	不覆盖	增产量
夹马口	6075	6615	540	2220	2685	465	1253	1005	248
红旗	3640	4618	978	592	976	384	1566	1227	339
利民	5049	5623	576	270	300	30	1393	1228	165
潇河	4548	4992	444	1530	1726	196	768	589	179
曲堤Ⅰ	5322	6193	871	1920	2362	442	1264	796	468
曲堤Ⅱ	4918	5370	452	1312	1710	398	1228	732	496

3. 施用化学制剂

(1) 抗旱剂。河南省科学院研制的抗旱剂一号(黄腐酸FA)具有缩小植物气孔开度、抑制蒸腾、增加叶绿素含量、加强光合作用、促进根系活力、减慢土壤水分消耗、改善植株水分状况等诸多特点,可用于小麦、玉米、谷子等粮食作物以及瓜果、桑、麻、烟草、花生等经济作物。抗旱剂的最佳喷期应在作物对干旱特别敏感的时期,即"需水临界期"时施用效果最好。如小麦在孕穗期和灌浆期;玉米在大喇叭口期;花生在下针期等。采用抗旱剂要严格掌握用量,用量过低,效果不佳,用量过高,对作物生长有危害。

(2) 保水剂。它是一种人工合成的高分子材料,与水分接触时,能够吸收和保持相当于自身重量几百倍乃至几千倍的水量,具有提高土壤保水保肥能力、改善土壤结构、防止土壤侵蚀、提高种子出苗率、促进植物生长发育、增加产量、节约用水等多种功能。常有种子包衣、移栽蘸根和与培养土混用等。

4. 增施有机肥

增施有机肥料,可以增加土壤有机含量,有机质经微生物分解后形成腐殖质中的胡敏酸,它可把单粒分散的土壤胶结成团粒结构的土壤,使土壤容重变小,孔隙度增大,能使雨水和地表径流水渗入土层中。有团粒结构的土壤能把入渗土壤中的水变成毛管水保存起来,以减少蒸发。因此,增施有机肥既能提高土壤肥力,又可改善土壤结构,增大土壤涵蓄水分的能力,增强根系吸收水分的能力,达到以肥调水、提高水分生产率的效果。中科院南京土壤所在河南封丘地区进行麦田低定额灌溉试验表明,在中等施肥水平下，只灌 1 次拔节水可获得与当地常规灌 3 次水相当的产量；充分施肥的情况下，即使不灌溉（雨养麦田）也能获得较高的产量。又如中科院石家庄农业现代化研究所在河北南皮县试驻，有机质含量在 1% 以上的地块，只灌 2 次水，亩灌水量 80m^3 左右，亩产量可达 350~400kg，平均每生产 1kg 粮食仅用水 0.22m^3。

3.2.4.6 节水管理技术

用科学方法进行用水管理也可挖掘很大的节水潜力。只有在重视工程节水技术、耕作栽培节水技术的同时，重视和加强节水管理，才能收到事半功倍的效果。

1. 节水灌溉制度

以往人们比较注意对农作物充分供水来获取高产，结果常使水分的利用率不高。在水资源紧缺的情况下，不应盲目追求单位面积最高产量，而应以提高灌溉水的经济效益为目标，针对不同气候条件和不同作物，在与施肥和其他田间管理措施相配合的情况下，采用非充分灌溉，限制灌溉水量，浇好关键水，可以达到经济效益高甚至减水不减产的结果。例如北方冬小麦是用水最多的大田作物，以往丰产田常要灌水 5~6 次甚至 7~8 次，灌溉定额 400m^3/亩以上，采用灌关键水的节水灌溉制度，一般年份的只要浇 3 次就能达到高产的要求。

传统的水稻灌溉方法是淹灌，生长期内除短期烤田外，田面都保持一定深度的水层，灌溉定额达 800m^3/亩以上。我国南方各地，根据水稻在不同自然环境下的生理、生态需水要求，总结出不同的丰产省水灌溉制度，如江西、广西等地推行薄水插秧、浅水养苗、湿润灌溉、落干晒田相结合的灌溉制度，比原来的浅水淹灌每亩可省水 30~40m^3，增产 7%~10%。江苏推广的水稻控制灌溉技术，为水稻生长创造良好的水、肥、气、热环境，既节水，又促进增产，比常规灌溉省水 20%~30%，节水 200m^3/亩以上，增产 5%~10%，收到了保肥、保土、节水和增产的效果。东北和北京等地实行水稻旱种，即在浇足底墒水的基础上播种，出苗后旱长 1 个月，到 4~5 片叶龄时开始浇水，湿润灌溉，前旱后水，灌溉定额仅为 350~500m^3/亩，也可获得 400kg/亩左右的产量。辽宁的水稻旱种试验可节水 30%~50%。

2. 制定节水的政策、法规

政策引领是农业节水的重要驱动力。在政府主导下，确定合理水价，促使人们珍惜水、节约用水；制定鼓励和奖励政策，使为节水付出的代价得到合理补偿，奖励对节水做出贡献的单位和个人。

3. 健全节水技术推广服务网络

完善节水管理规章制度，把节水管理责任落实到每项工程、每个干部职工、每个农民。总结交流推广先进经验，举办不同层次的节水技术培训班，普及节水科技知识，加强节水宣传，使节水观念深入人心，成为人们的共识和自觉行动。特别要重视对农民的培训教育，农民是直接用水者，应通过各种形式让农民参与灌溉用水管理，使其在节水灌溉工作中发挥更大的作用。

3.2.5 农业用水预测

3.2.5.1 预测的水平年及供水保证率

1. 基准年

基准年又称现状年，一般采用开始做预测时的前 1 年为基准年，如 2021 年开始做某地区未来 5~10 年的农业用水量，那么，基准年就是 2020 年。

2. 预测水平年

根据经济社会具体情况来确定，一般从基准年开始以未来 5 年或者 10 年为间隔来确定预测水平年。

3. 供水保证率

供水保证率的选取应考虑社会经济、水资源供给能力以及需水对象等因素。一般要求生活用水和工业用水不低于 95%；农业灌溉北方不低于 70%，南方不低于 80%。

3.2.5.2　农业发展及土地利用指标

农业发展和土地利用指标包括总量指标和分项指标。总量指标包括耕地面积、农作物总播种面积、粮食作物播种面积、经济作物播种面积、主要农产品总产量、农田有效灌溉面积、林果地灌溉面积、草场灌溉面积、鱼塘补水面积、大小牲畜总头数等。分项指标包括各类灌区、各类农作物灌溉面积等。

现状耕地面积应采用自然资源部发布的分地区资料进行统计。预测耕地面积时，遵循国家有关土地管理法规与政策以及退耕还林还草还湖等有关政策，考虑基础设施建设和工业化、城市化发展等占地的影响。在耕地面积预测成果基础上，按照各地不同的复种指数，预测农作物播种面积；按照粮食作物和经济作物播种面积的组成，测算粮食、棉花、油料、蔬菜等主要农作物的总产量。农作物总产量预测，要充分考虑科技进步、灌区生产潜力和旱地农业发展对提高农作物产量的作用。

根据畜牧业发展规划以及对畜牧产品的需求，考虑牧区畜牧业发展情况，进行灌溉草场面积和畜牧业大、小牲畜头数指标预测。根据林果业发展规划以及市场需求情况，进行灌溉林果地面积发展指标预测。

3.2.5.3　农业用水预测

1. 农田灌溉用水预测

根据作物需水量考虑降雨的有效利用和田间灌溉损失计算农田灌溉定额，应分别提出降雨频率为 50%、75% 和 95% 的灌溉定额。根据节水灌溉有关成果选定灌溉水利用系数，确定各种作物的毛灌溉定额。农作物灌溉定额可分为充分灌溉和非充分灌溉两种类型。对于水资源比较丰富的地区，一般采用充分灌溉定额；而对于水资源比较紧缺的地区，一般采用非充分灌溉定额。预测农田灌溉定额应充分考虑田间节水措施以及科技进步的影响。各类农作物不同年型的灌溉定额确定后，根据研究区农业结构调整规划，可预测各类农作物的种植面积，进而预测农田灌溉用水量。

2. 林牧渔业用水定额预测

根据当地试验资料或现状典型调查，分别确定林果地和草场灌溉的净灌溉定额；根据灌溉水源及灌溉方式，分别确定灌溉水利用系数；结合林果地与草场发展面积预测指标，进行林地和草场灌溉净需水量和毛需水量预测。鱼塘补水量为维持鱼塘一定水面面积和相应水深所需要补充的水量，采用亩均补水定额方法计算，亩均补水定额可根据鱼塘渗漏量及水面蒸发量与降水量的差值加以确定；根据鱼塘供水输水方式，确定灌溉水利用系数；按照发展面积预测，可进行鱼塘补水用水量计算。

林牧渔业的用水受降雨条件影响较大，有条件的或用水量较大的要分别提出降水频率为 50%、75%、90%和 95%情况下的预测成果，其总量不大或不同年份变化不大时可用平均值代替。

3.3 工 业 用 水

工业用水是指工、矿企业各部门，在工业生产过程（或期间）中，制造、加工、冷却、空调、洗涤、锅炉等使用的水及厂区职工生活用水的总称，但不包括职工宿舍内的生活用水。目前，我国工业用水量约占全国总用水量的 20%左右，随着工业经济的快速发展，工业用水量所占的比例还会逐渐上升。工业用水中冷却用水占总用水量的 60%～70%。

3.3.1 工业用水的特点

工业生产用水的特点可归纳为以下几点。

(1) 数量较大。工业用水在总用水量中占有相当大的比重。我国 20 世纪 70 年代末年工业总用水量约 523 亿 m^3，占全国总用水量 11%，占城市总用水量的 91%；到 2015 年，工业总用水量为 1337 亿 m^3，占全国总用水量的 21.9%。发达国家，工业用水所占比重还要大得多，早在 60 年代中期，西德工业用水量占总用水量 70%，捷克为 81%，2010 年世界高收入国家工业用水量占总用水量的 42.2%，中等收入国家为 11.1%，低收入国家为 2.4%，发达国家如美国为 46.1%，英国为 33%，法国为 69%，德国为 84%。无疑，随着我国工业化水平的提高，工业用水量必然增加，它所占的比重将逐渐提高。

(2) 增长速度快。工业的高速发展，使工业用水量增长速度很快，并且大大超过农业和城市生活用水量的增长速度。有关资料表明，20 世纪以来，全世界农业用水量增长了 7 倍，城市生活用水量增长了 11.5 倍，而工业用水量却增长了 36 倍。自 20 世纪 60 年代初到 80 年代中的 25 年中，世界工业用水就增加了 2.5 倍。新中国成立以来我国工业高速发展带来工业用水量猛增，2000 年比解放初期增加了 47 倍。近 20 年来我国大力实施节水型社会建设，工业用水量的增长速率有所降低。

(3) 用水集中。由于大工业多集中于城市附近及某些工业基地，因此取水集中，更加剧了局部地区水资源供求矛盾的严重程度，常常形成工业用水与城市生活和郊区农业争水的局面。例如我国能源基地太原市工业用水占了城市总用水量的 70%以上，另外如北方工业发达的大同、北京、天津、青岛等城市，水资源配置矛盾非常尖锐。

(4) 用量差异大。工业生产用水的数量，不仅因生产性质和产品的不同而相差悬殊，即使同一种产品，由于生产工艺、设备类型、管理水平以及地区条件等不同，其用水量差异也很大。电力、化工、造纸、冶金等工业是用水大户，如造纸、人造纤维每吨产品用水量均高达 100m^3 以上。这些行业的单位产品用水量大大超过其他工业部门。同是钢铁工业，吨钢取水量首钢为 25.7m^3，宝钢为 12m^3，而美国、英国、德国等仅为 4～5m^3。

(5) 节水潜力大。正因为同样的产品生产用水量差异大，因此通过采用新技术、新工艺、提高管理水平，节水的潜力很大。例如一座装机容量 100 万 kW 的火电厂，采用直流式冷却，每年需水 12 亿～16 亿 m^3，若采用循环式冷却则仅需水 1.2 亿 m^3，可节水 90% 以上。目前我国炼 1t 原油需冷却水 20～30m^3，若采用气冷，则不需要用水。近些年来我国工业生产大力推广节水措施，已收到明显的效果。然而总的来说，目前我国工业产品耗水量仍相当高，工业用水的重复利用率也较低，与发达国家相比还有很大差距，水的浪费仍很严重，因此节水仍大有可为。

3.3.2 工业用水的分类

工业用水从两个途径进行分类：在对城市工业用水进行分类时，按不同的工业部门即行业进行分类；在对企业工业用水进行分类时，按工业用水的不同用途分类。前者是根据国家公布的《工业行业分类》的要求进行城市工业用水分类，工业行业门类很多，此处不做介绍。后者将工业用水分为生产用水和生活用水两大类，在生产用水中还可进一步细分，见图 3.2，具有通用性，下面做专门介绍。

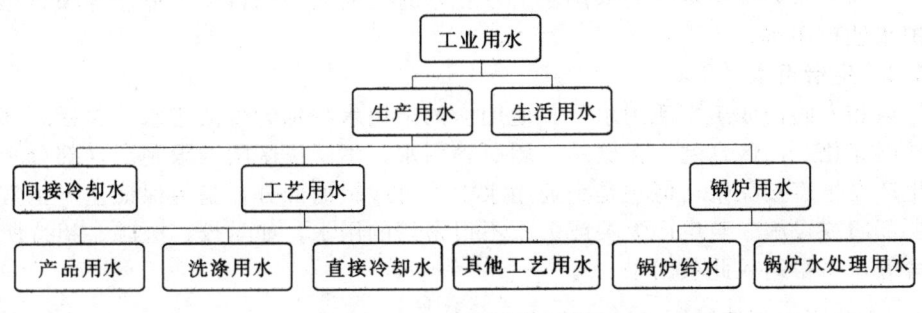

图 3.2　工业用水分类

3.3.2.1 生产用水

直接用于工业生产的水，称为生产用水。生产用水包括间接冷却水、工艺用水和锅炉用水。

1. 间接冷却水

在工业生产过程中，为保证生产设备能在正常温度下工作，用来吸收或转移生产设备的多余热量，所使用的冷却水（此冷却水与被冷介质之间由热交换器壁或设备隔开），称为间接冷却水。间接冷却水的特点是量大、质好、温度高、消耗少。这部分水较其他水更便于循环使用，是工业节水的重点。

2. 工艺用水

在生产过程中，用来制造、加工产品以及与制造加工工艺过程有关的这部分用水称为工艺用水。工艺用水包括产品用水、洗涤用水、直接冷却水和其他工艺用水。

（1）产品用水。在生产过程中，作为产品的生产原料的那部分水称为产品用水（此水或为产品的组成部分，或参加化学反应）。

（2）洗涤用水。在生产过程中，对原料、物料、半成品进行洗涤处理的水称为洗涤用水。

（3）直接冷却水。在生产过程中，为满足工艺过程需要，使产品或半成品冷却所用与之直接接触的冷却水（包括调温、调湿使用的直流喷雾水）称为直接冷却水。

(4) 其他工艺用水。产品用水、洗涤用水、直接冷却用水之外的其他工艺用水称为其他工艺用水。

3. 锅炉用水

为工艺或采暖、发电需要产汽的锅炉用水及锅炉水处理用水统称为锅炉用水。锅炉用水包括锅炉给水、锅炉水处理用水。锅炉用水大部分是循环水,主要为工厂提供工业生产的动力。由于锅炉用水的重复循环,水汽遇冷凝结,水量会有一定的损失,需要不断地补水,补充的新水量就是锅炉的用水量。

(1) 锅炉给水。直接用于产生工业蒸汽进入锅炉的水称为锅炉给水。锅炉给水由两部分水组成:一部分是回收由蒸汽冷却得到的冷凝水,另一部分是补充的软化水。

(2) 锅炉水处理用水。为锅炉制备软化水时,所需要的再生、冲洗等项目用水称为锅炉水处理用水。

3.3.2.2 生活用水

厂区和车间内职工生活用水及其他用途的杂用水统称为生活用水,包括厂部、科室、厂内绿化、厂区食堂、保健站、厕所等用水,不受厂区围墙限制。这部分水虽然不同生产发生直接关系,但它是企业用水中不可或缺的部分,是为保证生产正常进行的必要部门或设施。与生产无关或关系不很密切的用水,如学校、医院、招待所、职工宿舍等,不得纳入此项用水。

3.3.3 工业用水考核指标及计算方法

工业用水考核指标包括重复利用率、间接冷却水循环率、工艺水回用率、万元增加值取水量、单位产品取水量、蒸汽冷凝水回收率、职工人均日生活取水量。这些指标从不同角度、不同方面、不同范围对不同层次的工业用水水平、节约用水水平进行较全面的考核,是工业用水进行科学管理的必不可少的基础指标。

3.3.3.1 考核指标中有关水量

1. 总用水量 (V_t)

总用水量是工业企业完成全部生产过程所需要的各种水量的总和,又称用水量。包括生产用水和生活用水两大部分,其中生产用水包括间接冷却用水量、工艺水用水量、锅炉用水量。

(1) 间接冷却用水量 (V_{ct})。生产过程中,用于间接冷却目的而进入各冷却设备的总的水量称为间接冷却水用水量。

(2) 工艺水用水量 (V_{pt})。生产过程中,用于生产工艺过程进入各工艺设备的总的水量,称为工艺用水量。

(3) 锅炉用水量 (V_{bt})。进入锅炉本身和锅炉水处理系统的总的用水量,称为锅炉用水量。

(4) 生产用水量 (V_{yt})。间接冷却水用水量、工艺水用水量和锅炉用水量之和称为生产用水量。

(5) 生活用水量 (V_{lt})。厂区和车间职工生活用水(包括各种杂用水)的总水量称为生活用水。

2. 新水量（V_f）

新水量是为使工业生产正常进行，保证生产过程对水的需要而实际从各种水源引取的第一次利用的新鲜水量，又叫取水量。新水量主要用于补偿企业生产的全过程中消耗和损耗的水量，包括间接冷却水新水量、工艺水新水量、锅炉新水量、生产新水量、生活新水量。

(1) 间接冷却水新水量（V_{cf}）。生产过程中冷却循环系统（或设备）为间接冷却目的而从各种水源补充的新鲜水总水量，称为间接冷却水新水量。

(2) 工艺水新水量（V_{pf}）。生产过程中，用于工艺目的（包括制造产品、洗涤处理、直接冷却及其他工艺过程）而从各种水源补充的新鲜水总水量称为工艺水新水量。

(3) 锅炉新水量（V_{bf}）。为锅炉给水和锅炉水处理用水目的而从各种水源补充的新鲜水总水量称为锅炉新水量。

(4) 生产新水量（V_{yf}）。间接冷却水新水量、工艺水新水量和锅炉新水量之和，称为生产新水量。

(5) 生活新水量（V_{lf}）。为厂区和车间职工生活用水（包括杂用水）的目的，而从各种水源补充的新鲜水总水量，称为生活新水量。

3. 耗水量（V_{co}）

耗水量是在生产过程中，由于蒸发、飞散、渗漏、风吹、污泥带走等途径直接消耗的各种水量和直接进入产品中的水量及职工生活饮用水量的总和。这部分水量从狭义上讲是不能直接回收再利用的水量。

(1) 间接冷却水耗水量（V_{cco}）。间接冷却水由于蒸发、飞散、渗漏等途径消耗的水量，称为间接冷却水耗水量。

(2) 工艺水耗水量（V_{pco}）。生产工艺过程中，进入产品及蒸发、渗漏等途径消耗的水量，称为工艺水耗水量。

(3) 锅炉耗水量（V_{bco}）。锅炉本身与锅炉水处理系统消耗的总水量，称为锅炉耗水量。

(4) 生产耗水量（V_{yco}）。间接冷却水耗水量、工艺水耗水量、锅炉耗水量之和称为生产耗水量。

(5) 生活耗水量（V_{lco}）。厂区和车间职工生活用水中饮用、消防、绿化等过程消耗的总水量，称为生活耗水量。

4. 漏溢水量（V_l）

漏溢水量是企业输水系统和用水设备（包括地上及地下管道、设备、阀门等）所漏流的水量之和，这部分水量包括在企业新水量之内。

5. 排水量（V_d）

排水量是在完成全部生产过程（或为生活使用）之后最终排出生产（或生活）系统之外的总水量。

(1) 间接冷却水排水量（V_{cd}）。进行间接冷却目的之后排出冷却循环的系统（或设备）以外的水量，称为间接冷却水排水量。

(2) 工艺水排水量（V_{pd}）。用于工艺过程之后而排出各工艺设备以外的水量，称为工艺水排水量。

(3) 锅炉排水量（V_{bd}）。用于锅炉本身与锅炉水处理系统之后，排出锅炉以外的水量，称为锅炉排水量。

(4) 生产排水量（V_{yd}）。间接冷却水排水量、工艺水排水量、锅炉排水量之和称为生产排水量。

(5) 生活排水量（V_{ld}）。厂区和车间职工生活及各项杂用水使用之后排放的总水量，称为生活排水量。

6. 循环用水量（V_{cy}）

循环用水量指在确定的系统内，生产过程中已用过的水，无需处理或经过处理再用于原系统代替新水的水量。

7. 串联用水量（V_s）

串联用水量指在确定的系统内，生产过程中的排水，不经处理或经处理后，被另一个系统利用的水量。

8. 重复利用水量（V_r）

重复利用水量是工业企业内部，生产用水和生活用水中循环利用的水量和直接或经处理后回收再利用的水量，即工业企业中所有未经处理或经处理后重复使用的水量总和。

(1) 间接冷却水循环量（V_{cr}）。间接冷却水中，从冷却设备中流出又进入冷却设备中使用的那部分循环利用的水量，称为间接冷却水循环量。

(2) 工艺水回用量（V_{pr}）。工艺用水中，从一个设备中流出被本设备或其他设备回收利用的那部分水量，称为工艺水回用量。

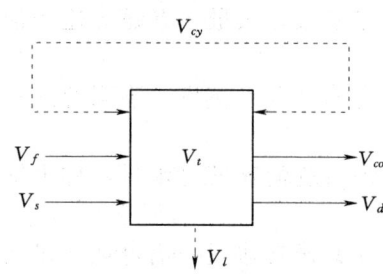

图 3.3 几种主要水量之间关系示意图

(3) 锅炉蒸汽冷凝水回用量（V_{br}）。锅炉蒸汽冷凝水回用于生产生活各个用水部门的水量总和称为锅炉蒸汽冷凝水回用量。产生锅炉蒸汽所用的水量，称为锅炉蒸汽发汽量。

(4) 生产用水重复利用量（V_{yr}）。间接冷却水循环量、工艺水回用量和锅炉蒸汽冷凝水回用量之和，称为生产用水重复利用量。

(5) 生活用水重复利用量（V_{lfr}）。生活用水中重复利用的那部分水量，称为生活用水重复利用量。

以上几种主要水量之间关系如图 3.3 所示。

输入表达式：
$$V_{cy}+V_f+V_s=V_t \tag{3.14}$$

输出表达式：
$$V_t=V_{cy}+V_{co}+V_d+V_l \tag{3.15}$$

输入输出平衡方程式：
$$V_{cy}+V_f+V_s=V_{cy}+V_{co}+V_d+V_l \tag{3.16}$$

式中：V_{cy} 为系统中循环用水量；V_f 为系统中新水量；V_s 为系统中串联用水量；V_t 为系统中总用水量；V_{co} 为系统中耗水量；V_d 为系统中排水量；V_l 为系统中漏溢水量。

3.3.3.2 考核指标的计算

1. 重复利用指标

(1) 重复利用率。重复利用率是工业用水中能够重复利用的水量的重复利用程度。它是考核工业用水水平的一个重要指标。是指在一定的计量时间（年）内，生产过程中使用的重复利用水量与总用水量之比，计算公式为

$$R = \frac{V_r}{V_t} \times 100\% \tag{3.17}$$

式中：R 为重复利用率；V_r 为重复利用水量（包括循环用水量和串联使用水量），m^3；V_t 为生产过程中总用水量（为 V_r 与 V_f 之和，V_f 为生产过程中取用的新水量），m^3。

由于火电业、矿业、盐业的用水特殊，为了便于城市间的比较，计算城市工业重复利用率时不包括这三个工业部门。当然，也可以同时计算出包括这三个工业部门的城市工业重复利用率。

(2) 冷却水循环率。冷却水循环率是考核工业生产冷却水循环和回用程度的专项指标。它是重复利用率的一个主要组成部分。是指在一定的计量时间（年）内，冷却水循环量与冷却水总用量之比，计算公式为

$$r_c = \frac{V_{cr}}{V_{ct}} \times 100\% \tag{3.18}$$

式中：r_c 为冷却水循环率；V_{cr} 为冷却水循环量，m^3；V_{ct} 为冷却水总用量（为 V_{cr} 与 V_{cf} 之和，V_{cf} 为冷却用新水量），m^3。

(3) 工艺水回用率。工艺水回用率是考核工业生产中工艺水回用程度的专项性指标，是重复利用率的一个重要组成部分。是指在一定的计量时间（年）内，工艺水回用量与工艺水总用量之比，计算公式为

$$r_p = \frac{V_{pr}}{V_{pt}} \times 100\% \tag{3.19}$$

式中：r_p 为工艺水回用率；V_{pr} 为工艺水回用量，m^3；V_{pt} 为工艺水总用量（为 V_{pr} 与 V_{pf} 之和，不含进入产品的水量，V_{pf} 为工艺用新水量），m^3。

(4) 锅炉蒸汽冷凝水回用率。蒸汽冷凝水回用率是考核蒸汽冷凝水回用程度的专项性指标，它是重复利用率的一个组成部分，是指在一定的计量时间（年）内，用于生产的锅炉蒸汽冷凝水回用量与锅炉产汽量之比，计算公式为

$$r_b = \frac{V_{br}}{Dh} \rho \times 100\% \tag{3.20}$$

式中：r_b 为锅炉蒸汽冷凝水回用率；V_{br} 为锅炉蒸汽冷凝水回用量，m^3；D 为锅炉产汽量，kg/h；ρ 为水密度，kg/m^3；h 为年工作小时数，h。

2. 新水利用系数

在一定的计量时间（年）内，生产过程中使用的新水量与外排水量之差同新水量之比。计算公式为

$$K_f = \frac{V_f - V_d}{V_f} \leqslant 1 \tag{3.21}$$

式中：K_f 为新水利用系数；V_f 为生产过程中取用的新水量，m^3；V_d 为生产过程中，外排水量（包括外排废水、冷却水、漏溢水量等），m^3。

3. 用水定额指标

(1) 单位产品新水量。单位产品新水量指每生产单位产品需要的新水量,是考核工业用水水平较合理的指标之一。计算公式为

$$V_{uf} = \frac{V_{yf}}{Q} \tag{3.22}$$

式中:V_{uf} 为单位产品新水量,m^3/单位产品;V_{yf} 为年生产用新水量总和,m^3;Q 为年产品总量。

(2) 单位产品用水量。单位产品用水量指每生产单位产品需要的用水量。计算公式为

$$V_{ut} = \frac{V_{yf} + V_r}{Q} \tag{3.23}$$

式中:V_{ut} 为单位产品用水量,m^3/单位产品;V_{yf} 为年生产用新水量总和,m^3;V_r 为重复利用水量,m^3;Q 为年产品总量。

(3) 万元增加值新水量。万元增加值新水量指每一万元工业增加值需要的新水量,是一个综合性的考核指标,它从宏观上评价大范围(如城市、区域)的工业用水水平。计算公式为

$$V_{wf} = \frac{V_{yf}}{Z} \tag{3.24}$$

式中:V_{wf} 为万元工业增加值新水量,m^3/万元;V_{yf} 为年生产用新水量总和,m^3;Z 为年工业增加值,万元。

矿业、盐业等部门用水特殊,计算城市工业万元增加值新水量时,对这些部门应做专门分析。

(4) 万元增加值用水量。万元增加值用水量指每一万元工业增加值需要的用水量,计算公式为

$$V_{wt} = \frac{V_{yf} + V_r}{Z} \tag{3.25}$$

式中:V_{wt} 为万元工业增加值用水量,m^3/万元;V_{yf} 为年生产用新水量总和,m^3;V_r 为年重复利用水量,m^3;Z 为年工业增加值,万元。

矿业、盐业等部门用水特殊,计算城市工业万元增加值用水量时,同样对这些部门应做专门分析。

(5) 企业内职工人均生活日新水量。在企业内,每个职工在生产中每天用于生活的新水量,计算公式为

$$V_{lf} = \frac{V_{ylf}}{nd} \tag{3.26}$$

式中:V_{lf} 为职工人均生活日新水量,m^3/(人·d);V_{ylf} 为企业全年用于生活的新水量,m^3;n 为企业生产职工总人数,人;d 为企业全年工作日,d。

4. 排水指标

(1) 排水率。在一定的计量时间(如年、日)内,总外排废水量与新水量之比称为排水率,计算公式为

3.3 工业用水

$$r_d = \frac{V_d}{V_f} \times 100\% \tag{3.27}$$

式中：r_d 为排水率；V_d 为总外排水量，m^3；V_f 为生产过程中所取用的新水量，m^3。

企业的排水率高，说明水的回收量少，重复利用率低，应补充的新水量大。因此，企业应该尽量减小排水率。

(2) 废水达标率。在一定的计量时间（如年、日）内，达到排放水质标准的外排废水量与总外排废水量之比称为废水达标率，可按式（3.28）计算：

$$r_s = \frac{V_s}{V_d} \times 100\% \tag{3.28}$$

式中：r_s 为废水达标率；V_s 为达到排放标准的外排水量，m^3；V_d 为总外排水量，m^3。

废水达标率是考核企业废水处理的一个主要指标。为了防止企业对环境的污染，各企业都必须严格按照国家规定的各种工业废水排放标准进行废水处理，力求全部外排废水都达到国家允许的排放标准，也就是目前国家倡导的"零排放"。

上述几个指标，从不同角度考核了企业水的利用情况。这些指标不仅可对企业整体用水情况进行全面考核，而且同样适用于企业内部，如车间、班、组等用、排水考核。

【例 3.1】 某染料厂用水考核指标计算。

(1) 基本情况。某染料厂现有职工 660 人，年生产 4 大类 32 个品种的染料 1200t，全厂年工业增加值为 1.17 亿元。近期在该市节水办的统一组织下进行了"企业用水水平测试"，其测试的主要成果见表 3.6，试进行企业用水考核指标的计算。

表 3.6　　　　　　　全厂各类用水汇总表　　　　　　　单位：m^3/d

项目名称	总用水量 V_t	新水量 V_f	冷却水循环量 V_{cr}	回用量 V_r	消耗量 V_h	排放量 V_d	占总用水量 /%
间接冷却水	1905.58	1037.58	820	48	17.0	1020.58	59.1
直接冷却水	20.50	20.50				20.50	0.6
生产工艺水	466.25	225.25		241	7.8	217.45	14.5
锅炉用水	108.10	108.10			11.0	97.10	3.4
生活用水	667.47	667.47			97.5	569.97	20.7
基建用水	14.00	14.00			14.0		0.4
其他用水	40.20	40.20				40.2	1.3
渗漏							
合计	3222.10	2113.10	820	289	147.3	1965.8	100.0

(2) 各种水量的计算。

由表 3.6 得到：

全厂总用水量　　　　　　$V_t = 3222.1 m^3/d$

全厂总新水量　　　　　　$V_f = 2113.1 m^3/d$

间接冷却水用量　　　　　　$V_{ct}=1905.58\text{m}^3/\text{d}$
间接冷却水新用量　　　　　　$V_{cf}=1037.58\text{m}^3/\text{d}$
间接冷却水循环量　　　　　　$V_{cr}=820\text{m}^3/\text{d}$
工艺水用水量　　　　　　$V_{pt}=20.5+466.25=486.75(\text{m}^3/\text{d})$
工艺水新水量　　　　　　$V_{pf}=20.5+225.25=245.75(\text{m}^3/\text{d})$
工艺水回用量　　　　　　　　$V_{pr}=241\text{m}^3/\text{d}$
全厂总复用水量　　　　　　$V_r=V_{cr}+V_{pr}=820+289=1109(\text{m}^3/\text{d})$
企业生活用水量　　　　　　$V_{lt}=667.47+14+40.2=721.67(\text{m}^3/\text{d})$
企业生活新水量　　　　　　$V_{lf}=667.47+14+40.2=721.67(\text{m}^3/\text{d})$
企业锅炉用水量　　　　　　　　$V_{bt}=108.1\text{m}^3/\text{d}$
企业锅炉新水量　　　　　　　　$V_{bf}=108.1\text{m}^3/\text{d}$
企业生产用水量　　$V_{yt}=V_{ct}+V_{bt}+V_{pt}=1905.58+108.1+486.75=2500.43(\text{m}^3/\text{d})$
企业生产新水量　　$V_{yf}=V_{cf}+V_{bf}+V_{pf}=1037.58+108.1+245.75=1391.43(\text{m}^3/\text{d})$
企业总耗水量　　　　　　　　$V_{co}=147.3\text{m}^3/\text{d}$
全厂总排放量　　　　　　　　$V_d=1965.8\text{m}^3/\text{d}$

(3) 利用水量关系检验各种水量计算结果：

$V_t=V_r+V_f=1109+2113.1=3222.1(\text{m}^3/\text{d})$

$V_t=V_{ct}+V_{pt}+V_{bt}+V_{lt}=1905.58+486.75+108.1+721.67=3222.1(\text{m}^3/\text{d})$

$V_t=V_{yt}+V_{lt}=2500.43+721.67=3222.1(\text{m}^3/\text{d})$

$V_f=V_{cf}+V_{pf}+V_{bf}+V_{lf}=1037.58+245.75+108.1+721.67=2113.1(\text{m}^3/\text{d})$

$V_f=V_d+V_{co}=1965.8+147.3=2113.1(\text{m}^3/\text{d})$

$V_f=V_{yf}+V_{lf}=1391.43+721.67=2113.1(\text{m}^3/\text{d})$

上述计算结果表明，各种水量计算结果无误。

(4) 考核指标计算。

1) 重复利用率：

$$R=\frac{V_r}{V_t}\times 100\%=\frac{1109}{3222.1}\times 100\%=34.40\%$$

2) 冷却水循环率：

$$r_c=\frac{V_{cr}}{V_{ct}}\times 100\%=\frac{820}{1905.58}\times 100\%=43.03\%$$

3) 工艺水回用率：

$$r_p=\frac{V_{pr}}{V_{pt}}\times 100\%=\frac{241}{486.75}\times 100\%=49.50\%$$

4) 排水率：

$$r_d=\frac{V_d}{V_f}\times 100\%=\frac{1965.8}{2113.1}\times 100\%=93.03\%$$

5) 企业内职工人均生活日新水量：

$$V_{lf}=\frac{V_{ylf}}{nd}\times 100\%=\frac{721.67}{660\times 1.0}\times 100\%=1.09[\text{m}^3/(\text{人·d})]$$

式中：全厂职工总人数 $n=660$ 人，因企业生活日新水量为 721.61m^3，故取 $d=1$，即按一日计便可。

6) 单位产品新水量：

$$V_{uf}=\frac{V_{yf}\times 360}{Q}=\frac{1391.43\times 360}{1200}=417.40(\text{m}^3/\text{t})$$

式中：全年产量 $Q=1200\text{t}$ 计，全年工作日按 360d 计。

7) 万元工业增加值新水量：

$$V_{wf}=\frac{V_{yf}\times 360}{Z}=\frac{1391.43\times 360}{1.14\times 10^4}=42.82(\text{m}^3/\text{万元})$$

式中：企业年增加值按 $Z=1.14$ 亿元计。

3.3.4 工业用水节水措施

随着我国工业的迅速发展，工业用水急剧增长，造成工业用水与居民生活、农业争水；水资源供需矛盾日益突出，尤其是北方的工业城市，这种现象更加严重。全国 660 个城市中有 400 多个城市缺水。但另一方面，工业用水浪费仍然严重，节水的潜力较大，因此，大力推广工业用水节水技术措施，是缓解我国城市水资源供需矛盾的重要途径。

1. 调整工业结构

不同的工业行业其生产用水量差异很大，因此，一个地区的工业结构应与本地区的水资源条件相适应。对于水资源特别紧张的地方，有必要对工业结构做调整，坚持"以水定产"，尽量向耗水量小的方向发展，以缓解供需矛盾。

2. 调整工业布局

各地对工业布局要全面规划，规划时不仅要依据原材料、燃料等资源的分布，而且必须同时考虑水资源的分布情况，按照"以供定需"的原则，合理调整工业布局。例如：京津唐地区长期以来人口密集，工业发达，使得该地区资源环境问题越来越严重，尤其是水资源的供需矛盾非常突出，有关部门提出，在工业布局上应将大耗水企业向东部海滨地区转移，以便利用海水代替淡水资源。新建工业项目，必须充分考虑工业用水的可能，水源不落实的项目，不能盲目建设。

3. 提高水的重复利用率

工业用水的重复利用包括一水多用和循环利用两种方式。一水多用是指某用水系统（设备、车间或企业）用过的水，排出后再供其他用水系统使用，即水被二次、三次或更多次串联使用；循环用水是指水在本系统内回收而反复使用。

根据工业排水水质情况，工业废水重复利用大概有 3 种情况。

(1) 工业企业的排水是清洁的好水，水质基本没有变化，回收后完全可以重复使用。例如工业生产中的间接冷却水大多属于这类情况，在使用过程中主要是水温升高。

（2）工业排水中混有一定杂质，但比较容易分离，如一般的洗涤用水（不接触化学药物、油渍物品或其他有害物质）、造纸行业的纸机排放的白水等，只需要简单的沉淀、过滤等物理处理，就可以回收利用。

（3）工业排水已受污染，需要经过净化处理后才能重复利用。

提高水的重复利用率对节约用水意义重大，世界上许多发达国家都很重视工业水的回收利用，不断提高重复利用率。例如美国20世纪60年代末工业水重复利用率为60%左右，1980年提高到67%，1985年达到75%，到2000年已达到85%以上。近年来先进国家钢铁、化工、造纸工业水的重复利用率分别达98%、92%、85%。

20世纪末我国工业用水重复利用率只有60%左右，远低于发达国家的水平，除上海、北京、天津、大连等少数城市重复利用率可达85%以上外，其他多数城市还停留在50%~60%，与世界先进水平相比差距悬殊。随着我国节水型社会建设的深入发展，主要行业用水重复利用率得到明显提升。2020年全国规模以上工业（年主营业务收入达到2000万元及以上的工业法人企业）用水重复利用率达到92.5%，其中，钢铁97%、石化化工93%、有色94%、造纸82%、纺织73%、食品60%。充分挖掘水资源潜力，并采取先进的工艺流程，提高工业用水的重复利用率和降低工业用水定额，是缓解城市供水紧张的一项重要措施，也是建立节水型社会生产体系的重要组成部分。

4. 加强废污水利用

工业企业和居民生活用水，经过使用后，受到污染，失去了直接使用价值的最终排出的水，称为废水或污水。根据《城乡建设统计年鉴》，我国的废污水排放量逐年增加，1991年城市污水排放量为299.7亿 m^3，2000年为331.8亿 m^3，2021年为635.1亿 m^3。污水如果不经处理直接排入江河湖泊，不仅造成了环境污染，而且浪费了大量的水资源。

污水经过处理，用于工业冷却用水、城市绿化用水和冲洗马路、汽车，多次重复回用，都是可行的。世界上很多发达国家，如美国、以色列都大力发展污水净化回用，成为城市和工业用水重要的水源之一。进入21世纪以来，我国全面加大水污染治理力度，污水处理率不断提高。到2020年年底，已实现城镇污水处理设施全覆盖，城市污水处理率达到95%，其中地级及以上城市建成区基本实现全收集、全处理；县城不低于85%，建制镇达到70%。

目前我国处理后的污水按照"集中利用为主、分散利用为辅"的原则，因地制宜进行利用。鼓励将污水处理厂尾水经人工湿地等生态处理达标后作为生态和景观用水，用于工业、绿地灌溉、城市杂用水时，优先选择用水量大、水质要求不高、技术可行、综合成本低、经济和社会效益显著的用水方案。

5. 合理利用海水

我国沿海城市淡水资源有限，利用海水，取之不尽，用之不竭，应当是工业用水重要的水源之一。国内外的实践经验表明，火电厂除锅炉用水和轴承冷却用水外，90%以上的用水都可以使用海水；炼油和化工生产中各种排管的冷却水及大型设备的冷却也可以用海水，其数量可占全部冷却水的70%以上；钢铁工业中海水约可替代一半的淡水；大型机械厂海水也可替代30%～40%的淡水。美国早在20世纪70年代，就大量利用咸水作为工业冷却用水。1975年，美国工业用水2800亿m^3，其中利用咸水800亿m^3。1985年其工业用水3000亿m^3，其中利用咸水1200亿m^3。我国沿海城市天津、大连、青岛，也在80年代开始将海水用于冷却用水。天津市大港电厂从1980年起利用海水代替淡水冷却，效果良好。青岛市黄岛电厂也在利用海水冷却，弥补淡水的不足。大连市1984年利用海水能力达到200万m^3/d，2007年直接利用海水总量达到13.74亿$m^3/$年。我国沿海各缺水城市，都应研究利用海水，用于工业冷却用水，制订建设规划，逐步建立海水冷却系统。2020年全国海水直接利用量1698亿m^3，主要作为火（核）电的冷却用水。海水直接利用量较多的为广东、浙江、福建、辽宁、江苏、山东和河北，其他沿海省份也有一定数量的海水直接利用量。

对于某些必须经过净化才能使用的工艺用水，利用海水一定要做经济分析，评价其合理性。在有些情况下利用海水也是合理的，如对于锅炉工艺用水，无论是海水还是河水都要经过净化处理，对于长距离的调水来说，所需费用值得研究比较。特别是如将海水淡化与盐场、碱厂的建设结合起来，实行综合利用，则更能提高经济效益。

6. 加强设备更新改造

对一些技术比较落后、耗水量大的装备，需要改造。应采取有效措施，大力推广工业节水新技术、新工艺和新设备。新建、改建和扩建工业项目，严格执行"三同时、四到位"制度，即工业节水设施必须与主体工程同时设计、同时施工、同时投入运行，工业企业要做到用水计划到位、节水目标到位、节水措施到位、管水制度到位；制定《节水型工业企业目标导则》，积极开展创建节水型企业活动，指导企业落实各项节水措施；制定设备用水标准和限额，完善工业节水标准体系；建立节水产品认证制度和重要产品市场准入制度，整顿节水产品市场。

工业企业要及时开展水平衡测试和查漏维修维护工作，强化对用水和节水的计量管理。生产用水和生活用水要分类计量，主要用水车间和主要用水设备的计量器具装配率达到100%，控制点要实行在线监测，杜绝"跑冒滴漏"等浪费水的现象。

3.3.5 工业用水预测

工业用水预测，即通过对过去企业用水及其影响因素的分析研究，建立企业用水预测公式，对将来的用水水平及用水量进行预测分析。下面介绍几种比较常用的增长率预测方法。

1. 新水增长率法

新水增长率法是根据企业过去多年平均新水增长率作为今后新水量年增长率，并以此预测企业未来的新水量：

$$V_{fi} = V_{fo}(1+d)^n \quad (3.29)$$

式中：V_{fi}为第i年的预测年新水量；V_{fo}为预测起始年的新水量；d为多年平均新水增长率；n为从起始年份至预测年份的间隔年数。

【例3.2】 某市企业历年新水量情况见表3.7，试用新水量增长率法预测2020年和2030年的企业新水量。

表 3.7　　　　　　　　　　某市企业历年新水量

年份 项目	2005	2006	2007	2008	2009	2010
年企业新水量/万 m³	1427.9	1787.0	1946.5	1964.1	1935.7	2153
年企业用水增长率/%		25.1	8.9	0.9	−1.4	11.2

年份 项目	2011	2012	2013	2014	2015	平均
年企业新水量/万 m³	2103.2	1829.4	2402	2765.6	3369.6	
年企业用水增长率/%	−2.3	−13	31.3	15.1	21.8	8.8

解：由表 3.7，选用 2015 年为预测起始年，则 $V_{fo}=3369.6$ 万 m³，$d=8.8\%$。预测 2020 年的企业新水量 $n=5$ 年。

$$V_f=3369.6\times(1+8.8\%)^5=5137.2(万\ m^3)$$

预测 2030 年的企业新水量 $n=15$ 年。

$$V_f=3369.6\times(1+8.8\%)^{15}=11940.3(万\ m^3)$$

2. 企业新水量弹性系数法

在新水量增长率预测法中，企业新水量增长率是先根据历史的年新水量计算出多年平均水量而后求得的多年平均新水量增长率，没有考虑未来的用水变化情况。企业新水量弹性系数法是根据工业增加值的增长率预测未来的新水增长率，以使未来的用水预测更切合实际：

$$\varepsilon=\frac{d}{E} \tag{3.30}$$

式中：ε 为企业取水弹性系数；E 为工业增加值逐年增长率；d 为企业新水增长率。

预测程序如下。

（1）根据历年的企业取水情况和工业增加值增长情况，用式（3.30）计算企业未来的取水弹性系数 ε。

（2）根据企业今后生产发展规划确定预测起始年后的工业增加值增长率 E。

（3）预测起始年至 t 年的新水增长率 d，由式（3.30）得 $d=\varepsilon E$。

（4）预测第 t 年的企业新水量：

$$d=\left(\frac{V_{f_i}}{V_{f0}}\right)^{\frac{1}{t_i-t_0}}-1 \tag{3.31}$$

$$V_{fi}=V_{f0}(1+d)^{t_i-t_0} \tag{3.32}$$

式中：t_i 为预测年份；t_0 为起始年份；其他符号意义同前。

【例 3.3】 某厂 2015—2020 年企业新水增长率为 2.5%，工业增加值增长率为 5%，2020 年工业新水量为 2000 万 m³。"十四五"期间，年厂工业增加值每年递增 8%，试用企业取水弹性系数法预测 2025 年的企业新水量。

（1）企业取水弹性系数：

$$\varepsilon = \frac{d}{E} = \frac{2.5\%}{5\%} = 0.5$$

（2）预测 2020—2025 年企业新水增长率：
$$d = E\varepsilon = 8\% \times 0.5\% = 4\%$$

（3）由式（3.34）预测 2025 年的企业新水量：
$$V_{25} = V_{20}(1+d)^{25-20} = 2000 \times (1+4\%)^5 = 2433.2 (万 m^3)$$

3. 重复利用率提高法

随着科学技术的发展和管理水平的提高，企业节水措施将进一步完善，企业用水的重复利用率将进一步提高，重复利用率的提高将降低取用新水量，也就降低了单位增加值新水量。利用企业用水重复利用率的提高，预测未来年份的新水量，计算公式为

$$V_{fi} = Z_i V_{wfi} = \frac{1-R_i}{1-R_0} V_{wf0} Z_i \tag{3.33}$$

$$V_{wfi} = \frac{1-R_i}{1-R_0} V_{wf0} \tag{3.34}$$

式中：V_{wf0} 为起始年份的单位工业增加值新水量；V_{wfi} 为预测年份 i 的单位工业增加值新水量；Z_i 为预测年份 i 的企业工业增加值；R_0 为起始年份企业用水重复利用率；R_i 为规划预测年份 i 的企业用水应达到的重复利用率。

【例 3.4】 某工厂 2020 年统计分析得出企业的用水重复利用率为 83.4%，"十四五"期间计划企业用水重复利用率年增长率为 1.0%，2025 年工业增加值预计达到 20亿元，2020 年单位工业增加值新水量为 50m³/万元，试对 2025 年企业用水进行预测。

解：由基本资料选用 2020 年为预测起始年，则
$$R_0 = R_{20} = 83.4\%$$
$$R_i = R_{25} = 83.4\% \times (1+1.0\%)^5 = 87.7\%$$
$$V_{wf0} = 50 m^3/万元$$

2025 年企业新水量为
$$V_{25} = \frac{1-R_{25}}{1-R_{20}} \times V_{wf0} \times Z_{25} = \frac{1-87.7\%}{1-83.4\%} \times 50 \times 20 = 740.96 (万\ m^3)$$

3.4 生 活 用 水

3.4.1 生活用水的特点

生活用水包括城镇生活用水和农村生活用水。城镇生活用水包括居民家庭用水和公共用水（含商业、建筑业、流动人口、环境、旅游用水等）。农村生活用水包括农民家庭生活用水和家庭牲畜用水。我国生活用水大致有以下主要特点。

（1）比重不大但增长较快。我国生活用水量，在新中国成立初期人口较少、生活水平低，用水量较小。随着社会经济的发展，人口的快速增长和生活水平的提高，年总用水量和人均用水量逐步增加，全国每年以平均 3%～6% 的速度增长，到 2022 年生活用水量已达 905.7 亿 m³，占全国总用水量的 15.1%，人均生活用水量 176L/d。

(2) 对用水保证程度要求高。水作为人类生活必不可少的基本物质，它的供应直接关系到人类生存和社会的稳定，人们的基本生活用水一旦得不到保证，将带来严重的后果，因此生活用水要求有较高的保证程度。即使在大旱的年份，也必须首先确保人们的基本饮用水的供应。

(3) 对水质要求高。为了确保人们的健康和安全，生活用水，尤其是饮用水，对水质有较高的要求。许多国家都规定了饮用水水质标准，我国也于 1985 年颁布了国家标准——《生活饮用水卫生标准》（GB 5749），之后又进行多次修订。该标准对生活饮用水的基本要求是：感官性状好，要求对人体感官无不良刺激和厌恶感；水中所含化学物质对肌体无害，对人体组织不产生急性或慢性的毒害影响和变异；流行病学安全，即要求水中不含有病原体，以防止传染病的传播。为此，对饮用水在感官性状、化学、毒理学、细菌学和放射性等方面规定了一系列控制性指标。

3.4.2 生活用水水源及水质

生活用水的水源选择，应根据城乡远期、近期规划，历年来的水质、水文和水文地质资料，取水点及附近地区的卫生状况，同时考虑到地方病等因素，从卫生、经济、技术、水资源等多方面进行综合评价，选择水质良好、水量充沛、便于防护的水源。宜优先选用地下水，取水点应设在城镇和工矿企业的上游。但是，不少地区由于地下水的集中或过量开采，已造成了地下水位的急剧下降和引起地面沉降等环境问题，有关部门正在采取措施减少地下水的开采。

作为生活饮用水水源的水质，应符合下列要求。

(1) 若只经过加氯消毒即供作生活饮用的水源水，总大肠菌群平均不得超过 1000 个/L，经过净化处理及加氯消毒后供作生活饮用的水源水，总大肠菌群平均不得超过 10000 个/L。

(2) 水源水的感官性状和一般化学指标、毒理学指标、放射性指标经净化处理后，应符合《生活饮用水卫生标准》（GB 5749）的规定。

(3) 在高氟区或地方性甲状腺肿地区，应分别选用含氟、含碘量适宜的水源水。否则应根据需要，采取预防措施。

(4) 若遇有不得不选用超过上述某项指标的水作为生活饮用水水源时，应取得省（直辖市、自治区）卫生厅（局）的同意，并应以不影响健康为原则，根据其超过程度，与有关部门共同研究，采用适当的处理方法，在限定的期间使处理后的水质符合本标准的要求。

3.4.3 生活用水计算

3.4.3.1 生活用水量标准

生活用水量的多少随着水源条件、气候因素、生活水平和习惯、房屋卫生设备条件、供水压力、收费办法等的差别而有不同，影响因素很多。为了衡量某市、某地的生活用水水平和粗略估计生活用水量，常以每人每日平均生活用水量作为指标，人均居住生活用水量和人均综合生活用水量是城市生活用水和节水的两个重要指标。

1. 人均居住生活用水量指标

居住生活用水为居民在家中的日常生活用水，包括居民的饮用、烹调、洗涤、清洁、冲厕、洗澡等用水。通过对国内外城市人均居住用水量的分析，发现居住生活用水量与居住条件及室内给排水和卫生设施配套水平密切相关，同时受到气候、生活水平、生活习惯、供水设施能力等因素的影响，而与城市规模无直接关系，目前国内大中城市居住条件比小城市好，大中城市人均居住用水量要比小城市高，但随着国民经济和城市建设的发展，大中城市与小城市在居住条件上的差距将会缩小，人均居住用水量将趋于相近。每一居民日用水量的一般范围称生活用水标准，常按 L/(人·d) 计。由于各地气候、生活习惯，以及居民室内卫生设备完善程度等条件不同，用水量标准也不相同。

2. 人均综合生活用水量指标

综合生活用水包括居住生活用水和城市公共设施用水两部分。居住生活用水上面已述及，城市公共用水是指城市各类公共设施用水，如宾馆饭店、商业服务、机关办公、医疗、大专院校以及城市绿化与环境用水。

城市公共设施用水量与公共设施室内给排水和卫生设施配套水平密切相关，同时受到气候、生活水平、供水设施能力等因素的影响，还与城市性质、城市规模和流动人口数量有直接关系。随着城市规模的扩大，人均综合生活用水量中公共设施用水明显增加。据统计，北方地区大城市和特大城市的人均公共设施用水量是小城市的 1.6 倍，是南方地区大城市和特大城市的人均公共设施用水量的 2.0 倍。大城市和特大城市一般为某地区的政治、经济、文化中心，城市各项公共设施不仅仅为该城市的居民服务，在一定程度上还要为该地区人口服务，因此，作为地区中心的大城市和特大城市人均公共设施用水量要比中小城市高。根据对我国部分城市生活用水量分析，大城市和特大城市人均公共设施用水量为居住用水量的 70%～80%，中小城市人均公共设施用水量为居住用水量的 50% 左右。

我国《室外给水设计规范》(GB 50013) 按气候条件和生活习惯将全国分为 3 个分区，在现有用水定额的基础上，结合城市总体规划和给水专业规划，本着节约用水的原则，综合分析确定。当缺乏实际用水资料情况下，可参考类似地区确定，或按表 3.8～表 3.11 选用。

表 3.8　　　　　　　　最高日居民生活用水定额　　　　　　　单位：L/(人·d)

城市类型	超大城市	特大城市	Ⅰ型大城市	Ⅱ型大城市	中等城市	Ⅰ型小城市	Ⅱ型小城市
一区	180～320	160～300	140～280	130～260	120～240	110～220	100～200
二区	110～190	100～180	90～170	80～160	70～150	60～140	50～130
三区	—	—	—	80～150	70～140	60～130	50～120

表 3.9　　　　　　　　平均日居民生活用水定额　　　　　　　单位：L/(人·d)

城市类型	超大城市	特大城市	Ⅰ型大城市	Ⅱ型大城市	中等城市	Ⅰ型小城市	Ⅱ型小城市
一区	140～280	130～250	120～220	110～200	100～180	90～170	80～160
二区	100～150	90～140	80～130	70～120	60～110	50～100	40～90
三区	—	—	—	70～110	60～100	50～90	40～80

表 3.10　　　　　　　　　最高日综合生活用水定额　　　　　单位：L/(人·d)

城市类型	超大城市	特大城市	Ⅰ型大城市	Ⅱ型大城市	中等城市	Ⅰ型小城市	Ⅱ型小城市
一区	250~480	240~450	230~420	220~400	200~380	190~350	180~320
二区	200~300	170~280	160~270	150~260	130~240	120~230	110~220
三区	—	—	—	150~250	130~230	120~220	110~210

表 3.11　　　　　　　　　平均日综合生活用水定额　　　　　单位：L/(人·d)

城市类型	超大城市	特大城市	Ⅰ型大城市	Ⅱ型大城市	中等城市	Ⅰ型小城市	Ⅱ型小城市
一区	210~400	180~360	150~330	140~300	130~280	120~260	110~240
二区	150~230	130~210	110~190	90~170	80~160	70~150	60~140
三区	—	—	—	90~160	80~150	70~140	60~130

注　1. 居民生活用水指：城市居民日常生活用水。
　　2. 综合生活用水指：城市居民日常生活用水和公共建筑用水。但不包括浇洒道路、绿地和其他市政用水。
　　3. 超大城市指城区常住人口 1000 万及以上的城市，特大城市指城区常住人口 500 以上 1000 万以下的城市，Ⅰ型大城市指城区常住人口 300 万以上 500 万以下的城市，Ⅱ型大城市指城区常住人口 100 万以上 300 万以下的城市，中等城市指城区常住人口 50 万以上 100 万以下的城市，Ⅰ型小城市指城区常住人口 20 万以上 50 万以下的城市，Ⅱ型小城市指城区常住人口 20 万以下的城市。
　　4. 一区包括：湖北、湖南、江西、浙江、福建、广东、广西、海南、上海、江苏、安徽；二区包括：重庆、四川、贵州、云南、黑龙江、吉林、辽宁、北京、天津、河北、山西、河南、山东、宁夏、陕西、内蒙古河套以东和甘肃黄河以东的地区；三区包括：新疆、青海、西藏、内蒙古河套以西和甘肃黄河以西的地区。
　　5. 经济开发区和特区城市，根据用水实际情况，用水定额可酌情增加。
　　6. 当采用海水或污水再生水等作为冲厕用水时，用水定额相应减少。

3.4.3.2　生活用水水平评价

随着城市居民住房卫生设施条件的不断改善和生活水平的提高，以及城市化进程特别是第三产业的发展和城市市政建设的发展，城市生活用水量不断增长。

水的供需矛盾突出，城市生活用水紧缺状况无明显缓解。造成城市缺水的原因是多方面的，主要体现在供水设施能力不足、水资源短缺、水资源综合开发利用程度低和分配不合理、水源污染、用水效率低、水价不合理和建设资金筹措渠道不畅等。

城市生活用水浪费现象依然普遍。在城市生活用水中由于管网陈旧、用水器具及设备质量差、结构不合理、用水管理松弛，造成了用水过程中的"跑、冒、滴、漏"。其次洗车等杂用水大量使用新水，重复利用率低也造成了用水浪费。

3.4.3.3　生活用水预测

1. 人口与城市（镇）化

人口指标包括总人口、城镇人口和农村人口。预测方法可采用模型法或指标法，如采用已有规划成果和预测数据，应说明资料来源。

人口指标预测要求采用最新全国人口普查所采用的统计口径。目前各地水资源公报中的城镇人口数大多采用非农业人口指标，应按人口普查中的城镇人口数据进行核对。各规划水平年人口预测，应根据当地政府已有人口发展规划作为预测的基本依据，但需要根据人口普查数据口径，进行必要的修正或重新预测。

城市（镇）化预测，应结合国家和各级政府制定的城市（镇）化发展战略与规划，充分考虑水资源条件对城市（镇）发展的承载能力，合理安排城市（镇）发展布局和确定城镇人口的规模。城市化水平预测方法一般包括联合国法和时间序列法，近年来也开始采用消费水平法。

(1) **联合国法**。联合国法是联合国用来定期预测世界各国、各地区城镇人口比重时常用的方法。它是根据已知的两次人口普查的城镇人口和乡村人口，求取城乡人口增长率差。假设城乡人口增长率差在预测期保持不变，则外推可求得预测期末的城镇人口比重。

预测模型：

$$\frac{Pu(t)}{1-Pu(t)}=\left[\frac{Pu(l)}{1-Pu(l)}\right]\mathrm{e}^{kt} \qquad (3.35)$$

式中：$Pu(t)$ 为预测年城镇人口比重；$Pu(l)$ 为基期城镇人口比重；t 为距离基期的年数；k 为城乡人口增长率差。

k 值由式 (3.36) 计算：

$$k=\ln\left[\frac{\frac{Pu(2)}{1-Pu(2)}}{\frac{Pu(1)}{1-Pu(1)}}\right]\bigg/n \qquad (3.36)$$

式中：$Pu(1)$ 为前一次人口普查的城镇人口比重；$Pu(2)$ 为后一次人口普查的城镇人口比重；n 为两次普查间的年数。

式 (3.35) 是一条 S 形曲线方程，符合城市化过程的发展规律。

(2) **时间序列法**。时间序列法是常用来定量分析和预测历史规律性较强的客观事实发展变化的一种方法，实质上仍属于回归分析方法。根据几十年来城市化水平与时间 t 进程呈近于直线型关系的特点，回归分析方法采用一元线性回归。

回归分析方程为

$$y=a+bt \qquad (3.37)$$

式中：y 为城市化水平（按城市非农业人口口径）；t 为预测的时间；a、b 为回归系数。

(3) **消费水平法**。西方社会学家在研究人口流动时，使用频率很高的一个概念是"推拉理论"，即由于城乡之间往往存在经济差异，这种差异一般都是因为农村经济落后，生产力水平低，单位人口占有资本量少，创造的价值也因而不多，由此决定了农民收入水平低，进而使得农民的消费水平也较低。当农业生产力水平提高以后，农村劳动力就会过剩，在生产力水平的提高还不足以改变农民消费水平低的状况时，劳动力的过剩就对农民流动到城市产生一种推动力。与此同时，城市收入水平较高，这种诱惑又对农民流动到城市的行为产生一种拉力。

在"推拉"共同作用下农民不断进入城市成为城市人口，城市化水平随之逐步提高，城乡消费水平差距越大，这种"推拉"动力也就越强；城市化的发展需要具备相应的基础设施和就业条件，城市化速度越高城市基础设施建设资金和其他与就业条件相适应的资本需求量也就越高，这种需求既可以通过增加国民生产总值的方法实现，也可以通过提高资本形成率、降低最终消费率的方法实现。但是如同任何事物的发展都应基于矛盾的对立统一过程一样，城市化的健康发展也必须建立在推动力与制约力对立统一的基础上。如果以 G 表示当年的人均 GDP，以 k 表示居民消费占 GDP 的比重，以 P_u、P_f 分别表示城市人口比例和农村人口比例，以 X_u、X_f 分别表示城市居民和农村居民的消费水平，则

$$P_f = 1 - P_u \tag{3.38}$$

$$P_u X_u = kG - P_f X_f \tag{3.39}$$

将式（3.38）代入式（3.39）得

$$P_u = (kG - X_f)/(X_u - X_f) \tag{3.40}$$

式（3.40）表明函数 P_u 是以 k、G、X_u、X_f 为自变量的多元函数，对函数求 G 的一阶偏导数，得

$$(P_u)'_G = k/(X_u - X_f) \tag{3.41}$$

式（3.41）表明，单位人均 GDP 增量所增加的城市人口与居民消费占 GDP 的比重成正比，而与城乡居民消费水平之差成反比，其积极意义是：①城乡消费水平差别越大，式（3.41）所决定的城市人口增量越小，此时，"推拉理论"起相反的平衡作用；城乡消费水平差别接近时，式（3.41）所决定的城市人口增量就会很大，此时受"推拉"力的影响，逆城市化阶段就会来临，城市人口反而会转而迁移到农村。②居民消费比重越高，城市人口增量越大，但同时也意味着资本形式率越低，城市基础设施条件以及城市人口赖以从事经济活动的生产条件也就越差，从而使得城市吸纳农村人口的能力降低；反之，城市吸纳农村人口的能力提高。也就是说，居民消费水平、城乡居民消费水平的差别应当与城市化进程相适应，城市化进程中必须正确处理积累与消费、城市收入消费水平与乡村收入消费水平之间的相互关系，这就是消费水平法的理论基础。

在城乡人口预测的基础上，进行用水人口预测。城镇用水人口是指由城镇供水系统、企事业单位及自备水源供水的人口；农村用水人口则为农村地区供水系统供水（包括自给方式取水）的用水人口。

城镇用水人口包括常住人口（可采用户籍人口）和居住时间超过 6 个月的暂住人口。暂住人口所占比重不大的，可直接采用城镇人口作为城镇用水人口。对于流出人口比较多的农村，也应考虑其流出人口的影响。

2. 生活需水量

生活需水量分城镇居民需水量和农村居民需水量两类，可采用人均日用水量方法进行计算。

根据经济社会发展水平、人均收入水平、水价水平、节水器具推广与普及情况，结合生活用水习惯和现状用水水平，参照建设部门已制定的城市（镇）用水标准，参考国内外同类地区或城市生活用水定额，分别拟定各水平年城镇和农村居民生活用水净定额；根据供水预测成果以及供水系统的水利用系数，结合人口预测成果，进行生活净需水量和毛需水量的预测。

城镇和农村生活需水量年内相对比较均匀，可按年内月平均需水量确定其年内需水过程。对于年内用水量变幅较大的地区，可通过典型调查和用水量分析，确定生活

需水月分配系数，进而确定生活需水的年内需水过程。

当城镇处于稳定发展阶段，从统计历年的生活用水量资料中可以得出稳定的递增率，或递增率虽不稳定，但其变化呈现一定规律，则可按递增率直接预估未来的用水量。由于生活用水量与城镇人口密切相关，当没有足够多的用水量资料时，可以先建立人口和生活用水量的相关关系，再通过未来的人口数来预测生活用水量。还可以通过分析人口的增长率和生活用水量标准的递增率来预测未来的生活用水量。

【例 3.5】 某市 2020 年生活用水量为 5200 万 m^3，根据历年资料统计分析，人口年增长率为 2%，生活用水量标准的年增长率为 2.5%，试估算 2025 年的生活用水量。

解： 2025 年的生活用水量为
$$Q = 5200 \times (1+0.02)^5 \times (1+0.025)^5 = 6496 (万 \ m^3)$$

当城镇具有较完善的总体规划时，可利用规划资料来估算未来年月的生活用水量。根据规划资料的情况，可分项予以估算。对于居民生活用水，可按城镇人口的规划及规划所拟定的远期、近期生活用水量标准进行计算。远期、近期生活用水量标准可在调研或统计分析资料的基础上，根据现行国家用水量标准，考虑发展，结合本地区气候条件、经济条件和卫生习惯等因素进行拟定。

3.4.4 生活用水节水途径和措施

与工业用水的节水工作相比，生活用水的节水工作要困难一些，目前在生活用水的节水方面主要有以下措施。

(1) 普及节水的宣传工作。加强节水的宣传教育工作，在全民中建立节水意识，是促进节水的有效途径。目前全国每年都举行节水宣传周活动。每年 5 月 15 日所在的周为节水宣传周，通过报刊、广播、电视等新闻媒体及发放节水宣传材料、张贴节水宣传画、举办节水知识竞赛等手段进行节水宣传。在全国范围内评选"节水先进城市"和"节水先进单位"，树立节水先进典型。

(2) 实行计划用水。实行用水计划管理是节水的核心内容之一，目前各城市均对用水量较大的工业企业、机关事业单位和商业文化设施的用水实行计划管理，对用水单位核定计划用水量，超计划用水实行累进加价的收费办法，促进节约用水、合理用水。

在城市生活用水中应建立合理的水费体制，实行计划管理。合理的水费体制在抑制不必要和不合理的用水增长、促进供水部门和节水设施发展中也起着重要的作用。目前供水部门作为社会福利事业，水价普遍偏低，背离了水资源的价值，影响了城市供水设施的建设和发展，加重了缺水矛盾，建立合理的水费体制，才能使用水和节水逐步走上良性循环的轨道。

(3) 推广节水器具。节水器具在生活用水节水方面起着重要的作用，推广应用节水型卫生洁具、设备是实现节约用水的重要手段和途径。其对节水意识强的用户，有助于提高节水效果，对节水意识薄弱的用户，可从客观上限制水的浪费。对此，国家和各级政府部门都十分重视。2000 年年底，建设部为贯彻《国务院关于加强城市供水节水和水污染防治工作的通知》（国发〔2000〕36 号）精神，委托中国城镇供水协会组织编制《节水型生活用水器具》（CJ 164—2002）标准，于 2002 年 6 月由建设部批准为城镇建设强制性行业标准,并要求于自 2002 年 10 月 1 日起实施。各地节水办积极组织科研人员研制开发新型的节水器具,建材企业也积极研制生产节水器具,并取得了一定的成绩,对城市节约用水起了很大的作用。2014 年对该标准进行了修订。

(4) 建设中水道设施。在生活用水中有一部分用水如冲洗厕所、清洁、绿化、洗车等用水可以用低质非饮用水,如果这部分用水以处理后的污水替代,可以节约清水资源。目前,在我国的北方的缺水城市已经在进行单体建筑中水道设施建设的探索和尝试,取得了很好的节水效果。1995 年原建设部发布的《城市中水设施管理暂行办法》,规定凡水资源开发程度和水体自净能力基本达到资源可以承受能力地区的城市,应当建设中水设施;建筑面积超过 2 万平方米的旅馆、饭店、公寓,超过 3 万平方米的机关、科研、大专院校、大型文化体育设施必须修建中水设施。

3.5 生态用水及其他用水

3.5.1 生态用水

生态环境是人类生存和发展的基本条件,是经济、社会发展的基础,一定的生态环境要靠一定的水量来维护。生态环境用水是指为维持生态与环境功能和进行生态环境建设所需要的最小需水量。我国地域辽阔,气候多样,生态环境需水具有地域性、自然性和功能性特点。生态环境用水量是具有相对性,建立或维持不同质量的生态环境,需要不同的生态环境用水量。从广义上讲生态环境用水是维持地球生态系统平衡,如水热平衡、生物平衡、水沙平衡、水盐平衡等所消耗的水分。狭义的生态环境用水是指为维护生态环境质量不再进一步恶化,并得到逐渐改善所需消耗的水资源量,包括水土保持中植被生态用水、维持河道不干涸的河道最小环境用水、地下水维持一定水位用水、河湖湿地生态系统修复用水、城市维持一定景观水面的城市河湖用水、维护海洋生态环境所需的入海水量及污染水域的稀释净化用水等。生态环境用水的数量与恢复和建设生态环境的标准有关(标准低则用水量小,标准高则用水量大)。简言之,生态环境建设所消耗的水就是生态环境用水。按照修复和美化生态环境的要求,可按河道内和河道外两类生态环境需水口径分别进行计算。河道内生态环境用水一般分为维持河道基本功能和河口生态环境的用水。河道外生态环境用水分为城镇生态环境美化和其他生态环境建设用水等。

3.5.1.1 生态用水的主要组成部分

1. 河流生态恢复用水量

河流生态恢复用水量主要考虑两方面:一是考虑河流水体维持原有自然景观,使河流不萎缩,并能基本维持生态平衡所需的最小水量;二是考虑现状条件各主要河段的污染情况,按照水污染防治规划和水环境功能区划的要求,所需增加的稀释水量。

2. 城市生态环境用水

城市生态环境用水泛指维持城市生态水环境所必需的基本用水。城市生态环境用水包括水量、水体、水质、水能、水景等多种形式,涵盖绿化美化用水、旅游观光用水、河湖水系用水、地下补给用水、抽水蓄能用水等多个方面。城市生态环境用水应注意把握其空间、时间尺度,充分利用水的自然属性和经济属性,逐步提高城市生态水环境质量。

3. 湿地恢复用水

湿地是自然界生物多样性最为丰富、独特的生态系统，具有调蓄洪水、调节气候、涵养水源、净化水质、维护生物多样性等多种重要的生态、经济、社会功能。保护湿地资源、维持湿地基本生态过程，是改善生态环境和保障社会可持续发展的需要，也是世界自然环境保护的重点之一。

4. 地下水恢复水量

对地下水无节制的超采，会造成地下水位下降、地面沉陷等诸多问题，使地下水生态环境日益恶化。因此必须严格控制地下水的超采，特别是深层地下水的超采。在有条件的地区还要进行地下水的人工回补与禁采部分浅层地下水，逐步使地下水位恢复到一个合理的水平。维持地下水动态平衡所需的水量，称为地下水恢复水量。

5. 入海水量

保持一定的入海水量是维持河口和海湾生态平衡所必需的，河流所挟带的营养物质和泥沙是海洋生物生长发育所需的营养物以及保持海岸线动态平衡的重要物质来源。此外，对于防止河口淤积和海水入侵，保持一定的入海水量也是十分必要的。因此，从生态及水、沙动力平衡角度出发，最小入海水量应考虑减少河口淤积、防止海水入侵及海洋生态需要。

6. 水土保持生态用水

水土保持是维护河流水生态平衡的重要一环，实施水土保持，将使山区植被得到恢复，减少干旱、洪涝等自然灾害危害，减轻土壤侵蚀，保护人类赖以生存的土地资源，有力地促进山区经济的建设。水土保持所需的生态用水，也属于生态环境用水的范围。

3.5.1.2 生态用水的计算方法

生态环境用水计量的主要目的是流域和区域水资源优化配置，保障水资源开发利用与生态环境保护和经济建设协调发展。如何计算生态环境用水，以何种生态环境作为基准计算生态环境用水则成为首先必须明确的问题，目前国内研究一致认为，为维持生态环境不至于进一步退化，应以生态环境现状作为评价生态用水的起点，而不是以天然生态环境为尺度进行评价。因此，书中所涉及的用水概念均是指狭义上的生态环境用水。

生态环境用水的各个方面有一定的重复，计算时需注意扣除重复量。

1. 水土保持生态环境用水

以流域为单元，通过采取综合治理措施（生物措施、工程措施、农业耕作措施）改善流域生态环境，维持生态环境健康发展所消耗的水量，称为水土保持生态环境用水。其计算方法主要有水文法和水保法两种。

(1) 水文法。是根据对降雨、径流和产沙基本规律的分析，利用实测水、沙资料，建立降雨产流产沙模型（统计模型、概念性模型），利用模型计算某一时期治理流域在未治理状态下的产流产沙量，与同一时期实测径流泥沙量相比，可得出水土保持生态环境建设减水量，再扣除治理前后流域工农业及生活用水增量，即得水土保持生态环境用水量。水文法的优点是简单易用，对同一流域使用效果较好，反映了水土保持生态环境建设的减水效应。

(2) 水保法（成因分析法）。从人类活动对下垫面条件的改变而引起水沙变化的实际情况出发，根据各项措施数量、质量和蓄水拦沙指标等因素分别计算各项水保措施的生态用水量，进而计算水保措施的单项及综合生态用水量。水保法属于经验统计方法，计算精度的关键是蓄水拦沙指标的确定和治理措施数量、质量以及分布的调查落实。

2. 植被建设生态环境用水

植被建设生态环境用水是指在一定的气候和土壤水分条件下植被所消耗的水量。其计算公式为

$$W_i = A_i W_{fi} \tag{3.42}$$

式中：W_i 为植被类型 i 的生态环境用水量；A_i 为植被类型 i 的面积；W_{fi} 为植被类型 i 在特定自然条件下的耗水定额。

由于影响植被耗水的因子非常多，耗水量很难测定和计算，至今没有统一的公式或模型可以准确地计算分布在各种自然条件下植被的耗水量。目前大多数学者所计算的植被用水均是通过间接模型推求的，从耗水角度而言，有些计算结果应属于植被需水量而非真正的用水量。

3. 维持河流水沙平衡用水

水沙平衡主要是指河流中下游的冲淤平衡。为了输沙排沙，维持冲刷与侵蚀的动态平衡，需要一定的生态环境用水量与之匹配，这部分水量就称之为水沙平衡用水。在一定的输沙总量要求下，输沙水量直接取决于水流含沙量的大小。对于北方河流而言，汛期的输沙量约占全年输沙总量的 80% 以上，即河流的输沙功能主要在汛期完成，因此可以忽略非汛期较小的输沙水量。在上述假设前提下，河流汛期输沙用水量计算公式如下：

$$W_s = \frac{S_t}{C_{\max}} \tag{3.43}$$

$$C_{\max} = \frac{1}{n} \sum_{i=1}^{n} \max(C_{ij}) \tag{3.44}$$

式中：W_s 为输沙用水量；S_t 为多年平均输沙量；$C_{\max}$ 为多年最大月平均含沙量的平均值；C_{ij} 为第 i 年 j 月的月平均含沙量；n 为统计年数。

4. 河流生态基流用水

河流生态基流用水主要用以维持水生生物的正常生长，以及满足部分的排盐、入渗补给、污染自净等方面的要求。对于常年性河流而言，维持河流的基本生态环境功能不受破坏，就是要求年内各时段的河川径流量都能维持在一定的水平上，不出现诸如断流等可能导致河流生态环境功能破坏的现象。基于这种考虑，以河流最小月平均实测径流量的多年平均值作为河流的基本生态环境用水量。其公式为

$$W_b = \frac{T}{n} \sum_{i=1}^{n} \min(Q_{ij}) \times 10^{-8} \tag{3.45}$$

式中：W_b 为河流生态基流用水，亿 m³；Q_{ij} 为第 i 年 j 月的月均流量，m³/s；T 为一年的时长，取 31.536×10^6 s；n 为统计年数。

(1) 环境保护稀释用水。环境保护稀释用水，是指把污水浓度稀释到某一标准所需的稀释水量。根据国家环境保护法、水污染防治法规定，工业废水须经过处理达到允许的排放标准后才能排放，并需加强对工业废水处理和排放的管理。因此，防治水源污染的主要措施是严格控制排污，稀释水体只是一种辅助性的改善水质办法，特别在水源缺乏的地区，更不能靠稀释来解决水质污染问题。

各地环保和水源保护部门对现状和不同发展时期排污预测都进行了大量的工作，饮用水、地面水、渔业用水、农灌用水以及工业排放污水水质标准国家已颁发正式标准，各河、湖泊、水库控制水文站的水情资料也每年都有记录，这三种资料，就是计算环境保护稀释用水的基本资料。

稀释用水近似分析方法有下面两种。

1) 按清、污比值确定稀释流量和用水量。首先，应调查了解各级分区内的污染源，包括污染负荷、污水量、污水排放方式、各种污染物排放浓度等；其次，要了解河段的污染特性，以确定控制该河段污染的临界期；在此基础上，按一定的清、污比值确定稀释流量和用水量。

2) 由允许超标率确定防污临界流量。所谓允许超标率是指在某一规定的水样中，允许某污染物的超标次数和检出次数的比值。在控制某些项目达到一定超标率的前提下，即可定出河段的防污临界流量。各河段允许超标率及含义是不同的，例如长江某河段防污临界流量允许超标率为 15%，要求达到这一指标的项目要占全部项目的 60% 以上，由此推算河段防污临界流量约为 13000 m^3/s。据此，用不同典型年流量过程进行分析即可分析计算出防污需水情况。一般先定出设计流量情况下的河流允许（污染物）负荷量，再根据污染排放情况定出河流防污的临界流量，从而计算出稀释用水。

设计流量又称安全流量，它是指在一定保证率下的枯水流量。计算水域对污染物的允许保证率的确定，要从水文条件、水质目标、经济实力、技术可行等做具体分析、综合比较来确定。国外普遍采用近 10 年最枯 7 天的平均流量作为设计流量。我国则根据国内具体情况，对不同水域考虑如下设计流量情况：①河流近 10 年最枯月平均水量或 90% 保证率最枯月平均水量；②湖泊近十年最低月平均水位或 90% 保证率最低月平均水位相应的蓄水量；③水库死库容的蓄水量；④大江大河和水面辽阔的湖库，应确定相应的沿岸水保护区的水量为设计水量；⑤流向不定的水网地区和潮汐河流，应按流速为 0 时低水位相应水域的水量，计算设计水量。

河流的允许负荷包括两部分：①水源保护区规定的水质标准与上游来水的污染物含量之间的差值，即所谓差值容量；②由于河流的自净或稀释能力，流经该河段以后，污染物消减的数量，即所谓同化容量。

$$W = 86.4[\underbrace{(Q_p+q)(C_N-C_0)}_{\text{差值容量}} + \underbrace{Q_p(C_0-C)}_{\text{同化容量}}] \tag{3.46}$$

式中：W 为河流中某河段的允许负荷量，kg/d；Q_p 为河段的设计流量，m^3/s；q 为污水排放量，m^3/s；C_N 为按照规定的水质标准允许污染物的浓度，mg/L；C_0 为上游来水中污染物的浓度，mg/L；C 为流经该河段后，污染物的浓度，mg/L；86.4 为单位换算系数。

如果污染物是指 BOD 一类的有机物，则

$$C = C_0 \exp\left(-K_1 \frac{X}{U}\right) \tag{3.47}$$

式中：K_1 为 BOD 的降解速度值，$1/d$；X 为河段长度，km；U 为河段的平均流速，km/d。

将式（3.47）代入式（3.46）得

$$W = 86.4\left[C_N(Q_p - q) - C_0 Q_p \exp\left(-K_1 \frac{X}{U}\right)\right] \tag{3.48}$$

式（3.48）的 q 是污水排放量，当考虑到河流流量较大，q 与 Q_p 相比，可以忽略不计时，C_0 是上游来水中污染物的浓度，假定 C_0 的上限等于 C_N。因此式（3.48）简化为

$$W = 86.4 C_N Q_p \left[1 - \exp\left(-K_1 \frac{X}{U}\right)\right] \tag{3.49}$$

式中：X 为河段的长度，km；C_N 为按照水源保护区水质标准所规定的污染物允许浓度，根据《地表水环境质量标准》（GB 3838—2002）所规定的 BOD 的浓度值。

（2）排咸用水。沿海平原地区分布有盐碱地，为了改良盐碱地，要控制盐分积累，使其水盐平衡，防治土壤盐渍化，是保护土壤生态环境的一项重要内容。其中伏雨洗盐，咸水入海，使平原盐分达到平衡状况，要求一定数量的入海水量。

在河道内用水中，淋盐用水一般不单独计算，因为有淋盐需要的地区，在计算灌溉用水中已经考虑了，淋盐水回归到河道之后，也为冲淤、航运、水力发电等综合利用。

（3）渔类及野生生物生态环境用水。河内渔类及野生生物生态环境用水，必须建立在各条河流实际的调查研究基础上。美国在全国第二次水资源评价中，把该项用水作为主要河内控制用水，美国本土内渔业及野生生物生长所需理想的径流量为 39.2 亿 m^3/d（略低于估算的日平均径流量 46.7 亿 m^3/d）。据此推算，其年用水约占美国本土多年平均河川径流量 17039 亿 m^3 的 84%，比重是相当大的。

在估计每一个水资源分区内渔类及野生生物用水量时，以分区河流出流点的月流量状况作为判断，提出下列评判标准。

1）"河道内径流为多年平均值的 60%（即 40% 为河道外耗水），这是为大多数水生动物主要生长期及大部旅游需要提供优良至极好的栖息条件所推荐的基本径流量。主要特征有：河宽、水深及流速可以将提供优良的水生生物生长环境；大部分河道，包括许多急流浅滩区将被淹没，通常可输水的边槽出现水流，只有少数卵石、沙坝露出水面；大部分江中岛将成为野生动物建立窝穴、进行繁殖和庇护的场所，大部分河岸滩地将成为鱼类所能游及的地带，也为野生动物提供安全的穴居区；大部分漩涡、急流和浅滩将适中地没于水中，为鱼类提供优良的繁殖和生长环境；岸边植物将有充裕的水量；在任何浅滩区，鱼类的洄游将不成问题；在任何河段中，水温不再是约束鱼类活动的条件；无脊椎动物种类繁多，数量丰富；对于捕鱼、划独木舟、划船以及较大游艇的航行和一般的旅游要求来说，水量和水质非常好都是极好的，河流及天然景色也非常好是极好的。"

2）河道内径流为多年平均值的30%（即70%为河道外耗水），这是保持大多数水生动物有好的栖息条件所推荐的基本径流量。主要特征有：河宽、水深及流速情况较好一般是令人满意的；除极宽的浅滩区外，大部分河道将没于水中，大部分边槽将有水流，卵石、沙坝将部分淹于水中；许多河中岛成为提供野生动物建立窝穴、进行繁殖和庇护的场所，许多河岸段将成为鱼类的活动区，也为野生动物提供穴居的场所；许多急流和大部分旋涡区的深度将足以作为鱼类的活动场所，大鱼可通过急流浅滩区；河段的大部，水温不是鱼类活动的约束条件；无脊椎动物将有所减少，但不会成为鱼量减少的控制因素；对于捕鱼、筏船及一般的旅游，特别是划独木舟、橡皮筏及吃水浅的船来说，水量和水质条件较好是好的，河流及天然景色也是令人满意。

3）河道内径流为多年平均径流的10%（即90%为河道外耗水），这是保持大多数水生动物短时间生存条件所推荐的最低瞬时径流量。主要特征有：河宽、水深和流速将显著减少，水生生态环境恶化；河道或正常湿周近一半露出水面，宽浅滩露出部分将会更多，边槽将大部或全部干涸，卵石、沙坝也基本上干涸无水；河中岛将不能作为野生动物建立窝穴繁殖和庇护的场所，作为鱼类及皮毛动物的岸边穴居场所将显著消失；许多正常的湿润区水深将变浅以至鱼类不能在此活动，而一般只能集中于最深的水坑中；岸边植物将会缺水；大鱼遇到浅滩处将有困难回到上游；水温成为一个约束因素，尤其是在7月、8月的下游河段，无脊椎动物将大大减少；由于鱼类将集中于深坑和深水流中，在这些地点捕鱼将非常有利；许多捕鱼者希望出现这种径流低的状况，然而鱼类可能面临超量捕捞，此时即便是划独木舟或橡皮筏也是困难的；河流及天然景色严重破坏。

根据上述标准，各分区应分别根据具体情况定出河道足以维持生命栖息和户外旅游要求的"生态基流估值"IFA（Instream Flow Approximation），每个分区的IFA都包括年度及月估值。

IFA的估算办法有以下4种：①月"IFA"值为各月份50%频率的月径流量（或流量），年"IFA"值为各月"IFA"值的平均值。②年"IFA"值为相应50%频率的年径流量（或流量），月"IFA"值等于各月份50%频率的月径流量（或流量）乘以一个系数，使之各月径流量相加的平均值等于年"IFA"值。③根据季节要求，月"IFA"值相应于估算的天然月径流量（或流量）的40%、60%或100%，年"IFA"值为各月"IFA"值的平均值。所谓天然径流系指将目前耗水总量及调出外区的水量与实测平均径流量相加，再减去从外区调入的水量及地下水超采量。④与第③种方法相同，但不包括100%的天然月径流量。

5. 城市生态用水

城市生态用水是指为了改善城市环境而人为补充的水量，它是以改善城市环境为目的，主要应包括公园湖泊用水、风景观赏河道用水、城市绿化与园林建设用水以及污水稀释用水，其中城市园林绿地用水量可用绿地面积乘以其灌溉定额。

简而言之，生态环境用水就是保护生态环境、维护生态平衡所需要的水资源。长期以来，由于人们在水资源的开发利用中强调以满足经济发展为目的，忽视了生态环境用水，导致河道干涸、湿地消失、土地沙化、生物多样性降低等许多生态环境问题。现实使人们认识到，必须重视生态环境用水，合理规划经济、社会用水，以实现水资源的可持续利用。

3.5.2 其他用水
3.5.2.1 通航用水
1. 天然河道通航用水

对于如何确定各级分区单元中出流控制点（或出流控制河段）的现状航运用水量，国内尚未有统一的方法。目前有两种意见。

一种是认为应以某年实际不断航水位所通过的最小必须水量来计算。由于对河流"不断航"的标准没有做出说明，因此，求得的某级分区内河道内航运用水量可能失之过小。

另一种意见是："在研究河段一年中的通航期间，上限为丰水期最大吨位船舶通航所需要的流量（通过水位换算），下限为枯水期不断航水位相应的流量，计算不超过上限和不低于下限的水量"。这时由于同样没有涉及航道标准和通航要求，算出的航运用水可能失之过大。

一般认为，河流的航运用水必须以通航河段的航道条件和通航要求作为依据，离开这一依据去考虑航运用水，都可能与实际情况有较大出入。《内河通航标准》（GB 50139）对航道等级、通航船舶、枯水期最小航道尺度以及保证率等做了规定（表3.12），可参照引用。

表 3.12　　　　　　　　航道等级、限制最小水深与通航保证率

航道等级	Ⅰ	Ⅱ	Ⅲ	Ⅳ	Ⅴ	Ⅵ	Ⅶ
船舶吨级/t	3000	2000	1000	500	300	100	50
富裕水深/m	0.4~0.5	0.3~0.4	0.3~0.4	0.2~0.3	0.2~0.3	0.2	0.2
设计最低通航水位的年保证率/%	≥98	98~95			95~90		

目前天然河道航运用水估算方法可概括如下：

(1) 参照《内河通航标准》（GB 50139），确定各级分区中河流出流控制点（或出流控制河段）的通航里程、通航标准、航道浅滩最小水深及船舶尺度等。

(2) 利用本河段水文测站资料确定各级分区中河流出流控制点（或出流控制河段）相应通航保证率情况下的流量。此流量即为本河段最小通航流量。

(3) 绘制各级分区中河流出流控制点（或出流控制河段）的流量过程如图3.4所示，在图3.4上，以上述通航所需最小流量为纵坐标得出一水平线。此水平线低于流量过程线的枯水期流量值，则水平线以下全部水量即为该河流航运用水量，而高于该水平线部分的用水量即使也可以通航，但不能列为航运用水。如枯水期的流量低于通航流量，则船舶可能停航，或减载航行，或仅航行较小吨位船舶，对于枯水期流量的计算，应视各河流具体情况而定，或与交通部门共同商定。

天然河道未来不同发展时期的航运用水预测，实际上是要确定不同发展时期天然河道的通航要求（如货运量增长、船舶吨位的加大、船队组成的改变、航道等级等），进而确定河流所需的最小通航水深（可换算成最小通航流量）。但应指出的是，当不

3.5 生态用水及其他用水

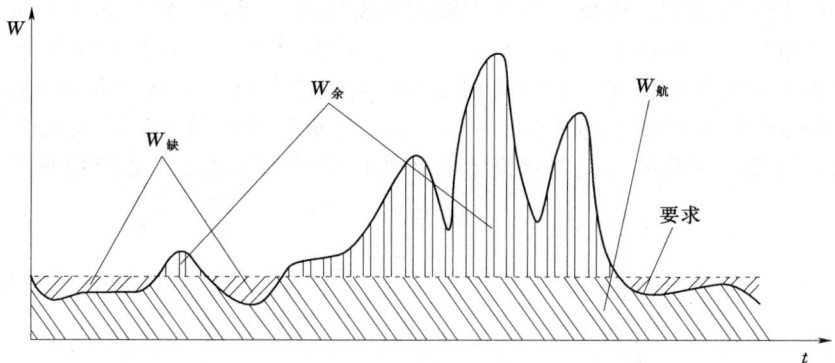

图 3.4 通航水量示意图

同发展时期天然河道航运用水与其他河内、外用水矛盾时，应综合分析，统筹兼顾地提出解决矛盾的措施方案。

2. 渠化河道（包括人工运河）通航用水

航运用水大小与航运要求和采用的改善通航措施有关。当采用径流调节方式来改善通航条件时，其用水可以通过分析控制站（浅滩）的水位流量过程求出不同保证率由水库补充的航运用水见图 3.5。

当天然河道不能满足最小航运条件时，可采用工程措施改善河道的通航条件。当采用船闸等渠化河道工程增加航深的方法改善航运条件时见图 3.6，则船队过闸一次需水为

$$\Delta W = \alpha LBH + V \tag{3.50}$$

式中：α 为船闸容积之修正系数，通常为 1.15～1.20；L 为船闸长，m；B 为船闸宽，m；H 为船闸上下游平均水位差，m；V 为船队本身的排水量，下行为负，上行为正，m³。

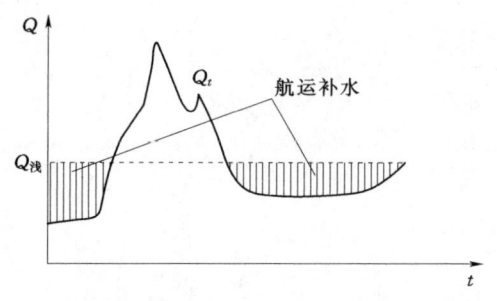

图 3.5 浅滩航运补水示意图
$Q_浅$—浅滩控制流量

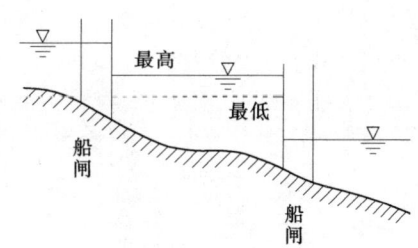

图 3.6 船闸渠化河道航运示意图

3.5.2.2 旅游用水

与水有关的旅游业有两类：①水上类，即依赖于水的旅游业，包括游泳、独木舟、帆船、游艇运动、滑水及钓鱼等；②水边类，即固有水源而促进旅游业，包括露营、野餐等。从水资源的角度来看，旅游业主要是利用水体的表面面积。

在进行水资源供需分析时,应考虑旅游用水情况。如在北京市的供水方案中,为保持首都风景区绚丽的风光,就考虑了 1 亿 m^3 的河湖补水;在桂林地区的供水规划中,为使山水甲天下的桂林、阳朔在枯水期仍可搞水上旅游,提出每年 11 月至次年 3 月增加桂林到阳朔漓江通航用水 $3\sim 4m^3/s$ 的供水方案。随着我国人民生活水平的不断提高,物质文明和精神文明建设不断发展,我国地区性水上旅游用水需求将会越来越大。

第4章 水资源供需平衡分析

4.1 供需分析的目的和分类

4.1.1 供需分析的目的

进行区域水资源供需分析与评价的总目的是：摸清现状，预测未来，发现问题，指明方向，制订措施，提出实现水资源可持续利用的供给方案和计划。据此，所要研究的内容主要有三个方面：①分析水资源供需现状和存在的一些问题；②分析不同发展阶段（不同水平年）水资源供需情况和实现供需平衡的方向；③分析实现本区域水的长期稳定供给的措施和方案计划。

4.1.2 供需分析的分类

区域水资源供需分析内容多而庞杂，需要分层次分析清楚。

从分析范围分，需要进行以下分析：
(1) 计算单元的供需分析。
(2) 河道流域的供需分析。
(3) 整个区域的供需分析。

从用水性质分，需要进行以下分析：
(1) 河道外用水的供需分析。
(2) 河道内用水的供需分析。

从用水发展分，需要进行以下分析：
(1) 现状供需分析。
(2) 不同发展阶段（不同水平年）的供需分析。

从供需分析的深度分，需要进行以下分析：
(1) 不同发展阶段（不同水平年）的一次供需分析。
(2) 不同发展阶段（不同水平年）的二次供需分析。

上述供需分析，以区域的供需分析为最高层次，其余都是在区域内从各个不同角度来进行供需分析的，是区域供需分析的具体内容，彼此既有区别，又相互联系制约。这样做的目的,是要使区域供需分析更清晰,更具条理。例如,当要进行计算单元(也算是一个小的区域)的供需分析时,其内容就包括计算单元内的河道外用水的供需分析和河道内用水的供需分析,包括计算单元的现状供需分析和不同发展阶段的一次供需分析以及不同发展阶段的二次供需分析等。这些供需分析既具有区别,又相互制约,共同给出了计算单元水资源供需的全貌,条理清楚,线条分明。

各种供需分析的区别和联系可作如下说明。

1. 计算单元、流域和河道、区域供需分析

三者的区别主要在于分析范围,从大小来说,计算单元为区域中的小区,一般为一个供水系统,面积最小;流域和河道一般包括几个单元,面积次之;区域则包括全部计算单元,或几个流域和河道,面积最大。

三者之间的主要联系是:计算单元的供需分析是最基础的,流域和河道的供需分析则包括所含几个计算单元的供需汇总的综合,区域供需分析则包括所有计算单元的供需汇总和综合。

2. 河道外和河道内用水供需分析

两者的区别在于用水的性质,河道外用为消耗性用水,河道内用水为非消耗性用水,在分析过程中需要分别进行考虑或综合在一起协调考虑。

两者的联系在于相互影响制约,当河道外用水过量时,往往影响河道内用水;当河道内用水要求较高时,则对河道外用水有制约。所以两者之间要考虑它们的协调。

3. 现状和不同发展阶段(不同水平年)的供需分析

两者的区别在于时间。现状供需分析是对目前而言,而不同发展阶段供需分析是对未来情况而言,带有展望和预测的性质。

两者的联系是,现状供需分析是展望和预测的基础,现状情况是预测不同发展阶段情况的依据。

4. 一次供需分析和二次供需分析

两者的区别在于工作的深度。一次供需分析是指初步摸一摸供需情况的底,并不要求供需平衡和提出实现平衡的方案计划,而二次供需分析则要求平衡和提出实现平衡的方案计划。

两者的联系在于一次供需分析是二次供需分析的基础,二次供需分析是一次供需分析的连续。据此有人称二次供需分析为供需反馈。

以上各项供需分析都是以淡水需求和供给为背景的,并且是指工程供水满足用水需求和情况。利用海水和咸水替代部分淡水和利用部分污水代替一部分优质淡水,在供需分析过程中,都应该说明清楚,不能混为一谈。那些不属于工程供水的范畴,比如农作物利用有效降雨,南方一些农村利用土井、河、湖、池塘解决的人畜用水,在供需分析中视它们为独立的供需平衡单元,予以剔除。

4.2 全国水资源分区

2000年为编制全国水资源综合规划,根据《全国水资源综合规划任务书》的要求制定了全国水资源分区。全国统一的水资源分区设定到三级分区,三级以下分区由

流域机构协商各省（自治区、直辖市），根据工作需要按规定要求编制。

4.2.1 水资源一级区

全国水资源一级区按流域水系划分为 10 个。

（1）松花江区：包括松花江流域以及黑龙江、乌苏里江、图们江、绥芬河等国际河流中国境内部分。

（2）辽河区：包括辽河流域、辽宁沿海诸河以及鸭绿江中国境内部分。

（3）海河区：包括海河流域、滦河流域及冀东沿海。

（4）黄河区。

（5）淮河区：包括淮河流域及山东半岛沿海诸河。

（6）长江区：含太湖流域。

（7）东南诸河区。

（8）珠江区：包括珠江流域、华南沿海诸河、海南岛及南海各岛诸河。

（9）西南诸河区：包括红河、澜沧江、怒江、伊洛瓦底江、雅鲁藏布江等国际河流中国境内部分以及藏南、藏西诸河。

（10）西北诸河区：包括塔里木河等西北内陆河以及额尔齐斯河、伊犁河等国际河流中国境内部分。

4.2.2 水资源二级区、三级区

（1）按基本保持河流水系完整性的原则，全国共划分二级区 80 个。

（2）在流域分区的基础上，考虑流域分区与行政区域相结合的原则，全国共划分三级区 214 个。

4.2.3 水资源分区编码

1. 编码原则

（1）科学性。依据现行国家标准及行业标准，按建立现代化水资源信息管理系统的要求，对分区进行科学编码，形成编码体系。

（2）唯一性。水资源分区及其对应代码，可保证水资源分区信息存储、交换的一致性、唯一性。

（3）完整性和可扩展性。分区代码既反映各分区的属性，又反映分区间的相互关系，具有完整性。编码结构留有扩展余地，适宜延伸。

2. 分区代码

水资源分区代码由 7 位大写英文字母和阿拉伯数字的组合码组成。其中，自左至右第 1 位英文字母是一级区代码，10 个一级区代码分别为 A、B、C、D、E、F、G、H、J、K；第 2、3 两位数码是二级区代码，第 4、5 两位数码是三级区代码；第 6 位数码或字母是四级区代码；第 7 位数码或字母是五级区代码（其中当四级与五级的数码大于 9 以后用字母顺序编码）。第 6、7 两位数码均为"0"时，表示编至三级区的代码；第 4、5、6、7 四位数码均为"0"时，表示编至二级区的代码；第 2、3、4、5、6、7 六位数码均为"0"时，表示编至一级区的代码。

3. 编码顺序

水资源一级区按照由北向南并顺时针方向编序，二级区、三级区、四级区及五级

区按照先上游后下游、先左岸后右岸顺序编码。

4.3 水资源供需分析方法

4.3.1 计算单元供需分析的内容

计算单元就是一个分区，其供需分析是按现状和不同发展阶段展开的，每一时间阶段既包括河道外用水的供需分析，又包括河道内用水的供需分析；既包括一次供需分析，又包括二次供需分析，主要内容分述如下。

1. 现状供需分析

（1）着重分析实际调查年份的供用水过程，从中计算出本单元的来水、供水、重复利用水、回归水、耗水、进出境水等情况，并计算出各项开发利用指标。

（2）利用单元出口控制站的实测资料，通过水平衡途径，验证和评价各项供水指标和计算参数的合理性。

（3）分析不同来水保证率情况下的供需情况，算出余缺水量和各项开发利用指标。通过这些分析计算，至少可以说明以下问题：①哪些地方水资源浪费，是什么原因，按合理用水能节省多少水，今后如何改进，要采取什么措施；②哪些地方缺水，有哪些解决途径；③哪些工程没有发挥应有的作用，原因何在，应当采取什么改进措施；④地下水开采中有哪些主要问题，应当采取什么具体措施；⑤现状地表水、地下水开发利用程度等。

2. 不同发展时期供需分析

（1）分析在不同来水保证率情况下的供需情况，计算出余缺水量和各项开发利用指标，做出相应的评价。

（2）在不平衡的情况下，反馈分析计算实现平衡的措施及方案计划。

4.3.2 水资源系统网络图制作要求

1. 水资源系统网络图

为进行供需分析计算，需要按流域或区域提出水资源系统供需网络图（或称系统节点网络图）。系统供需网络图除包括以基本计算分区和城市构成的用水节点外，还包括以水库（湖泊）、河流分水工程、调水工程、入流节点等组成水源节点；以渠系作为供水网络形成的地表水供水系统，按供水网络考虑输水损失；以降水入渗、山前侧渗、河道渗漏、库塘渗漏、渠系渗漏、渠灌田间入渗、井灌回归、人工回灌及越流补给等形成地下水供水系统。此外还包括当地水资源的开发潜力（包括中小型水库、塘坝等，按 50%、75%和 95%不同降水频率给出）、污水处理再利用、集雨工程利用、海水利用等组成其他供水方式。在上述供水中，地下水供水系统和其他供水方式仅在计算分区内考虑。这样将计算分区与地表水之间按地理关系和水力联系相互连接后就形成流域或区域的系统节点网络图。在系统节点网络图中，对于某一个计算分区，可能由若干个供水工程供水，也可能由一个水源向几个计算分区供水；计算分区相互之间有来水和退水关系，供水工程之间有上下游关系。

2. 水资源系统网络图表示

一个流域或区域的水资源系统可能是一个巨型复杂系统。图 4.1 为某一水资源系统的局部节点网络图。

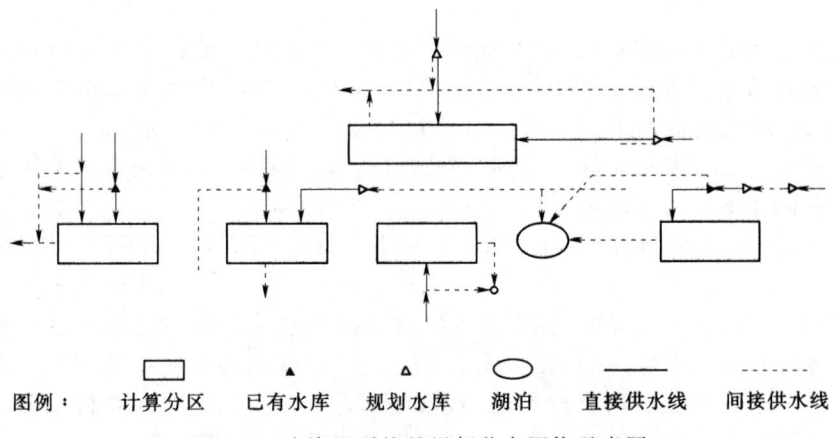

图 4.1 水资源系统的局部节点网络示意图

关于节点网络图某些要素选择的原则概述如下：
(1) 水库：库容大于或等于 1 亿 m³ 的水库，或认为需要列为节点的重要水库。
(2) 具有调节能力的大型湖泊。
(3) 水库节点的规划水平年上游来水系列作为水库入流过程用于水库调节计算。
(4) 重要的无控制河流存在直接取水过程时，其来水系列可视为水库库容为 0 的入流过程。
(5) 用水区：三级区区内城镇和农村分别为用水节点。
(6) 流域或区域、计算分区边界上的分水点、水量调配控制点要作为网络节点。
(7) 用水节点要标明水流方向（节点退水及所承受的退水）。
(8) 用水节点编号采用相应的水资源分区编号。

4.3.3 水资源供需分析水量平衡公式

1. 蓄水工程（水库湖泊）水量平衡公式

$$S_{t+1}=S_t+I_t+UQ_t-DW_t-IW_t-AW_t-EW_t-OW_t-ET_t-ST_t-DQ_t \tag{4.1}$$

式中：S_t、S_{t+1} 分别为水库湖泊的时段初、末蓄水量；I_t 为时段水库入流量（包括区间入流）；UQ_t 为时段上游弃泄水量；DW_t、IW_t、AW_t、EW_t、OW_t 分别为生活、工业、农业、环境和其他用水；ET_t、ST_t 分别为蒸发和渗漏量；DQ_t 为水库弃泄水量或正常供水区外引水量。

2. 分水点或控制节点水量平衡公式

$$\sum_i TW_t^i = \sum_k \sum_i p(k,i,t) TW_t^i \quad （分水节点） \tag{4.2}$$

$$\sum_i INQ_t^i = \sum_i OUT_t^i \quad （控制节点） \tag{4.3}$$

式中：TW_t^i 为分水点时段引水量；$p(k,i,t)$ 为时段 t 第 i 水源引水量向第 k 流向分配水量的分配系数；$\sum_i INQ_t^i$ 为节点所有入流量；$\sum_i OUT_t^i$ 为节点所有出流量。

3. 计算分区地表水量平衡公式

(1) 城市计算分区（地表水）

$$CRW_t + CLW_t + CXW_t - CD_t - CI_t - CA_t - CE_t - CO_t - CET_t - CFT_t + CRW_t + CCW_t = 0 \tag{4.4}$$

式中：CRW_t、CLW_t、CXW_t 分别为水库对城市供水量、城市当地可供水量以及外流域或区域对城市供水量；CD_t、CI_t、CA_t、CE_t、CO_t 分别为城市生活用水、城市工业用水、城市农业用水、城市生态环境用水和城市其他用水；CET_t、CFT_t 分别为城市蒸发、城市渗漏水量；CRW_t 为城市退水；CCW_t 为城市重复利用水量。

(2) 农村计算分区（地表水）

$$RRW_t + RLW_t + RXW_t - RD_t - RA_t - RE_t - RO_t - RET_t - RFT_t + RCW_t = 0 \tag{4.5}$$

式中：RRW_t、RLW_t、RXW_t 分别为水库对农村供水量、农村当地可供水量以及外流域或区域对农村供水量；RD_t、RA_t、RE_t、RO_t 分别为农村生活用水、农村农业用水、农村生态环境用水和农村其他用水；RET_t、RFT_t 分别为农村蒸发、农村渗漏水量；RCW_t 为计算分区内可作为地表水利用的农业灌溉回归水等。

4. 计算分区地下水量平衡公式

浅层地下水的采补关系按计算分区计算，应满足以下关系：

$$\sum_i W_i - \sum_o W_o = \mu F \Delta Z = \Delta V \tag{4.6}$$

式中：W_i 为所在单元浅层地下水的输入项，如降水、渠系、河道、灌溉入渗补给和侧渗补给等；W_o 为所在单元浅层地下水的输出项，如开采、潜水蒸发和满蓄溢流等；μ、F、ΔZ 分别为所在单元的地下水含水层的给水度、计算面积、水位变化；ΔV 为所在单元浅层地下水蓄水量的变化。

与采补有关的各项参数，如降水入渗补给系数、灌溉入渗补给系数、渠系入渗补给系数、河道渗漏补给系数、侧渗补给系数、潜水蒸发系数、给水度等，及这些系数与补给量、损失量的关系，按计算分区提供。

地下水平衡计算分区视城市和农村地下含层水分布状况而定，若城市和农村地下含层水分布均匀，且相互之间联系难以分割，则出于计算方便和成果可靠性考虑，计算分区以三级区跨省市为宜。

4.3.4 水资源供需分析计算原则

(1) 在时段单位（月或旬）内，不考虑时段内来水、需水等不均匀变化。逐时段计算时，认为面临时段的需水、地表来水和降雨入渗补给量等已知，而未来时期的情况未知。

(2) 对每一计算分区内的供水区，要结合供水工程实际情况，划分出地表水源供水区和地下水源供水区，以及两者相重叠部分。混合水供水区是地下水与地表水能够进行相互补偿的供水范围。地域上以计算分区为单位，每个计算分区内不同需水要求所对应的纯地下水供区、纯地表水供区和混合水供区的比重预先给定。

(3) 计算分区的当地径流，只考虑其可利用量参与计算，供水对象限定于所在单元，并只能满足农业需水要求。承压水和海水利用不考虑其补给来源。

(4) 每个计算分区的地下淡水层，视作一个地下水库。不考虑地下水库间的水力联系。每个地下水库均受到规定的允许埋深变幅的约束，超出上限埋深的地下水视为弃水。地下水库的供水对象限定于所在单元。

（5）按照需水要求供水。在农业需水范围内的供水所产生的地表回归水依具体流域而定。在城镇生活、工业需水范围内供水所产生的地表回归水中，只考虑其中经污水处理厂处理后的可利用部分参与计算。

（6）每个地表水工程只对其指定的供水区承担供水任务。只有当满足规定供水任务且在工程满蓄后尚有余水时，多余水量依次为下游水库所存蓄。水库存蓄不下的多余水量，则按照计算分区的水流走向，依次由计算分区的河网调蓄库容存蓄。余水的利用规定滞后一个时段。

（7）河网调蓄库容所存蓄的水量只限于满足所在单元农业需水要求。各单元的田间蓄水只限于存蓄跨流域引水工程在冬天非灌溉季节的引水，并只用于满足汛前灌溉季节的需水要求。河网调蓄水量和田间蓄水的时段蒸渗损失，按时段初蓄水量的某一给定的百分比计算。

（8）地表水库的时段蒸渗损失按时段初水库水位来计算；地下水库时段潜水蒸发损失按时段初地下水埋深来计算。

（9）面临时段各项供水对浅层地下水的补给量，规定滞后一个时段。

4.3.5 计算中供水量资料和需水量资料的协调

供需分析的最后成果是提出供水量的大小，并且两者相比较而见供需的余缺。既然必定要进行比较，那么供水量资料与需水量资料就必然存在搭配和协调问题。

从供水量来说，可以通过系列法调算或典型年法调算，算出在不同来水保证率（或频率）下的可供水量。如算出 $P=50\%$、$P=75\%$、$P=95\%$ 的可供水量。

从需水量来说，根据各用水部门的用水特性、重要程度等原因，其要求的用水保证程度是不一样的，如农业灌溉，根据不同地区的具体情况，可采用 $P=50\%$ 或 $P=75\%$ 或 $P=90\%$（或 95%）多种保证率；工业和生活用水则要求用水保证程度 $P>95\%$，甚至要求 100% 地保证。水量平衡过程见图 4.2。

区域水资源供需分析中，供水和需水是互相关联着的，目前处理它们之间不协调关系的一般方法是：农业需水和可供水是同保证率，即算 $P=50\%$ 可供水量时，农业需水的保证率也是 $P=50\%$；算 $P=75\%$ 可供水量时，农业需水的保证率也是 $P=75\%$。而工业和生活需水则认为不管可供水量的保证率取何值，工业和生活需水都是以同一个数值参加供需计算。

4.3.6 现状各项供用水指标和计算参数合理性检查

现状各项供用水指标和计算参数不仅是现状供需分析的基本资料，也是预测的基础。由于各项指标和参数都是分别计算分析的，所以到最后，必定要从整体上对这些指标和参数进行合理性检验。

检验的方法是：以上下游分区的控制性水文测站的径流量为控制条件，上下分区河槽水量传递满足水量平衡，即

$$Q_{t,s} - Q_{t,s-1} - Q_{t,u} + Q_{t,R} + Q_{t,d} \pm Q_{t,o} = 0 \tag{4.7}$$

式中：t、s 表示第 t 月，第 s 个水文站；$Q_{t,s}$ 为上游区出口断面流量；$Q_{t,s-1}$ 为进入下游区入口断面流量；$Q_{t,u}$ 为本区间内所消耗用水量；$Q_{t,R}$ 为本区间的天然来水量；

$Q_{t,d}$ 为本区间用水后废弃排水量（含回归水等）；$Q_{t,o}$ 为计算中误差与其他未计入的水量。

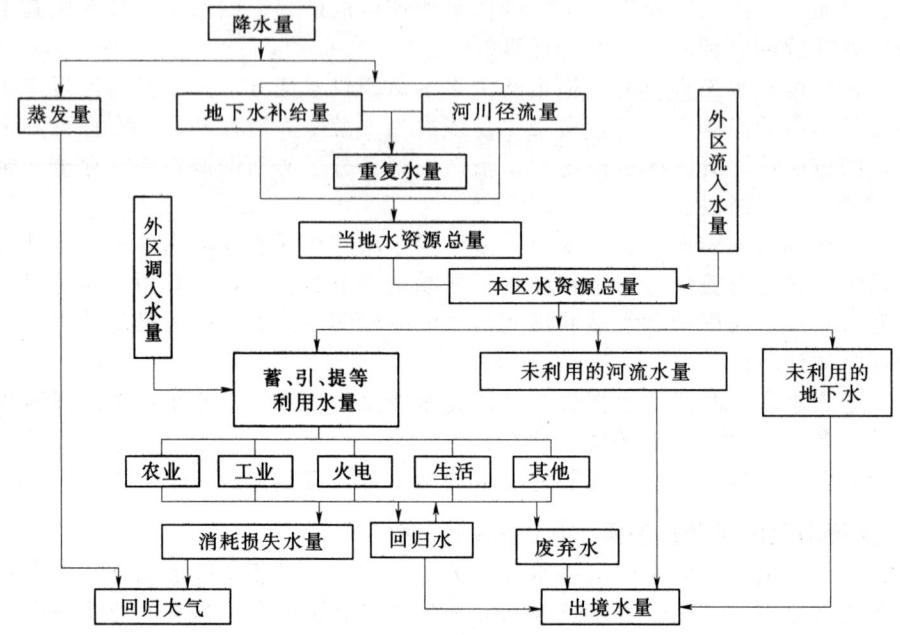

图 4.2 水量平衡框图

如果用各项供用水指标和参数，从上游区出口演算到下游区出口，基本与实测资料相吻合，则一般可以认为计算分析所取指标和参数是合理的。

【例 4.1】 用水平衡法分析海河流域几个平原分区供用水资料的合理性。

解：地表供水量为

$$W_{供} = W_{地表} \pm W_{库变损} + W_{重复} - W_{弃、供} - W_{河渗}$$
$$= W_{地表} \pm W_{地下采} - W_{出境} + W_{重复} + W_{退水} - W_{河渗} \quad (4.8)$$

式中：$W_{地表}$ 为地表水（为上单元弃水、供水及本单元地表径流之和）；$W_{库变损}$ 为本单元水库蓄变、蒸发；$W_{地下采}$ 为本单元地下水开采量；$W_{出境}$ 为本单元出境水量（总量）；$W_{重复} + W_{退水}$ 为工农业用水的退水量扣除补给地下水及蒸发量后，补给地表水部分。其中一部分单元内重复利用，另一部分退到下单元；$W_{河渗}$ 为河道渗漏量。

式（4.8）中的 $W_{地表}$、$W_{库变损}$、$W_{地下采}$、$W_{出境}$ 可直接计算出，$(W_{重复} + W_{退水})$ 可作如下估算：

农业用水，绝大部分补给地下水及耗于蒸发，补给地表水甚微，或忽略不计。

工业生活用水，除农村回归地下外，城镇工业、生活，无论引用地表水或开采地下水，均以地表水回归出现，其中一部分用于农业，表现为重复量（$W_{重复}$）。一部分退至下游（$W_{退水}$），另一部分蒸发损失。一般按（0.5~0.6）$W_{工、生用}$（城镇工业及生活用水总量）估算。

河道渗漏：在山前汛期补给地下水。在平原区河道渗漏补给地下水，所以分析中其总量暂按零计。

于是式 (4.8) 可变成

$$W_{供} = W_{地表} \pm W_{库变} - W_{出境} + W_{重复} + (0.5 \sim 0.6)W_{工、生用} \quad (4.9)$$

又

$$W_{总供} = W_{供} + W_{地下采} \quad (4.10)$$

用 1990 年实际调查计算的供水量与用上述水平衡法计算的供水量相比,成果接近,说明用水的计算资料的参数具有一定的合理性,见表 4.1。

表 4.1　　　　　　　　1990 年供水量和用水量平衡分析

流域面积/km² 项目/亿 m³	北四河平原 16232	大清河山前平原 12392	大清河中部平原 9105	大清河天津平原 4806
调查总供水量	69.4	45.0	19.9	11.8
其中大型水库	15.9	12.4		
中小型水库	1.4	0.8		
引水工程	2.0	1.5	3.3	
提水工程	5.3	1.0	2.5	
外流域引水	11.9	0.8		5.1
地下水采量	32.9	28.5	14.1	3.5
上单元来水量	21.1	17.1	3.8	0.4
当地产量	5.2	1.0	1.0	1.4
外流域引水	11.9	0.8		5.1
地表水总量	38.2	18.9	4.8	6.9
水库蓄变及蒸发量		蓄变 −2.6 蒸发 2.0		蒸发 0.3
出境水量	10.2	3.8	0.4	0.5
地下水开采量	32.9	28.5	14.1	3.5
工业、生活用水	18.2	3.5	1.4	6.9
估算总供水量	69.0	46.0	19.2	13.1
农业用水量	45.8	42.5	17.8	6.2
实灌面积/万亩	99.3	886.0	557.0	238.0
实灌平均毛定额 /(m³/亩)	460.0	480.0	320.0	260.0

第 5 章 水资源保护

水资源保护是为了满足水资源可持续利用的需要，采取经济、法律、行政和科学的手段，合理地安排水资源的开发利用，并对影响水资源的经济属性和生态属性的各种行为进行干预的活动，以维持水资源的正常经济使用功能和生态功能。水资源保护作为一种活动，最直接的目的是保护水资源，而从时间尺度上来考虑，水资源保护的目的是保护水资源的可持续利用。

5.1 水 污 染

5.1.1 水污染及其危害

自 20 世纪中期以来，人口增加，工业化和城市化以前所未有的速度发展，对水资源无限制的使用，把江河湖泊当成天然排污区，使水资源枯竭，水质污染成为世界性的问题。

水污染的危害主要体现在以下几个方面。

（1）危害人体健康。水污染直接影响饮用水源的水质。当饮用水源受到合成有机物污染时，原有的水处理厂不能保证饮用水的安全可靠，这将会导致如腹水、腹泻、肠道线虫、肝炎、胃癌、肝癌等很多疾病的产生。与不洁的水接触也会染上如皮肤病、沙眼、血吸虫、钩虫病等疾病。近来很多人谈论到环境污染导致雌激素增加，影响到了人类的繁殖能力；还有人指出水污染会造成自然流产或是先天残疾。总之，水污染危害人体健康是不容置疑的。

据联合国水机制（United Nations-Water）2021 年报道，全球被调查的 89 个国家 7.5 万个水体（河流、湖泊和地下水），超过 40% 受到严重污染，超过 30 亿人缺乏良好水质。据世界卫生组织调查资料，水污染与人类 80% 的疾病有关，每年导致 48.5 万人因腹泻死亡。

据世界银行调查资料，与其他收入水平相当的发展中国家相比，中国的安全饮用水供给水平及卫生设施水平是比较高的。因此，与水污染有关的疾病的发病率相对较低。水污染对于饮用水源的威胁，也必然带来对人体健康的威胁。

对某些污水灌溉区的调查说明,生活在污水灌溉区的农民的发病率要明显比非污水灌溉区的发病率高。对采用不同饮用水源的人群的调查说明,在同一个地区,饮用井水的居民癌症发病率要比饮用池塘水的居民低得多。

(2) 降低农作物的产量和质量。由于污水提供的水量和肥分,很多地区的农民,有采用污水灌溉农田的习惯。但惨痛的教训表明,含有有毒有害物质的废水污水污染了农田土壤,造成作物枯萎死亡,使农民受到极大的损失。尽管不少地区也有作物丰收的现象,但是在作物丰收的背后,掩盖的是作物受到污染的危机。研究表明,在一些污水灌溉区生长的蔬菜或粮食作物中,可以检出少量有机物,包括有毒有害的农药等,它们必将危及消费者的健康。

(3) 影响渔业生产的产量和质量。渔业生产的产量和质量与水质直接紧密相关。淡水渔场由于水污染而造成鱼类大面积死亡事故,已经不是个别事例,还有很多天然水体中的鱼类和水生物正濒临灭绝或已经灭绝。海水养殖事业也受到了水污染的破坏和威胁。水污染除了造成鱼类死亡影响产量外,还会使鱼类和水生物发生变异。此外,在鱼类和水生物体内还发现了有害物质的积累,使它们的食用价值大大降低。

(4) 制约工业的发展。由于很多工业(如食品、纺织、造纸、电镀等)需要利用水作为原料或洗涤产品和直接参加产品的加工过程,水质的恶化将直接影响产品的质量。工业冷却水的用量最大,水质恶化也会造成冷却水循环系统的堵塞、腐蚀和结垢问题,水硬度的增高还会影响锅炉的寿命和安全。

(5) 加速生态环境的退化和破坏。水污染造成的水质恶化,对于生态环境的影响更是十分严峻。水污染除了对水体中天然鱼类和水生物造成危害外,对水体周围生态环境的影响也是一个重要方面。污染物在水体中形成的沉积物,对水体的生态环境也有直接的影响。

(6) 造成经济损失。水污染对人体健康、农业生产、渔业生产、工业生产以及生态环境的负面影响,都会表现为经济损失。例如,人体健康受到危害将减少劳动力,降低劳动生产率,疾病多发需要支付更多医药费;对工农业渔业产量质量的影响更是直接的经济损失;对生态环境的破坏意味着对污染治理和环境修复费用的需求将大幅度增加。

世界银行曾对中国大气污染和水污染所造成的损失作了估算,其结论是与大气污染和水污染对人体健康的影响相当的经济损失是每年 2422.8 亿美元,占我国国民生产总值的 3.5%。这个数字还没有包括水资源短缺和水环境污染对工农业所造成的直接经济损失。

近年,随着《水污染防治行动计划》《中华人民共和国水污染防治法》等法律法规的全面实施,我国各流域水质总体呈现改善趋势,但区域分布不平衡,且全氟化合物、抗生素耐药基因、微塑料等新型污染物也对水资源保护提出了挑战。

5.1.2 水体污染的主要来源

人类活动所排放的各类污水、废水由管道收集后集中排除,常被称为点污染源。大面积的农田地面径流或雨水径流也会对水体产生污染,由于其进入水体的方式是无组织的,通常被称为非点污染源,或面污染源。

5.1.2.1 点污染源

主要的点污染源有生活污水和工业废水。由于产生废水的过程不同，这些污水、废水的成分和性质有很大的差别。

1. 生活污水

生活污水主要来自家庭、商业、学校、旅游服务业及其他城市公用设施，包括厕所冲洗水、厨房洗涤水、洗衣机排水、沐浴排水及其他排水等。污水中主要含有悬浮态或溶解态的有机物质（如纤维素、淀粉、糖类、脂肪、蛋白质等），还含有氮、硫、磷等无机盐类和各种微生物。一般生活污水中悬浮固体的含量在 $200\sim400\,\text{mg/L}$ 之间，由于其中有机物种类繁多，性质各异，常以五日生化需氧量（BOD_5）或化学需氧量（COD）来表示其含量。一般生活污水的 BOD_5 在 $200\sim400\,\text{mg/L}$ 之间。

2. 工业废水

工业废水产自工业生产过程，其水量和水质随生产过程而异，根据其来源可以分为工艺废水、原料或成品洗涤水、场地冲洗水以及设备冷却水等；根据废水中主要污染物的性质，可分为有机废水、无机废水、兼有有机物和无机物的混合废水、重金属废水、放射性废水等；根据产生废水的行业性质，又可分为造纸废水、印染废水、焦化废水、农药废水、电镀废水等。

不同工业排放废水的性质差异很大，即使是同一种工业，由于原料工艺路线、设备条件、操作管理水平的差异，废水的数量和性质也会不同。一般来讲，工业废水有以下几个特点。

（1）废水中污染物浓度大，某些工业废水含有的悬浮固体或有机物浓度是生活污水的几十倍甚至几百倍。

（2）废水成分复杂且不易净化，如工业废水常是酸性或碱性的，废水中常含不同种类的有机物和无机物，有的还含重金属、氰化物、多氯联苯、放射性物质等有毒污染物。

（3）带有颜色或异味，如刺激性的气味，或呈现出令人生厌的外观，易产生泡沫，含有油类污染物等。

（4）废水水量和水质变化大，因为工业生产一般有着分班进行的特点，废水水量和水质常随时间有变化，工业产品的调整或工业原料的变化，也会造成废水水量和水质的变化。

（5）某些工业废水的水温高，有的甚至高达 40℃ 以上。

表 5.1 列出了几种主要工业废水的水质特点及其所含的污染物。

表 5.1　　几种主要的工业废水的水质特点及其所含的污染物

工业部门	工厂性质	主要污染物	废水特点
动力	火力发电，核电站	热污染，粉煤灰，酸，放射性	高温，酸性，悬浮物多，水量大，有放射性
冶金	选矿，采矿，烧结，炼焦，冶炼，电解，精炼，淬火	酚，氰化物，硫化物，氟化物，多环芳烃，吡啶，焦油，煤粉，重金属，酸，放射性	COD 高，有毒性，偏酸，水量较大，有放射性

续表

工业部门	工厂性质	主要污染物	废水特点
化工	肥料，纤维，橡胶，染料，塑料，农药，油漆，洗涤剂，树脂	酸或碱，盐类，氰化物，酚，苯，醇，醛，氯仿，氯乙烯，农药，洗涤剂，多氯联苯，重金属，硝基化合物，氨基化合物	COD高，pH值变化大，含盐量大，毒性强，成分复杂，难生物降解
石油化工	炼油，蒸馏，裂解，催化，合成	油，氰化物，酚，硫，砷，吡啶，芳烃，酮类	COD高，毒性较强，成分复杂，水量大
纺织	棉毛加工，漂洗，纺织印染	染料，酸或碱，纤维，洗涤剂，硫化物，硝基物，砷	带色，pH值变化大，有毒性
制革	洗皮，鞣革，人造革	酸，碱，盐类，硫化物，洗涤剂，甲酸，醛类，蛋白酶，锌，铬	COD高，含盐量高，有恶臭，水量大
造纸	制浆，造纸	碱，木质素，悬浮物，硫化物，砷	碱性强，COD高，水量大，有恶臭
食品	屠宰，肉类加工，油品加工，乳制品加工，水果加工，蔬菜加工等	有机物，病原微生物，油脂	BOD高，致病菌多，水量大，有恶臭

5.1.2.2 面污染源

面污染源又称非点污染源，主要指农村灌溉水形成的径流，农村中无组织排放的污水，地表径流及其他废水污水。分散排放的少量污水，也可列入面污染源。

农村污水一般含有有机物、病原体、悬浮物、化肥、农药等污染物；畜禽养殖业排放的污水，常含有很高的有机物浓度；由于过量地施加化肥，使用农药，农田地面径流中含有大量的氮、磷营养物质和有毒的农药。

大气中含有的污染物随降雨进入地表水体，也可认为是面污染源，如酸雨。

此外，天然性的污染源，如水与土壤之间的物质交换，风刮起泥沙、粉尘进入水体等，也是一种面污染源。

对面污染源的控制，要比对点污染源难得多。值得注意的是，对于某些地区和某些污染物来说，面污染源所占的比重往往不小。例如，对于湖泊的富营养化，面污染源所做的"贡献"常会超过50%。根据2020年6月10日公布的《第二次全国污染源普查公报》，2017年全国农业源化学需氧量、氨氮、总氮、总磷排放量依次为1067.13万t、21.62万t、141.49万t、21.20万t，分别占各污染物排放总量的49.77%、22.44%、46.52%、67.22%。

5.1.3 防治水污染的主要措施

要解决我国的水污染问题要从多方面着手综合考虑，经过坚持不懈的努力才能实现。其对策措施如下。

（1）减少耗水量。当前我国的水资源的利用，一方面感到水资源紧张，另一方面浪费又很严重。同工业发达国家相比，我国许多单位产品耗水量要高得多。耗水量大，不仅造成了水资源的浪费，而且是造成水环境污染的重要原因。

通过企业的技术改造，推行清洁生产，降低单位产品用水量，一水多用，提高水的重复利用率等,都是在实践中被证明了是行之有效的。

(2) 建立城市污水处理系统。为了控制水污染的发展,工业企业还必须积极治理水污染,尤其是有毒污染物的排放必须单独处理或预处理。随着工业布局、城市布局的调整和城市下水道管网的建设与完善,可逐步实现城市污水的集中处理,使城市污水处理与工业废水治理结合起来。

(3) 产业结构调整。水体的自然净化能力是有限的,合理的工业布局可以充分利用自然环境的自然能力,变恶性循环为良性循环,起到发展经济、控制污染的作用。关、停、并、转那些耗水量大、污染重、治污代价高的企业。也要对耗水大的农业结构进行调整,特别是干旱、半干旱地区要减少水稻种植面积,走节水农业与可持续发展之路。

(4) 控制农业面源污染。农业面源污染包括农村生活源、农业面源、畜禽养殖业、水产养殖的污染。要解决面源污染比工业污染和大中城市生活污水难度更大,需要通过综合防治和开展生态农业示范工程等措施进行控制。

(5) 开发新水源。我国的工农业和生活用水的节约潜力不小,需要抓好节水工作,减少浪费,达到降低单位国内生产总值(GDP)的用水量。南水北调工程的实施,对于缓解华北地区严重缺水有重要作用。修建水库、开采地下水、净化海水等可缓解日益紧张的用水压力,但修建水库、开采地下水时要充分考虑对生态环境和社会环境的影响。

(6) 加强水资源的规划管理。水资源规划是区域规划、城市规划、工农业发展规划的主要组成部分,应与其他规划同时进行。

合理开发还必须根据水资源的供需状况,实行定额用水,并将地表水、地下水和污水资源统一开发利用,防止地表水源枯竭、地下水位下降,切实做到合理开发、综合利用、积极保护、科学管理。

利用市场机制和经济杠杆作用,促进水资源的节约化,促进污水管理及其资源化。为了有效地控制水污染,在管理上应从浓度管理逐步过渡到总量控制管理。

5.2 水 质

水的质量简称水质,是指水体中所含物理成分、化学成分、生物成分的总和。天然的水质是自然界水循环过程中各种自然因素综合作用的结果,人类活动对现代水质有着重要的影响。水的质量决定着水的用途和水的利用价值,优质的淡水可作为人类生活饮用水、工业生产用水和农业灌溉用水;盐分含量饱和、超饱和的卤水可作为盐矿开采;高温地下水可用来发电和取暖;低温水可用于室内降温;质量特优的地下水可用作酿酒和饮料制作;含有对人体有益的微量元素的优质淡水可用来生产饮用矿泉水。

自然界水循环的周期性,确定了水资源的可更新性和变化的复杂性,它不仅表现在水量方面,也表现在水质方面。水质的动态变化与水量的动态变化相似,既表现在空间上,又表现在时间上。引起水质变化的因素有自然的,也有人为的。因此,水质具有区域性和动态性。

5.2.1 水资源的质量分类

天然水所含的物理化学成分与其形成过程中的各种物理化学条件紧密相关。大气降水的水质主要与当地气象条件和降水淋溶的大气颗粒物的化学物理成分有关；地表水的水质则与流经地区的岩石土壤类型、植被条件有关；地下水的水质主要取决于含水介质的岩性与补、径、排条件相联系的水化学环境。一般来说，天然水体中含有溶解的气体、离子、原生质及悬浮固体等。为了评价天然水水质的优劣，通常根据水的物理特性、生化指标、化学组分对水进行质量分类。

5.2.1.1 按水的物理特性分类

分类指标一般包括颜色、透明度、嗅、味道等。

1. 颜色

根据水的颜色，总体上可分为有色和无色两类。无色的水可在感官上判断为清洁水，有色的水可判断为某种物质成分含量较高的水，这是因为纯净的水一般是无色的，当水体较深时可显淡蓝色。水中含有杂质或受到污染时，水色随所含物质的不同而变化。如含低铁化合物时呈淡灰色；含高铁化合物时呈锈黄色；含腐殖质时呈赭黄色或灰黑色。

2. 透明度

透明度是指水的清澈程度，与混浊度恰好相反。水中悬浮物、胶体物质越多，透明度越小，也越混浊。透明度可以用透视计测定，以人眼看见黑线间隔的水柱高度表示，或者用塞克透明盘吊入水中能看清的深度表示透明度。在无上述设备的条件下，也可根据肉眼观察结果直接判断，见表 5.2。

表 5.2　　　　　　　　　水 的 透 明 度 分 级

分级	野外鉴别特征
透明的	无悬浮物及胶体，60cm 水深可见 3mm 的粗线
微浊的	有悬浮物，30～60cm 水深可见 3mm 的粗线
混浊的	有较多的悬浮物，半透明状，小于 30cm 水深可见 3mm 的粗线
极浊的	有大量的悬浮物，似乳状，水深很小也不能清楚可见 3mm 的粗线

3. 嗅

清洁的水没有气味，当水体含有腐败性有机质时，会产生硫化氢、氨气等致臭物质，使水发臭。根据人的嗅觉对水中气味的敏感程度，可分为 6 级，见表 5.3。

表 5.3　　　　　　　　　水 的 嗅 味 强 度 分 级

强度等级	程度	反　　应
0	无气味	没有任何气味
1	极微弱	一般感觉不出气味，嗅觉敏感时可感受
2	弱	未指出前，一般不易察觉
3	明显	易于察觉，此种水不加以处理，不适于饮用
4	强	嗅后使人不愉快，不能饮用
5	极强	臭味极强，使人恶心

4. 味道

清洁的淡水是没有味道的。水中溶解不同的物质会产生不同的味道。如含有较多氯化物的水有咸味，含有较多硫酸盐的水有苦涩味，含有较多铁离子的水有墨水味等。

5.2.1.2 按水中常量化学指标分类

水中常量化学指标的分类指标通常有矿化度、硬度、酸碱度以及各种常量离子的组合。

1. 矿化度

根据水的矿化度可将水划分为淡水、微咸水、咸水、盐水、卤水等五类。划分标准可参照表5.4。

表5.4　　　　　　　水质按矿化度分类

名 称	矿化度/(g/L)	名 称	矿化度/(g/L)
淡水	<1	盐水	10～50
微咸水	1～3	卤水	>50
咸水	3～10		

2. 硬度

水的硬度可以水中碳酸钙的含量或以德国度计，一个德国度相当于含10mg/L的氧化钙或7.2mg/L的氧化镁，具体的划分标准见表5.5。

表5.5　　　　　　　水质按硬度分类

名 称	硬度	
	以碳酸钙计/(mg/L)	德国度
极软水	<75	<4.2
软水	75～150	4.2～8.4
微硬水	150～300	8.4～16.8
硬水	300～450	16.8～25.2
极硬水	>450	>25.2

3. 酸碱度

水的酸碱度通常用pH值表示。根据水中的pH值和它的变化，可以大体了解水体酸碱状态，一般在内陆江河和地下水中pH值大体接近7.0。在已经富营养化的湖泊中，经常出现pH值升高的现象。天然水的酸碱度可大体分为表5.6所列的5类。

表5.6　　　　　　　水质按酸碱度分类

名 称	pH值	名 称	pH值
强酸性水	<5.0	弱碱性水	8.1～10.0
弱酸性水	5.0～6.4	强碱性水	>10.0
中性水	6.5～8.0		

5.2.1.3 按水的环境化学指标分

1. 化学需氧量（COD）

化学需氧量是水体中进行氧化过程所消耗的氧量，以 mg/L 表示。因水中各种有机物进行化学氧化的难易程度不同，因此 COD 值只表示在规定条件下氧化所需氧量的总和，往往作为水体有机污染的指标。其测定方法是用高锰酸钾（$KMnO_4$）或重铬酸钾（$K_2Cr_2O_7$）在加入硫酸等酸性条件下加热分解（酸化法），或加入氢氧化钠的碱性条件下加热分解（碱性法），对水中有机物及还原性无机化合物进行氧化，求出消耗的氧量。根据化学需氧量的多少，可将水分为 6 类，见表 5.7。

表 5.7　　　　　　　　　　按化学需氧量分类

类别	高锰酸钾测定的COD/(mg/L)	类别	高锰酸钾测定的COD/(mg/L)
很低的	<1	稍高的	5.0~10.0
低的	1.0~2.5	高的	10.0~15.0
中等的	2.5~5.0	很高的	>15.0

2. 生物耗氧量（BOD）

生物耗氧量是水体中微生物分解有机化合物过程中所消耗的溶解氧量。因微生物分解有机物的速度和程度与温度、时间有关，为了使测定的 BOD 值有可比性，通常采用在 20℃下，培养 5d 后所测的 BOD 值，计为 BOD_5。BOD_5<1mg/L 为清洁水，BOD_5>3~4mg/L 表示水体已受污染。

5.2.1.4 按化学组分分类

天然水的化学组分与水的形成、赋存条件有着密切的关系。一方面，相似的自然条件下形成的水，其化学组分也相似；另一方面，水中各种阴、阳离子的含量组合可以反映水岩相互作用、水流的动力学特征及水化学环境的差异。正因如此，水化学类型不仅有助于了解天然水的成因条件，而且水化学类型的递变格局也时常成为圈划地下水系统、地表水系统以及研究两者之间水力联系的重要证据。

目前，水化学分类的方案有多种，其中舒卡列夫分类、阿廖金分类、苏林分类是最常见的几种。有关具体的分类方法可参考有关文献资料。

5.2.2 水质标准

水质标准是由政府颁布的一种法规，目的在于保障人类健康，保证正常工作和生活条件以及保护自然生态环境。为了做好水质管理工作，必须制定合理的水质标准，对于天然水体，应该制定什么样的水质标准曾经历了不同的认识阶段。20 世纪 60 年代，对排放到天然水体中的污染物限制很严，并主张修建大量污水处理厂，实现所谓"零排放"。这不仅耗资巨大，在许多国家和地区难以实现，而在多数情况下也未必必要，因为任何天然水体，对污染物质都具有一定的净化能力，有些物质适量的存在水中也不会产生不良影响。因此，近年来人们普遍认识到保护水体的目标应该是使受污染的水体恢复到符合人们需要的最有利的用途。对于饮用水，农业、渔业和工业给水及旅游、娱乐用水等都重视当地的具体情况，制定不同地区的用水标准。对不同用途的水库或河段，应有不同的、相应的质量要求，制定出合理的水质标准。

在防治水体污染的范围内，各国水质标准大致可分为四类：水环境质量标准、水污染物排放标准、水污染物控制技术标准及水污染预报标准。下面仅对前两类标准进行介绍。

5.2.2.1 水环境质量标准

根据水环境总体目标和近期目标，为控制和消除污染物对河流水质的污染，在一定时期内要求保持或达到的水环境目标。1983年我国首次颁发了《地表水环境质量标准》（GB 3838—83），经过几次修订，2002年重新颁布了《地表水环境质量标准》（GB 3838—2002）。该标准适用于中华人民共和国领域内江河、湖泊、运河、渠道、水库等具有使用功能的地表水水域。

依据地表水水域环境功能和保护目标，按功能高低依次划分为五类。

Ⅰ类：主要适用于源头水，国家自然保护区。

Ⅱ类：主要适用于集中式生活饮用水地表水源地一级保护区、珍稀水生生物栖息地、鱼虾类产卵场、仔稚幼鱼的梭饵场等。

Ⅲ类：主要适用于集中式生活饮用水地表水源地二级保护区、鱼虾类越冬场、洄游通道、水产养殖区等渔业水域及游泳区。

Ⅳ类：主要适用于一般工业用水区及人体非直接接触的娱乐用水区。

Ⅴ类：主要适用于农业用水区及一般景观要求水域。

对应地表水上述五类水域功能，将地表水环境质量标准基本项目标准值分为五类，不同功能类别分别执行相应类别的标准值。水域功能类别高的标准值严于水域功能类别低的标准值。同一水域兼有多类使用功能的，执行最高功能类别对应的标准值。

地表水环境质量标准基本项目标准限值见表5.8。

集中式生活饮用水地表水水源地补充项目标准限值见表5.9。

集中式生活饮用水地表水水源地特定项目标准限值见表5.10。

表5.8　　　　　地表水环境质量标准基本项目标准限值

序号	项目　　标准值　　分类		Ⅰ类	Ⅱ类	Ⅲ类	Ⅳ类	Ⅴ类
1	水温/℃		人为造成的环境水温变化应限制在周平均最大温升≤1或周平均最大温降≤2				
2	pH值（无量纲）		6～9				
3	溶解氧/(mg/L)	≥	饱和率90%（或7.5）	6	5	3	2
4	高锰酸盐指数/(mg/L)	≤	2	4	6	10	15
5	化学需氧量（COD）/(mg/L)	≤	15	15	20	30	40
6	五日生化需氧量（BOD_5）/(mg/L)	≤	3	3	4	6	10
7	氨氮（NH_3-N）/(mg/L)	≤	0.15	0.5	1.0	1.5	2.0
8	总磷（以P计）/(mg/L)	≤	0.02（湖、库0.01）	0.1（湖、库0.025）	0.2（湖、库0.05）	0.3（湖、库0.1）	0.4（湖、库0.2）

续表

序号	标准值 分类 项目		I类	II类	III类	IV类	V类
9	总氮（湖、库以N计）/(mg/L)	≤	0.2	0.5	1.0	1.5	2.0
10	铜/(mg/L)	≤	0.01	1.0	1.0	1.0	1.0
11	锌/(mg/L)	≤	0.05	1.0	1.0	2.0	2.0
12	氟化物（以F计）/(mg/L)	≤	1.0	1.0	1.0	1.54	1.5
13	硒/(mg/L)	≤	0.01	0.01	0.01	0.02	0.02
14	砷/(mg/L)	≤	0.05	0.05	0.05	0.1	0.1
15	汞/(mg/L)	≤	0.00005	0.00005	0.0001	0.001	0.001
16	镉/(mg/L)	≤	0.001	0.005	0.005	0.005	0.01
17	铬（六价）/(mg/L)	≤	0.01	0.05	0.05	0.05	0.1
18	铅/(mg/L)	≤	0.01	0.01	0.05	0.05	0.1
19	氰化物/(mg/L)	≤	0.005	0.05	0.2	0.2	0.2
20	挥发酚/(mg/L)	≤	0.002	0.002	0.005	0.01	0.1
21	石油类/(mg/L)	≤	0.05	0.05	0.05	0.5	1.0
22	阴离子表面活性剂/(mg/L)	≤	0.2	0.2	0.2	0.3	0.3
23	硫化物/(mg/L)	≤	0.05	0.1	0.2	0.5	1.0
24	粪大肠菌群/(个/L)	≤	200	2000	10000	20000	40000

表 5.9　　集中式生活饮用水地表水水源地补充项目标准限值　　单位：mg/L

序号	项目	标准值	序号	项目	标准值
1	硫酸盐（以SO_4^{2-}计）	250	4	铁	0.3
2	氯化物（以Cl^-计）	250	5	锰	0.1
3	硝酸盐（以N计）	10			

表 5.10　　集中式生活饮用水地表水水源地特定项目标准限值　　单位：mg/L

序号	项目	标准值	序号	项目	标准值
1	三氯甲烷	0.06	11	四氯乙烯	0.04
2	四氯化碳	0.002	12	氯丁二烯	0.002
3	三溴甲烷	0.1	13	六氯丁二烯	0.0006
4	二氯甲烷	0.02	14	苯乙烯	0.02
5	1,2-二氯乙烷	0.03	15	甲醛	0.9
6	环氧氯丙烷	0.02	16	乙醛	0.05
7	氯乙烯	0.005	17	丙烯醛	0.1
8	1,1-二氯乙烯	0.03	18	三氯乙醛	0.01
9	1,2-二氯乙烯	0.05	19	苯	0.01
10	三氯乙烯	0.07	20	甲苯	0.7

续表

序号	项目	标准值	序号	项目	标准值
21	乙苯	0.3	31	二硝基苯	0.5
22	二甲苯	0.5	32	2,4-二硝基苯	0.0003
23	异丙苯	0.25	33	2,4,6-二硝基苯	0.5
24	氯苯	0.3	34	硝基氯苯	0.05
25	1,2-二氯苯	1.0	35	2,4-二硝基氯苯	0.5
26	1,4-二氯苯	0.3	36	2,4-二氯苯酚	0.093
27	三氯苯	0.02	37	2,4,6-三氯苯酚	0.2
28	四氯苯	0.02	38	五氯酚	0.009
29	六氯苯	0.05	39	苯胺	0.1
30	硝基苯	0.017	40	联苯胺	0.0002

1. 生活饮用水水质

生活饮用水水质应符合下列基本要求。

水中不得含有病原微生物；水中所含化学物质及放射性物质不得危害人体健康；水的感官性状良好。

生活饮用水水质常规检验项目及限值见表5.11。

表5.11 　　　　　　生活饮用水水质常规检验项目及限值

项目	限值
感官性状和一般化学指标	
色	色度不超过15度，并不得呈现其他异色
浑浊度	不超过1度（NTU）[①]，特殊情况下不超过5度（NTU）
臭和味	不得有异臭、异味
肉眼可见物	不得含有
pH值	6.5～8.5
总硬度（以$CaCO_3$计）/(mg/L)	450
铝/(mg/L)	0.2
铁/(mg/L)	0.3
锰/(mg/L)	0.1
铜/(mg/L)	1.0
锌/(mg/L)	1.0
挥发酚类（以苯酚计）/(mg/L)	0.002
阴离子合成洗涤剂/(mg/L)	0.3
硫酸盐/(mg/L)	250
氯化物/(mg/L)	250

续表

项　目	限　值
溶解性总固体/(mg/L)	1000
耗氧量（以 O_2 计）/(mg/L)	3，特殊情况下不超过 5[②]
毒理学指标	
砷/(mg/L)	0.05
镉/(mg/L)	0.005
铬（六价）/(mg/L)	0.05
氰化物/(mg/L)	0.05
氟化物/(mg/L)	1.0
铅/(mg/L)	0.01
汞/(mg/L)	0.001
硝酸盐（以 N 计）/(mg/L)	20
硒/(mg/L)	0.01
四氯化碳/(mg/L)	0.002
氯仿/(mg/L)	0.06
细菌学指标	
细菌总数/(CFU/mL)[③]	100
总大肠菌群	每 100mL 水样中不得检出
粪大肠菌群	每 100mL 水样中不得检出
游离余氯/(mg/L)	在与水接触 30min 后应不低于 0.3，管网末梢水不应低于 0.05（适用于加氯消毒）
放射性指标[④]	
总 α 放射性/(Bq/L)	0.5
总 β 放射性/(Bq/L)	1

① 表中 NTU 为散射浊度单位。
② 特殊情况包括水源限制等情况。
③ CFU 为菌落形成单位。
④ 放射性指标规定数值不是限值，而是参考水平。放射性指标超过表 1 中所规定的数值时，必须进行核素分析和评价，以决定能否饮用。

2. 工业用水水质

工业用水大致分为三类，相应制订了不同的水质标准。

(1) 冷却用水。主要应用于各种设备的冷凝器里，要求防止在器壁上产生水垢或附着其他物质及免受侵蚀。

(2) 锅炉用水。要求尽可能不含悬浮物质，硬度及溶解氧含量也应较低。

(3) 生产技术用水，主要用于产品生产过程的处理、清洗和原料等用水，由于产品性质和工艺过程不同,对水质的要求也各不相同。

3. 农田灌溉水质标准

灌溉用水除了取决于本身的化学成分,同时还与地区的气候特征、土壤含盐及其种类、土壤的渗透性、作物类别、灌溉制度及排水设施等因素有关。水中氮、磷、钾的含量越高,对作物越有利,但它们之间的比例应适当。废水和污水灌溉在国外已有几十年上百年的历史,但大多需经过二级处理后才用于灌溉,实践证明,污水灌溉虽具净化污水、提供肥料的好处,但同时也会出现环境卫生条件变差、土壤盐渍化、污染土壤的问题,我国对城市污水灌溉农田也制订了水质标准。目前我国灌溉污水多未处理,应加以控制。

1985 年我国首次颁布了《农田灌溉水质标准》(GB 5084),并分别于 1992 年、2005 年、2021 年对该标准进行了修订。修订后的农田灌溉水质要求见表 5.12。

表 5.12 农田灌溉水质基本控制项目限值

序号	项 目 类 别		作 物 种 类		
			水田作物	旱地作物	蔬菜
1	pH 值		5.5~8.5		
2	水温/℃	≤	35		
3	悬浮物/(mg/L)	≤	80	100	60^a,15^b
4	五日生化需氧量(BOD_5)/(mg/L)	≤	60	100	40^a,15^b
5	化学需氧量(COD_{Cr})/(mg/L)	≤	150	200	100^a,60^b
6	阴离子表面活性剂/(mg/L)	≤	5	8	5
7	氯化物(以 Cl^- 计)/(mg/L)	≤	350		
8	硫化物(以 S^{2-} 计)/(mg/L)	≤	1		
9	全盐量/(mg/L)	≤	1000(非盐碱土地区),2000(盐碱土地区)		
10	总铅/(mg/L)	≤	0.2		
11	总镉/(mg/L)	≤	0.01		
12	铬(六价)/(mg/L)	≤	0.1		
13	总汞/(mg/L)	≤	0.001		
14	总砷/(mg/L)	≤	0.05	0.1	0.05
15	粪大肠菌群数/(MPN/L)	≤	40000	40000	20000^a,10000^b
16	蛔虫卵数/(个/10L)	≤	20		20^a,10^b

a 加工、烹调及去皮蔬菜。
b 生食类蔬菜、瓜类和草本水果。

4. 渔业水质标准

要求保证与鱼类生活有关的溶解氧和氮、磷、硅等营养物质的含量、控制有毒物质的污染,防止水体富营养化。根据 1989 年颁布的《渔业水质标准》(GB 11607—89)规定,渔业水域的水质应符合表 5.13 所规定的要求。

表 5.13　　　　　　　　　　　渔业水质标准

项目序号	项目	标准值
1	色、嗅、味	不得使鱼、虾、贝、藻类带有异色、异臭、异味
2	漂浮物质	水面不得出现明显油膜或浮沫
3	悬浮物质	人为增加的量不超过 10，而且悬浮物质沉积于底部后，不得对鱼、虾、贝类产生有害的影响
4	pH 值	淡水 6.5~8.5，海水 7.0~8.5
5	溶解氧	连续 24h 中，16h 以上必须大于 5，其余任何时候不得低于 3，对于鲑科鱼类栖息水域冰封期其余任何时候不得低于 4
6	生化需氧量（5d，20℃）	不超过 5，冰封期不超过 3
7	总大肠菌群	不超过 5000 个/L（贝类养殖水质不超过 500 个/L）
8	汞/(mg/L)	≤0.0005
9	镉/(mg/L)	≤0.005
10	铅/(mg/L)	≤0.05
11	铬/(mg/L)	≤0.1
12	铜/(mg/L)	≤0.01
13	锌/(mg/L)	≤0.1
14	镍/(mg/L)	≤0.05
15	砷/(mg/L)	≤0.05
16	氰化物/(mg/L)	≤0.005
17	硫化物/(mg/L)	≤0.2
18	氟化物（以 F 计）/(mg/L)	≤1
19	非离子氨/(mg/L)	≤0.02
20	凯氏氮/(mg/L)	≤0.05
21	挥发性酚/(mg/L)	≤0.005
22	黄磷/(mg/L)	≤0.001
23	石油类/(mg/L)	≤0.05
24	丙烯腈/(mg/L)	≤0.5
25	丙烯醛/(mg/L)	≤0.02
26	六六六（丙体）/(mg/L)	≤0.002
27	滴滴涕/(mg/L)	≤0.001
28	马拉硫磷/(mg/L)	≤0.005
29	五氯酚钠/(mg/L)	≤0.01
30	乐果/(mg/L)	≤0.1
31	甲胺磷/(mg/L)	≤1
32	甲基对硫磷/(mg/L)	≤0.0005
33	呋喃丹/(mg/L)	≤0.01

注　各项标准数值系指单项测定最高允许值；标准值单项超标，即表明不能保证鱼、虾、贝正常生长繁殖，并产生危害，危害程度应参考背景值、渔业环境的调查数据及有关渔业水质基准资料进行综合评价。

5. 地下水质量标准

根据我国地下水水质现状、人体健康基准值及地下水质量保护目标，并参照生活饮用水、工业、农业用水水质要求，1993 年国家颁布了《地下水质量标准》（GB/T 14848—93），并于 2017 年进行了修订，形成《地下水质量标准》（GB/T 14848—2017），标准将地下水质量划分为五类。

Ⅰ类：地下水化学组分含量低，适用于各种用途。

Ⅱ类：地下水化学组分含量较低，适用于各种用途。

Ⅲ类：地下水化学组分含量较低，以《生活饮用水卫生标准》（GB 5749—2006）为依据，主要适用于集中式生活饮用水水源及工、农业用水。

Ⅳ类：地下水化学组分含量较高，以农业和工业用水质量要求以及一定水平的人体健康风险为依据，适用于农业和部分工业用水，适当处理后可作生活饮用水。

Ⅴ类：地下水化学组分含量高，不宜作为生活饮用水水源，其他用水可根据使用目的选用。

地下水质量指标分为常规指标和非常规指标，其分类及限值分别见表 5.14 和表 5.15。

表 5.14　　　　　　　　　　地下水质量常规指标及限值

序号	指标	Ⅰ类	Ⅱ类	Ⅲ类	Ⅳ类	Ⅴ类
感官性状及一般化学指标						
1	色（铂铬色度单位）	≤5	≤5	≤15	≤25	>25
2	嗅和味	无	无	无	无	有
3	浑浊度/NTU[a]	≤3	≤3	≤3	≤10	>10
4	肉眼可见物	无	无	无	无	有
5	pH 值	6.5≤pH 值≤8.5			5.5≤pH 值<6.5 8.5<pH 值≤9.0	pH 值<5.5 或 pH 值>9.0
6	总硬度（以 $CaCO_3$ 计）/(mg/L)	≤150	≤300	≤450	≤650	>650
7	溶解性总固体/(mg/L)	≤300	≤500	≤1 000	≤2 000	>2 000
8	硫酸盐/(mg/L)	≤50	≤150	≤250	≤350	>350
9	氯化物/(mg/L)	≤50	≤150	≤250	≤350	>350
10	铁/(mg/L)	≤0.1	≤0.2	≤0.3	≤2.0	>2.0
11	锰/(mg/L)	≤0.05	≤0.05	≤0.10	≤1.50	>1.50
12	铜/(mg/L)	≤0.01	≤0.05	≤1.00	≤1.50	>1.50
13	锌/(mg/L)	≤0.05	≤0.5	≤1.00	≤5.00	>5.00
14	铝/(mg/L)	≤0.01	≤0.05	≤0.20	≤0.50	>0.50
15	挥发性酚类（以苯酚计）/(mg/L)	≤0.001	≤0.001	≤0.002	≤0.01	>0.01
16	阴离子表面活性剂/(mg/L)	不得检出	≤0.1	≤0.3	≤0.3	>0.3
17	耗氧量（COD_{Mn} 法，以 O_2 计）/(mg/L)	≤1.0	≤2.0	≤3.0	≤10.0	>10.0

续表

序号	指标	Ⅰ类	Ⅱ类	Ⅲ类	Ⅳ类	Ⅴ类
18	氨氮(以 N 计)/(mg/L)	≤0.02	≤0.10	≤0.50	≤1.50	>1.50
19	硫化物/(mg/L)	≤0.005	≤0.01	≤0.02	≤0.10	>0.10
20	钠/(mg/L)	≤100	≤150	≤200	≤400	>400
微生物指标						
21	总大肠菌群/(MPN[b]/100mL 或 CFU[c]/100mL)	≤3.0	≤3.0	≤3.0	≤100	>100
22	菌落总数/(CFU/mL)	≤100	≤100	≤100	≤1000	>1000
毒理学指标						
23	亚硝酸盐(以 N 计)/(mg/L)	≤0.01	≤0.10	≤1.00	≤4.80	>4.80
24	硝酸盐(以 N 计)/(mg/L)	≤2.0	≤5.0	≤20.0	≤30.0	>30.0
25	氰化物/(mg/L)	≤0.001	≤0.01	≤0.05	≤0.1	>0.1
26	氟化物/(mg/L)	≤1.0	≤1.0	≤1.0	≤2.0	>2.0
27	碘化物/(mg/L)	≤0.04	≤0.04	≤0.08	≤0.50	>0.50
28	汞/(mg/L)	≤0.0001	≤0.0001	≤0.001	≤0.002	>0.002
29	砷/(mg/L)	≤0.001	≤0.001	≤0.01	≤0.05	>0.05
30	硒/(mg/L)	≤0.01	≤0.01	≤0.01	≤0.1	>0.1
31	镉/(mg/L)	≤0.0001	≤0.001	≤0.005	≤0.01	>0.01
32	铬(六价)/(mg/L)	≤0.005	≤0.01	≤0.05	≤0.10	>0.10
33	铅/(mg/L)	≤0.005	≤0.005	≤0.01	≤0.10	>0.10
34	三氯甲烷/(μg/L)	≤0.5	≤6	≤60	≤300	>300
35	四氯化碳/(μg/L)	≤0.5	≤0.5	≤2.0	≤50.0	>50.0
36	苯/(μg/L)	≤0.5	≤1.0	≤10.0	≤120	>120
37	甲苯/(μg/L)	≤0.5	≤140	≤700	≤1 400	>1 400
放射性指标						
38	总 α 放射性/(Bq/L)	≤0.1	≤0.1	≤0.5	>0.5	>0.5
39	总 β 放射性/(Bq/L)	≤0.1	≤1.0	≤1.0	>1.0	>1.0

a NTU 为散射浊度单位。
b MPN 表示最可能数。
c CFU 表示菌落形成单位。
d 放射性指标超过指导值,应进行核素分析和评价。

表 5.15　　　　　　　　　地下水质量非常规指标及限值

序号	指标	Ⅰ类	Ⅱ类	Ⅲ类	Ⅳ类	Ⅴ类
毒理学指标						
1	铍/(mg/L)	≤0.0001	≤0.0001	≤0.002	≤0.06	>0.06
2	硼/(mg/L)	≤0.02	≤0.10	≤0.50	≤2.00	>2.00

续表

序号	指标	Ⅰ类	Ⅱ类	Ⅲ类	Ⅳ类	Ⅴ类
3	锑/(mg/L)	≤0.0001	≤0.0005	≤0.005	≤0.01	>0.01
4	钡/(mg/L)	≤0.01	≤0.10	≤0.70	≤4.0	>4.00
5	镍/(mg/L)	≤0.002	≤0.002	≤0.02	≤0.10	>0.10
6	钴/(mg/L)	≤0.005	≤0.005	≤0.05	≤0.10	>0.10
7	钼/(mg/L)	≤0.001	≤0.01	≤0.07	≤0.15	>0.15
8	银/(mg/L)	≤0.001	≤0.01	≤0.05	≤0.10	>0.10
9	铊/(mg/L)	≤0.0001	≤0.0001	≤0.0001	≤0.001	>0.001
10	二氯甲烷/(μg/L)	≤1	≤2	≤20	≤500	>500
11	1,2-二氯乙烷/(μg/L)	≤0.5	≤3.0	≤30.0	≤40.0	>40.0
12	1,1,1-三氯乙烷/(μg/L)	≤0.5	≤400	≤2000	≤4000	>4000
13	1,1,2-三氯乙烷/(μg/L)	≤0.5	≤0.5	≤5.0	≤60.0	>60.0
14	1,2-二氯丙烷/(μg/L)	≤0.5	≤0.5	≤5.0	≤60.0	>60.0
15	三溴甲烷/(μg/L)	≤0.5	≤10.0	≤100	≤800	>800
16	氯乙烯/(μg/L)	≤0.5	≤0.5	≤5.0	≤90.0	>90.0
17	1,1-二氯乙烯/(μg/L)	≤0.5	≤3.0	≤30.0	≤60.0	>60.0
18	1,2-二氯乙烯/(μg/L)	≤0.5	≤5.0	≤50.0	≤60.0	>60.0
19	三氯乙烯/(μg/L)	≤0.5	≤7.0	≤70.0	≤210	>210
20	四氯乙烯/(μg/L)	≤0.5	≤4.0	≤40.0	≤300	>300
21	氟苯/(μg/L)	≤0.5	≤60.0	≤300	≤600	>600
22	邻二氟苯/(μg/L)	≤0.5	≤200	≤1000	≤2000	>2000
23	对二氟苯/(μg/L)	≤0.5	≤30.0	≤300	≤600	>600
24	三氟苯(总量)/(μg/L)[a]	≤0.5	≤4.0	≤20.0	≤100	>180
25	乙苯/(μg/L)	≤0.5	≤30.0	≤300	≤600	>600
26	二甲苯(总量)/(μg/L)[b]	≤0.5	≤100	≤500	≤1000	>1000
27	苯乙烯/(μg/L)	≤0.5	≤2.0	≤20.0	≤40.0	>40.0
28	2,4-二硝基甲苯/(μg/L)	≤0.1	≤0.5	≤5.0	≤60.0	>60.0
29	2,6-二硝基甲苯/(μg/L)	≤0.1	≤0.5	≤5.0	≤30.0	>30.0
30	萘/(μg/L)	≤1	≤10	≤100	≤600	>600
31	蒽/(μg/L)	≤1	≤360	≤1800	≤3600	>3600
32	荧蒽/(μg/L)	≤1	≤50	≤240	≤480	>480
33	苯并(b)荧蒽/(μg/L)	≤0.1	≤0.4	≤4.0	≤8.0	>8.0
34	苯并(a)芘/(μg/L)	≤0.002	≤0.002	≤0.01	≤0.50	>0.50

续表

序号	指标	Ⅰ类	Ⅱ类	Ⅲ类	Ⅳ类	Ⅴ类
35	多氯联苯（总量）/(μg/L)	≤0.05	≤0.05	≤0.50	≤10.0	>10.0
36	邻苯二甲酸二（2-乙基己基）酯/(μg/L)	≤3	≤3	≤8.0	≤300	>300
37	2,4,6-三氯酚/(μg/L)	≤0.05	≤20.0	≤200	≤300	>300
38	五氯酚/(μg/L)	≤0.05	≤0.90	≤9.0	≤18.0	>18.0
39	六六六（总量）/(μg/L)d	≤0.01	≤0.50	≤5.00	≤300	>300
40	γ-六六六（林丹）/(μg/L)	≤0.01	≤0.20	≤2.00	≤150	>150
41	滴滴涕（总量）/(μg/L)a	≤0.01	≤0.10	≤1.00	≤2.00	>2.00
42	六氯苯/(μg/L)	≤0.01	≤0.10	≤1.00	≤2.00	>2.00
43	七氯/(μg/L)	≤0.01	≤0.04	≤0.40	≤0.80	>0.80
44	2,4-清/(μg/L)	≤0.1	≤6.0	≤30.0	≤150	>150
45	克百威/(μg/L)	≤0.05	≤1.40	≤7.00	≤14.0	>14.0
46	涕灭威/(μg/L)	≤0.05	≤0.60	≤3.00	≤30.0	>30.0
47	敌敌畏/(μg/L)	≤0.05	≤0.10	≤1.00	≤2.00	>2.00
48	甲基对硫磷/(μg/L)	≤0.05	≤4.00	≤20.0	≤40.0	>40.0
49	马拉硫磷/(μg/L)	≤0.05	≤25.0	≤250	≤500	>500
50	乐果/(μg/L)	≤0.05	≤16.0	≤80.0	≤160	>160
51	毒死蜱/(μg/L)	≤0.05	≤6.00	≤30.0	≤60.0	>60.0
52	百菌清/(μg/L)	≤0.05	≤1.00	≤10.0	≤150	>150
53	锈去津/(μg/L)	≤0.05	≤0.40	≤2.00	≤600	>600
54	草甘膦/(μg/L)	≤0.1	≤140	≤700	≤1400	>1400

a 三氯苯（总量）为1,2,3-三氯苯、1,3,5-三氯苯3种异构体加和。
b 二甲苯（总量）为邻二甲苯、间二甲苯、对二甲苯3种异构体加和。
c 多路联苯（总量）为PCB28、PCB52、PCB101、PCB118、PCB138、PCB153、PCB180、PCB194、PCB206 9种多氯联苯单体加和。
d 六六六（总量）为α-六六六、β-六六六、γ-六六六、δ-六六六4种异构体加和。
e 滴滴涕（总量）为ν, ρ'-潢滴涕、ρ, ρ'-滴滴伊、ρ, ρ'-滴滴滴、ρ, ρ'-滴滴涕4种异构体加和。

5.2.2.2 水污染控制排放标准

为了达到水环境质量标准，限制污水排放是主要手段。我国已制订了工业中污染严重的行业污水排放标准，并颁布了《污水综合排放标准》(GB 8978—1996)。在该标准中，将排放的污染物质按其性质及控制方式分为两类，第一类污染物为总汞、总铬、总镉等重金属以及一些放射性元素，第二类污染物为pH值、色度、悬浮物、BOD、COD以及其他化学物质。同时规定：第一类污染物，不分行业和污水排放方式，也不分受纳水体的功能类别，一律在车间或车间处理设施排放口采样，其最高允许排放浓度必须达到本标准规定的要求；第二类污染物，在排污单位排放口采样，其最高允许排放浓度必须达到本标准规定的要求。2002年又颁布了《畜禽养殖业污染物排放标准》(GB 18596—2001)、《城镇污水处理厂污染物排放标准》(GB 18918—2002)，之后又陆续颁布了医疗、皂素业、煤炭工业、石油炼制工业、电子工业等水污染物排放标准。

工业废水和生活污水应该经过必要的处理才能排入地面水体，当其排入地面水体后，下游最近用水点（一般为排出口下游最近的城镇取水点上游1000m断面处）的水质，应符合《地表水环境质量标准》，并低于地表水中有害物质的最高允许浓度。在城镇取水点的上游1000m及下游100m的范围内，不得排入工业废水和生活污水。

5.3 水功能区划

水功能区划是从合理开发和有效保护水资源的角度，依据国民经济发展规划和水资源综合利用规划，全面收集并深入分析区域水资源开发利用现状和经济社会发展需求，以流域为单元，科学合理地在相应水域划定具有特定功能、满足水资源开发、利用和保护要求并能够发挥最佳效益的区域（即水功能区）；确定各水域的主导功能及功能顺序，确定水域功能不遭破坏的水资源保护目标。在水功能区划的基础上，可提出近期和远期不同水功能区的污染物控制总量及排污削减量，为水资源保护提供制订措施的基础；制订水功能区管理办法，为水资源保护监督管理提供依据。水功能区划是全面贯彻水法，实践新时期治水思路，实现水资源合理开发、有效保护、综合治理和科学管理的重要的基础性工作，对我国保障经济社会可持续发展、环境保护和生态建设具有重大意义。

5.3.1 水功能区分级分类系统

水资源具有整体性的特点，它以流域为单元，由水量与水质、地表水与地下水等几个相互依存的组分构成的统一体，每一组分的变化可影响其他组分，河流上下游、左右岸干支流之间的开发利用也会相互影响。另外水资源还具有多种功能的特点，在国民经济各部门中的用途广泛，可用来灌溉、发电、航运、供水、养殖、娱乐及维持生态等。但在水资源的开发利用中，各用途间往往存在矛盾，有时除害与兴利也会发生矛盾。因此，必须统一规划、统筹兼顾，实行综合利用，才能做到最合理地满足国民经济各部门的需要，并且把所有用户的利益进行最佳组合，以实现水资源的高效利用。

通过水功能区划在宏观上从流域角度对水资源的利用状况进行总体控制，合理解决地区间的用水矛盾。在总体功能布局确定的前提下，再在重点开发利用水域内详细划分多种用途的水功能区，以便为科学合理地开发利用和保护水资源提供依据。

我国的水功能区划采用二级体系，即一级区划、二级区划。一级区划是宏观上解决水资源开发利用与保护的问题，主要协调地区间用水关系，长远上考虑可持续发展的需求；二级区划主要协调各市和市内用水部门之间的关系，见图5.1。

一级功能区划对二级功能区划具有宏观指导作用。一级功能区分四类，包括保护区、保留区、开发利用区、缓冲区；二级功能区划在一级功能区划的开发利用区内进行，分七类，包括饮用水源区、工业用水区、农业用水区、渔业用水区、景观娱乐用

5.3 水功能区划

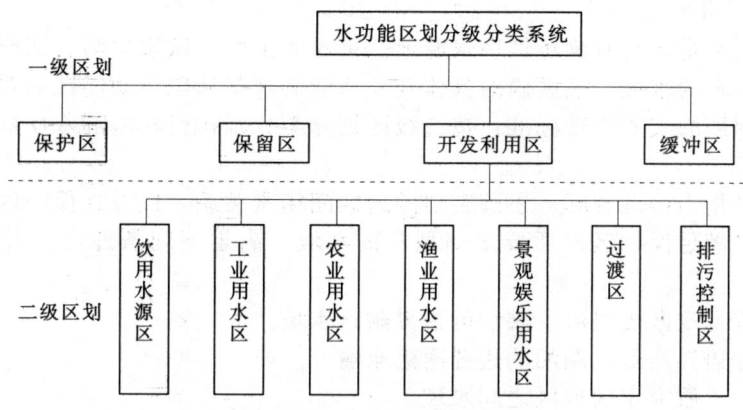

图 5.1 水功能区域分类系统

水区、过渡区、排污控制区。按照全国水功能区划技术体系的统一要求，全国选择 1407 条河流、248 个湖泊水库进行区划，共划分保护区、缓冲区、开发利用区、保留区等水功能一级区 3122 个，区划总计河长 209881.7km。在水功能一级区划的基础上，根据二级区划分类与指标体系，在开发利用区进一步划分饮用水源区、工业用水区、农业用水区、渔业用水区、景观娱乐用水区、过渡区和排污控制区共七类水功能二级区。在全国 1333 个开发利用区中，共划分水功能二级区 2813 个，河流总长度 74113.4km。

5.3.2 一级区划分类及指标

1. 保护区

保护区是指对水资源、自然生态及珍稀濒危物种的保护有重要意义的水域。该区内严格禁止进行对水质水量产生影响的开发活动。满足下列条件之一的就可以称为保护区：

(1) 源头水保护区，是指以保护水资源为目的，在重要河流的源头河段划出专门保护的区域。

(2) 国家级和省级自然保护区的用水水域。

(3) 具有典型的生态保护意义的自然环境所在水域。

(4) 跨流域、跨省及省内的大型调水工程水源地，即调水工程的水源区。

保护区的水质管理标准：执行《地表水环境质量标准》（GB 3838）Ⅰ类、Ⅱ类水质标准。

2. 保留区

保留区是指目前开发利用程度不高，为今后开发利用和保护水资源而预留的水域。该区内应维持水资源现状不遭破坏。满足下列条件之一的就可以称为保留区：

(1) 受人类活动影响较少，水资源开发利用程度较低的水域。

(2) 目前不具备开发条件的水域。

(3) 考虑可持续发展的需要，为今后的发展预留的水资源区。

保留区的水质管理标准：按现状水质标准控制。

3. 开发利用区

开发利用区是指具有满足饮用水源地、工农业生产、城镇生活、渔业和娱乐排污控制等多种需求的水域。该区内的具体开发活动必须服从二级功能区的要求。

开发利用区的水质管理标准：按二级区划分类分别执行相应的水质标准。

4. 缓冲区

缓冲区是指为协调省际、矛盾突出的地区间用水关系，以及在保护区与开发利用区相接时，为满足保护区水质要求而划定的水域。满足下列条件之一者可以划为缓冲区：

(1) 跨省行政区域河流、湖泊的边界附近水域。
(2) 省际边界河流、湖泊的边界附近水域。
(3) 用水矛盾突出的地区之间水域。
(4) 保护区与开发利用区紧密相连的水域。

缓冲区的水质管理标准：按上下游水功能要求及本区内实际需要执行相关水质标准或按现状控制。

5.3.3 二级区划分类及指标

1. 饮用水源区

饮用水源区是指提供生活饮用水的水域。其划分的条件为：①城市已有和规划的生活饮用水取水口较集中的水域；②每个用水户取水量不小于省（直辖市）级水行政主管部门实施取水许可制度细则规定的取水限额。

饮用水源区的一级保护范围按Ⅱ类水质标准、二级保护范围按Ⅲ类水质标准进行管理。

2. 工业用水区

工业用水区是指提供城镇工业用水需要的水域。其划分条件为：①已有或规划的工矿企业生产用水的集中取水池；②每个用水户取水量不小于省（直辖市）级水行政主管部门实施取水许可制度细则规定的取水限额。

工业用水区按Ⅳ类水质标准进行管理。根据地表水资源的用途及保护要求，湖泊、水库不设Ⅳ类水质标准的功能区。

3. 农业用水区

农业用水区是指满足农业灌溉用水需要的水域。其划分的条件是：①已有或规划的农业灌溉区用水集中取水地；②每个用水户取水量不小于省（直辖市）级水行政主管部门实施取水许可制度细则规定的最小取水限额。

农业用水区按Ⅴ类水质标准进行管理。考虑到农业用水区下游功能区水质要求和河流水资源保护要求，河流的农业用水水质以执行《地表水环境质量标准》(GB 3838)中的Ⅴ类水质标准为主，同时执行《农田灌溉水质标准》(GB 5084)。

4. 渔业用水区

渔业用水区是指只有鱼、虾、蟹、贝类产卵场、索饵场、越冬场及洄游通道功能的水域，养殖鱼虾蟹藻类等水生动植物的水域。其划分的条件是：①主要经济鱼类的产卵、索饵、洄游通道，以及历史悠久或新辟人工放养和保护的渔业水域；②水文条件良好，水交换畅通；③有合适的地形、底质。

珍贵鱼类保护区范围内及鱼虾产卵范围内的水域按Ⅱ类水质标准进行管理；一般鱼类保护区，按Ⅲ类水质标准进行管理。

5. 景观娱乐用水区

景观娱乐用水区是指满足景观、疗养、度假和娱乐需要为目的的江、河、湖、库等水域。满足下列条件之一即为景观娱乐用水区。

(1) 有供千人以上度假、娱乐、运动场所涉及的水域。

(2) 有省级以上知名度的水上运动场。

(3) 省级风景名胜区所涉及的水域。

景观和人体非直接接触的娱乐用水区按Ⅳ类水质标准进行管理。

6. 过渡区

过渡区是指为使水质要求有差异的相邻功能区顺利衔接而划定的水域。其划分的条件为：①下游用水要求高于上游水质状况；②在有双向水流的水域，且水质要求不同的相邻区功能之间。

过渡区应设置在下游水质要求较上游水质要求高的功能区之间，如排污控制区下游至其他功能区的上游段，该区的长短取决于排污控制区和其他功能区的浓度梯度，由数学模拟计算确定，如果计算出来的结果太长，那么就要对排污控制区的水质进行重新限制。

7. 排污控制区

排污控制区是指接纳生活、生产污废水比较集中，接纳的污（废）水对水环境无重大不利影响的区域。其划分的条件为：①接纳废水中污染物为可稀释降解的；②水域的稀释自净能力较强，其水文、生态特性适宜于作为排污控制区。

排污控制区应设置在河流干、支流的入河排污口或支流汇入口所在区域、城市排污明渠、利用污水灌溉的干渠。入河排污口所在的排污控制区范围为该河段上游第一个排污口上游100m至最末一个排污口下游200m。该区内污染物浓度可以超Ⅴ类水质标准，但必须小于地面水排放标准的限制，并保证通过过渡区后达到下游的功能区水质要求。

5.4 水体纳污能力

5.4.1 基本概念

1. 水环境容量

通常在水资源开发利用区域内，按给定的水质目标和设计水量、水质条件，在水体使用功能不受破坏的条件下，水域能纳污染物的最大量称为水环境容量。

水环境容量由稀释容量和自净容量两部分组成，分别反映污染物在水体中迁移转化的物理稀释与自然净化的作用。只要有稀释水量，就存在稀释容量。只要有综合衰减因素，就存在自净容量。通常稀释容量大于自净容量，在净污比大于10~20的水体，可仅计算稀释容量。自净容量中设计流量的作用大于综合衰减因素。利用常规监测资料估算水质模型中的综合衰减系数，相当于加乘安全系数的处理方法，精度能满足水资源保护规划与管理的要求。

2. 水体纳污能力

在给定水域的水文、水动力学条件、排污口位置及方式情况下，满足水功能区划确定的水质标准的排污口最大排放量，定义为该水域在上述情况下所能容纳的污染物总量，通常称为水体纳污能力。

从污染物在水体中分布状况来看，水功能区可以是一块完全均匀混合的水体，也可以是一段有污染物衰减作用的河段，还可以是纵向衰减和横向混合作用同时发生的混合区。

3. 区域容许排污量

按照水资源保护规划目标，或将水体纳污能力加乘安全系数，或根据规划区域内排污总量的控制要求，在经过技术经济可行性论证后确定的污染物排放总量控制目标，称为区域容许排放量。

5.4.2 水体纳污能力分析

影响水体纳污能力的主要因素有以下几种：

（1）水资源质量标准。从保护和改善水资源质量的要求出发，依据水功能区划确定的水质目标。

（2）水体稀释自净规律。影响水体稀释作用的差值容量及各种自净作用的同化容量。

（3）水量及随时间的变化。水量的大小决定于差值容量的大小，也影响水体的自净作用。另外水量的交换速度对同化速度也有影响。

（4）水域的自然背景值。所谓自然背景值，即在天然情况下造成水域污染物的浓度。自然背景值越高，纳污量越小。由于目前除在偏僻地区的水体呈自然背景浓度外，其他水域都受到不同程度的污染影响，背景值在计算纳污量时意义已不大。因此，往往采用来水中污染物的浓度，作为考虑纳污量的下限值。

（5）排污口的位置和方式。当排污口分布较均匀，可推算得最大纳污量。当排污口较集中，水域的纳污量就相应减小。

5.4.3 水功能区纳污能力设计条件

1. 设计条件

水功能区纳污能力计算的设计条件以计算断面的设计流量（水量）表示。一般采用最近10年最枯月平均流量（水量）或90%保证率最枯月平均流量（水量）作为设计流量（水量）。集中式饮用水水源区，采用95%保证率最枯月平均流量（水量）作为其设计流量（水量）。对于北方地区（松花江、辽河、海河、黄河、淮河和西北内陆地区），可根据实际情况适当调整设计保证率，也可选取平偏枯典型年的枯水期流量作为设计流量。另外，还要计算90%保证率最丰月平均流量（水量）作为丰水期设计流量。

2. 设计流量的计算

有水文长系列资料时，现状设计流量的确定，选用设计保证率的最枯月平均流量，北方地区增加最丰月平均流量，采用频率分析法计算。无水文长系列资料时，可采用近10年系列资料中出现最小的最枯月平均流量作为设计流量。对于丰水期设计流量，可采用近10年最小的最丰月平均流量。无水文资料时，可采用内插法、水量平衡法、类比法等方法推求设计流量。规划条件下的设计流量应在现状确定的现状设计流量的基础上，根据水资源配置要求以及对流域与区域水资源开发利用的总体安排合理确定。

3. 断面设计流速确定

有资料时，可直接用式（5.1）计算：

$$V = Q/A \tag{5.1}$$

式中：V 为设计流速；Q 为设计流量；A 为过水断面面积。

无资料时，可采用经验公式计算断面流速，也可通过实测确定。对实测流速要注意转换为设计条件下的流速。

4. 岸边设计流量及流速

河面较宽的主要江河，污染物从岸边排放后不可能达到全断面混合，如果以全断面流量计算河段纳污能力，则与实际情况不相符合。因此，对于这些江河，应计算岸边纳污能力。在这种情况下，根据岸边污染区域（带）需计算岸边设计流量及岸边平均流速。

计算时，要根据河段实际情况和岸边污染带宽度，确定岸边水面宽度，以便求得岸边设计流量及其流速。

5. 湖（库）的设计水量

一般采用近10年最低月平均水位或90%保证率最枯月平均水位相应的蓄水量。北方地区增加近10年最高月平均水位的最低水位或90%保证率最高月平均水位相应的蓄水量。

根据湖（库）水位资料，求出设计枯水位，其所对应的湖泊（水库）蓄水量即为湖（库）设计水量。对水库而言，也可用死库容和水库正常水位的库容蓄水量作为设计水量。

5.4.4 水体纳污能力计算

要进行水体纳污能力计算，首先必须根据自然和社会环境、社会和经济发展及水资源分布规律等因素，划定水功能区，确定功能区的水质目标；其次根据功能区的水文水资源特征，确定水文设计条件；再次分析功能区污染物进入区域的途径，特别是排污口的位置、排污量、污染物种类、浓度及排放规律等；最后选择相关水质模型进行分析计算。该计算一般可分为正向计算和反向推算两种类型。正向计算主要是根据规划区域的水文条件和污染源条件，计算水域污染物浓度分布规律，并对照水功能区划确定的水质目标分析和评价区域水质状况。反向推算主要是根据水功能区划确定的水质目标，即水域内污染物浓度，运用水质模型反向推算污染物容许排放量，根据计算结果经分析论证确定水域纳污能力。水体纳污能力计算中，特别要注意大水域如江河干流、湖泊等问题。

5.4.4.1 水体纳污能力的基本方程

水体纳污能力是以水资源质量目标和水体稀释、扩散、同化、自净规律为依据。可表示为

$$W=(C_n-C_0)Q+K\frac{X}{U}C_nQ \tag{5.2}$$

式中：W 为水体纳污能力，可用污染物总量来表示，也可用污染物浓度乘水量来表示；C_n 为水体要求达到的质量标准；C_0 为水域中污染物的自然背景值，或来水中污染物浓度；X 为水体上下游的距离；Q 为水域的水量；U 为平均流速；K 为污染物衰减系数。

5.4.4.2 水功能区纳污能力计算方法

水功能区纳污能力是指满足水功能区水质目标要求的污染物最大允许负荷量。其计算方法主要有以下几种。

1. 一般河流水功能区纳污能力计算的一维模型

一维对流推移方程为

$$\bar{u}\frac{\partial C}{\partial x}=-kC \tag{5.3}$$

解得

$$C(x)=C_0\exp\left(-k\frac{x}{u}\right) \tag{5.4}$$

式中：$C(x)$ 为控制断面污染物浓度，mg/L；C_0 为起始断面污染物浓度，mg/L；k 为污染物综合自净系数，1/s，k 值一般以 1/d 表示，计算时应换算成 1/s；x 为排污口下游断面距控制断面纵向距离，m；u 为设计流量下岸边污染带的平均流速，m/s。

2. 感潮河段纳污能力计算的一维迁移方程

基本方程为

$$\frac{\partial C}{\partial t}+u_x\frac{\partial C}{\partial x}=\frac{\partial}{\partial x}\left(E_x\frac{\partial C}{\partial x}\right)-K_pC \tag{5.5}$$

将水力参数取潮汐半周期的平均值，变为稳定情况来求解，即认为排污口是定常量排放，且 $\frac{\partial C}{\partial t}=0$，方程的解为

涨潮时
$$C(x)=\frac{C_0'}{M}\exp\left[\frac{u_x}{2E_x}(1+M)x\right]+C_0 \tag{5.6}$$

落潮时
$$C(x)=\frac{C_0'}{M}\exp\left[\frac{u_x}{2E_x}(1-M)x\right]+C_0 \tag{5.7}$$

其中，$C_0'=\frac{[m]}{Q_h+Q_r}$，当 $Q_h\ll Q_r$ 时，$C_0'=\frac{[m]}{Q_r}$。

其中
$$M=\sqrt{1+4K_pE_x/u^2} \tag{5.8}$$
$$[m]=C_rQ_r$$

式中：u_x 为水流纵向流速，m/s；E_x 为纵向离散系数，m²/s；C_r 为污染物浓度，mg/L；C_0 为上游河段初始浓度，mg/L；Q_r 为污水排放流量，m³/s；Q_h 为感潮河段流量，m³/s；$C(x)$ 为涨潮、落潮污染物浓度，mg/L。

此外，各地也可根据当地河流特性和污染特征，选用其他符合当地实际的水质数学模型。

3. 均匀混合的湖（库）纳污能力计算的均匀混合模型

$$C(t) = \frac{m+m_0}{K_h V} + \left(C_0 - \frac{m+m_0}{K_h V}\right)\exp(-K_h t) \tag{5.9}$$

$$K_h = \frac{Q}{V} + K \tag{5.10}$$

平衡时
$$C(t) = \frac{m+m_0}{K_h V} \tag{5.11}$$

式中：$C(t)$ 为计算时段污染物浓度，mg/L；m 为污染物入湖（库）速率，g/s；m_0 为污染物湖（库）现有污染物排放速率，$m_0 = C_0 Q$，g/s；K_h 为中间变量，1/s；V 为湖（库）容积，m³；Q 为入湖（库）流量，m³/s；K 为污染物综合衰减系数，1/s；C_0 为湖（库）现状浓度，mg/L；t 为计算时段，s。

4. 非均匀混合湖（库）纳污能力计算的非均匀混合模型

$$\begin{aligned}C_r &= C_0 + C_p \exp\left(-\frac{K_p \Phi H r^2}{2Q_p}\right) \\ &= C_0 + \frac{m}{Q_p}\exp\left(-\frac{K_p \Phi H r^2}{2Q_p}\right)\end{aligned} \tag{5.12}$$

式中：C_r 为距排污口 r 处污染物浓度，mg/L；C_p 为污染物排放浓度，mg/L；Q_p 为污水排放流量，m³/s；Φ 为扩散角，由排放口附近地形决定，排污口在开阔的岸边垂直排放时，$\Phi = \pi$，排污口在湖（库）中排放时，$\Phi = 2\pi$；H 为扩散区湖（库）平均水深，m；r 为受纳水体距排污口距离，m。

5. 具有富营养化趋势的湖（库）纳污能力计算模型

可采用狄龙模型：

$$[P] = \frac{I_p(1-R_p)}{rV} = \frac{L_p(1-R_p)}{rh} \tag{5.13}$$

$$R_p = 1 - \frac{\sum q_a [P]_a}{\sum q_i [P]_i} \tag{5.14}$$

其中
$$r = Q/V$$

式中：$[P]$ 为湖（库）中氮、磷的平均浓度，mg/m³；I_p 为年入湖（库）的氮、磷量，mg/年；L_p 为年入湖（库）的氮、磷单位面积负荷，mg/(m²·年)；V 为湖（库）容积，m³；h 为平均水深，m；Q 为湖（库）年出流水量，m³/年；R_p 为氮、磷在湖（库）中的滞留系数；q_a、q_i 分别为年出流和入流的流量，m³/年；$[P]_a$、$[P]_i$ 分别为年出流和入流的氮、磷平均浓度，mg/m³。

湖（库）中氮、磷最大允许负荷量：

$$[m] = L_s A \tag{5.15}$$

$$L_s = \frac{[P]_s h Q}{(1-R_p)v} \tag{5.16}$$

式中：$[m]$ 为氮、磷最大允许负荷量，mg/年；L_s 为单位湖（库）水面积，氮、磷最大允许负荷量，mg/(m²·年)；A 为湖（库）水面积，m²；$[P]_s$ 为湖（库）中磷（氮）的年平均控制浓度，mg/m³。

有富营养化趋势湖（库）的计算，也可根据情况选择其他适用的数学模型。

5.4.4.3 综合衰减系数的计算方法

1. 分析借用

对于以前在环评、环保规划、环保科研等工作中可供利用的有关资料经过分析检验后采用。

无资料时，可借用水力特性、污染状况及地理、气象条件相似的邻近河流的资料。

2. 实测法

选取一个河道顺直、水流稳定、中间无支流汇入、无排污口的河段，分别在河段上游（A 点）和下游（B 点）布设采样点，监测污染物浓度值，并同时测验水文参数以确定断面平均流速。综合衰减系数（K）按式（5.17）计算：

$$K = \frac{V}{X} \ln \frac{C_A}{C_B} \tag{5.17}$$

式中：V 为断面平均流速；X 为上下断面之间距离；C_A 为上断面污染物浓度；C_B 为下断面污染物浓度。

对于湖库：选取一个排污口，在距排污口一定距离处分别布设 2 个采样点（近距离处为 A 点，远距离处为 B 点），监测污染物浓度值，并同时监测污水排放流量。布设采样点时应注意：采样点附近只能有一个排污口，且附近无河流汇入，近距离采样点不宜离排污口过近以免所采水样不具备代表性；远距离采样点也不宜离排污口过远，以免超出排污口影响区。

综合衰减系数（K）用实测数据进行估值：

$$K = \frac{2Q_p}{\Phi H (r_B^2 - r_A^2)} \ln \frac{C_A}{C_B} \tag{5.18}$$

式中：r_A、r_B 分别为近远两测点距排污口的距离，m；Q_p 为排污口污水排放流量，m³/s。

用实测法测定综合衰减系数简单易行，但误差较大，建议监测多组数据取其平均值。

3. 经验公式法

可以根据各种经验公式推求综合衰减系数。

此外，各地还可根据本地实际情况采用其他方法拟定综合衰减系数。

5.4.5 污染物入河量估算

地表水水质保护是以所划定的水功能区作为基本单元，而保护的最终目的是要将水功能区的污染物削减量分解到相应的陆域污染源。因此，在进行了水域的功能区划分之后，应确定水功能区所对应的陆域范围，以便掌握进入该水功能区的陆上主要污染源和主要污染物的现状及其发展趋势。

水功能区对应陆域的确定方法：通过对污染源的调查，收集有关入河排污口的设置、市政排水管网布置、企业和单位自行设置排污口的现状及规划等资料，尽可能搞清相应的陆域范围，特别是其中对水功能区水质影响大的污水排放源，同时进行必要的实地勘查分析，提出水功能区对应的陆域范围，并以此作为陆域污染物排放总量控制的基础。

现状污染物排放量和入河量的数据，可采用水资源开发利用情况调查评价中关于废污水排放量调查分析的成果,并分解到各水功能区。

1. 入河系数的确定

水功能区对应的陆域范围内的污染源所排放的污染物,仅有一部分能最终流入江河水域,进入河流的污染物量占污染物排放总量的比例即为污染物入河系数,按式(5.19)计算:

$$入河系数 = \frac{污染物入河量}{污染物排放量} \tag{5.19}$$

污染源排放的污染物进入水功能区水域的数量,有众多影响因素,情况十分复杂,区域差异很大,建议采用以下典型调查法推求污染源的入河系数:

(1) 选取设置有独立入河通道或入河排污口的污染源,分别在污染源排放口和入河排污口监测污染物排放量和入河量,可求得污染物的入河系数。

(2) 选取各类典型的水功能区,监测其所对应的陆域范围内所有污染源的污染物排放量和水功能区内所有排污口的污染物入河量,可求得典型水功能区所对应的陆域范围的入河系数。

(3) 在拟订规划水平年的入河系数时,应考虑城市化和城市规划发展(如产业布局调整、管网改造、排污口优化、截污工程等)可能导致的入河系数的变化。

2. 污染物入河量估算

根据各规划水平年预测的污染物排放量和相应的入河系数,即可求得规划水平年污染物入河量。也可采用入河排污口实测污染负荷预测各规划水平年污染物入河量。

在面源污染比较严重的水域,必要时,可对入河污染物中的面源污染贡献进行估算。

5.4.6 污染物削减量与控制量

以水功能区为单元,将污染物入河量与纳污能力相比较,如果污染物入河量超过水功能区的纳污能力,需要计算入河削减量和相应的排放削减量;反之,制订入河控制量和排放控制量。排放削减量和排放控制量均需要进一步分配到相应的陆域。

1. 污染物入河削减量

水功能区某一时期的污染物入河量与相应的纳污能力之差,即为该时期水功能区的污染物入河削减量。

水功能区规划水平年的污染物入河削减量除以入河系数,即可得到水功能区的排放削减量。水功能区排放削减量等于水功能区所对应的陆域范围内在某一时期的污染物排放削减量之和。按照核定的该水域纳污能力,向环境保护行政主管部门提出该水域的限制排污总量的意见。

有条件将污染物排放削减量分配到污染源时,主要应考虑各污染源现状排污量及其对水功能区水体污染物的"贡献"率,综合考虑各污染源目前的治理现状、治理能力、治理水平以及应采取的治理措施等因素。

2. 污染物入河控制量

当水功能区某一时期的污染物入河量预测结果小于纳污能力时,为有效控制污染物入河量,应确定水功能区污染物入河控制量。确定入河控制量时,应考虑水功能区的水质状况、水资源可利用量、经济与社会发展现状及未来人口增长和经济社会发展对水资源的需求等。

一般情况下，对经济欠发达、水资源丰富、现状水质良好的地区，污染物入河控制量可适当放宽，但不得超过水功能区的纳污能力。

水功能区某一时期的污染物入河控制量除以入河系数，即可得到功能区的排放控制量。

将污染物排放控制量分配到各主要污染源，应根据各污染源的现状排污量、企业的生产规模、经济效益及其所生产的产品对经济建设和人民生活的重要性等因素进行综合考虑。按国家规定应予关停的企业可不再分配其排放控制量。根据产业布局应予限产或限制发展的企业，在分配排放控制量时也应予以相应的限制。

5.5 水资源保护原则及对策措施

5.5.1 水资源保护原则

水资源保护是一项十分迫切也是十分复杂的工作，它是一项系统工程。水资源保护主要包括污染源控制、工程控制、管理控制和法律法规控制4个方面，见图5.2。

1. 开发利用与保护并重的原则

这主要是从水资源的经济属性确定的原则。人类如果不需要对水资源进行开发利用，也就不需要保护水资源。正因为水资源是一切生命不可缺少的物质，是人类赖以生存的必要条件，人类也才需要对水资源进行保护。但人类对水资源的开发利用必然对水资源形成影响，如筑坝会影响河流的水文条件，工业对水的利用会改变水质条件，生活对水的利用会将生活废物随生活污水排入水体，渔业养殖中抛投饵料也会加重水的污染，航运利用会将船舶垃圾和船舶废水排入水中等。既然这种致害性是必然的，人类就必须在开发利用水资源的同时，重视对水资源的保护，保护的目的是更好地开发利用。实践证明，谁只注重开发利用，而不注意保护，谁就会付出沉重的代价。英国的泰晤士河以前由于没有注意保护，不仅正常的供水功能不能保证，而且水生生态系统遭到严重破坏，一段时间鱼虾灭迹。我国的淮河在前后不到10年的时间内，就出现了几百万人守着淮河没水喝的局面，淮河水污染防治"九五"计划按"淮河变清"目标的概算投资为300亿元。先污染，后治理，其经济代价是巨大的。

2. 维护水资源多功能性的原则

这是由水的多功能性确定的。利用水的一种功能，并不一定损害水的其他功能，如利用水发电后，还可以继续利用水航运和将水用于工农业生产。但有些水资源功能的开发利用会影响到水的其他功能，如取水会降低水位，从而影响到航运和发电，渔业养殖不当会影响到生活用水和水体的其他功能，不当的工业用水也会影响到水的饮用功能等。

3. 流域管理与行政区域管理相结合的原则

这是由水的流动性和我国以行政区域管理为主的体制现状决定的。一方面，水的流动性决定了水是以流域为单元进行汇集、排泄的。整个流域水资源是一个完整的系统，上下游、左右岸、干支流相互影响，这就从客观上需要对水资源实行层次上的统一管理和保护，不仅在水量方面应在流域内统筹安排和合理分配，同时在水质方面也应统筹兼顾，上游排污应考虑对下游的影响，支流水质保护目标应符合干流的需要。另一方面，我国目前实行的是以行政区域为主的管理体制，对水资源的

5.5 水资源保护原则及对策措施

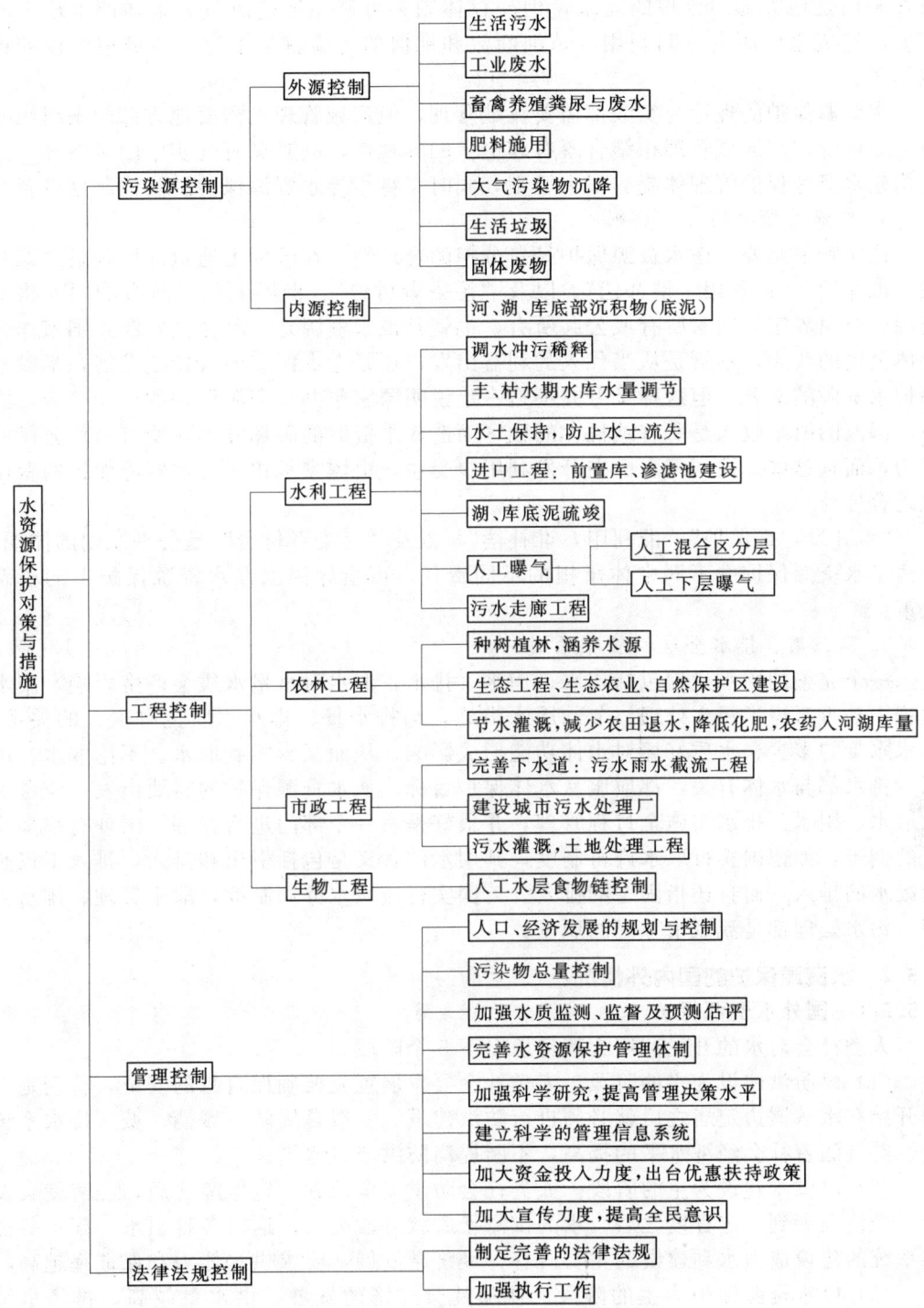

图 5.2 水资源保护对策与措施

开发利用是地方部门合理的需求，但现存体制不可避免地造成过分地强调本地方的需要，造成水资源的分割利用。黄河断流和淮河的污染就是不注意流域整体性的典型例子。

水资源保护的理论与实践都需要流域管理，但流域管理也需要地方部门来组织实施。流域管理与区域管理相结合既有理论上的客观性，同时又有现实中的必然性。这是构建水资源保护管理体制的根本原则，同时又将指导水资源保护的具体制度设置。

4．水资源保护的经济原则

这实际上是要考虑水资源保护经费分担的合理性。在国际上通行的原则是"谁开发，谁保护""谁利用，谁补偿"，以及"污染者付费"。世界上近乎所有的国家将水资源的权属界定为国家所有或公共所有，也就是说水资源是一种公共资源，国家作为全体公民的代表，不管是从当代人的利益出发，还是考虑国家的可持续发展，都赋有保护水资源的义务。但这种义务并不是一定说明国家包办水资源保护的一切事务，因为，国家的财政收入是所有纳税人的钱，而造成水资源的破坏并不是所有当代公民的行为，而且这些开发利用者已在开发利用中受益。由国家承担所有水资源保护的费用缺乏合理性。

"谁开发，谁保护""谁利用，谁补偿"，以及"污染者付费"是公平原则的体现，分清了水资源保护中不同主体承担的不同责任，可指导国家在水资源保护上的税费政策。

5．取、用、排水全过程管理原则

一个完整的用水过程包括取水、用水、排水，取水对水量水质会产生影响，用水过程中是否考虑了污水处理、节约用水措施，与排水量、排水水质也有很大的关系，排水水量的多少、水质好坏对水体功能形成影响，从而又影响到取水。不论取水、用水、排水都与水体有关，都应服从水体保护目标。从水资源保护的需要出发，应考虑对取水、用水、排水实施全过程管理，并最好是由一个部门进行管理。国外有很多这样的例子，如德国实行取水许可制度，其用水的含义是包括引出和排入，排入不仅是指废水的排入，而且还指固态的排入。英国实行流域水务局制度，取水管理、排水管理、污水处理都是流域水务局的职责。

5.5.2 水资源保护的国内外情况

5.5.2.1 国外水资源保护

人类社会对水的开发利用大致经历以下5个阶段。

（1）以防洪建设为主的阶段。人类社会要发展首先要确保自身的安全，特别是人类开始在水域周边定居之后就必须进行防洪建设。一般是堤防、城墙、城区排水系统等，并且随着社会经济水平的提高，不断提高防洪建设水平。

（2）以供水建设为主的阶段。人类社会防洪安全得到一定保障之后，经济就会发展。经济发展到一定程度之后，水的供需矛盾就日益突出，这时各种引水、配水等供水系统的建设成为水利建设的主要内容，经济越发展，要求供水能力和保证率越高。

（3）以水资源保护为主的阶段。伴随社会经济的发展，供水量越高，排污量增加，水域的污染将造成重大社会问题。因而水资源保护、改善水域水质等水环境建设将成为水利建设的主要内容。

（4）以景观建设为主的阶段。在水质问题基本解决之后，随着人类生活水平的不断提高，旅游事业的发展，人们会对水域周边的景观提出较高的要求。因此，以水域空间管理，为人们提供良好的休息娱乐空间为主要内容的水利建设将首先在城市周边地区得到发展。

（5）以生态修复为主的阶段。随着人们对保护生物多样性意识的增强，人们重新审视自然水域在生态环境中的作用，要求恢复水系自然生态功能的呼声越来越高。水域不仅要清洁、美观，而且要求水域生机盎然。即回归自然、修复水域的生态系统成为目前发达国家水系管理的主要内容。

客观地说，这几个阶段的划分不是绝对的，并且在时间上并不是彼此孤立的，而是在某一阶段一个特征表现得更明显。而在很多时候，后一阶段的日渐重视，并不表明前一阶段的事情已做得很完美。欧、美、日等发达国家早在 19 世纪末就已意识到了水资源保护的重要性，并从立法、机构、投入等方面有所体现，如美国 1896 年的《河流法》就有水资源保护的内容，1946 年就制定了《水污染控制法》。当然国外大规模的水资源保护活动是在 20 世纪 70 年代以后进行的，但其在立法、投入等方面已将水景观建设、水系生态修复作为重要内容。

5.5.2.2 我国水资源保护

1. 水资源保护机构

水资源保护是水利部的重要职责，在水资源管理方面当前主要以行政区域管理机构为主。水利部在各流域的派出机构代表水利部行使了所在流域部分水资源保护管理职能。水利部的主要职责是负责全国水资源保护管理，包括全国水资源保护规划编制的组织、水功能区划的组织、水域纳污能力的审定、水资源保护法规的起草等。流域机构水资源保护管理方面的职责主要是草拟适合各流域的水资源保护法规，根据授权进行流域机构管理权限内取水许可水质审查工作，排污口设置的审查工作，组织编制流域水资源保护规划，组织流域水功能区划等。各级地方水行政主管部门负责各自辖区的水资源保护管理工作。

水利部除了行使水资源管理职责之外，还要负责全国水资源质量监测及信息发布工作。流域机构设有各流域水环境监测中心，负责流域监测站网的管理及流域水资源质量公报的发布，在由流域机构负责水文观测的河流、湖泊、水库均应设有水质检测站。各省水文局设有水环境监测中心，负责省内水环境监测工作，在各地、市、州，设有水文分局，负责辖区内的水质水量监测。目前，全国已有 2600 多个监测站，通过这些机构形成了全国水资源监测网络。

2. 全国水资源保护工作现状

水利部作为全国水资源保护工作的主管机构，负责管理全国的水资源保护工作，也有一些工作通过流域机构来进行。流域水资源保护工作主要以长江、黄河、淮河、珠江、海河、松辽、太湖七大流域水资源保护机构的工作为主。流域水资源保护机构的主要工作包括：流域水资源保护规划的组织编制、流域干流及主要支流湖泊水环境监测以及水资源保护管理等其他工作。

（1）流域水资源保护规划。早在 20 世纪 80 年代，水利部门就开展了水资源保护规划技术研究，由水利部组织，启动了长江、黄河、淮河、珠江、海河、松辽、太湖等七大流域水资源保护规划编制工作，流域水资源保护机构组织流域内各地方水利、环境保护部门进行了流域污染调查、预测，并结合水质保护目标，拟订了包括水污染防治在内的水资源保护措施，对当时突出的点源污染提出了各项治理措施。各流域的水资源保护规划同时纳入了经国务院批准的流域综合利用规划。

"九五"期间，国家针对污染严重的情况，开展了淮河、辽河、海河、太湖、巢湖、滇池等"三河三湖"的治理工作，各水体相继开展了水污染防治规划，这些规划的指导思想、基本原则，包括一些方法基本上与原来的水资源保护规划一致。"十五"期间，针对我国日益严重的水资源形势，从保障国家水资源安全、促进水资源可持续利用的高度出发，依据《中华人民共和国水法》，自2002年起，国家发展改革委和水利部牵头，在全国范围内组织开展了《全国水资源规划》的编制工作，2010年国务院正式批复了《全国水资源规划》。该规划涵盖全国、流域和行政区域三个层面，是我国水资源开发、利用、节约、保护和管理的重要依据。规划的制定和实施对指导今后一个时期我国水资源宏观配置、开发利用、节约保护与科学管理工作，着力解决我国突出的水资源问题，积极应对气候变化，推动水资源可持续利用，促进经济长期平稳较快发展和社会和谐发展，具有十分重要的现实意义和战略意义。"十二五"期间，为加强新形势下的水资源保护、落实最严格的水资源管理制度和大力推进水生态文明建设，着力构建水资源保护和河湖健康保障体系，水利部于2011年8月启动了《全国水资源保护规划》编制工作，规划编制的重点做好顶层设计、水量保障、水质保护和水生态保护与修复四大方面任务，并于2015年编制完毕。

2022年国家发展改革委、水利部印发《"十四五"水安全保障规划》（以下简称《规划》），《规划》系统总结评估水利改革发展"十三五"规划实施情况，以全面提升国家水安全保障能力为主线，以全面推进国家水网工程建设为重点，研究提出了"十四五"水安全保障的总体思路、规划目标、规划任务和保障措施等。《规划》确定了"十四五"期间水安全保障8项重点任务：一是实施国家节水行动，强化水资源刚性约束。二是加强重大水资源工程建设，提高水资源优化配置能力。三是加强防洪薄弱环节建设，提高流域防洪减灾能力。四是加强水土保持和河湖整治，提高水生态环境保护治理能力。五是加强农业农村水利建设，提高乡村振兴水利保障能力。六是加强智慧水利建设，提升数字化网络化智能化水平。七是加强水利重点领域改革，提高水利创新发展能力。八是加强水利管理，提高水治理现代化水平。《规划》提出，到2025年，水旱灾害防御能力、水资源节约集约安全利用能力、水资源优化配置能力、河湖生态保护治理能力进一步加强，国家水安全保障能力明显提升。

（2）水环境监测。流域机构开展水质监测始于20世纪50年代，首先主要是依托各流域水文机构开展水质理化监测，项目比较少。70年代中后期，根据我国水资源保护工作的需要，各流域相继开展了表征污染指标的项目监测，包括重金属离子和有机污染物及有毒物质的监测。70年代末，各流域基本上形成了以流域水资源保护机构为主体，包括地方水利部门及其他部门监测机构的流域水质监测网络，经过40多年的健全和完善，目前已形成完备的水质监测站网，监测范围覆盖了全国主要的地表水体，常规监测项目30多项，已取得海量监测数据，并形成了全国计算机数据库。流域水资源保护机构同时是各流域水环境监测中心，2015年已建成水环境监测（分）

中心 311 个，对流域监测站网进行管理，并代表水利部发布流域年度水资源质量公报。

（3）其他水资源保护工作。主要是与建设项目相关的水资源保护管理工作。建设项目的水资源保护主要是结合我国环境影响评价制度、"三同时"制度的实施，取水许可制度的实施，河道管理范围内建设项目的管理来进行。环境影响评价制度的实施，流域机构主要是受水利部的委托对一些由国务院审批的水利工程项目环境影响评价进行预审。"三同时"制度的实施，流域机构主要是受水利部的委托，对一些水利工程环境保护设施进行验收，这些工作主要集中在水利行业内部，范围小。取水许可制度的实施主要是配合流域机构其他部门对取水项目进行取水许可的水质管理，包括预申请、申请的水质方面的审查，取水许可工程的水质方面的验收，取水许可证年审中的水质审查及取水许可水质日常监督管理工作。河道管理范围内建设项目的管理主要是配合流域机构河道管理部门进行排污口设置方面的审查。

地方水利部门水资源保护工作相对流域机构来说较薄弱，其主要工作集中于水资源保护规划、水质监测以及水资源保护管理等其他工作。

3. 我国水资源保护存在的主要问题

我国水资源保护存在的问题主要体现在两个方面：一是水资源质量状况不容乐观；二是水资源保护管理制度方面存在欠缺。

（1）水资源质量方面的问题。主要体现在地表水、地下水污染未能有效控制，水土流失严重。

1）地表水污染未能得到有效控制。2012—2022 年，地表水水质总体呈改善趋势，但地表水水质仍需改善。2022 年，全国地表水监测的 3629 个国控断面中，Ⅰ～Ⅲ类水质断面占 87.9%；劣Ⅴ类水质断面占 0.7%，主要污染指标为化学需氧量、高锰酸盐指数和总磷。全年主要江河总体水质Ⅰ类水断面占 9.6%，Ⅱ类水断面占 53.7%，Ⅲ类水断面占 27.0%，Ⅳ类水断面占 8.3%，Ⅴ类水断面占 1.0%，劣Ⅴ类水断面占 0.4%。从水资源分区来看，长江流域、珠江流域、浙闽片河流、西北诸河和西南诸河水质为优，黄河流域、淮河流域和辽河流域水质良好，松花江流域和海河流域为轻度污染。Ⅰ～Ⅲ类水断面占评价断面比例为：长江流域、珠江流域、浙闽片河流、西北诸河和西南诸河在 96% 以上；黄河流域、淮河流域和辽河流域为 84.5%～87.5%；松花江流域和海河流域低于 80%。

2022 年，开展水质监测的 210 个重要湖泊（水库）中，Ⅰ～Ⅲ类水质湖泊（水库）占 73.8%；劣Ⅴ类水质湖泊（水库）占 4.8%。开展营养状态监测的 204 个重要湖泊（水库）中，贫营养状态湖泊（水库）占 9.8%；中营养状态湖泊（水库）占 60.3%；轻度富营养状态湖泊（水库）占 24.0%；中度富营养状态湖泊（水库）占 5.9%。经过多年治理，国家重点治理的"三湖"（太湖、滇池和巢湖）均从中度富营养状态转变为轻度富营养状态，现总体处于轻度污染。

由于水质污染，我国水质型缺水范围较大。我国现有城市 660 座，其中有半数以上存在不同程度的缺水问题。资源型缺水、工程型缺水和水质型缺水三大类型中，水质型缺水的比例较高，如长江三角洲地区是我国经济发达地区，目前普遍存在水质型缺水危机，上海、苏锡常地区本是水乡，因为污染导致城市取水口一再迁移，取水距离越来越远。一些本就缺水的地区因地面水质污染，不得不超采地下水，又引发地下水持续下降的种种问题，形成了恶性循环。

2）地下水超采严重，地下水质污染有发展趋势。地下水是一些缺水地区主要供水水源，如河北省经过多年压采，仍有40%的用水来自地下水，山西太原70%以上城市用水由地下水供给。在一些集中用水区，因开采量超过补给量，致使地下水位持续下降。2014年以前，华北平原地区的地下水位以每年1m的速度下降，北京、保定、太原、石家庄等大中城市地下水位下降更加明显。地下水位下降形成漏斗区，在西安、天津、上海、常州等城市出现了地面沉降，并引发地质灾害。2014年后地下水超采治理及南水北调供水持续推进，城市区水位上升明显，但农业区水位仍持续下降。地下水的过量开采，还使沿海地区出现海水入侵，造成水质污染。

由于地下水与地面水的补给关系，地面水污染及地下水补给区域土地、农业不合理的开发，造成化肥、农药等大量污染物质渗入地下，污染地下水质。根据2021年国家地下水监测工程水质综合评价结果显示，全国可直接作为饮用水源的Ⅰ~Ⅱ类地下水占比14.7%，处理后可作为饮用水源的Ⅳ类地下水占比67.9%，Ⅴ类地下水占比17.4%，影响水质的主要超标组分为锰、铁、总硬度、溶解性总固体、钠、硫化物、氯化物、氨氮、硫酸盐、碘化物等。2022年，全国监测的1890个国家地下水环境质量考核点位中，Ⅰ~Ⅳ类水质点位占77.6%，Ⅴ类占22.4%，主要超标指标为铁、硫酸盐和氯化物。

3）水土流失严重。据《第一次全国水利普查公报》，截至2011年年底，我国水土流失面积为294.91万km^2。据有关资料介绍，我国每年流失泥沙总量50亿t。目前，全国水土流失最严重的地区是黄河中上游的黄土高原、长江中上游、南方山区、北方山区和东北黑土山区等。经过近十年治理，水土流失呈改善趋势，但总体形势仍然严峻。与2011年相比，2021年全国水土流失动态监测显示京津冀地区、长江经济带、西北黄土高原水土流失面积分别减少16%、13%、13%。全国水土流失面积267.42万km^2，占国土面积的27.96%。

(2) 水资源保护管理方面存在的问题。水资源保护管理方面存在的问题具体表现在以下方面。

1）体制不完善。长期以来我国实行的是以行政区域管理为主的体制，在水资源管理上实行的是"统一管理与分级、分部门管理相结合"的体制。具体到水资源保护，不仅忽略了被国内外广泛证明了的行之有效的流域管理体制，更由于水资源保护与水污染防治长期处于关系不清的状态，而水资源保护和水污染防治分属水利部和环境保护部门不同的部门主管，造成了权力重叠及工作中的摩擦和交叉。目前我国还没有按水资源的客观实际及水资源保护工作的实际需要形成"统一管理为前提，流域管理和区域管理相结合"的水资源保护管理体制。

2）反映市场经济原则不明显，投入不足。随着时间的推移，人们越来越认识到，根据资源的经济属性，水资源的问题也应该按市场机制运作，水资源保护的资金来源应纳入整个经济的大循环。但我国现有水的收费中，水资源费、水费、排污费、超标排污费、排污水费在其用途中还没有完全反映水资源保护工作，目前水资源保护还没有经常的、稳定的经费来源，经费有限，满足不了水资源保护工作的需要。

5.5.3 水资源保护的工程措施
5.5.3.1 污染源控制

污染源控制可分为水体外部的污染源控制与水体内部的污染源控制两部分。外源控制又包括点源控制和非点源控制两部分，其控制对象包括生活污水、工业废水、畜禽养殖的粪尿与废水、农田施肥、生活垃圾及固体废物的倾倒与堆放控制，以及大气污染物沉降控制等。内源污染的控制主要指江河湖库水体中污染物转化和底泥积聚与释放的控制。

1. 工业污染控制措施

工业污染控制措施主要包括调整工业布局和产业结构、推行清洁生产、达标排放、加大工业废水处理以及关停污染严重企业等措施。各地应根据各水功能区排污总量控制的要求和工业污染源承担的污染物削减责任，采取综合治理措施，防治水污染。

2. 加强城市污水处理设施建设

加强城市污水处理设施建设提出城市污水处理设施建设的措施、规模与布局，包括城市集中污水处理厂、居民小区污水处理设施、排污管网改造等；清污分流、导污以及入河排污口整治和严格控制设置排污口等。

3. 加强地表水水质监测

加强地表水水质监测包括加强保障规划实施的水功能区水质监测，加强污染事故应急处理系统及信息能力建设等。

水质监测为水质规划及水功能区管理服务，其主要目的是检验地表水水质保护工作的进展情况。应根据保护措施实施需要设置水质监测站点，提出站网建设规划。

水功能区内水质监测断面（监测点）根据水功能区划具体情况设置，如河流长度、宽度，湖库水域面积、水文情势，入河排污口的分布及水质状况，设置1个或若干个水质监测断面（监测点），应能反映水功能区内水质状况。

水质站点的监测项目根据水体现状、功能区使用功能、相应的水质标准以及水体的基本特征而定。

确定监测频率时主要考虑以下原则：水质较好且较稳定的区域监测频率较低，反之，监测频率较高；受人为活动影响较大的区域监测频率较高，反之，监测频率较低；功能要求较高的区域监测频率较高，反之，监测频率较低；用水矛盾较大，易发生纠纷的区域监测频率较高，反之，监测频率较低。

除地表水水质监测外，还应定期安排水功能区对应的排污口污染物质调查和监测。

应加强污染事故应急处理系统及信息能力建设，有针对性地开展一些操作性强的应用性研究，并建立一些地表水水质保护示范工程。

5.5.3.2 水资源保护工程

水资源保护工程可包括水利工程、农林工程、市政工程、生物工程等措施。

1. 水利工程措施

水利工程措施在水资源保护中具有十分重要的作用。水利工程的引水、调水、蓄水、排水等各种设施，可以改善也可以破坏水资源质量。因此，采用正确的水利工程设施完全能够改善水质状况。

（1）蓄、引、调水工程。通过在江河湖库上建设蓄引调工程，改变天然水系的丰枯水期水量不平衡状况，控制江河径流量，使河流在枯水期具有一定的水量来稀释净化污染物质，改善水体质量。特别是水库建设，可以明显改变天然河道枯水期径流量，改善水环境状况。

（2）进水调节工程。从汇水区来的水一般要经过若干沟、渠、支河而流入湖泊、水库，在其进入湖库之前可设置一些控制设施来调节水量水质。这些设施包括设置前置库、兴建渗滤沟和设置渗滤池等。

（3）湖库底泥清淤。湖库底泥清淤疏浚是解决内源磷污染释放的重要措施。能将营养物直接从水体取出，但是，又产生污泥处置和利用问题。可将疏浚挖出的污泥进行浓缩，经除磷后打回湖库中。污泥也可直接施向农田当作肥料，并改善土质。

（4）污水走廊工程。根据当地水系特点和污染源分布状况，采用污水走廊的方法处置污水，利用河流的净化能力和送污集中处理方法，改变水质状况。江苏省连云港市为了改善生活饮用水水质，兴建了大型的蔷薇河送清水和新沂污水走廊工程，取得了良好的社会效益、经济效益和环境效益。

（5）人工曝气。采用曝气机进行水层人工混合，将导致水体中藻类群体结构、数量和繁殖生产速率等变化，同时也能向水体增氧以补偿由于水生生物新陈代谢活动所引起的缺氧。人工曝气混合将水体内浮游植物输送到光照微弱的深水层，导致生物内源呼吸速率超过光合作用速率。而且混合分层有利于浮游动物的生存。由于人工混合导致水质较混浊，亦能抑制藻类的生长繁殖，通过浮游动物吞食藻类，进而控制其生长。人工混合较适合于水深比较均匀的湖泊、水库的应用。

2. 农林工程措施

（1）节水灌排。通过农田节水灌溉和控制排水，减少农田退水，降低农业面源污染物进入江河湖库。

（2）减少农药化肥的施用量。农药化肥是农业生产对水资源影响最主要的因子，因此，合理、科学减少施用量就是减少污染物。

（3）植树造林，涵养水源。植树造林，绿化江河湖库周边山丘大地，以涵养水源，净化空气，建设美好生态环境。

（4）建立种植业、养殖业、林果业相结合的生态工程。将畜禽养殖业粪尿利用于粮食瓜果的种植业，形成一个循环系统，使生态系统中产生的营养素在系统中循环利用，而不排入水体。结合小流域治理，减少水土流失，防止泥石流及塌方。

（5）发展生态农业。积极发展生态农业，增加有机肥料，减少化肥施用量。

3. 市政工程措施

（1）雨污分流。截断向江河湖库水体排放污染物，是控制水质的根本措施之一。我国老城市的下水道系统多为合流制系统，这是一种既收集、输送污水，又收集、输送雨水的下水系统。在晴天，它仅收集、输送污水至城市污水处理厂处理后排放；在雨天，由于截流管的容量及输水能力的限制，仅有一部分雨水污水的可送至污水处理厂处理，其余的雨污混合污水则就近排入水体，往往造成水体的污染。为了有效地控制水体污染，应对合流下水道进行雨污分流改造。

（2）建设城市污水处理厂。城市污水集中处理，是治理城市水环境的重要措施。城市污水处理厂的规划，必须基于城市的自然、地理、经济及人文的实际条件，同时考虑城市污水防治的需要及经济上的可能，应优先采用经济廉价的天然净化处理系统，必要时采用先进高效的新技术、新工艺，既能满足当前城市发展和生态环境的要求，又能满足一定规划期后城市经济社会发展的需要。

（3）城市污水的天然净化系统。城市污水天然净化系统的特点，是利用生态工程学的原理及自然界微生物的作用，对废水污水实行净化处理。在稳定塘、水生植物塘、水生动物塘、湿地、土地处理系统，以及上述处理工艺的组合系统中，菌藻及其他微生动物、浮游动物、底栖动物、水生植物和农作物及水生动物等，进行多层次、多功能的代谢过程，还有相伴的物理的、化学的多种过程，可使污水中的有机污染物、氮、磷等营养素及其他污染物进行多级转换、利用和去除，从而实现废污水的无害化、资源化与再利用。因此，天然净化符合生态学的基本原理，而且具有投资省、运行维护费低、净化效率高等优点。

4. 生物工程措施

利用水生生物及水生态环境食物链系统达到去除水体中氮、磷和其他污染物质的目的。其最大特点是投资省、效益好，且有利于建立合理的水生生态循环系统。

5.5.4 水资源保护管理措施

水资源质量下降的主要原因是人类活动形成的污染外加管理不善而造成。我国很多地方实行"堵河造地""围湖造田""移山填海"以开垦农田，导致江、河、湖、库面积日益缩小，水生生态破坏非常严重。由于缺乏统一规划和管理，有些河流，一方面被确定为饮用水水源地，另一方面又在上游附近兴建排污口；有的地方，在饮用水源湖、库大力开展旅游业，修建了许多别墅、疗养院和游乐场，许多污水、废物排入水体，造成严重污染。以上情况的发生，是人们对保护水资源的重要性认识不清所致。对造成的重大水质问题，主管部门应认真总结，引以为戒。因此，必须加强水资源保护意识，认真管理，确保水功能区水质目标的实现，为社会经济可持续发展服务。

5.5.4.1 水资源保护的管理体制

水资源管理体制是关于水资源管理中的组织结构、职责划分和管理制度的总称。随着人们对水资源客观性认识的深入，管理体制在逐步演变，但总的趋向是主要由人为控制逐步转向更加重视水的客观性，由水资源的分割管理转向水资源的统一管理，集中表现由行政区域管理为主转向以自然流域为单元，实现跨行政区的管理为主的体制和在城市实行取水、用水、排水全过程管理的城市水务局体制。

国外的水资源管理基本上反映了人们对水资源客观性的认识过程，并结合了各自国家的水资源特点。得到国际公认的发展趋势是水权的国家所有或公共所有和基于水权的国家对水资源实行统一管理。统一管理在流域层次上表现为实行流域管理为主的体制，在行政区域上实行以城市为单元的用水过程的统一管理即城市水务局体制，而这些管理体制无一例外都得到了法律的保证。在管理的手段上强调了多样性，除广泛进行制度建设外，在市场机制下采用经济手段保护公共的水资源。

1. 美国田纳西河流域的管理

田纳西河是美国东南部俄亥俄河的最大支流，长约 1450km，流域面 10.5 万 km²，涉及美国 7 个州。在实施田纳西河流域管理法之前，该河流域淤沙沉积，大多数有价值的矿物资源被盲目掠夺，土地严重荒漠化和风化，经常发生洪涝灾害，一些不受约束的企业和个人将田纳西盆地基本上变成了生态遭掠夺的乡间贫民窟。为了开发和保护田纳西河流域，美国总统罗斯福在推行促进国土开发的新政时期，将治理和开发该河流域作为其新政府的一项重点工程。于 1933 年颁布了《田纳西河流域管理局法》（简称 TVA 法）、成立了田纳西河流域管理局（TVA）。该法就流域机构和机制问题做出了以下明确规定：

（1）建立具有管理执法能力的、权威的流域管理机构即田纳西河流域管理局（TVA），明确规定其任务和职责。管理局是一个政府机构，其董事会成员由总统提名、国会任命，任期 5 年。要求董事会按照明确责任、提倡效率的原则建立管理局的组织体系，董事会可根据需要任命经理及其他组织机构成员。管理局负责田纳西河流域防洪、航运、灌溉等综合开发河治理，它设有多元化的决策机构。

（2）授予管理局很大的行政管理权力。一般而言，流域内的各级政府管理机构成立在先，而流域管理机构成立在后。因此，任何一个流域管理机构的职能都会与政府职能部门的权限有交叉，流域管理机构的效率往往取决于其独立于这些政府部门的程度。为了保障流域管理机构的有效运作，该法授予管理局一系列权力。例如，授予管理局根据全流域开发和管理宗旨修正或废除与该法有冲突的地方法规，并制定规章和条例；授权管理局可以进行土地的兼并与卖出、化肥的生产与销售、电力的输送与分销、植树造林等活动。授权管理局可以进行勘测和调查，为流域内自然、社会和经济的综合发展提出报告。根据该法授予管理局的独立自主权，管理局可以跨越一般的政治程序，直接向总统和国会汇报，从而避免了一般政治程序中常有的干扰。这种自主权使管理局能将其他政府部门的势力排除出该流域，从而确保其独立的不受干扰的权力。

（3）明确规定管理局与其他机构和私营部门的关系。该法规定，国家任何行政部门或独立机构及其所属官员、职员和雇员应协助并提供建议，使管理局能有效、顺利地行使职责。管理局依法负责经营管理整个流域的经济事务，负责对全流域的水利工程和环境治理进行统筹安排，该流域的 7 个州不得干涉。

由于有法律专门授权，使得田纳西河流域管理局能够根据本流域的资源状况、充分考虑开发工程所必须适应的长期发展要求，制定包括防洪、航运、发电、灌溉、农业生产、植树造林和环境保护等内容的综合性的长远开发方案。到 20 世纪 50 年代中期，已经实现对田纳西河及其支流的梯级开发，控制了洪涝，建成了巨大的航运网，实现了水资源利用率达 90% 的目标。同时对流域开展综合治理，结合水利工程大力植树造林，有计划地开采矿产并积极平整露天矿场，加强城市垃圾和工业废物处理，积极发展林业、保持水土、改良气候、改良土壤、美化环境、平衡生态，恢复了往日河流白帆点点的景象。在兴建水坝、水库、造林、养鱼、水土保持建设航运网的基础上，在山区建立了 110 个公园、24 个野生动物管理区，较好地协调了产业经济发展与环境保护的关系。

实践证明，建立精简、有效、权力大、有独特运行机制的流域管理机构，是实现大河流域水资源有效保护的关键因素。这种管理模式的最大贡献是较好地解决了流域水资源的管理体制及其运行机制问题，从而对组织、协调田纳西河流的经济发展和环境保护起到了强有力的法律保障作用。

2. 法国的流域管理

法国于1964年颁布了水法，组建起高效率的水资源管理系统，这个系统被誉为世界上比较好的水资源管理系统之一。而其最显著的特点就是将全国按河流水系分成六大流域，成立流域委员会和流域财务局。由于运用了这个管理系统，法国河流的生态状况有了显著的改善，甚至在人口特别密集的巴黎地区，饮用水源的质量也能满足现代的要求。

1992年，法国通过了新的水法，对原来的水资源管理系统进行了完善和补充。按照新的水法规定，水资源管理系统的总原则是：按流域划分管理单元，以经济杠杆为主要管理手段。以河流流域作为单元，按流域而不是按行政区进行管理，即将一个汇水面积和其所有相关河流作为一个复杂的物理、化学、地质、生物和社会法律的系统，把地表水和地下水作为统一实体实施管理；实行用水者付费、污染者则要付多几倍的费的原则，不仅排污者要付费，而且任何改变水系统状态（水量、水位改变，部分淹没，河床改变，水深改变等）者都要付费。

法国水资源集体管理的主要机构是流域委员会和水管理局，其任务是：调解和排除用水者和污染者之间真实存在的矛盾，保证从某水系合理取水；在保证任何居民和组织的用水权利不受损害的同时，保证别的需要用水者的权利；保持作为整个环境状态最主要调节者——水环境，以保证人类生活水平的提高和经济的发展；对水环境状态进行不断地研究。

流域委员会是"水的地方议会"，是流域内一切水问题立法者的"讲台"。它由用水者、政府、社会组织的代表以及对水问题科学技术内行的生态学家组成。例如，塞纳-诺曼底流域委员会由103人组成，其中，用水者代表40人，特选代表33人，权力机关（地方和国家）30人（通常是地方和外省官员，或流域内最主要城市的市长）。这样的委员会不是常设机构，而是为了做决策每年召集1~2次。流域委员会根据国家的政策决定区域的水政策。这种政策的目的是防止水资源枯竭，保护水不受污染，保持水环境与其他自然组分的平衡。经济杠杆是流域委员会主要的管理手段，流域委员会批准水管理局制定的地方水收费额和流域水资源管理计划。不论是地方行政当局，还是环境部和财政部，都不得干涉流域委员会的决定。

水管理局是流域委员会的执行机构，在法律上是独立机构。每个水管理局设有理事会，由居民、政府和用水者的代表以及水管理局专家组成。它基于对水系环境的物理和生态功能的保护，研究确立人与水的新关系。它的责任是关心流域内一切水流的状态、所有用水者的活动和保证水得到保护；使得流域内水文和水文地质条件的统一和协调；分析水环境状况的一切变异；组织在某一选定水系（河流、湖泊、含水层）采水的科学论证，维护全流域用水者的利益；深入了解水环境的状态及其生态功能。

3. 荷兰的水管会

荷兰位于莱茵河、马斯河和斯海尔特三大河入海口，大部分地区是三角洲，全国近1/3的土地低于海平面，其中最低点鹿特丹以南，为－6.7m；1/2的土地仅高于海平面1m。"荷兰"意为"低地之国"。如果没有堤坝的防护，荷兰国土的65%将被淹没。为了生存和发展，荷兰人非常重视水利并积累了丰富的治水、用水经验。荷兰拥有较先进的水利科学技术，如排水、河道管理、滩涂利用、盐碱地治理、水质监测、筑坝技术、淤沙治理、环保和生物技术等，尤其是南部三角洲工程技术复杂，施工艰难，是世界著名的超级水利工程之一。

荷兰政府设置的中央水利管理机构——交通水利部历来是政府最重要的部门之一。交通水利部负责国家防洪政策、水利规划和工程建设，并在环保部和农业部设有协调委员会，分别协调与这两个部门在水质管理、环保和保护自然条件方面的合作。此外，荷兰在城镇（主要是在县市一级）还设有受政府指导、经济上独立的水利部门，即"水利管理委员会"（water board），其主要职责包括了防洪、水量管理、水质管理污水处理和依法收费（税），它在水利建设和管理中发挥着重大作用。

4. 以色列的水管理

以色列是世界上众所周知的贫水国家，但其通过在国家范围内实行水资源的统一管理与调配，依据《水法》赋予的权力实施用水配额制度，重视研制、生产和应用新的节水设备等措施，探索出了一条解决水资源紧缺的成功之路。

在以色列建国初期，水就被认为是国家珍贵的资源，考虑到半数以上的国土为干旱和沙漠地区，水被确立为国有化资源，归政府所有和控制。为了给予政府控制水资源开发利用的权力，以色列于1959年颁布实施了《水法》。该法构筑了以色列全部灌溉发展的框架，并阐明：以色列的水资源是公共财产，由国家控制，用于满足公民的需要和国家的发展。一个人拥有土地的产权，但并不拥有位于其土地上或通过其土地境内的水资源的权力。

为了实现水资源在国家范围内的统一调配和系统管理以及运行的灵活方便，使水从多水的北部地区输送到缺水的南部地区或在地区间互相输送，并实行地面水和地下水的联合运用，以色列对水资源进行总体规划，将所有水资源考虑为一个综合系统，建立国家输水工程。该工程每年将约4亿m^3的水量，由低于平均海平面210m的基内雷特湖提升到海拔152m的高程，然后自流到海滨平原。各地的地下水井也与国家输水工程联网，由国家输水工程进行统一调配。输水工程输水到地方系统后，地方系统进一步从主系统直接供水到每一个用户。

政府通过麦考罗特公司对国家供水网进行运行和管理，并按季节和月份配额将水及时并有保证地输送给用水户。在以色列，水费不仅仅从经济方面考虑，也考虑移民和农业安置等各个方面。不同的用水部门采用不同的价格，生活用水的价格为0.7～1.0美元/m^3，每个家庭每年的用水配额为100～180m^3，一个家庭若用水超过其用水配额，超额部分水的收费为1.6美元/m^3；工业用水的价格定额内的为0.2美元/m^3，超过配额10%的用水，水价为0.4美元/m^3，超过配额更多的水，水价为0.6美元/m^3；农业用水对配额水的前50%定价为0.1美元/m^3，其余的约为0.14美元/m^3，对于超过配额用水的前10%，定价为0.26美元/m^3，再多的超额用水为0.5美元/m^3。要平衡这样高的水价，农民只能种植经济价值高的作物。

实践证明，以色列实行的用水配额管理制度和水价政策是切实可行的，它不仅保证了以色列各行业的用水要求，而且鼓励或迫使各行业进行技术开发和革新，以有效节约用水，使以色列成为国际上在农业节水技术方面最先进的国家之一。

5. 我国的管理体制

我国历史上各朝代的中央政府，为了组织治水事业，设置水官或设立主管水利的机构，对于主要江河的治理与管理，设有专门的官员和机构；同时，指定沿河地区官员兼管河务，明确地方对河道管理与防洪方面的责任。新中国成立后，中央人民政府设立水利部，农田水利、水力发电、内河航运和城市供水分别由农业部、燃料工业部、交通部和建设部负责管理，水行政管理没有统一。以后一段时间水利部和电力部分分合合，直到1984年，才明确水利电力部为全国水资源的综合管理部门。

1988年《中华人民共和国水法》经全国人大常委会审议通过并颁布实施，同年重新成立水利部作为水的行政主管部门，标志着我国的水管理进入了新的历史时期。我国正在实施可持续发展战略，保证水资源的可持续利用是可持续发展的最重要的方面，21世纪水资源管理体制上应是逐步解决流域管理的制度建设和城市水务局体制。

流域管理机构是其所在流域和国家特别指定地区的水行政主管部门，代表中央政府负责水资源和河道统一管理的和保护。各级地方人民政府水行政主管部门在流域统一规划和管理下，负责本地区水资源和河道的统一管理和保护。流域管理机构的主要职能是：负责水法规的组织实施和监督检查，拟定流域水法规和水政策；统一管理流域水资源，组织制定流域综合规划和专业规划，水长期供求计划，跨省（自治区、直辖市）河流水量分配方案，经批准后负责组织实施和监督检查。负责流域内取水许可制度的组织实施和监督检查；统一管理流域内河道，按照分级管理的原则，对干流和跨省主要支流的重要河段进行管理；对跨省、自治区、直辖市河流的防洪和抗旱进行调度指挥；组织流域水资源保护工作，对水污染防治进行监督检查；协调、处理部门间和省（自治区、直辖市）间的水事纠纷；组织建设并负责管理流域内具有控制性的或跨省（自治区、直辖市）的重要水工程，组织流域开发集团，促进流域综合开发；指导流域内地方水利工作；组织流域内水文监测等基础工作；完成上级部门下达的其他任务。

我国现状的城市水资源管理体制是：水源工程由水利部门管理，配水由城建部门管理，污水处理由环境部门管理。这种管理体制，造成管水量的不管水质，管水源的不管供水，管供水的不管排水，管排水的不管治污，管治污的不管污水回用。水资源利用与保护的统一属性被人为分割、肢解，不仅违背了水循环的自然规律，而且也无法按照市场经济原则建立从供水、排水到污水处理回用的合理价格体系和经济调节机制。为此，世界银行的咨询专家曾尖锐地指出："中国现行的水资源管理体制与机构不足以应付缺水和水污染的挑战。"

为了在水资源承载力和环境容量许可的前提下，促进人与自然在时间、空间、数量、结构及功能上的可持续发展，必须对现有的水资源管理体制进行改革，建立统一的水务管理体制，以对区域的防洪、除涝、蓄水、供水、节水、水资源保护、污水处理及其回用、地下水回灌等实行统一规划、统一取水许可、统一配置、统一调度、统一管理，即变"多龙管水"为"一龙管水"，实现水务一体化。只有推行这样的水资源管理体制，才能保证实现水资源的可持续利用，进而保证我国经济社会的可持续发展。

5.5.4.2 水资源保护制度

根据水资源保护的工作范围，水资源保护的对象以及水资源保护原则，水资源保护制度概括起来应该有以下几种。

(1) 水资源保护监督管理的制度。水资源保护监督管理制度包括监督评价制度、功能区划制度、规划制度、目标责任制度、水资源影响评价制度、"三同时"制度、总量控制制度、现场检查制度和奖励制度等。

(2) 水资源开发利用中的保护制度。具体包括开发利用许可制度、供水分配制度、水利及其他工程的水资源保护制度、航运利用的水资源保护制度、渔业资源开发的保护制度、水土保持制度、地下水保护制度等。

(3) 水污染防治制度。具体包括排污申报制度、限期治理制度、重大水污染事故申报与应急措施制度、船舶污染源控制制度、陆源污染的控制制度、开发利用项目污染的控制制度等。

(4) 水资源保护经济制度。包括水资源费征收制度、水资源补偿费征收制度、排污收费制度等。

(5) 法律责任制度。包括行政法律责任制度、民事法律责任制度、刑事法律责任制度等。

新中国成立以来特别是改革开放以来，水资源开发、利用、配置、节约、保护和管理工作取得显著成绩，为经济社会发展、人民安居乐业做出了突出贡献。但必须清醒地看到，人多水少、水资源时空分布不均是我国的基本国情和水情，水资源短缺、水污染严重、水生态恶化等问题十分突出，已成为制约经济社会可持续发展的主要瓶颈。为实现水资源的可持续利用支持国民经济可持续发展，2012 年 1 月，国务院发布了《关于实行最严格水资源管理制度的意见》，对实行最严格水资源管理制度工作进行了全面部署和具体安排，进一步明确了水资源管理"三条红线"的主要目标和"四项制度"的管理要求。为推进实行最严格水资源管理制度，确保实现水资源开发利用和节约保护的主要目标，2013 年 1 月 2 日，国务院办公厅发布《实行最严格水资源管理制度考核办法》。

"三条红线"的主要目标：一是确立水资源开发利用控制红线，到 2030 年全国用水总量控制在 7000 亿 m^3 以内；二是确立用水效率控制红线，到 2030 年用水效率达到或接近世界先进水平，万元工业增加值用水量（以 2000 年不变价计，下同）降低到 $40m^3$ 以下，农田灌溉水有效利用系数提高到 0.6 以上；三是确立水功能区限制纳污红线，到 2030 年主要污染物入河湖总量控制在水功能区纳污能力范围之内，水功能区水质达标率提高到 95% 以上。

"四项制度"的管理要求：一是用水总量控制制度，加强水资源开发利用控制红线管理，严格实行用水总量控制，包括严格规划管理和水资源论证，严格控制流域和区域取用水总量，严格实施取水许可，严格水资源有偿使用，严格地下水管理和保护，强化水资源统一调度；二是用水效率控制制度，加强用水效率控制红线管理，全面推进节水型社会建设，包括全面加强节约用水管理，把节约用水贯穿于经济社会发展和群众生活生产全过程，强化用水定额管理，加快推进节水技术改造；三是水功能区限制纳污制度，加强水功能区限制纳污红线管理，严格控制入河湖排污总量，包括严格水功能区监督管理，加强饮用水水源地保护，推进水生态系统保护与修复；四是水资源管理责任和考核制度，将水资源开发利用、节约和保护的主要指标纳入地方经济社会发展综合评价体系，县级以上人民政府主要负责人对本行政区域水资源管理和保护工作负总责。

2016年《中共中央办公厅、国务院办公厅印发〈关于全面推行河长制的意见〉的通知》（厅字〔2016〕42号）提出全面推进河长制。2021年5月31日，水利部印发《全面推行河湖长制工作部际联席会议工作规则》等文件，有力促进了河湖长制的完善。河湖长制工作的主要任务包括6个方面。一是加强水资源保护，全面落实最严格水资源管理制度，严守"三条红线"；二是加强河湖水域岸线管理保护，严格水域、岸线等水生态空间管控，严禁侵占河道、围垦湖泊；三是加强水污染防治，统筹水上、岸上污染治理，排查入河湖污染源，优化入河排污口布局；四是加强水环境治理，保障饮用水水源安全，加大黑臭水体治理力度，实现河湖环境整洁优美、水清岸绿；五是加强水生态修复，依法划定河湖管理范围，强化山水林田湖系统治理；六是加强执法监管，严厉打击涉河湖违法行为。截至2021年10月，31个省份全部设立党政双总河长，明确省、市、县、乡级河湖长30多万名，村级河湖长（含巡、护河员）90万名。

5.5.4.3　水资源保护立法

水的法律体系或水法体系，是指由许多有关水的法律所组成的体系。有人认为，水法是调整水的管理、开发、利用、保护、治理过程中所产生的各种社会关系的法律范围的总称，一般包括水权，水的规划、使用和保护，水工程建设与管理，防汛及防治其他水害，水事纠纷的处理，水管理机构的设置及职责等方面的内容。法国的水法体系由近50种法典、法律、条例、政令组成。1975年在西班牙巴伦西亚召开了"世界水法体系国际会议"，目的是用统一的形式记述各国作为水资源管理手段而制定的各种水法体系，探讨水法的功能并按现代状况研究建立合理的水法体系。1976年在委内瑞拉首都加拉加斯由国际水法协会召开了"关于水法和水行政第二次国际会议"，对水法体系的问题进行了探讨。1977年在阿根廷的马德普拉塔召开了第三次关于水法体系的研究讨论会。从世界范围看，水法体系可以分为如下三类：一是习惯性体系，它起源于宗教，主张水由一个共同体管理，遵守水法的公共性和严格的分配原则；二是传统法体系，它以近代私有制为基础，主张在国家的监督下，水资源为私人专用；三是现代水法体系，主张在国家控制下的水管理，实施以公共利益原则和市场经济原则相结合的水政策。

水法体系的组成主要包括如下几个方面的法律：综合性的水法，一般称为"水法""水资源法""水资源管理法"等；水利用法，如供水法、工业用水法、农业用水法、城市用水法、地下水开采法等；水利法，如水利工程法、水库法、水利设施法等；水运法，如航道法、航运法、河道法等；水能法，如水电站法；水污染防治法，如工业排水法、下水道法等；水资源保护法，如水土保持法、风景河流法、水生生物保护法等；水灾害防治法，如防洪法等。

第6章 土地资源调查与评价

土地是人类生存的主要空间场所，它是由气候、地貌、岩石、土壤、植被和水等自然要素共同作用下形成的自然综合体和人类过去与现在生产劳动的产物。土地资源作为一种综合的自然资源，是人类社会最基本的生产资料和劳动对象。人类在开发利用土地资源的过程中，必须对土地资源进行科学的、符合实际的分析和评价，掌握所在地区土地资源的性质和质量、土地生产力，以及土地利用程度及开发前景。

6.1 土地资源的分类

土地具有自然属性及社会经济属性，由于土地构成要素的空间变异性，以及各要素之间相互作用、相互影响，使得土地资源的类别千差万别。在土地资源开发、利用中，根据土地自然属性和利用价值（如生产潜力、适宜性、地价等）或利用功能（如利用类型），把自然属性相对均一，利用价值或利用功能相似的土地划分为一种类型组合，即为土地类型。土地类型研究是土地科学研究的重要内容，对土地资源调查和监测、用地布局和结构调整、土地开发利用和整治、土地评价与规划管控等均具有十分重要的指导意义。

6.1.1 我国土地利用分类的发展历程

土地利用分类是土地资源类型中一种较为基础性的、用途广泛的分类体系，随着人类对于土地利用程度的加深和利用方式的变化不断丰富。土地利用类型是土地用途、利用方式、经营特点和土地覆盖特征相对一致的地域单元，表现人类对土地利用、改造的方式和成果，反映土地的利用形式和用途（功能）的差异。

20 世纪 70 年代末期到 80 年代初期，全国开展了土地自然类型调查和制图工作，编制了《中国 1∶100 万土地利用图》，这是我国第一部全面、系统地反映土地利用现状的大型专业性图集。该成果采用三级分类法，按国民经济部门、土地利用条件与利用方式、地形差异和利用特点，分为 10 个一级类型、42 个二级类型、35 个三级类型。一级类型包括耕地、园地、林地、牧草地、水域和湿地、城镇用地、工矿用地、交通用地、特殊用地和其他用地。

1984年，国务院部署开展了第一次全国土地调查。为了规范调查成果，全国农业区划委员会颁布了《土地利用现状调查技术规程》，并一直使用到2001年。该分类体系采用两级分类，其中一级类型包括耕地、园地、林地、牧草地、居民点及工矿业用地、交通用地、水域、未利用地8类。二级类型主要根据土地经营方式和利用程度进行划分，其中水域和未利用地根据自然类型的特点划分。由于我国各地土地利用特点差异极大，有些地区又进行了第三级续分，续分的依据有的地区考虑了土地的自然条件，有的是根据作物种植制度或种类等。

1998年，第九届全国人民代表大会常务委员会修订通过《中华人民共和国土地管理法》，第四条规定：将土地分为农用地、建设用地和未利用地。农用地是指直接用于农业生产的土地，包括耕地、林地、草地、农田水利用地、养殖水面等；建设用地是指建造建筑物、构筑物的土地，包括城乡住宅和公共设施用地、工矿用地、交通水利设施用地、旅游用地、军事设施用地等；未利用地是指农用地和建设用地以外的土地。

2001年，国土资源部成立初期为实施全国土地和城乡地政统一管理，制定了《全国土地分类（试行）》。这套标准采用三级分类，其中一级类分为农用地、建设用地和未利用地3类，二级类分为耕地、园地等15类，三级类分为71类。该标准依据土地利用功能对建设用地进行了细致的划分，同时通过调整、增设一些新地类，更能适应社会经济发展带来的用地类型的变化，提高了科学性和实用性。但作为国土资源部颁发的标准，仅能保证国土资源部门内部分类标准的统一，而与其他土地相关部门分类体系的划分标准、地类含义不尽一致，容易造成统计重复，无法真正实现调查成果的共享。

2007年，为了更好地适应现代土地管理的需要，国家质量监督检验检疫总局和国家标准化管理委员会联合发布了《土地利用现状分类》（GB/T 21010—2007）。该标准是我国土地资源管理的一次历史性突破，实现了城乡土地的统一分类和土地分类的全覆盖，为准确科学划分土地利用类型、提高土地调查成果的准确性和权威性提供了标准依据，对于国家掌握真实的土地资源数据、全面摸清土地资源利用家底、为国土资源科学化管理乃至国民经济宏观管理决策提供科学的数据支撑具有重大意义。该分类分为12个一级类和57个二级类，其中一级类包括耕地、园地、林地、草地、商服用地、工矿仓储用地、住宅用地、公共管理与公共服务用地、特殊用地、交通运输用地、水域及水利设施用地和其他土地。

随着社会经济的不断发展和各项社会经济管理措施的进步与完善，土地资源管理已经由单纯以耕地保护和建设用地管控为目标的土地用途管制模式转变为数量、质量、生态"三位一体"的国土空间用途管制模式。GB/T 21010—2017经国家质量监督检验检疫总局、国家标准化管理委员会批准发布并实施。依据土地利用方式、用途、经营特点和覆盖特征等因素，按照主要用途对土地利用类型进行归纳划分，保证不重不漏，不设复合用途，反映土地利用的基本现状，见附表1和附表2。该分类方法与三大类对照见附表3。

2017年，国务院印发《国务院关于开展第三次全国土地调查的通知》（国发〔2017〕48号），启动第三次全国国土调查（原称第三次全国土地调查），于2020年全面完成调查工作。其中土地分类以GB/T 21010—2017为基础，对部分地类进行了细化和归并，相同地类编码延续国标，其中一级类 13 个，二级类 55 个，见附表 4。对商业服务业用地、公共管理与公共服务用地、特殊用地、水域及水利设施用地等地类进行归并或细化。城市、建制镇、村庄等用地范围见附表 5。

2020 年，自然资源部发布《国土空间调查、规划、用途管制用地用海分类指南（试行）》（以下简称"用地用海分类"）。用地用海分类对接土地管理法，增加了海洋资源相关用海分类，按照资源利用的主导方式划分类型，设置了 24 种一级类、106 种二级类及 39 种三级类，见附表 6。明确用地用海分类应体现主要功能，兼顾调查监测、空间规划、用途管制、用地用海审批和执法监管的管理要求，并应满足城乡差异化管理和精细化管理的需求，为实施全国自然资源统一管理，科学划分国土空间用地用海类型、明确各类型含义，统一国土调查、统计和规划分类标准，合理利用和保护自然资源提供了依据。

6.1.2 土地利用现状分类

《土地利用现状分类》（GB/T 21010—2017）采用一级、二级两个层次的分类体系，共分 12 个一级类、73 个二级类。其中一级类包括耕地、园地、林地、草地、商服用地、工矿仓储用地、住宅用地、公共管理与公共服务用地、特殊用地、交通运输用地、水域及水利设施用地、其他土地 12 种类别。该分类方法秉持满足生态用地保护需求、明确新兴产业用地类型、兼顾监管部门管理需求的思路，完善了地类含义，细化了二级类划分，调整了地类名称，为强化湿地保护和恢复、加强生态文明建设、完善生态环境管理、实施国土空间用途管制和开展生态保护修复等决策部署提供有力支撑。

1. 耕地

耕地指种植农作物的土地，包括熟地，新开发、复垦、整理地，休闲地（含轮歇地、休耕地）；以种植农作物（含蔬菜）为主，间有零星果树、桑树或其他树木的土地；平均每年能保证收获一季的已垦滩地和海涂。耕地中包括南方宽度小于 1.0m、北方宽度小于 2.0m 固定的沟、渠、路和地坎（埂）；临时种植果树、茶树和林木且耕作层未破坏的耕地，以及其他临时改变用途的耕地。

耕地包括 3 种二级地类。

（1）水田，指用于种植水稻、莲藕等水生农作物的耕地，包括实行水生、旱生农作物轮种的耕地。

（2）水浇地，指有水源保证和灌溉设施，在一般年景能正常灌溉，种植旱生农作物（含蔬菜）的耕地，包括种植蔬菜的非工厂化的大棚用地。

（3）旱地，指无灌溉设施，主要靠天然降水种植旱生农作物的耕地，包括没有灌溉设施，仅靠引洪淤灌的耕地。

2. 园地

园地指种植以采集果、叶、根、茎、汁等为主的集约经营的多年生木本和草本作物，覆盖度大于 50% 或每亩株数大于合理株数 70% 的土地，包括用于育苗的土地。

园地包括 4 种二级地类。

（1）果园，指种植果树的园地。

（2）茶园，指种植茶树的园地。

(3) 橡胶园，指种植橡胶树的园地。

(4) 其他园地，指种植桑树、可可、咖啡、油棕、胡椒、药材等其他多年生作物的园地。

3. 林地

林地指生长乔木、竹类、灌木的土地，及沿海生长红树林的土地。包括迹地，不包括村镇、村庄范围内的绿化林木用地，铁路、公路征地范围内的林木，以及河流、沟渠的护堤林。

林地包括 3 种二级地类。

(1) 有林地，指树木郁闭度不小于 0.2 的乔木林地，包括红树林地和竹林地。

(2) 灌木林地，指灌木覆盖度≥40%的林地。

(3) 其他林地，包括疏林地（指树木郁闭度不小于 0.1 并小于 0.2 的林地）、未成林地、迹地、苗圃等林地。

4. 草地

草地指生长草本植物为主的土地。草地主要分布在西部内陆区，即大约年降水量小于 400mm 等值线以西的半干旱、干旱区，包括东北的西部、内蒙古、宁夏、甘肃、青海、新疆和西藏的广大高原、山地和盆地；其次也分布在 400mm 等值线以东的湿润、半湿润地区，如东北的三江平原和四川的甘孜、阿坝，各地的低平地上也有零星小片分布。草地面积约占土地面积的 41.82%。

草地包括 3 种二级地类。

(1) 天然牧草地，指以天然草本植物为主，用于放牧或割草的草地。

(2) 人工牧草地，指人工种植牧草的草地。

(3) 其他草地，指树木郁闭度小于 0.1，表层为土质，生长草本植物为主，不用于畜牧业的草地。

5. 商服用地

商服用地指主要用于商业、服务业的土地，包括 4 种二级地类。

(1) 批发零售用地，指主要用于商品批发、零售的用地。包括商场、商店、超市、各类批发（零售）市场，加油站等及其附属的小型仓库、车间、工场等的用地。

(2) 住宿餐饮用地，指主要用于提供住宿、餐饮服务的用地。包括宾馆、酒店、饭店、旅馆、招待所、度假村、餐厅、酒吧等。

(3) 商务金融用地，指企业、服务业等办公用地，以及经营性的办公场所用地。包括写字楼、商业性办公场所、金融活动场所和企业厂区外独立的办公场所等用地。

(4) 其他商服用地，指上述用地以外的其他商业、服务业用地。包括洗车场、洗染店、废旧物资回收站、维修网点、照相馆、理发美容店、洗浴场所等用地。

6. 工矿仓储用地

工矿仓储用地指主要用于工业生产、物资存放场所的土地，包括 3 种二级地类。

(1) 工业用地，指工业生产及直接为工业生产服务的附属设施用地。

(2) 采矿用地，指采矿、采石、采砂（沙）场，盐田，砖瓦窑等地面生产用地及尾矿堆放地。

(3) 仓储用地，指用于物资储备、中转的场所用地。

7. 住宅用地

住宅用地指主要用于人们生活居住的房基地及其附属设施的土地，包括 2 种二级地类。

(1) 城镇住宅用地，指城镇用于生活居住的各类房屋用地及其附属设施用地，不含配套的商业服务设施用地。

(2) 农村宅基地，指农村用于生活居住的宅基地。

8. 公共管理与公共服务用地

公共管理与公共服务用地指用于机关团体、新闻出版、科教文卫、公共设施等的土地，包括 10 种二级地类。

(1) 机关团体用地，指用于党政机关、社会团体、群众自治组织等的用地。

(2) 新闻出版用地，指用于广播电台、电视台、电影厂、报社、杂志社、通讯社、出版社等的用地。

(3) 教育用地，指用于各类教育，包括高等院校、中等专业学校、中学、小学、幼儿园及其附属设施用地，聋、哑、盲人学校及工读学校用地，以及为学校配建的独立地段的学生生活用地。

(4) 科研用地，指独立的科研、勘察、研发、设计、检验检测、技术推广、环境评估与监测、科普等科研事业单位及其附属设施用地。

(5) 医疗卫生用地，指医疗、保健、卫生、防疫、康复和急救设施等用地。包括综合医院、专科医院、社区卫生服务中心等用地；卫生防疫站、专科防治所、检验中心和动物检疫站等用地；对环境有特殊要求的传染病、精神病等专科医院用地；急救中心、血库等用地。

(6) 社会福利用地，指为社会提供福利和慈善服务的设施及其附属设施用地。包括福利院、养老院、孤儿院等用地。

(7) 文化设施用地，指图书、展览等公共文化活动设施用地。包括公共图书馆、博物馆、档案馆、科技馆、纪念馆、美术馆和展览馆等设施用地；综合文化活动中心、文化馆、青少年宫、儿童活动中心、老年活动中心等设施用地。

(8) 体育用地，指体育场馆和体育训练基地等用地，包括室内外体育运动用地，如体育场馆、游泳场馆、各类球场及其附属的业余体校等用地，溜冰场、跳伞场、摩托车场、射击场，以及水上运动的陆域部分等用地，以及为体育运动专设的训练基地用地，不包括学校等机构专用的体育设施用地。

9. 特殊用地

特殊用地指用于军事设施、涉外、宗教、监教、殡葬等的土地，包括 5 种二级地类。

(1) 军事设施用地，指直接用于军事目的的设施用地。

(2) 使领馆用地，指用于外国政府及国际组织驻华使领馆、办事处等的用地。

(3) 监教场所用地，指用于监狱、看守所、劳改场、劳教所、戒毒所等的建筑用地。

(4) 宗教用地，指专门用于宗教活动的庙宇、寺院、道观、教堂等宗教自用地。

(5) 殡葬用地，指陵园、墓地、殡葬场所用地。

10. 交通运输用地

交通运输用地指用于运输通行的地面线路、场站等的土地，包括民用机场、港口、码头、地面运输管道和各种道路用地，包括7种二级地类。

(1) 铁路用地，指用于铁道线路、轻轨、场站的用地。包括设计内的路堤、路堑、道沟、桥梁、林木等用地。

(2) 公路用地，指用于国道、省道、县道和乡道的用地。包括设计内的路堤、路堑、道沟、桥梁、汽车停靠站、林木及直接为其服务的附属用地。

(3) 街巷用地，指用于城镇、村庄内部公用道路（含立交桥）及行道树的用地。包括公共停车场，汽车客货运输站点及停车场等用地。

(4) 农村道路，指公路用地以外的南方宽度不小于1.0m、北方宽度不小于2.0m的村间、田间道路（含机耕道）。

(5) 机场用地，指用于民用机场的用地。

(6) 港口码头用地，指用于人工修建的客运、货运、捕捞及工作船舶停靠的场所及其附属建筑物的用地，不包括常水位以下部分。

(7) 管道运输用地，指用于运输煤炭、石油、天然气等管道及其相应附属设施的地上部分用地。

11. 水域及水利设施用地

水域及水利设施用地指陆地水域、海涂、沟渠、水工建筑物等用地，不包括滞洪区和已垦滩涂中的耕地、园地、林地、居民点、道路等用地，包括9种二级地类。

(1) 河流水面，指天然形成或人工开挖河流常水位岸线之间的水面，不包括被堤坝拦截后形成的水库水面。

(2) 湖泊水面，指天然形成的积水区常水位岸线所围成的水面。

(3) 水库水面，指人工拦截汇集而成的总库容不小于10万m^3的水库正常蓄水位岸线所围成的水面。

(4) 坑塘水面，指人工开挖或天然形成的蓄水量小于10万m^3的坑塘常水位岸线所围成的水面。

(5) 沿海滩涂，指沿海大潮高潮位与低潮位之间的潮浸地带。包括海岛的沿海滩涂。不包括已利用的滩涂。

(6) 内陆滩涂，指河流、湖泊常水位至洪水位间的滩地；时令湖、河洪水位以下的滩地；水库、坑塘的正常蓄水位与洪水位间的滩地。包括海岛的内陆滩地。不包括已利用的滩地。

(7) 沟渠，指人工修建，南方宽度不小于1.0m，北方宽度不小于2.0m用于引、排、灌的渠道，包括渠槽、渠堤、取土坑、护堤林。

(8) 水工建筑用地，指人工修建的闸、坝、堤路林、水电厂房、扬水站等常水位岸线以上的建筑物用地。

(9) 冰川及永久积雪，指表层被冰雪常年覆盖的土地。

12. 其他土地

其他土地指上述地类以外的其他类型的土地，包括7种二级地类。

（1）空闲地，指城镇、村庄、工矿内部尚未利用的土地。

（2）设施农用地，指直接用于经营性养殖的畜禽舍、工厂化作物栽培或水产养殖的生产设施用地及其相应附属用地，农村宅基地以外的晾晒场等农业设施用地。

（3）田坎，指主要指耕地中南方宽度不小于1.0m、北方宽度不小于2.0m的地坎。

（4）盐碱地，指表层盐碱聚集，生长天然耐盐植物的土地。

（5）沼泽地，指经常积水或渍水，一般生长沼生、湿生植物的土地。

（6）沙地，指表层为沙覆盖、基本无植被的土地。不包括滩涂中的沙地。

（7）裸地，指表层为土质，基本无植被覆盖的土地；或表层为岩石、石砾，其覆盖面积不小于70%的土地。

6.1.3 土地资源质量等级分类

土地资源的质量因素包括自然因素和社会经济因素两大类。其中，自然因素包括坡度、土壤理化性质、土壤侵蚀程度等；社会经济因素包括人口、经济。

1. 坡度

坡度指单位水平长度地面的平均增高或降低值，是影响土壤水土条件的主导因素之一，直接影响土地的适宜性和生产能力，土地的坡度分级指标见表6.1。

表6.1　　　　　　　　　土地坡度分级指标表

分级	Ⅰ	Ⅱ	Ⅲ	Ⅳ	Ⅴ
坡度	≤2°	2°~6°	6°~15°	15°~25°	>25°

资料来源：国务院第三次全国国土调查领导小组办公室，第三次全国国土调查耕地资源质量分类工作方案。

2. 土壤理化性质

土壤的理化性质包括土层厚度、土壤质地、土壤有机质含量、土壤pH值等，分级指标见表6.2。

表6.2　　　　　　　　　土壤理化性质分级指标表

分级	土层厚度	土壤质地	土壤有机质含量	土壤pH值
Ⅰ	≥100cm	壤质	≥20g/kg	6.5~7.5
Ⅱ	60~100cm	黏质	10~20g/kg	5.5~6.5 或 7.5~8.5
Ⅲ	<60cm	砂质	<10g/kg	<5.5 或 >8.5

资料来源：国务院第三次全国国土调查领导小组办公室，第三次全国国土调查耕地资源质量分类工作方案。

3. 土壤侵蚀模数

土壤侵蚀模数可用单位面积年土壤流失总量或土壤流失厚度来表示，分别可按水文站法或平均年侵蚀深法确定。

水文站法：

$$土壤侵蚀模数 = \frac{推移质和悬移质的多年平均值(t/a)}{被测定流域面积(km^2)} \tag{6.1}$$

平均年侵蚀深法：

$$\text{土壤侵蚀模数} = \frac{\sum_{i=1}^{n}(h_i A_i)\gamma_{\text{干}}}{A} \quad (6.2)$$

式中：h_i 为区域内第 i 观测点平均年侵蚀深，m；A_i 为第 i 观测点的控制面积，m²；n 为观测点总数；$\gamma_{\text{干}}$ 为表土干容重，t/m³；A 为区域总面积，km²。

按土壤侵蚀模数进行土地分级的指标见表 6.3。

表 6.3　　　　　　　　　　土壤侵蚀模数分级表

分级	平均侵蚀模数/[t/(km²·a)]			年平均流失厚度/mm		
	东北黑土区，北方土石山区	南方红壤丘陵区，西南土石山区	西北黄土高原区	东北黑土区，北方土石山区	南方红壤丘陵区，西南土石山区	西北黄土高原区
微度	<200	<500	<1000	<0.15	<0.37	<0.74
轻度	200~2500	500~2500	1000~2500	0.15~1.9	0.37~1.9	0.74~1.9
中度	2500~5000			1.9~3.7		
强烈	5000~8000			3.7~5.9		
极强烈	8000~15000			5.9~11.1		
剧烈	>15000			>11.1		

资料来源：中华人民共和国水利部．土壤侵蚀分类分级标准（SL 190—2007）。

4．人口

土地是人类生产、生活的主要空间场所，是土地资源分级中重要的社会因素。根据城区常住人口数量，可以将城市分为五类七档，见表 6.4。

表 6.4　　　　　　　　　　中国城市规模层级

城市规模等级		人口规模
超大城市		1000 万以上
特大城市		500 万至 1000 万
大城市	Ⅰ型大城市	300 万以上 500 万以下
	Ⅱ型大城市	100 万以上 300 万以下
中等城市		50 万至 100 万
小城市	Ⅰ型小城市	20 万以上 50 万以下
	Ⅱ型小城市	20 万以下

资料来源：《国务院关于调整城市规模划分标准的通知》（国发〔2014〕51 号）。

5．人均 GDP

人均 GDP 是衡量一个国家或地区经济发展水平和富裕程度的重要指标，也是区域土地资源评价的重要经济参数。按照世界银行目前的收入等级划分标准，可以分为

4个等级，见表6.5。

表6.5 收入等级划分

国家或地区	人均GDP/美元	国家或地区	人均GDP/美元
低收入	<825	上中等收入	3256～10065
下中等收入	826～3255	高收入	>10066

6.2 土地资源调查

土地资源调查是指运用土地资源学的知识，借助遥感、测绘等有关科学方法和手段，对土地资源自然属性和社会经济属性状况及其动态变化状况、基本农田状况等进行调查、监测、统计、分析的综合性实践活动。目的是查清土地资源的类型、数量、质量及空间分布状况，以及土地资源的生产潜力、适宜性、限制性、土地利用特点、权属关系和管理状况等，是编制国土空间规划以及自然资源管理、保护和利用的重要依据。

土地资源调查是我国法定的一项重要制度，是全面查实查清土地资源的重要手段。1986年6月25日，第六届全国人民代表大会常务委员会第十六次会议通过了《中华人民共和国土地管理法》规定："国家建立土地调查统计制度"。2008年2月7日，国务院颁布了《土地调查条例》（中华人民共和国国务院令第518号），规定："国家根据国民经济和社会发展需要，每10年进行一次全国土地调查；根据土地管理工作的需要，每年进行土地变更调查"。2009年6月17日，原国土资源部第45号令公布了《土地调查条例实施办法》，细化了《土地调查条例》规定，使其更具有可操作性。

6.2.1 全国土地资源调查概况

到目前为止，我国已先后开展了三次全国性的土地资源调查，并且每年都施行土地资源变更调查，调查技术逐步成熟，调查内容越加广泛和全面。

第一次全国土地调查（简称"一调"）又称为"土地资源详查"，调查工作的大部分基础图件是1980—1987年期间拍摄的航片，外业调查则是在20世纪90年代初进行，外业调查底图时效性差；且当时计算机应用刚刚起步，大部分内业工作是手动操作，如航片转绘、编图绘图、图件缩编等。1984年9月8日，全国农业区划委员会制定了《土地利用现状调查技术规程》，明确了调查任务是：分县查清全国各种土地利用分类面积、分布和利用状况，为制定国民经济计划和有关政策，进行农业区划、规划，因地制宜地指导农业生产，建立土地统计、登记制度，全面管理土地等各项工作服务。土地利用现状分类主要依据土地的用途、经营特点、利用方式和覆盖特征等因素，按照《土地利用现状调查技术规程》（1984年）制定的《土地利用现状分类及含义》，采用两级分类，其中一级分8类，二级分46类。一调历时13年，至1997年年底结束，土地分类初步查明了当时全国土地资源及其利用的基本情况。

自1984年进行第一次全国土地调查以来，经济社会经过20多年的快速发展，城乡面貌和土地信息发生了很大变化，原有的土地信息已难以满足新形势下节约集约用地的需要。2007年开展第二次全国土地调查（简称"二调"），历时3年，主要任务为农村土地调查、城镇土地调查、基本农田调查和建设土地调查数据库，旨在查清城乡每一块土地的利用现状及变化情况、土地权属及变化情况和土地条件。土地分类采用《土地利用现状分类》（GB/T 21010—2007），是新中国成立以来首次采用统一的土地利用分类国家标准，首次采用政府统一组织、地方实地调查、国家掌控质量的组织模式，首次采用覆盖全国遥感影像的调查底图，实现了图、数、实地一致，做到了全面、真实、准确。

"二调"以来，我国国土利用状况发生了很大变化。根据《中华人民共和国土地管理法》《土地调查条例》有关规定，2017年10月16日，国务院印发《国务院关于开展第三次全国土地调查的通知》（国发〔2017〕48号），全面启动第三次全国土地调查（简称为"三调"）。2018年8月，根据机构设置、人员变动情况和工作需要，国务院决定将"第三次全国土地调查"调整为"第三次全国国土调查"。"三调"是国务院根据《中华人民共和国土地管理法》《土地调查条例》有关规定部署的一项重大的国情国力调查，是全面查实查清国土资源的重要手段。目的是在第二次全国土地调查成果基础上，全面细化和完善全国土地利用基础数据，国家直接掌握翔实准确的全国土地利用现状和土地资源变化情况，进一步完善土地调查、监测和统计制度，实现成果信息化管理与共享，满足生态文明建设、空间规划编制、供给侧结构性改革、宏观调控、自然资源管理体制改革和统一确权登记、国土空间用途管制等各项工作的需要。"三调"以2019年12月31日为标准时点，全面查清了全国国土利用状况，建立了覆盖国家、省、地、县四级的国土调查数据库。

6.2.2 土地资源调查内容
6.2.2.1 相关法律、法规规定的调查内容

根据《中华人民共和国土地管理法实施条例》《土地调查条例》相关规定，土地调查包括下列内容：①土地利用现状及变化情况，包括地类、位置、面积、分布等状况；②土地权属及变化情况，包括土地的所有权和使用权状况，以及农村村民住宅、其他地上附着物和青苗等的权属、种类、数量等情况；③土地条件，包括土地的自然条件、社会经济条件等状况。进行土地利用现状及变化情况调查时，应当重点调查基本农田现状及变化情况，包括基本农田的数量、分布和保护状况。

根据《土地调查条例实施办法》，土地调查是指对土地的地类、位置、面积、分布等自然属性和土地权属等社会属性及其变化情况，以及永久基本农田状况进行的调查、监测、统计、分析的活动。土地调查包括全国土地调查、土地变更调查和土地专项调查。全国土地调查是指国家根据国民经济和社会发展需要，对全国城乡各类土地进行的全面调查。土地变更调查是指在全国土地调查的基础上，根据城乡土地利用现状及权属变化情况，随时进行城镇和村庄地籍变更调查和土地利用变更调查，并定期进行汇总统计。土地变更调查包括下列内容：①土地利用现状及变化情况，包括地类、位置、面积、分布等状况；②土地所有权和使用权变化情况；③地类变化情况；④永久基本农田位置、数量变化情况等。

6.2.2.2 第三次全国国土调查的内容

第三次国土调查的任务和内容总体上根据《中华人民共和国土地管理法》《土地调查条例》和《土地调查条例实施办法》的相关规定和要求来确定。第三次全国土地调查的对象是中国陆地国土，调查的具体任务和内容如下。

1. 土地利用现状调查

土地利用现状调查包括农村土地利用现状调查和城市、建制镇、村庄（简称城镇村庄）内部土地利用现状调查，查清全国城乡各类土地的分布和利用状况。

（1）农村土地利用现状调查。以县（市、区）为基本单位，以国家统一提供的调查底图为基础，实地调查每块图斑的地类、位置、范围、面积等利用状况，查清全国耕地、种植园、林地、草地等农用地的数量、分布及质量状况，查清城市、建制镇、村庄、独立工矿、水域及水利设施用地、湿地等各类土地的分布和利用状况。

（2）城镇村庄内部土地利用现状调查。充分利用地籍调查和不动产登记成果，积极创造条件，大力推进城市、建制镇、村庄补充地籍调查，确实条件不具备的，开展土地利用现状细化调查，查清城镇村庄内部商业服务业、工业、住宅、公共管理与公共服务和特殊用地等地类的土地利用状况。

2. 土地权属调查

结合全国农村集体资产清产核资工作，将城镇国有建设用地范围外已完成的集体土地所有权确权登记和国有土地使用权登记成果落实在国土调查成果中，对发生变化的开展补充调查。

3. 专项用地调查与评价

基于土地利用现状、土地权属调查成果和自然资源管理形成的各类管理信息，结合自然资源精细化管理、节约集约用地评价及相关专项工作的需要，开展系列专项用地调查评价。

（1）耕地细化调查。重点对位于河流滩涂上的耕地、位于湖泊滩涂上的耕地、林区范围开垦的耕地、牧区范围过度开垦的耕地、受荒漠化沙化影响的退化耕地和石漠化耕地等开展细化调查，分类标注，摸清各类耕地资源家底状况，夯实耕地数量、质量、生态"三位一体"保护的基础。

（2）批准未建设的建设用地调查。将新增建设用地审批界线落实在国土调查成果上，查清批准用地范围内未建设土地的实际利用状况，为持续开展批后监管，促进土地节约集约利用提供基础。

（3）永久基本农田调查。将永久基本农田划定成果落实在国土调查成果中，查清永久基本农田范围内实际土地利用状况。

（4）耕地质量等级调查评价和耕地分等定级调查评价。在耕地质量调查评价和耕地分等定级调查评价的基础上，将最新的耕地质量等级调查评价和耕地分等定级评价成果落实到土地利用现状图上，对评价成果进行更新完善。

4. 同步推进相关自然资源专业调查

在开展三调的同时，同步推进相关自然资源专业调查工作，按照三调的分类标准和相关要求，做好第九次森林资源连续清查、东北重点国有林区森林资源现状调查和第二次草地资源清查的数据汇总工作，并将相关调查成果整合进三调成果中。

6.2.3 土地资源调查的方法

《土地调查条例》规定：土地调查采用全面调查的方法，综合运用实地调查统计、遥感监测等手段。土地调查采用《土地利用现状分类》国家标准、统一的技术规程和按照国家统一标准制作的调查基础图件。《土地调查条例实施办法》也规定：土地调查应当执行国家统一的土地利用现状分类标准、技术规程和自然资源部的有关规定，保证土地调查数据的统一性和准确性。

随着 GPS、高分卫星、无人机等遥感测绘技术及应用的逐步成熟，大数据、云计算的兴起，各类国土及地理信息服务的产生，第三次全国国土调查强调以先进的技术以及更完整的工作体系来保证工作的顺利开展，测绘精准度和类别都有所提升和扩展。同时，在国家层面统一制作工作底图，统一提取变化信息；采用"互联网＋"技术开展实地调查举证；开展省级、国家级成果核查等方式来进行调查成果质量的严格控制。根据《第三次全国国土调查技术规程》和《第三次全国国土调查实施方案》，第三次全国国土调查土地分类采用《第三次全国国土调查工作分类》，技术方案要点如下。

6.2.3.1 调查精度

1. 遥感影像资料的要求

农村土地利用现状调查采用优于 1m 分辨率覆盖全国的遥感影像资料；城镇内部土地利用现状调查，采用优于 0.2m 分辨率的航空遥感影像资料。

2. 最小上图图斑面积

调查最小上图图斑面积应符合下列要求：
（1）建设用地和设施农用地实地面积 $200m^2$。
（2）农用地（不含设施农用地）实地面积 $400m^2$。
（3）其他地类实地面积 $600m^2$，荒漠地区可适当减低精度，但不应低于 $1500m^2$。
（4）对于有更高管理需求的地区，建设用地可适当提高调查精度。

3. 数学基础

（1）平面坐标系统采用"2000 国家大地坐标系"；
（2）高程基准采用"1985 国家高程基准"。

4. 投影方式

投影方式采用高斯-克吕格投影。1∶2000、1∶5000、1∶10000 比例尺标准分幅图或数据按 3 度分带。

5. 分幅及编号

农村土地利用现状调查、城镇村庄内部土地利用现状调查，各比例尺标准分幅及编号应符合《国家基本比例尺地形图分幅和编号》（GB/T 13989）的规定。标准分幅采用国际 1∶1000000 地图分幅标准，各比例尺标准分幅图均按规定的经差和纬差划分，采用经、纬度分幅。标准分幅图编号均以 1∶1000000 地形图编号为基础采用行列编号方法。

6.2.3.2 调查工作步骤

调查工作步骤主要包括以下几个方面：
（1）准备工作，包括方案制定、人员培训、资料收集、仪器设备准备等。
（2）调查界线及控制面积确定。
（3）数字正射影像图（Digital Orthophoto Map）制作及内业信息提取。

(4) 土地权属调查。

(5) 农村土地利用现状调查和城镇村庄内部土地利用现状调查。

(6) 专项用地调查。

(7) 各级数据库建设。

(8) 统计汇总。

(9) 成果整理与分析,包括调查资料整理、图件编制、成果分析、报告编写等。

(10) 成果检查,包括自检、预检和核查等。

(11) 成果归档。

6.2.3.3 统一时点更新

第三次全国国土调查数据统一时点为 2019 年 12 月 31 日。为此,要求各地利用 2019 年度土地变更调查工作的正射影像图、与第二次全国国土调查数据库对比提取变化信息,同时参考 2018 年度和 2019 年度变更调查国家下发的遥感监测图斑,进行实地补充调查,全面查清第三次全国国土调查完成时点与 2019 年 12 月 31 日的行政界线、图斑界线、地类信息和权属界线等内容的变化情况,通过增量的形式进行更新和上报。对于 2019 年三调统一时点更新结果属于 2019 年内实地发生变化的图斑,应保证三次调查和 2019 年度变更调查两项调查结果对应的图斑地类等信息,衔接一致。

为了查清统一时点全国国土调查数据,国务院第三次全国国土调查领导小组办公室于 2019 年 12 月 31 日印发了《关于开展第三次全国国土调查统一时点更新调查的通知》以及《第三次全国国土调查统一时点更新暨 2019 年度土地变更调查实施方案》,具体部署和安排了第三次全国国土调查统一时点更新调查任务。

6.2.3.4 数据库建设

第三次全国国土调查数据库建设包含各级国土调查、专项用地调查、城市开发边界、生态保护红线、全国各类自然保护区和国家公园界线等各类管理信息数据成果的质检、建库、管理应用,以及数据库管理系统与共享平台建设等工作。国土调查、专项用地调查及其他数据成果应一体化建库,分图层存储。数据库建设采用国家规范标准、地方分级建设、成果统一汇交的模式开展。

6.2.4 土地资源调查的主要成果要求

按照国务院第三次全国国土调查领导小组办公室《第三次全国国土调查实施方案》的规定,通过第三次全国国土调查,全面获取覆盖全国的国土利用现状信息,形成一整套国土调查成果资料,包括影像、图形、权属、文字报告等成果。同时,将第九次全国森林资源连续清查、东北重点国有林区森林资源现状调查、第二次全国湿地资源调查、第三次全国水资源调查评价、第二次草地资源清查等最新的专业调查成果,以及城市开发边界、生态保护红线、全国各类自然保护区和国家公园界线等各类管理信息,以国土调查确定的图斑为单元,统筹整合纳入三调数据库,逐步建立三维国土空间上的相互联系,形成一张底版、一个平台和一套数据的自然资源统一管理综合监管平台。

此外,要丰富和创新"三调"成果表达形式,调查成果要更进一步地充分体现自然资源属性信息,凸显山水林田湖草等自然资源家底特征,形成以土地为本底的自然资源基础底图,必要时可进一步形成三维成果图和各类自然资源系列专题图,全面支撑自然资源管理和促进生态文明建设需要。

县级调查成果、地级和省级汇总成果、国家级成果的要求见表6.6。

表6.6　　　　　　　　　　第三次全国国土主要成果

县级调查成果	地级和省级汇总成果	国家级成果
1. 外业调查成果 （1）原始调查图件； （2）土地权属调查有关成果； （3）田坎系数测算资料。 2. 图件成果 （1）县级土地利用图； （2）城镇土地利用图； （3）县级耕地细化调查、批准未建设的建设用地调查、耕地质量等级和耕地分等定级等专项调查的专题图； （4）各类自然资源专题图； （5）海岛调查专题图。 3. 数据成果 （1）各类土地分类面积数据； （2）各类土地的权属信息数据； （3）城镇村庄土地利用分类面积数据； （4）耕地坡度分级面积数据； （5）耕地细化调查、批准未建设的建设用地调查、耕地质量等级和耕地分等定级等专项调查数据； （6）海岛调查数据。 4. 数据库成果 （1）县级第三次国土调查数据库； （2）县级第三次国土调查数据库管理系统。 5. 文字成果 （1）县级第三次国土调查工作报告； （2）县级第三次国土调查技术报告； （3）县级第三次国土调查数据库建设报告； （4）县级第三次国土调查成果分析报告； （5）县级城镇村庄土地利用状况分析报告； （6）县级第三次国土调查数据库质量检查报告； （7）耕地细化调查、批准未建设的建设用地调查、耕地质量等级和耕地分等定级等专项调查成果报告； （8）海岛调查成果报告	1. 数据成果 （1）各类土地分类面积数据； （2）各类土地的权属信息数据； （3）城镇土地利用分类面积数据； （4）耕地坡度分级面积数据； （5）耕地细化调查、批准未建设的建设用地调查、耕地质量等级和耕地分等定级等专项调查面积数据； （6）海岛调查数据。 2. 图件成果 （1）地级、省级土地利用图； （2）地级、省级耕地细化调查、批准未建设的建设用地调查、耕地质量等级和耕地分等定级等专项调查的专题图； （3）各类自然资源分布图； （4）海岛调查专题图。 3. 文字成果 （1）各级第三次国土调查工作报告； （2）各级第三次国土调查技术报告； （3）各级第三次国土调查成果分析报告； （4）耕地细化调查、批准未建设的建设用地调查、耕地质量等级和耕地分等定级等专项调查成果报告； （5）省级田坎系数测算报告； （6）省级耕地坡度情况分析报告； （7）海岛调查成果报告。 4. 数据库成果 （1）市级、省级第三次国土调查数据库； （2）市级、省级第三次国土调查数据库管理系统及共享应用平台	1. 重要标准规范 （1）第三次全国国土调查技术规程； （2）土地利用数据库标准； （3）第三次全国国土调查数据库建设技术规范； （4）第三次全国国土调查国家级核查技术规定。 2. 数据成果 （1）各类土地分类面积数据； （2）各类土地的权属信息数据； （3）城镇村庄土地利用分类面积数据； （4）耕地坡度分级面积数据； （5）耕地细化调查、批准未建设的建设用地调查、耕地质量等级和耕地分等定级等专项调查面积数据； （6）海岛调查数据。 3. 图件成果 （1）国家级土地利用图、图集； （2）城镇村庄土地利用图集； （3）国家级耕地细化调查、批准未建设的建设用地调查、耕地质量等级和耕地分等定级等专项调查的专题图、图集； （4）各类自然资源分布图； （5）海岛调查专题图。 4. 文字成果 （1）第三次国土调查工作报告； （2）第三次国土调查技术报告； （3）第三次国土调查成果分析报告； （4）城镇村庄土地利用状况分析报告； （5）耕地细化调查、批准未建设的建设用地调查、耕地质量等级和耕地分等定级等专项调查成果报告； （6）海岛调查成果报告。 5. 数据库成果 集国土调查数据成果、图件成果、文字成果及遥感影像为一体的国家国土调查数据库

资料来源：国务院第三次全国国土调查领导小组，第三次全国国土调查实施方案。

6.3 土地资源的生产力和承载力

食物是人类生存和发展的基本需求，关系到社会稳定与国家安全。21世纪以来，人口、资源、环境与发展等全球性问题日益突出，在气候变化、极端天气等不确定性因素影响下，土地资源面临越来越大的压力，并导致了一系列的生态环境问题，如耕地资源减少且质量下降、土地荒漠化、环境污染等。人地关系研究也进入了一个新的历史阶段，人们不得不开始思考地球上有限的土地资源是否能够继续养活不断增加的人口？因此，与此相关的土地资源生产力与人口承载潜力研究应运而生。

6.3.1 土地资源生产力测算

土地资源生产力也称为土地生物生产能力，即土地在一定条件下能够生产出人类某种需要的植物产品和动物产品的内在能力。土地资源生产力按其成因可分为自然生产力和经济生产力，前者是自然形成的，后者是施加人工影响或在人工控制下的土地生产能力。土地生产力测算可分为理论公式和经验方法两大类。

1. 农作物生长理论模型

根据光能转换和农田水肥状况推求土地的生产力。基本公式为

$$Y = \alpha K E \sum_{i=1}^{n} R_i K_{c,i} K_{w,i} K_{s,i} \tag{6.3}$$

式中：Y 为作物估算产量，按籽粒产量计；α 为经济系数，即农作物籽粒重与总重量之比，水稻和小麦的经济系数大致为 0.5，其他作物为 0.3~0.5；K 为能量转换系数，按 1g 碳水化合物约为 4.25kcal 计算，K 值可取为 0.2353g/kcal；E 为光能利用率，与栽培技术及农技措施有密切关系，经试验分析，12%的有效辐射利用率接近理论最高产量，6%是经努力可实现的产量，2%为普遍可以达到的产量，故旱地一般取 6%作为可实现的理论上限；i 为作物生长时段编号，旬；R_i 为第 i 时段有效辐射，有效辐射一般取总辐射的 1/2，总辐射可逐日计算；$K_{c,i}$ 为第 i 时段作物生长状态及温度影响修正系数；$K_{w,i}$ 为第 i 时段作物生长供水系数；$K_{s,i}$ 为第 i 时段田间供肥系数。

日总辐射 R' 可由式（6.4）计算：

$$R' = \left(a + b \frac{n}{N}\right) r' \tag{6.4}$$

式中：a、b 为经验系数，不同地区取值见表 6.7；n 为当地实际日照时间，h；N 为当地的可照时间，h；r' 为大气上界短波辐射（由纬度确定）。

表 6.7　不同地区 a、b 取值表

地区	a	b
冷温区	0.18	0.55
干热区	0.25	0.45
湿热区	0.29	0.42

表 6.8　作物最适 L、T 取值表

作物品种	L	$T/℃$
小麦	6	15~25
水稻	6	22~30
玉米	5	18~27
谷类	6	20~25

作物生长状态及温度影响修正系数 $K_{c,i}$ 计算公式为

$$K_{c,i}=\frac{L_i}{L}\frac{t_i}{T} \quad (6.5)$$

式中：L_i 为理想作物群体不同时段实际叶面积指数，一般出苗期取 0.3，收获期取 0.5，开花期取为 L，其他时段用内插法求取；L 为作物最适叶面积指数；T 为作物光合最适温度（几种作物的 L、T 值见表 6.8）；t_i 为第 i 时段作物的生理温度，由实际环境温度换算求得，设大田实际温度为 t'，作物生长所需最低温度为 $T_下$，作物生长容忍的最高温度为 $T_上$，作物光合最适温度下限为 T_1，作物光合最适温度上限为 T_2，T_1 和 T_2 可分别取表 6.7 中 T 值的上、下限，则 t_i 和 T 的取值分别为

$$t_i=\begin{cases} 0 & (t'\geqslant T_上 \text{ 或 } t'\leqslant T_下) \\ t' & (T_下<t'\leqslant T_2) \\ T_2-(t'-T_2) & (t'>T_2) \end{cases} \quad (6.6)$$

$$T=\begin{cases} T_1 & (T_下<t'<T_1) \\ t_i & (T_1<t'\leqslant T_2) \\ T_2 & (t'>T_2) \end{cases} \quad (6.7)$$

$K_{w,i}$ 的计算公式为

$$K_{w,i}=\frac{W_i}{ET_i} \quad (6.8)$$

式中：W_i 为第 i 时段作物实际供水量，按土壤水分平衡方程计算；ET_i 为第 i 时段作物潜在腾发量。

$K_{s,i}$ 计算公式为

$$K_{s,i}=\frac{n'_i}{N'_i} \quad (6.9)$$

式中：n'_i 为土壤第 i 阶段实际供氮量；N'_i 为作物第 i 阶段潜在需氮量。

在供肥条件不受限制地区，可取 $K_{s,i}=1$。不同作物潜在需氮量可参照表 6.9 计算。

表 6.9　　　　　　　不同作物潜在需氮量（每 100kg 籽粒产量）

作物		小麦	水稻	玉米	大豆	花生	油菜
需氮量/kg		3	3.5	2.6	7	6.8	5.8
来源/%	土壤	100	100	100	33	80	80
	大气	—	—	—	67	20	20

注　肥料利用率，化肥取 50%，农家肥取 30%。

2. 经验方法

经验方法通常根据影响作物生长的主要因子（如蒸腾量、降水量、气温等）与作物产量之间建立相关关系或经验公式，推求土地生产力。李立贤于 1988 年采用反映综合气候要素的可能蒸散发量与地区自然植被年产量的关系式，换算出中国土地生物生产量约 72.61 亿 t（表 6.10）。陈国南用相似方法测算中国土地生物生产量约 76 亿 t，两者比较接近。

表 6.10　　　　　　　　　　　中国土地自然生产力

	占全国面积的百分数 /%	生产力/(kg/亩)		区域年生物量 /万 t
		生物量	经济产量	
寒温带	1.3	256.41	75	4800
中温带	10.6	688.55	240	105100
暖温带	8.2	744.41	260	87900
北亚热带	5.8	1060.82	370	88600
中亚热带	13.9	1148.08	400	229800
南亚热带	5.2	1227.30	430	91900
热带	1.2	1296.30	450	22400
干旱区	28.2	210.80	145	85600
青藏区	25.6	27.13	20	10000
全国合计	100.0			726100

资料来源：《生存与发展》，科学出版社，1996，131。

从表 6.10 看出，中国土地自然生产力地区之间差异显著。首先，是东西部差异，西部的干旱区与青藏区（大部分也属于干旱、半干旱类型）面积超过 50%，而生物生产量仅占全国总生物量的 13%；东半部面积不到 50%，却提供了占全国 87% 的生物量。中国东部地区的自然生产力远远高于西部地区，起决定作用的是水分因素。其次，南北差异也很显著，在东半部，土地自然生产力从热带向寒温带递减，南北相差 5~6 倍。在东半部地区热量起主导作用。

根据苏联 H. A. 叶菲莫娃计算，亚洲植被年生产量为 383 亿 t，平均为 8.8t/hm^2。上述中国年生物生产量为 72.6 亿 t，平均为 7.56t/hm^2，低于亚洲平均值 14%。可见，中国土地自然生产力不高，主要原因在于中国的干旱与高寒的低生产力区域占据了一半以上的国土面积。

6.3.2　土地资源承载力测算

土地资源承载力也被称为土地人口容量、土地承载力、土地人口承载潜力等。土地资源承载力指在未来不同时间尺度上，以预期的技术、经济和社会发展水平及与此相适应的物质生活水准为依据，一个国家或地区利用其自身的土地资源所能持续稳定供养的人口数量。它主要是由两方面因素决定的：①土地生产潜力；②膳食营养水平。

土地资源承载力的测算可分为两部分：①根据规划期的生产条件计算土地生产潜力；②在第一步完成的基础上，根据与规划期相应的物质生活水平，计算出土地资源承载人口的数量，即土地资源承载力。由于第二步的计算比较容易，可以认为，土地资源承载力的核心就是土地生产潜力。

土地资源承载能力的研究广泛涉及资源、环境、人口以及发展变化等各个方面，既包括了自然因素，也包含了社会、经济因素，既着眼于现状，也要考虑未来与发展，是一项综合性研究课题。土地资源承载能力计算的基本思路可归纳为图 6.1。

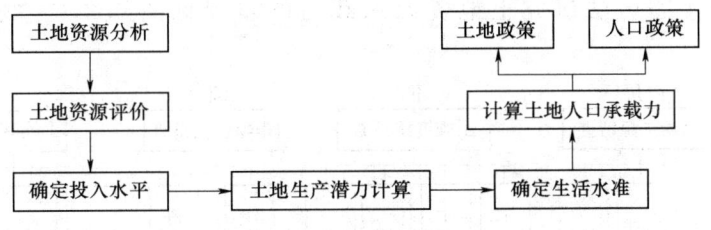

图 6.1 土地资源承载能力计算的基本思路

1. 土地资源分析

土地资源分析主要包括土地利用现状分析、土地特性分析。

（1）土地利用现状分析。主要是对土地利用类型和面积的调查与分析。

（2）土地特性分析。对影响土地利用的土地特性进行调查，包括对土壤、气候、地貌、水资源、植被等进行调查分析。调查结果可为土地资源评价提供基础资料，同时也是计算土地生产潜力的依据。

2. 土地资源评价

土地资源评价是土地资源承载能力研究的基础。在土地资源分析的基础上，对土地资源质量高低进行评定，评价土地适宜性和适宜等级。

3. 确定投入水平

根据区域当前的社会经济水平，预测未来该区域的经济投入水平高低状况。

4. 土地生产潜力计算

这是土地承载力研究的核心。根据气候生产潜力、土壤生产潜力以及农业技术因子来计算土地生产潜力，从而使土地生产潜力的计算与一定的社会经济条件联系起来。

5. 确定生活水平

生活水平可以通过人们对食物的消费水平来衡量，可采用实物方法如粮食、水产品、鱼、肉、蛋等，也可采用能量标准转换方法，如热量、蛋白质、脂肪等。根据当地的经济发展水平以及当地的消费传统和消费结构来进行食物消费水平的预测。

6. 计算土地人口承载力

在掌握土地生产潜力的基础上，便可依据生活水准的要求计算土地人口承载力。

7. 对策与措施

通过上述步骤的分析研究，探讨人口适度增长、资源合理利用、能源保证供应、环境逐步改善、经济持续稳定协调发展的对策与措施。

6.3.3 农业生态区法简介

农业生态区法（Agricultural Ecology Zone，AEZ）是一种比较成熟的土地资源承载力测算方法，在我国得到普遍使用。农业生态区法以土地资源清查为基础，将研究区域划分为气候、土壤、水文、农业生产条件等都大致相同的空间单元，作物种植制度和作物种类也相似,在这些单元内再评价最适宜种植的作物及其生产潜力,在此基础上,根据生态区内人均基本生活标准即可得出土地资源承载力的结果。

应用农业生态区法研究土地资源承载力的步骤见图6.2,主要的工作步骤如下。

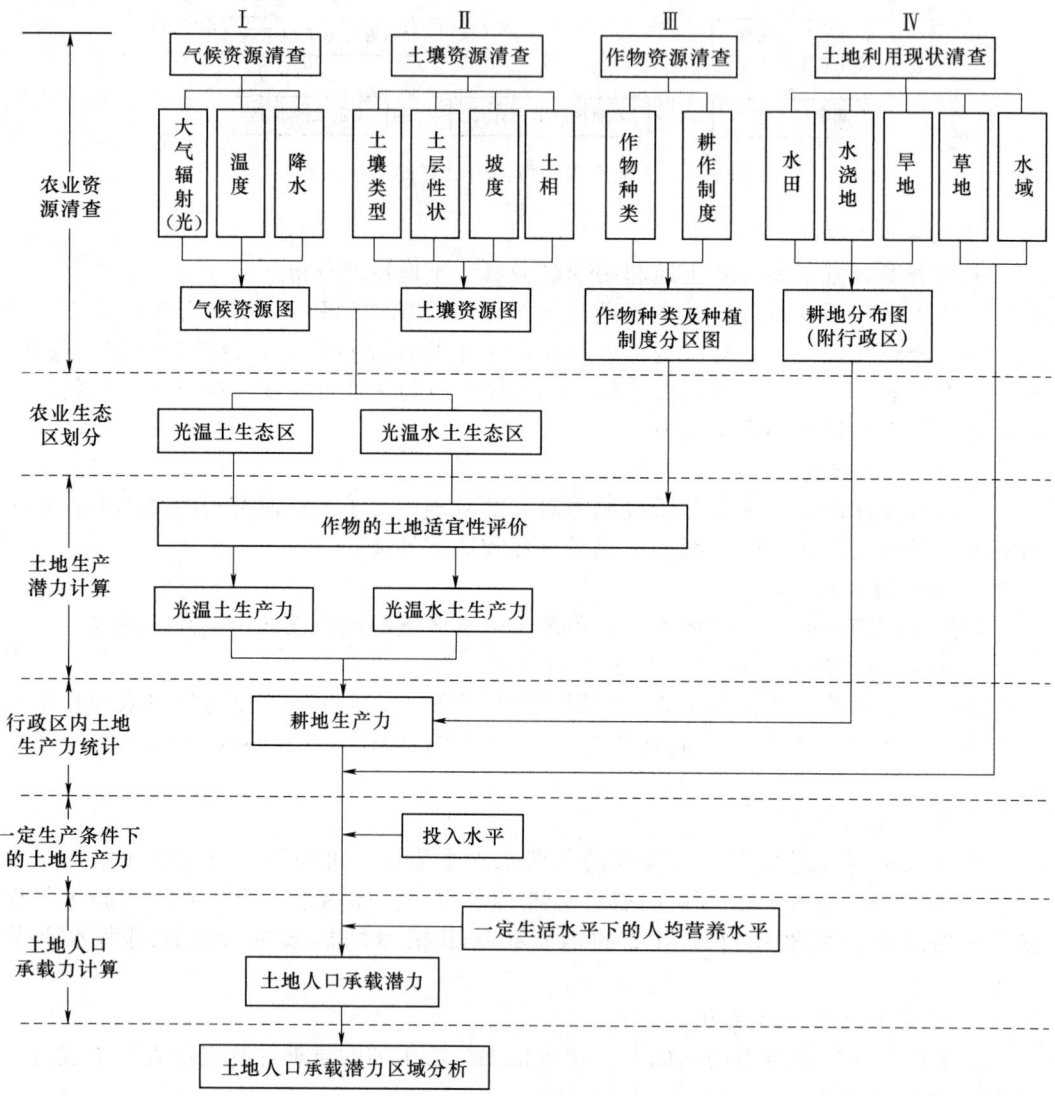

图6.2 农业生态区法土地资源承载力研究步骤

1. 土地资源清查

对研究区域土地数量清查、气候清查和土壤清查以及作物种类、作物种植制度、土地利用现状等调查,并绘制出所需的相同比例尺的图件。

(1) 土地数量清查。主要是对土地利用类型和面积的调查与核实。土地利用类型包括:耕地、园地、林地、牧草地、居民点及工矿用地、交通用地、水域和未利用土地八大类，可通过土地利用现状调查来进行土地数量清查工作。

（2）气候清查。气候调查有三个目的，即为了划分农业生态区；为了进行农作物的气候适宜性评价；为了计算最大潜力产量和气候产量。主要调查热量、温度和水分条件。

（3）土壤清查。土壤清查是在土壤普查的基础上进行的。根据土壤普查的结果和近年来土壤变化情况进行修正，归纳出各土壤类型的土壤理化性质、肥料水平、生产性能等因素。在土壤清查中，同时对地形地貌、地下水位、农田建筑等自然和人为因素进行清查。

2. 划分农业生态区

根据气候资料编绘光温生产力图和光温水生产力图，将其与土壤图、地貌图、行政界线图叠加，形成农业生态区，也称为农业生态单元、土地评价单元、制图单元。每个生态区内的自然特征基本一致，成为评价土地生产潜力的基本空间单位。

农业生态区的划分，可借助于地理信息系统软件完成。

3. 计算生态区生产力

在农业生态区图的基础上，叠加作物种类与种植制度分区图，以便匹配、修正与计算出两个生态区图的某个生态单元的作物产量，即光温生产力（灌溉农业生产力）与光温水生产力（旱作农业生产力）。

4. 计算行政区内的土地生产力

在光温土生态区图与光温水土生态区图及其生产力计算的基础上，分别叠加耕地资源清查图，一方面是在生态区图中输入了行政区的内容，另一方面是在每个基础行政区内，根据其灌溉地（水浇地、水田）、非灌溉地（旱地）、草地、水域等面积的统计，以及相应生态单元的匹配而计算出耕地、草地、水域等的土地生产力，最后可以统计出每一个行政区的土地生产力。

5. 考虑技术经济水平的土地生产潜力

土地生产潜力的计算必须考虑技术经济水平，农药、肥料、机械以及科学的耕作制度等因素对上述结果进行修正，得到土地生产潜力结果。AEZ 法投入水平划分标准见表 6.11。

表 6.11　　　　　　　　　　AEZ 法投入水平划分标准

内容	低投入水平	中投入水平	高投入水平
作物组合	现有作物组合	部分最适作物组合	最适作物组合
使用的技术	本地栽培品种，不施化肥或不进行病虫害防治，有休耕期，无永久性水保措施	有改良品种，有限的化肥，简单推广措施，包括病虫防治，有一定休闲期，有部分永久水保措施	高产品种，最适化肥用量，完全的病虫害和杂草防治措施，最短的休闲期，永久的水保措施
动力来源	人力，手工工具和/或畜力牵引	人力，手工工具和/或畜力牵引，改良的农具	包括收割在内的完全机械化

续表

内　容	低投入水平	中投入水平	高投入水平
劳动集约度	高，包括未计成本家庭劳动	高，包括未计成本家庭劳动	低，家庭劳动计算成本
资本集约度	低	低，可获得有条件贷款	高
市场方向	自给性生产	自给性生产，销售剩余产品	商品性生产
所需基本条件	不一定进入市场，咨询服务不足	需要某些进入市场的机会，接受示范及咨询	必须有进入市场条件，高水平咨询及科研成果应用
占地情况	分散的	有时是连片的	连片的

6. 土地人口承载潜力计算

调查获知研究地区平均每人（包括不同年龄、不同性别、不同工种的统计）平均每天以至每年所需热量、蛋白质量，而折合为平均粮食量，并按每一定行政单位内的土地生产潜力，来计算所能支持的人口数量。

6.4　农用地分等定级

6.4.1　农用地分等定级概述

农用地是指直接用于农业生产的土地，包括耕地、园地、林地、草地、农田水利用地、养殖水面等，是土地资源最重要的组成部分。农用地是农业最基本的生产资料，也是人类不可缺少的生存条件。要实现土地资源持续利用、优化配置和科学管理，保证优地优用及优地农用，保障我国社会经济持续健康发展，需要对我国农用地质量做出科学评价。

农用地分等定级是根据农用地的自然属性和经济属性，对农用地的质量优劣进行综合评定，包括质量评价、经济评价、生产力评价、利用程度评价等。主要目的是：①为贯彻落实《中华人民共和国土地管理法》，对农用地进行科学、合理、统一、严格管理，提高农用地管理水平提供依据；②为科学量化农用地数量、质量和分布，实施区域耕地占补平衡制度和基本农田保护制度提供依据；③为理顺土地价格体系、培育完善土地市场，促进土地资产合理配置，开展土地整理、土地征用补偿、农村集体土地使用权流转等工作提供依据；④为实行农业税制改革，公平合理配赋征收农业税提供依据。

1. 农用地分等定级体系

采用"等"和"级"两个层次的体系，划分等别、级别。

（1）农用地分等。农用地等别是依据构成土地质量稳定的自然属性和社会属性，在全国范围内进行的农用地质量综合评定。农用地等别划分侧重于反映因农用地潜在的（或理论的）区域自然质量、平均利用水平和平均效益水平不同，而造成的农用地生产力水平差异。

农用地的分等标准在全国范围内统一制定，因此农用地分等成果在全国范围内具有可比性。农用地等别分为自然质量等别、利用等别和综合等别3类。自然质量等别主要依据影响农地质量的自然因素划分；利用等别是在自然等指数基础上，进行土地利用系数修正，得出利用等指数，然后依照利用等指数划分出利用等别；综合等别是在利用等指数基础上，进行经济系数修正，得出综合等指数，然后依照综合等指数划分出综合等别。

（2）农用地级别。农用地级别是依据构成土地质量的自然因素和社会经济因素，根据地方土地管理工作的需要，在行政区（省或县）内进行的农用地质量综合评定。农用地级别划分侧重于反映因农用地现实的（或实际可能的）区域自然质量、利用水平和效益水平不同，而造成的农用地生产力水平差异。

农用地定级成果在县级行政区内具有可比性。等别反映的是由相对稳定的土地性状（如土壤质地等）所决定的生产力的差异；级别是在等别所考虑因素的基础上，进一步考虑该行政区（一般为县级）内所有实际对土地生产力有影响的因素，它反映的是现实生产力的差异。

2. 农用地分等定级的原则

（1）综合分析原则。农用地质量是各种自然属性、社会经济状况和区位条件综合作用的结果，农用地分等定级应以对造成等级差异的各种因素进行综合分析为基础。

（2）分层控制原则。农用地分等定级以建立不同行政区内的统一等级序列为目的。在实际操作上，农用地分等是在国家、省、县三个层次上展开，农用地定级主要是在县级进行。不同层次的评价成果都必须兼顾区域内总体可比性和局部差异性两个方面的要求。在标准条件下，建立分等定级评价体系，进行综合分析，将具有类似特征的土地划入同一土地等或土地级。

（3）主导因素原则。农用地分等定级应根据影响因素的种类及作用的差异，重点分析对土地质量及土地生产力水平具有重要作用的主导因素的影响，突出主导因素对土地分等定级结果的作用。

（4）土地收益差异原则。农用地分等定级既要反映出土地自然质量条件、土地利用水平和社会经济水平的差异及其对不同地区土地生产力水平的影响，也要反映出不同投入水平对不同地域土地生产力水平和收益水平的影响。

（5）定量分析与定性分析相结合原则。农用地分等定级应尽量把定性的、经验的分析进行量化，以定量计算为主。对现阶段难以定量的自然因素、社会经济因素以及区位条件采用必要的定性分析，将定性分析的结果运用于农用地分等定级成果的调整和确定阶段的工作中，提高农用地分等定级成果的精度。

6.4.2 农用地质量分等

依据《农用地质量分等规程》（GB/T 28407—2012），农用地质量分等主要内容如下。

6.4.2.1 确定标准耕作制度、基准作物和指定作物

标准耕作制度是指在当前的社会经济水平、生产条件和技术水平下，有利于生产或最大限度地发挥当地土地生产潜力、未来仍有较大发展前景、不造成生态破坏、能够满足社会需求，并已为（或将为）当地普遍采纳的农作方式。由于各地养地方式难以统一，因此这里的标准耕作制度主要指种植制度。

基准作物是理论标准粮的折算基准，指全国比较普遍的主要粮食作物，如小麦、

玉米、水稻，按照不同区域生长季节的不同，进一步区分的春小麦、冬小麦、春玉米、夏玉米、一季稻、早稻和晚稻等7种粮食作物。开展农用地分等工作的省级组织实施机构负责从以上7种作物选择一种，将其确定为本行政区的基准作物。

指定作物指行政区所属耕作区标准耕作制度中所涉及的作物。

6.4.2.2 分等单元划分

分等单元是农用地分等的最小空间单位，采用叠置法、地块法、网格法和多边形法等方法，按照以下要求划分。

（1）单元之间的土地特征差异明显，不同地貌部位的土地不划为同一单元；山脉走向两侧水热分配有明显差异的不划为同一单元；地下水、土壤条件、盐碱度等分等因素指标有明显差异的不划为同一单元。

（2）单元内部的土地特征相似，土地分等单元边界不跨越分等因素指标区、土地利用系数等值区和土地经济系数等值区。

（3）单元边界不跨越地块边界。

（4）单元边界应采用控制区域格局的地貌走向线和分界线，河流、沟渠、道路、堤坝等线状地物和有明显标志的权属界线。

6.4.2.3 计算自然质量分

根据当地实际情况，选择因素法或样地法计算农用地自然质量分。

1. 因素法

（1）分等因素指标区的划分。采用因素法计算农用地自然质量分，需要划分农用地分等因素指标区（以下简称指标区）。指标区是依主导因素原则和区域分异原则划分的分等因素体系一致的区域。

（2）确定分等因素。农用地分等因素分推荐因素和自选因素两类。推荐因素由国家统一确定，分区、分地貌类型给出；自选因素由省级土地行政主管部门确定，用于分等的自选因素一般不超过3个。所有分等因素都需要采用特尔菲法、因素成对比较法、主成分分析法、层次分析法等方法中的两种以上方法进行检验和确定，在分等任务书中予以明确。

自选因素由各地方经分析论证后确定，自选因素可以从以下几个方面选择。

1）水文：水源类型（地表水、地下水）、水量、水质等。

2）土壤：土壤类型、土壤表层有机质含量、表层土壤质地、有效土层厚度、土壤盐碱状况、剖面构型、障碍层特征、土壤侵蚀状况、土壤污染状况、土壤保水供水状况、土壤中砾石含量等。

3）地貌：地貌类型、海拔、坡度、坡向、坡型、地形部位。

4）农田基本建设情况：灌溉条件（水源保证率、灌溉保证率）、排水条件、田间道路条件、田块大小、平整度及破碎程度等。

（3）计算农用地自然质量分。采用几何平均法或加权平均法，计算各分等单元各指定作物的农用地自然质量分。

1）几何平均法。其计算公式为

$$C_{L_{ij}} = \left[\left(\prod_{k=1}^{m} f_{ijk} \right)^{\frac{1}{m}} \right] / 100 \qquad (6.10)$$

式中：i 为分等单元编号；j 为指定作物编号；$C_{L_{ij}}$ 为分等单元 i 指定作物 j 的农用地自然质量分；k 为分等因素编号；m 为分等因素的数目；f_{ijk} 为第 i 个分等单元内第 j 种指定作物第 k 个分等因素的自然质量分，取值为（0，100]。

2）加权平均法。其计算公式为

$$C_{L_{ij}} = \left[\sum_{k=1}^{m} w_k f_{ijk}\right]/100 \qquad (6.11)$$

式中：w_k 为分等因素的权重；其他符号意义同式（6.10）。

2. 样地法

（1）样地适用区的划分。采用样地法计算农用地自然质量分，需要依据主导因素原则和区域分异原则，划分样地适用区，划分遵循要求如下。

1）在县域范围内每个乡镇布设 1 个标准样地，地貌条件、耕作制度差异较大的乡镇可以布设多个标准样地，并根据其相似性进行归类。

2）根据地貌条件、耕作制度或强限制性因素的区域分异规律，参照标准样地的归类结果划分适用区，县域范围内适用区一般不超过 5 个。

3）在一个适用区内，选定的分等因素要对农用地的质量有明显影响，一般不超过 10 个，农用地自然质量分依据所选用的分等因素计算。

（2）计算农用地自然质量分。采用代数和法计算农用地自然质量分，计算公式为

$$C_{L_{ij}} = \left[F + \sum_{k=1}^{m} f_{ijk}\right]/100 \qquad (6.12)$$

式中：F 为标准样地基准分；k 为分等属性编号；m 为分等属性的数目；f_{ijk} 为第 i 个分等单元内第 j 种指定作物第 k 个分等属性加（减）分值；其他符号意义同式（6.10）。

6.4.2.4 计算自然质量等指数

农用地自然质量等指数是按照标准耕作制度所确定的各指定作物，在农用地自然质量条件下，所能获得的按产量比系数折算的基准作物产量指数。第 j 种指定作物的自然质量等指数由式（6.13）定义

$$R_{ij} = \alpha_{tj} C_{L_{ij}} \beta_j \qquad (6.13)$$

式中：R_{ij} 为第 i 单元第 j 种指定作物的自然质量等指数；α_{tj} 为第 j 种作物的光温（气候）生产潜力指数；$C_{L_{ij}}$ 为分等单元 i 指定作物 j 的农用地自然质量分；β_j 为第 j 种作物的产量比系数。

农用地自然质量等指数由式（6.14）计算：

$$R_i = \begin{cases} \sum R_{ij} & \text{（一年一熟、两熟、三熟时）} \\ \sum R_{ij}/2 & \text{（两年三熟时）} \end{cases} \qquad (6.14)$$

式中：R_i 为第 i 个分等单元的农用地自然质量等指数；其他符号意义同式（6.13）。

6.4.2.5 计算土地利用系数

土地利用系数计算可以采用分指定作物计算和综合计算两种方法。

1. 分指定作物计算

$$K_{L_{ij}} = Y_{ij}/Y_{j\max} \qquad (6.15)$$

式中：$K_{L_{ij}}$ 为第 i 样点第 j 种指定作物土地利用系数；Y_{ij} 为第 i 样点第 j 种指定作物的实际单产；$Y_{j\max}$ 为第 j 种指定作物省内分区最高单产。

由行政村内各样点指定作物的土地利用系数，采用几何平均法或加权平均法计算得村一级指定作物的土地利用系数值。以指定作物土地利用系数基本一致为原则，编制指定作物土地利用系数等值区图。

2. 综合计算

(1) 依据标准耕作制度和产量比系数，计算样点的标准粮实际产量：

$$Y = \sum Y_j \beta_j \tag{6.16}$$

式中：Y 为样点的标准粮实际产量；Y_j 为第 j 种指定作物的实际产量；β_j 为第 j 种指定作物的产量比系数。

(2) 根据指定作物的最高单产，计算最大标准粮单产：

$$Y_{\max} = \sum Y_{j\max} \beta_j \tag{6.17}$$

式中：$Y_{\max}$ 为最大标准粮单产；$Y_{j\max}$ 为第 j 种指定作物的最大单产；β_j 为第 j 种指定作物的产量比系数。

(3) 计算样点的综合土地利用系数

$$K_L = Y/Y_{\max} \tag{6.18}$$

式中：K_L 为样点的综合土地利用系数；Y 为样点的标准粮实际产量；$Y_{\max}$ 为最大标准粮单产。

(4) 编制土地利用系数等值区图，计算各等值区的土地利用系数。

6.4.2.6 计算农用地利用等指数

农用地利用等指数是按照标准耕作制度所确定的各指定作物，在农用地自然质量条件和农用地所在土地利用分区的平均利用条件下，所能获取的按产量比系数折算的基准作物产量指数。

1. 按指定作物土地利用系数计算

(1) 指定作物利用等指数的计算。计算公式为

$$Y_{ij} = R_{ij} K_{Lj} \tag{6.19}$$

式中：Y_{ij} 为第 i 个分等单元第 j 种指定作物的利用等指数；R_{ij} 为第 i 个分等单元内第 j 种指定作物的自然质量等指数；K_{Lj} 为分等单元所在等值区的第 j 种指定作物的土地利用系数。

(2) 计算农用地利用等指数。由式 (6.20) 计算：

$$Y_i = \begin{cases} \sum Y_{ij} & \text{（一年一熟、两熟、三熟时）} \\ \sum Y_{ij}/2 & \text{（两年三熟时）} \end{cases} \tag{6.20}$$

式中：Y_i 为第 i 个分等单元农用地利用等指数；其他符号意义同式 (6.19)。

2. 按综合土地利用系数计算。其公式为

$$Y_i = R_i K_L \tag{6.21}$$

式中：Y_i 为第 i 个分等单元的农用地利用等指数；R_i 为第 i 个分等单元的农用地自然质量等指数；K_L 为分等单元所在等值区的综合土地利用系数。

6.4.2.7 计算土地经济系数与等值区划

土地经济系数计算也可以采用两种方法：一是分指定作物计算；二是综合计算。

1. 分指定作物计算

依据初步划分的等值区，在所有的行政村内分不同产量水平，分层设置一定数量的样点，计算出样点的指定作物土地经济系数。

$$K_{c_{ij}} = a_{ij}/A_j \tag{6.22}$$

式中：$K_{c_{ij}}$ 为第 i 个样点第 j 种指定作物土地经济系数；a_{ij} 为第 i 个样点第 j 种指定作物产量—成本指数；A_j 为省内分区第 j 种指定作物最大产量—成本指数。

计算村内各样点指定作物土地经济系数的几何平均数或加权平均数，作为该村的指定作物土地经济系数。根据初步划分的等值区内各村的指定作物土地经济系数，采用几何平均或加权平均的方法计算等值区内指定作物的土地经济系数。

2. 综合计算

样点的综合土地经济系数为

$$K_c = a/A \tag{6.23}$$

式中：K_c 为样点的综合土地经济系数；a 为样点的综合产量—成本指数；A 为各省内分区的综合最大产量—成本指数。

编制土地经济系数等值区图。按照县级农用地分等成果要求细则，根据修订后的指定作物土地经济系数等值区，编制指定作物土地利用系数等值区图。

6.4.2.8 计算农用地分等指数

有两种方法进行农用地等指数的计算：一种是分指定作物计算；一种是综合计算。

1. 分指定作物计算

第 j 种指定作物的农用地等指数由式（6.24）定义：

$$G_{ij} = Y_{ij} K_{cj} \tag{6.24}$$

式中：G_{ij} 为第 i 个分等单元第 j 种指定作物的农用地等指数；Y_{ij} 为第 i 个分等单元第 j 种指定作物的农用地利用等指数；K_{cj} 为第 j 种指定作物的土地经济系数。

农用地等指数由式（6.25）计算：

$$G_i = \begin{cases} \sum G_{ij} & \text{（一年一熟、两熟、三熟时）} \\ \sum G_{ij}/2 & \text{（两年三熟时）} \end{cases} \tag{6.25}$$

式中：G_i 为第 i 个分等单元的农用地等指数；其他符号意义同式（6.24）。

2. 按综合土地经济系数按式（6.26）计算

$$G_i = Y_i K_c \tag{6.26}$$

式中：G_i 为第 i 个分等单元的农用地等指数；Y_i 为第 i 个分等单元的农用地利用等指数；K_c 为分等单元所在等值区的综合土地经济系数。

【例 6.1】 长江下游某平原区，某分等单元的土质为壤土，有效土层厚度为 80cm，耕层无障碍层；有机质含量为 3.5g/kg，土壤 pH 值为 5.5；有良好的灌溉系统，能满足灌溉用水需要；排水体系基本健全，丰水年暴雨后有短期洪涝发生。请计算该分等单元的自然质量分。

解：参考《农用地质量分等规程》（GB/T 28407—2012），该区土壤指标分级及其分值见表6.12，评价因素权重见表6.13。

表6.12 土壤指标分级及其分值

分值	土壤质地	有效土层厚度/cm	土壤有机质含量	土壤pH值	障碍层距地表深度/cm	灌溉保证率	排水条件
100	壤土	≥150	1级	1级	60~90	充分满足	1级
90		100~150	2级	2级		基本满足	2级
80	黏土		3级	3级	30~60	一般满足	
70	砂土	60~100	4级				3级
60			5级	4级	<30	无灌溉条件	
50	砾质土	30~60	6级				4级
40							
30				5级			
20		<30					
10							

表6.13 本区土壤指标分值权重

分值	土壤质地	有效土层厚度/cm	土壤有机质含量	土壤pH值	障碍层距地表深度/cm	灌溉保证率	排水条件
指标分值	100	70	90	90	100	100	90
权重	0.14	0.18	0.09	0.07	0.05	0.27	0.20

土壤有机质含量分为以下6个级别：

1级：土壤有机质含量不小于4.0；

2级：土壤有机质含量[3.0，4.0）；

3级：土壤有机质含量[2.0，3.0）；

4级：土壤有机质含量[1.0，2.0）；

5级：土壤有机质含量[0.6，1.0）；

6级：土壤有机质含量小于0.6。

土壤pH值按照其对作物生长的影响程度分为6个等级：

1级：土壤pH值[6.0，7.9）；

2级：土壤pH值[5.5，6.0），[7.9，8.5）；

3级：土壤pH值[5.0，5.5），[8.5，9.0）；

4级：土壤pH值[4.5，5.0）；

5级：土壤pH值<4.5，[9.0，9.5）；

6级：土壤pH值≥9.5。

排水条件是指受地形和排水体系共同影响的雨后地表积水情况，分为4个级别：

1级：有健全的干、支、斗、农排水沟道（包括抽排），无洪涝灾害；

2级：排水体系（包括抽排）基本健全，丰水年暴雨后有短期洪涝发生（田面积水 1～2d）；

3级：排水体系（包括抽排）一般，丰水年大雨后有洪涝发生（田面积水 2～3d）；

4级：无排水体系（包括抽排），一般年份在大雨后发生洪涝（田面积水 3d 及以上）。

（1）几何平均法自然质量分为

$$C=(100\times70\times90\times90\times100\times100\times90)^{1/7}/100=90.8\%$$

（2）加权平均法自然质量分为

$$C=(0.14\times100+0.18\times70+0.09\times90+0.07\times90+0.05\times100+0.27\times100+0.20\times90)/100$$
$$=91\%$$

几何平均法计算得该分等单元的自然质量分为 90.8%，加权平均法得到的自然质量分为 91%。

6.4.3 农用地定级

农用地定级确定主要有因素法、修正法和样地法三种方法。

6.4.3.1 因素法

1. 确定定级因素体系及权重

定级因素指对农用地质量差异有显著影响的自然因素、区位因素和社会经济因素，某些因素可分解为多个因子，构成因素体系。开展农用地定级的县（市）可根据当地实际情况，筛选或补充表 6.14 给出的定级因素。选用特尔斐法、因素成对比较法、层次分析法等方法中的一种或几种确定定级因素及权重。

表 6.14 农用地定级因素因子（特征属性）

自然因素	局部气候差异	温度、积温、降水量、蒸发量、酸雨、灾害气候（风、雹等）、无霜期等
	地形	地形部位、海拔高度、坡度、坡向、侵蚀程度、其他
	土壤条件	土层厚度、障碍层深度、土壤质地、土体构型、土壤 pH 值、土壤盐碱状况、土壤污染状况、土壤侵蚀状况、土壤养分状况、土壤中砾石含量等
	水资源状况	地下水埋深、水源保证率、水源水质、其他
经济因素	基础设施条件	林网化程度、灌溉保证率、排水条件、田间道路、田间供电等
	耕作便利条件	耕作距离、耕作装备、田块大小、田块形状、田块平整度、田面高差等
	土地利用状况	经营规模、经营效益、利用集约度、人均耕地、利用现状、利用方式
区位因素	区位条件	中心城市影响度、农贸市场影响度
	交通条件	道路通达度、对外交通便利等

2. 编制定级因素-质量分关系表

根据各定级因素对农用地质量影响程度，对指标值进行分级，并给出相应的质量分。

(1) 因素质量分与土地质量的优劣呈正相关，即土地质量越好，质量分越高；反之，质量分越低。

(2) 质量分体系采用百分制。

(3) 质量分只与因素的显著作用区间相对应。

3. 定级资料整理与量化

(1) 定级因素资料整理。

1) 整理核实定级因素资料，资料不足时，应进行外业补充调查。

2) 将定级因素资料标注在工作底图上。

(2) 定级因素因子指标量化。根据定级因素对农用地级别的影响方式确定量化方法。

1) 面状因素指定级因素指标的优劣仅对具备此指标的地块有影响（如土壤质地）。面状因素是非扩散性因素，量化方法采用最大最小值法或均值度法。

2) 线状因素指定级因素指标的优劣不仅对具备此指标的地块有影响，还对一定距离范围内的农用地产生影响（如交通条件）。线状因素是平行扩散性因素，随着距离的增加，其影响强度按一定规律衰减，量化方法采用直线衰减法或指数衰减法。

3) 点状因素指定级因素指标的优劣不仅对具备此指标的地块有影响，还对其周围农用地产生影响。点状因素是同心圆扩散性因素，量化方法采用直线衰减法或指数衰减法。

4) 对于有交叉影响的因素因子（如各级农贸中心、道路等），应进行功能分割或衰减叠加处理。

4. 编制因素分值图

(1) 采用与农用地定级单元图同比例尺的素图为工作底图。

(2) 将定级因素分值标注在工作底图上。

(3) 标注图名、图例、图号等其他制图要素。

(4) 因素因子分值图可用计算机系统生成。

5. 计算定级单元因素分值

将定级单元图叠置在定级因素分值图上，根据实际情况选择以下方法计算。

(1) 以定级单元所包含的因素等分线平均值代表单元分值。

(2) 以定级单元跨越的不同分值区的面积加权平均分代表单元分值。

(3) 以定级单元几何中心点的分值代表单元分值。

(4) 以定级单元各转折点、明显变化点的平均值代表单元分值。

(5) 综合运用上述方法，计算分值。

(6) 采用计算机手段进行农用地定级时，点、线状定级因素分值按相应衰减公式计算，面状因素分值则直接读取中心点所在指标区域的作用分值。

6. 计算定级指数

可用定级因子分值直接计算，也可先将定级因子综合成定级因素分值后再计算。计算方法主要有加权求和法、几何平均法以及限制系数法。

6.4.3.2 修正法

1. 确定修正因素

修正因素指在分等因素之外对农用地级别有显著影响的因素。备选修正包括以下因素。

(1) 土地区位条件,包括农贸中心和交通状况等。

(2) 耕作便利条件,包括耕作距离、田间道路和田块形状等。

(3) 土地利用状况,包括土地利用现状、利用方式、经营效益、利用集约度等。

(4) 其他因素。

采用特尔斐法、因素成对比较法、层次分析法等对备选修正因素进行筛选和补充,初步选择修正因素,重点考虑经济条件、区位条件对级别的影响。在全面开展工作之前,选择1~2个乡进行试评,根据试评结果确定修正因素。

2. 资料整理与量化

主要整理定级区域农用地分等资料,包括分等时收集的各种基础资料、分等中间成果及最终成果等。主要内容为:①根据定级需要,对分等资料进行复核、分类、分析论证;②对不能满足定级工作要求的资料应做好记录,以便进行补充调查。

3. 编制定级修正因素分值图

(1) 采用与农用地定级单元图同比例尺的素图为工作底图。

(2) 将定级修正因素分值标注在工作底图上。

(3) 标注图名、图例、图号等其他制图要素。

(4) 可先编制出定级因子分值图,再综合成定级修正因素分值图。

(5) 定级修正因素分值图可用计算机系统生成。

4. 计算单元修正因素质量分

将定级单元图叠置在定级修正因素分值图上,参照因素法规定的方法对单元内定级因素分值进行取值和计算。

5. 计算修正系数

修正系数反映了修正因素在定级范围内的相对变化程度,计算公式为

$$k_{ji} = K_{ji} / \overline{K_j} \tag{6.27}$$

式中:k_{ji} 为第 i 个单元第 j 个修正因素修正系数;K_{ji} 为第 i 个单元第 j 个修正因素分值;$\overline{K_j}$ 为区域内第 j 个修正因素平均分值。

6. 计算定级指数

计算方法有两种:

(1) 连乘修正法。计算方法为

$$H_i = R_i \prod k_{ij} \tag{6.28}$$

式中:H_i 为第 i 个定级单元的定级指数;R_i 为第 i 个单元所对应的自然质量等指数;k_{ij} 为第 i 个单元第 j 个修正因素修正系数。

(2) 加权修正法。计算方法为

$$H_i = R_i \sum w_j k_{ij} \tag{6.29}$$

式中:w_j 为第 j 个修正因素的权重;其他符号意义同式(6.28)。

样地法内容与程序见《农用地定级规程》(GB/T 28405—2012)。

6.5 耕地资源保护

耕地是农业生产的基础，是粮食安全的"压舱石"。人类消费所需80%以上的热量、75%以上的蛋白质以及部分纤维直接来自耕地。耕地作为农业生产中最基本的生产资料，是最宝贵的土地资源。当前，我国人口增长与耕地减少的矛盾十分突出。十分珍惜、合理利用土地和切实保护耕地是我国的基本国策，保护耕地就是保护我们的生命线。

6.5.1 耕地保护的主要内容

国家坚持科学规划、保护优先、从严管控、用养结合的耕地保护原则，着力加强耕地数量、质量和生态的全面管护，目的是在保持耕地总量动态平衡的前提下，逐步提高耕地质量，改善和保护生态环境，实现耕地数量、质量和生态三方面协调统一。

1. 耕地数量保护

耕地数量保护是耕地保护的基础，是指国家采取行政、经济、法律、技术等措施和手段，严格控制现有耕地数量上的减少，如严格控制建设占用耕地、农业结构调整占用耕地，防止水土流失，减少自然灾害毁坏耕地等。耕地数量保护要求既要做到耕地总量不减少，又要保证耕地质量不降低，达到耕地数量动态平衡的目标。具体内容包括以下几方面：

（1）严格控制耕地转为非耕地。当前耕地减少的原因有：城市建设、村镇建设、能源、交通、水利等基础建设；乡镇企业、其他建设项目占用耕地；农业结构调整中发展林果、渔业等占用耕地；生态退耕及自然灾害毁坏耕地。因此，对各项占用耕地都要采取严格的限制措施。

（2）对非农业建设项目批准占用耕地的，实行占用耕地补偿制度。按照"占多少，垦多少"的原则，由占用耕地的单位负责开垦与所占用耕地的数量和质量相当的耕地。

（3）划定永久基本农田保护区。永久基本农田是指根据一定时期人口和社会经济发展对农产品的需求，根据国土空间规划确定的不得占用的耕地。永久基本农田应当占本行政区域内耕地的80%以上。对划入永久基本农田保护区的耕地实行特殊保护。

（4）进行土地开发、复垦、整理。对土地进行开发、复垦、整理是增加耕地面积的有效手段，也是我国实行耕地占补平衡的主要措施。土地开发主要是对未利用土地进行开发；土地整理是对土地利用不充分的土地进行整治，提高土地利用率；土地复垦是指对已破坏的土地采取措施恢复到可利用状态。通过土地整理与开发复垦，增加可耕地数量，及时弥补耕地损失，或提供其他农用地和建设用地，减少耕地占用。

2. 耕地质量保护

耕地质量是指由田间基础设施、耕地地力和土壤健康状况等构成的满足农产品持续产出和质量安全的能力，主要表现为耕地生产能力的高低、耕地环境状况的优劣及耕地产品质量的高低。耕地质量保护就是指国家采取行政、经济、法律、技术等措施和手段，保护高质量的耕地，并改善治理耕地中的限制因素，同时保证耕地在利用过程中质量不下降。

《土地管理法》对保护耕地质量也提出了要求，"各级人民政府应当采取措施，维护排灌工程设施，改良土壤，提高地力，防止土地沙化、盐渍化、水土流失和污染土地。"耕地质量保护的重点是"改、培、保、控"四字要领。"改"改良土壤，针对耕地土壤障碍因素，治理水土侵蚀，改良酸化、盐渍化土壤，改善土壤理化性状，改进耕作方式。"培"培肥地力，通过增施有机肥，实施秸秆还田，开展测土配方施肥，提高土壤有机质含量、平衡土壤养分，通过粮豆轮作套作、固氮肥田、种植绿肥，实现用地与养地结合，持续提升土壤肥力。"保"保水保肥，通过耕作层深松耕，打破犁底层，加深耕作层，推广保护性耕作，改善耕地理化性状，增强耕地保水保肥能力。"控"控污修复，控施化肥农药，减少不合理投入数量，阻控重金属和有机物污染，控制农膜残留。

耕地的质量保护包括以下几方面：

（1）改良土壤，提高地力。土壤肥力是土壤的基本属性和质量特性，土壤厚度、土壤质地、坡度、土壤有机质含量、土壤pH值、土壤养分等对作物产量有很大的影响，通过改良土壤，提高地力，发挥耕地的更大效益。

（2）搞好农田水利建设。水利是农业的命脉，我国是一个多灾害的国家，水灾、旱灾经常发生，水利设施的建设直接影响到农业生产的产量，因此应维护现有水利设施，加大水利设施投入，增加耕地的排灌设施，增强抗御自然灾害的能力。

（3）防止土地沙化、盐渍化、水土流失和污染。当前土地沙漠化、盐渍化、水土流失是我国许多地区耕地受到的主要威胁。必须通过各种工程措施，如洗盐、压碱、放淤等；各种生物措施，如营造各种防护林带等；各种农业措施，如合理种植、施肥等来防止土地退化，提高土地生产力潜力。

（4）禁止破坏耕地。非农业建设必须节约用地，可以利用荒地的不得占用好地，可以利用劣地的不得占用耕地。这是非农业建设用地的原则，也是保护耕地的必要措施。禁止一切破坏耕地的行为，包括擅自在耕地上建房、挖砂、采石、采矿、取土等。

3. 耕地生态保护

耕地与周围的生态环境密不可分，它既是生态环境的组成部分，又与周围生态环境及其他用途的土地相互影响。耕地作为一个生态系统，除了生产功能以外，还具有涵养水源、水土保持、调节气候、养分循环、保护生物多样性等重要生态功能。

耕地生态保护是指国家采取行政、法律、经济和科学技术措施，治理已经退化的耕地，恢复其功能，防止耕地生态环境污染和破坏，维护耕地生态功能及其与周边环境的平衡关系。不合理的利用方式会破坏耕地生态功能，如水土流失、耕地沙漠化、土壤盐碱化、土壤肥力下降等耕地退化现象，导致耕地生态功能退化，表现为生产力下降，产品质量不能满足人类需要等。维持良好的耕地生态功能将有益于耕地质量的提高以及数量的保证，进而保障耕地生产能力的维持或提高。

6.5.2 耕地保护的主要制度

十分珍惜、合理利用土地和切实保护耕地是我国的基本国策。进入21世纪，国家实行最严格的耕地保护制度和最严格的节约集约用地制度。国家坚持科学规划、保护优先、从严管控、用养结合的耕地保护原则，确保耕地数量不减少、质量有提高、生态功能稳定，形成了兼顾数量、质量与生态的"三位一体"的耕地保护利用制度。根据《土地管理法》《黑土地保护法》《土地管理法实施条例》《基本农田保护条例》等法律法规，耕地保护主要包括以下制度。

6.5.2.1 国土空间用途管制制度

国家实行土地用途管制制度和国土空间用途管制制度。

土地用途管制是指国家为保证土地资源的合理利用，经济、社会和环境的协调发展，通过编制土地利用总体规划划定土地用途区，确定土地使用限制条件，土地所有者、使用者严格按照国家确定的用途使用土地的制度。严格限制农用地转为建设用地，控制建设用地总量，对耕地实行特殊保护，严格控制耕地转为非耕地。省、自治区、直辖市人民政府编制的土地利用总体规划，应当确保本行政区域内耕地总量不减少。

目前，经依法批准的国土空间规划是各类开发、保护、建设活动的基本依据。已经编制国土空间规划的地区，不再编制土地利用总体规划。国土空间用途管制是指以国土空间总体规划、详细规划为依据，对陆海所有国土空间的保护、开发和利用活动，按照规划确定的区域、边界、用途和使用条件等，核发行政许可、进行行政审批等。编制国土空间规划应当坚持耕地保护优先，将耕地和永久基本农田保护作为规划的重要内容，统筹布局农业、生态、城镇等功能空间，划定落实耕地和永久基本农田保护红线、生态保护红线和城镇开发边界，明确耕地保有量和永久基本农田保护面积，并依法向社会公开。

下级国土空间规划应当逐级分解落实上级国土空间规划确定的耕地保有量和永久基本农田保护面积。省、自治区、直辖市人民政府应当严格执行国土空间规划，确保国土空间规划确定的本行政区域内的耕地数量不减少、质量不降低。耕地后备资源严重匮乏的直辖市，新开垦耕地不足以补充所占耕地，或者受资源环境条件严重约束、补充耕地能力严重不足的省、自治区，由于实施国家重大建设项目造成补充耕地缺口的，可以向国务院申请补充耕地国家统筹，易地开垦数量和质量相当的耕地。

县级以上地方人民政府自然资源主管部门应当将耕地保有量和永久基本农田保护面积以及布局安排等纳入国土空间基础信息平台和国土空间规划"一张图"，并及时更新，对耕地和永久基本农田变动情况进行动态监管和评估预警。

6.5.2.2 占用耕地补偿制度

国家实行占用耕地补偿制度。占用耕地补偿制度是指非农业建设经批准占用耕地，按照"占多少，垦多少"的原则，由占用耕地的单位负责开垦与所占用耕地的数量和质量相当的耕地。没有条件开垦或者开垦的耕地不符合要求，应当按照省、自治区、直辖市的规定缴纳耕地开垦费，专款用于开垦新的耕地。在实际工作中，称其为耕地占补平衡制度。保护耕地，严格控制耕地转为非耕地，实行占用耕地补偿制度的目的是保持耕地总量动态平衡，包括耕地数量上的平衡和耕地质量上的平衡，二者缺一不可。

省、自治区、直辖市人民政府应当严格执行国土空间规划和土地利用年度计划，确保本行政区域内的耕地数量不减少、质量不降低。耕地总量减少的，由国务院责令在规定期限内组织开垦与所减少耕地的数量与质量相当的耕地；耕地质量降低的，由国务院责令在规定期限内组织整治。个别省、直辖市确因土地后备资源匮乏，新开垦耕地不足以补充所占耕地，或者受资源环境条件严重约束、补充耕地能力严重不足的省、自治区，由于实施国家重大建设项目造成补充耕地缺口的，可以向国务院申请补充耕地国家统筹，易地开垦数量和质量相当的耕地。

在实施耕地占补平衡中，主要实施建设用地项目补充耕地与土地开发整理项目挂钩制度和补充耕地储备制度这两项制度。

1. 建设用地项目补充耕地与土地开发整理复垦项目挂钩制度

土地的开发、整理与复垦是增加耕地面积的有效手段，也是我国实行耕地保护制度、落实耕地占补平衡制度的主要措施。土地开发整理复垦项目依据国土空间规划、生态保护修复规划和土地整治规划等，因地制宜，对未利用地进行开发，对田、水、路、林、村进行综合整治，以及对生产建设活动和自然灾害损毁的土地进行复垦，从而提高耕地质量，增加有效耕地面积。

建设用地项目补充耕地与土地开发整理项目挂钩制度是指暂无条件建立耕地储备库的地方，在建设项目占用耕地需要补充耕地时，从土地开发整理复垦项目库中选取已经过论证并批准立项的项目与建设项目挂钩，拟定补充耕地方案，并利用建设单位所缴纳的耕地开垦费，组织实施土地开发整理复垦项目补充耕地，使新补充耕地与被占用的耕地数量、质量相匹配。补充耕地方案必须注明与补充耕地挂钩的土地开发整理复垦项目名称和有关情况，对未实行项目挂钩的补充耕地方案，原则上不予批准建设用地。

建设占用耕地原则上应在耕地所在地的市、县行政区域范围内进行补充耕地，立足于就地实现耕地占补平衡。有的地区由于耕地后备资源匮乏，就地补充耕地，实现耕地占补平衡确有困难，就需要进行易地补充耕地。所谓易地补充耕地是指就地补充耕地有困难而进行的跨市、县或者跨省级行政区域范围的补充耕地行为。

2. 补充耕地储备制度

补充耕地储备制度是指在有条件的地方，通过组织实施开发整理复垦等补充耕地项目先行开发整理耕地，项目经验收合格后，将新增耕地指标纳入耕地储备库。当建设项目占用耕地需要补充时，从项目所在市、县耕地储备库中划出耕地指标，作为建设项目占用耕地补偿指标，从而实现"先补后占"。耕地储备库建设工作是用地占补平衡、建设用地组件报批中不可缺少的重要环节，补充耕地储备制度不但可以增加有效耕地面积，稳定粮食生产，还能保障建设用地需求，增加补充耕地储备库指标交易收入，对维护国家粮食安全和社会稳定具有重大意义。

实际工作中为落实耕地占一补一、占优补优、占水田补水田要求，根据补充耕地项目验收确认的新增耕地数量、新增水田和新增粮食产能，以县（市、区）为单位建立新增耕地数量、水田面积和粮食产能3类指标储备库，建设占用耕地时从储备库中核销3类指标落实耕地占补平衡，实现分类管理、分别使用。新增水田包括直接垦造的水田和由旱地、水浇地改造的水田。新增耕地的粮食产能，根据新增耕地面积和评定的质量等别计算，纳入产能储备库；提质改造耕地的新增粮食产能，根据整治的耕地面积和提升的质量等别计算，纳入产能储备库。新增耕地指标通过耕地占补平衡动态监管系统纳入耕地储备库，同时利用国土空间规划"一张图"构建监管体系，按照

"统一底图、统一标准、统一规划、统一平台"要求,实现耕地占补平衡从耕地补充、使用、监管全链条信息化管理,确保补充耕地来源明、数量准、信息实、监管严。

新增耕地指标通过补充耕地指标交易平台将符合出让条件的补充耕地指标以协议出让、公开挂牌等方式确定成交单位,实现指标有偿出让。无法在本行政辖区内实现耕地占补平衡的地区,可以通过补充耕地指标交易的方式落实耕地占补平衡。

6.5.2.3 永久基本农田保护制度

国家实行永久基本农田保护制度。

1. 永久基本农田的划定

永久基本农田是指按照一定时期人口和经济社会发展对粮食等重要农产品的需求,依据国土空间规划确定的不得擅自占用或者改变用途,实行特殊保护的耕地。"永久"两字表明此类耕地什么情况下都不能改变其用途,不得以任何方式挪作他用,也体现了党中央、国务院对耕地特别是永久基本农田是严格保护的态度。

加强永久基本农田保护,把最优质、生产能力最好的耕地划为永久基本农田,对保障国家粮食安全具有重要意义。下列耕地应当优先划为永久基本农田:

(1) 经国务院农业农村主管部门或者县级以上地方人民政府批准确定的粮、棉、油、糖等重要农产品生产基地内的耕地。

(2) 黑土层深厚、土壤性状良好的黑土地。

(3) 蔬菜生产基地。

(4) 农业科研、教学试验田内的耕地。

(5) 有良好的水利与水土保持设施的耕地,正在实施改造计划以及可以改造的中、低产田和已建成的高标准农田范围内的耕地。

(6) 国务院规定应当划为永久基本农田的其他耕地。

各省、自治区、直辖市划定的永久基本农田一般应当占本行政区域内耕地的80%以上,具体比例由国务院根据各省、自治区、直辖市耕地实际情况规定。

下列耕地不得划为永久基本农田:

(1) 根据国家规定需要退耕还林、还牧、还草、还湖的耕地。

(2) 坡度大于25°且未采取水土保持措施的耕地。

(3) 因生产建设或者自然灾害严重损毁且不能恢复耕种的耕地、河道两岸堤防范围内不适宜或者难以稳定利用的耕地。

(4) 严重污染纳入农用地严格管控且无法恢复治理的耕地。

(5) 位于自然保护地核心保护区的耕地。

(6) 国务院规定不得划为永久基本农田的其他耕地。

2. 永久基本农田的保护

永久基本农田保护实行全面规划、合理利用、用养结合、严格保护的方针。

(1) 永久基本农田划定。各级人民政府在编制国土空间规划时,应当坚持耕地保护优先,将耕地和永久基本农田保护作为规划的重要内容,统筹布局农业、生态、城镇等功能空间,划定落实耕地和永久基本农田保护红线、生态保护红线和城镇开发边界,明确耕地保有量和永久基本农田保护面积,并依法向社会公开。下级国土空间规划应当逐级分解落实上级国土空间规划确定的耕地保有量和永久基本农田保护面积。

永久基本农田应当在县级、乡（镇）级国土空间规划中标明具体位置，并落实到地块，纳入国家永久基本农田数据库严格管理。乡（镇）人民政府应当将永久基本农田的位置、范围向社会公告，并设立保护标志。任何单位和个人不得破坏或者擅自改变永久基本农田保护标志。

（2）永久基本农田用途管制。永久基本农田是依法划定的优质耕地，重点用于发展粮食生产，特别是保障稻谷、小麦、玉米三大谷物的种植面积。永久基本农田一经划定，不得擅自占用或者改变用途。严禁通过擅自调整国土空间规划等方式规避永久基本农田农用地转用或者土地征收的审批。禁止将永久基本农田转为林地、草地、园地、农业设施建设用地等其他农用地。

禁止占用永久基本农田发展林果业和挖塘养鱼。禁止在永久基本农田上堆放固体废弃物、建设生活垃圾焚烧发电等污染类项目或者进行其他破坏永久基本农田的活动；禁止任何单位和个人闲置、荒芜永久基本农田。经国务院批准的重点建设项目占用永久基本农田的，满1年不使用而又可以耕种并收获的，应当由原耕种该幅基本农田的集体或者个人恢复耕种，也可以由用地单位组织耕种；1年以上未动工建设的，应当按照省、自治区、直辖市的规定缴纳闲置费；连续2年未使用的，经国务院批准，由县级以上人民政府无偿收回用地单位的土地使用权；该幅土地原为农民集体所有的，应当交由原农村集体经济组织恢复耕种，重新划入永久基本农田保护区。承包经营永久基本农田的单位或者个人连续2年弃耕抛荒的，原发包单位应当终止承包合同，收回发包的永久基本农田。建设项目施工和地质勘查需要临时用地时，应当尽量不占或者少占耕地，避让永久基本农田。临时用地确需占用永久基本农田的，必须能够恢复原种植条件。

（3）永久基本农田占用审批。国家能源、交通、水利、军事设施等重点建设项目选址确实难以避让永久基本农田，涉及农用地转用或者土地征收的，必须经国务院批准。

经国务院批准占用永久基本农田，当地人民政府应当按照国务院的批准文件，调整国土空间相关规划，并补充划入数量和质量相当的基本农田，以保证永久基本农田面积不减少，质量不降低。

（4）永久基本农田保护责任。省、自治区、直辖市党委、人民政府对本行政区域耕地保护负总责，其主要负责人是本行政区域耕地保护的第一责任人，对本行政区域内的耕地保有量、永久基本农田保护面积以及耕地质量和生态负责。

县级以上地方各级人民政府承担本行政区永久基本农田保护的责任，应当采取措施，稳定永久基本农田规模布局，提升永久基本农田质量，改善生态环境。应当推进永久基本农田集中连片整治，通过土地开发整治复垦和高标准农田建设等，促进零星分散的永久基本农田集中连片。县级以上地方人民政府应当与下一级人民政府签订永久基本农田保护责任书；乡（镇）人民政府应当根据与县级人民政府签订的永久基本农田保护责任书的要求，与农村集体经济组织或者村民委员会签订永久基本农田保护责任书，将保护责任落实到人、落实到地块。

3. 高标准农田建设

高标准农田是指田块平整、集中连片、设施完善、节水高效、农电配套、宜机作业、土壤肥沃、生态友好、抗灾能力强，与现代农业生产和经营方式相适应的旱涝保收、稳产高产的耕地。已建成的高标准农田应当划为永久基本农田，高标准农田建设应当优先在永久基本农田上开展，因此高标准农田是永久基本农田的一部分，必须依法保护，不得随意侵占。

（1）高标准农田建设的意义。高标准农田建设是为减轻或消除主要限制性因素、全面提高农田综合生产能力而开展的田块整治、灌溉与排水、田间道路、农田防护与生态环境保护、农田输配电等农田基础设施建设和土壤改良、障碍土层消除、土壤培肥等农田地力提升活动。高标准农田建设具有以下意义。

1）提高了国家粮食综合生产能力。截至2020年年底，全国已完成8亿亩高标准农田建设任务。通过完善农田基础设施，改善农业生产条件，增强了农田防灾抗灾减灾能力，巩固和提升了粮食综合生产能力。建成后的高标准农田亩均粮食产能增加10%~20%，为我国粮食连续多年丰收提供了重要支撑。

2）推动了农业生产方式转型升级。高标准农田通过集中连片开展田块整治、土壤改良、配套设施建设等措施，解决了耕地碎片化、质量下降、设施不配套等问题，有效促进了农业规模化、标准化、专业化经营，带动了农业机械化提档升级，提高了水土资源利用效率和土地产出率，推动了农业经营方式、生产方式、资源利用方式的转变，有效提高了农业综合效益和竞争力。

3）改善了农田生态环境。高标准农田通过田块整治、沟渠配套、节水灌溉、林网建设和集成推广绿色农业技术等措施，调整优化了农田生态格局，增强了农田生态防护能力，减少了农田水土流失，降低了农业面源污染，保护了农田生态环境，促进了山水林田湖草整体保护。

4）拓宽了农民增收致富渠道。高标准农田建设通过完善农田基础设施、提升耕地质量、改善农业生产条件，降低了农业生产成本、提高了产出效率、增加了土地流转收入，显著提高了农业生产综合效益和农民生产经营性收入。

（2）高标准农田建设目标。高标准农田建设以提升粮食产能为首要目标，涉及以下8个方面的目标。

1）田。通过合理归并和平整土地、坡耕地田坎修筑，实现田块规模适度、集中连片、田面平整，耕作层厚度适宜，山地丘陵区梯田化率提高。

2）土。通过培肥改良，实现土壤通透性能好、保水保肥能力强、酸碱平衡、有机质和营养元素丰富，着力提高耕地内在质量和产出能力。

3）水。通过加强田间灌排设施建设和推进高效节水灌溉等，增加有效灌溉面积，提高灌溉保证率、用水效率和农田防洪排涝标准，实现旱涝保收。

4）路。通过田间道（机耕路）和生产路建设、桥涵配套，合理增加路面宽度，提高道路的荷载标准和通达度，满足农机作业、生产物流要求。

5）林。通过农田林网、岸坡防护、沟道治理等农田防护和生态环境保护工程建设，改善农田生态环境，提高农田防御风沙灾害和防止水土流失能力。

6）电。通过完善农田电网、配套相应的输配电设施，满足农田设施用电需求，降低农业生产成本，提高农业生产的效率和效益。

7）技。通过工程措施与农艺技术相结合，推广数字农业、良种良法、病虫害绿色防控、节水节肥减药等技术,提高农田可持续利用水平和综合生产能力。

8)管。通过上图入库和全程管理,落实建后管护主体和责任、管护资金,完善管护机制,确保建成的工程设施在设计使用年限内正常运行、高标准农田用途不改变、质量有提高。

(3)高标准农田建设基本原则。高标准农田建设是永久基本农田建设工作的重点任务,是耕地保护工作从重数量向数量质量并重、全面生态管护方式转化的基本途径之一,应当坚持以下原则:

1)规划引导原则。符合全国高标准农田建设规划、国土空间规划、国家有关农业农村发展规划等,统筹安排高标准农田建设。

2)因地制宜原则。各地根据自然资源禀赋、农业生产特征及主要障碍因素,确定建设内容与重点,采取相应的建设方式和工程措施,什么急需先建什么,缺什么补什么,减轻或消除影响农田综合生产能力的主要限制性因素。

3)数量、质量并重原则。通过工程建设和农田地力提升,稳定或增加高标准农田面积,持续提高耕地质量,节约集约利用耕地。

4)绿色生态原则。遵循绿色发展理念,促进农田生产和生态和谐发展。

5)多元参与原则。尊重农民意愿,维护农民权益,引导农民群众、新型农业经营主体、农村集体经济组织和各类社会资本有序参与建设。

6)建管并重原则。健全管护机制,落实管护责任,实现可持续高效利用。

(4)高标准农田建设区域。高标准农田建设区域农田应相对集中、土壤适合农作物生长、无潜在地质灾害,建设区域外有相对完善的、能直接为建设区提供保障的基础设施。

重点区域包括:已划定的永久基本农田和粮食生产功能区、重要农产品生产保护区。

限制区域包括:水资源贫乏区域,水土流失易发区、沙化区等生态脆弱区域,历史遗留的挖损、塌陷、压占等造成土地严重损毁且难以恢复的区域,安全利用类耕地,易受自然灾害损毁的区域,沿海滩涂、内陆滩涂等区域。

禁止区域包括:严格管控类耕地,生态保护红线内区域,退耕还林区、退牧还草区,河流、湖泊、水库水面及其保护范围等区域。其中,严格管控类耕地指的是重度污染的耕地,耕地土壤污染物含量过高,对农产品质量安全、农作物生长或土壤生态环境风险较高,且难以通过农用地安全利用类措施降低风险,这类耕地为严格管控类耕地。

第 7 章 土地利用规划

《中华人民共和国土地管理法》(以下简称《土地管理法》)第四条规定:"国家实行土地用途管制制度。国家编制土地利用总体规划,规定土地用途,将土地分为农用地、建设用地和未利用地。严格限制农用地转为建设用地,控制建设用地总量,对耕地实行特殊保护。"第十八条规定:"国家建立国土空间规划体系。""经依法批准的国土空间规划是各类开发、保护、建设活动的基本依据。已经编制国土空间规划的,不再编制土地利用总体规划和城乡规划。"国土空间规划将主体功能区规划、土地利用规划、城乡规划等空间规划"多规合一",成为国家空间发展的指南、可持续发展的空间蓝图,是各类开发保护建设活动的基本依据。

中国特色社会主义进入新时代,社会主要矛盾已经转化为人民日益增长的美好生活需要和不平衡不充分的发展之间的矛盾。建立统一的国土空间规划体系,是生态文明建设的现实需求,也是实现国土空间治理体系与治理能力现代化的重要支撑。在国土空间规划背景下,面对土地资源的稀缺性与土地利用的竞争性,积极开展土地利用规划,有助于协调人地关系、实现土地资源可持续利用,强化土地生态系统功能,促进生态文明建设,助力乡村振兴,以及社会经济稳定运行与服务高质量发展。

7.1 土地利用规划概述

我国的土地资源数量相对较少,耕地资源严重不足,城市化、工业化进程加剧了土地供需矛盾以及水土流失、土地退化等生态环境问题,需要按照国民经济发展需要,开展土地利用规划。土地利用规划即土地规划,是在一定规划区域内,根据当地的自然和社会经济条件以及国民经济发展的需求,对土地资源在各部门之间的合理配置以及对土地的开发、利用、整治、保护进行统筹协调和合理安排。土地规划的目的在于加强土地利用的宏观控制和计划管理,合理利用土地资源,促进国民经济协调发展,是实行土地用途管制的重要依据,也是人口、资源、环境协调发展的重要手段。

7.1.1 我国土地利用规划体系

土地利用规划体系是指由不同类型、不同级别和不同时序的规划所组成的一个相互联系的规划系统,我国常见的类型为按规划的性质和任务、时间期限、行政区划等划分的规划体系。

7.1.1.1 按规划性质和任务划分

按规划的性质和任务，我国土地利用规划分为土地利用总体规划、土地利用专项规划和土地利用详细规划。

1. 土地利用总体规划

土地利用总体规划是在一定的规划区域内，根据国民经济和社会发展规划、土地供给能力及各项建设对土地的需要，确定和调整土地利用结构和用地布局的长期的、战略性的总体部署和统筹安排。土地利用总体规划属于宏观土地利用规划，是各级人民政府依法组织对辖区内全部土地的利用以及土地开发、整治、保护所作的综合部署和统筹安排。土地利用总体规划核心是加强土地利用的宏观调控和均衡各业用地，确定和调整土地利用结构和用地布局，基本任务是从国家全局和长远利益出发，在保持耕地稳定的前提下，协调各业用地需求，统筹安排各类用地的规模和布局，合理安排土地开发和整理，以促进土地资源的充分、高效利用，保障社会经济的可持续发展，并为土地利用科学管理提供依据。

土地利用总体规划由各级人民政府组织编制，规划一经批准即具有法律效力，是实施土地用途管制，保护土地资源，统筹各项土地利用活动的重要依据。根据我国行政区划，土地利用总体规划分为国家、省、市、县和乡（镇）五级，即五个层次。上下级规划必须紧密衔接，相互联系和相互补充，上一级规划是下级规划的依据，并指导下一级规划，下级规划是上级规划的基础和落实。

2. 土地利用专项规划

土地利用专项规划是在土地利用总体规划的框架控制下，为解决土地开发、利用、整治、保护的某一专门问题或某一产业部门的土地利用问题而编制的土地规划，如土地开发规划、土地整理规划、土地复垦规划、基本农田保护规划等。

土地利用专项规划以土地资源的开发、利用、整治和保护为主要内容，是土地利用总体规划的深化、继续和补充，也是保障土地利用总体规划实施的重要措施，各级土地利用总体规划必须包含相应的土地利用专项规划。土地利用专项规划必须在土地利用总体规划的控制与指导下组织和安排，在没有条件编制或尚未编制土地利用总体规划的情形下，为了保护或整治土地资源，解决迫切需要解决的土地问题，可以先行编制土地利用专项规划。专项规划实质上是土地利用总体规划的组成部分，兼有微观和宏观规划的性质。

3. 土地利用详细规划

土地利用详细规划也称土地利用规划设计，是在总体规划和专项规划的控制和指导下，详细规定各类用地的各项控制指标和规划管理要求，或直接对某一地段、某一土地使用单位的土地利用及其配套设施做具体的安排和规划设计。

详细规划属于微观土地规划，是土地利用总体规划和专项规划的继续和深入，是对各项用地的具体安排，是规划实施的最终依据。其目的是合理开发、整治改造、保护和提高土地肥力，不断改善土地生态条件，提高土地利用集约化程度以及合理利用非农建设用地。土地利用详细规划可分为农用地详细规划和建设用地详细规划。其中，农用地详细规划包括耕地规划、林地规划、园地规划、牧草地规划等；建设用地详细规划包括城镇用地规划、村庄用地规划、工业用地规划、交通用地规划、水利用地规划等。

7.1.1.2　按规划时间期限划分

按规划时间期限，我国土地利用规划分为长期规划（又称远期规划）、中期规划（又称近期规划）和短期规划。

长期规划：规划期限一般在10年或以上。土地利用总体规划、土地利用专项规划均属于长期规划，规划期限一般为15~20年。

中期规划：属于过渡性规划，是长期规划的深化和补充，是由宏观向微观过渡的规划。规划期限一般为5年，与国民经济和社会发展五年规划相匹配。目前我国土地利用的中期规划一般与长期规划同时进行编制，如在土地利用总体规划中既包含长期规划的内容，也包括中期规划的内容。

短期规划：规划期限多为1~3年。土地利用详细规划一般为短期规划，土地利用年度计划是更为普遍的一种短期规划。土地利用年度计划是根据国民经济和社会发展计划、国家产业政策、土地利用总体规划以及建设用地和土地利用实际状况，以一年为期，对计划年度内新增建设用地量、土地整治补充耕地量和耕地保有量等的具体安排。

7.1.1.3　按规划空间层次划分

按规划空间层次，我国的土地利用规划可分为国家、省、市、县和乡（镇）规划。以土地利用总体规划为例，我国土地利用总体规划按行政区域划分为国家、省、市、县和乡（镇）五个层次。

（1）全国土地利用总体规划。全国土地利用总体规划属于战略性、政策性规划，明确规划期内国家土地利用战略，政府土地利用管理的主要目标、任务和政策，引导全社会保护和合理利用土地资源，是实行最严格土地管理制度的纲领性文件，是落实土地宏观调控和土地用途管制、规划城乡建设和各项建设的重要依据。全国土地利用总体规划在保证全国耕地总量不减少的前提下，确定全国土地利用总体布局和对各省、自治区、直辖市的主要规划控制指标，如总耕地保有量、城乡建设用地总规模、基本农田保护、林地、土地整治等指标。

（2）省级土地利用总体规划。省级土地利用总体规划是统筹省级行政辖区土地利用的纲领性文件，应当立足本级人民政府土地利用管理职责，围绕保障经济社会全面、协调可持续发展的目标，统筹各业、各类和各区域的土地利用，对未来土地利用的规模、结构、布局和时序做出战略性决策，并制定规划实施的保障措施。主要任务包括：落实全国土地利用总体规划提出的战略任务；加强对省级行政辖区内土地利用的宏观调控；推进土地利用结构和空间布局的优化；引导各区域土地利用协调；解决跨市的重大土地利用问题；指导省级以下土地利用调控和管理；建立健全科学的用土管地体制机制。

（3）市级土地利用总体规划。市级土地利用总体规划是落实省级土地利用总体规划和指导县级以下土地利用总体规划编制、具有承上启下作用的规划层次，具有政策性、结构性、空间性和约束性，是统筹市域土地利用的纲领性文件，是土地审批和监管的基本依据。主要任务包括：落实省级土地利用总体规划目标任务；对市域土地利用结构、布局与主要用地规模进行安排；制定区域差别化土地利用政策，调控和指导县（区）土地利用；确定中心城区土地利用规模、范围、用途和时序；安排土地利用重大工程和重点项目；制定保障规划实施的政策措施。

(4) 县级土地利用总体规划。县级规划是落实市级土地利用总体规划和指导乡（镇）土地利用总体规划，是县域内土地利用、审批和监管的基本依据。它是根据自然经济社会条件和上级规划的要求，研究确定土地利用的方针、目标和调控措施，合理调整土地利用结构和布局，统筹协调和合理安排县域内各业、各类用地，制定规划实施的各项保障措施。主要任务包括：落实上级规划下达的任务，协调上下级规划；研究制定土地利用的方针和目标，确定各类农用地、建设用地的调控指标；统筹安排县域内土地利用结构、布局与主要用地规模；划定土地用途区，落实建设用地空间管制，明确管制规则；确定土地整治的规模、范围和重点区域；分解下达乡（镇）土地利用调控指标；制定实施规划的措施。

(5) 乡（镇）级土地利用总体规划。乡（镇）规划是土地利用总体规划体系中的基层规划，是实施土地用途管制的基本依据。基本任务包括：根据上级土地利用总体规划的要求和本乡（镇）自然社会经济条件，综合研究和确定土地利用的目标、发展方向，统筹安排田、水、路、林、村各类用地，协调各业用地矛盾，重点安排好耕地和基本农田、村镇建设用地、生态建设和环境保护用地及其他基础产业、基础设施用地，划定土地用途区，合理安排土地整治项目（区），制定实施规划的措施。重点是在县（市）级土地利用总体规划总量控制与用地分区控制的基础上编制详细的土地用途，即把各类用地定量、定位落实到具体地段，并确定每类用途土地的具体要求和限制条件，为土地的用途管制提供直接依据。

除上述规划分类体系外，有时还采用其他规划分类体系，如按自然区域、经济区域等区域划分编制土地利用规划。

7.1.2 土地利用规划的任务与内容
7.1.2.1 土地利用规划的任务

土地利用规划主要是通过合理调整土地利用结构和布局，解决土地利用中存在的问题，协调人地关系矛盾。土地利用规划的主要任务是根据社会经济发展计划、国土规划和区域规划的要求，结合区域内的自然生态和社会经济具体条件，寻求符合区域特点的和土地资源利用效益最大化要求的土地利用优化体系。具体来说，土地利用规划的主要任务包括以下内容：

(1) 土地供需综合平衡。协调土地的供需矛盾，是土地利用规划首要任务。人口的不断增长和社会经济发展对土地的需求呈逐步扩大的趋势，而土地供给是有限的，土地的供给与需求之间常常产生矛盾。土地供需不协调往往会导致国民经济结构失衡，也会导致土地资源的破坏和浪费，因此，协调土地的供需矛盾是土地利用规划的首要任务。在协调土地的供给与需求使之达到综合平衡时，必须遵从经济规律、自然规律和社会发展规律，使土地利用达到经济、生态、社会效益的总体最优，使土地资源分配符合国家产业政策的具体要求。

(2) 土地利用结构优化。土地利用规划的核心内容是资源约束条件下寻求最优的土地利用结构，土地利用结构优化和调整是土地利用的核心内容之一。土地利用结构调整应根据国民经济发展需要和区域社会、经济与生态条件，在区域发展战略指导下，因地制宜地加以合理组织并作为土地利用空间布局的基础和依据。土地利用结构的实质是国民经济各部门用地面积的数量比例关系，土地利用结构调整和优化，是在不增加土地投入的条件下，实现土地产出增长以获得结构效应的有效途径，从而使土地资源成为国民经济的重要调控手段。

(3) 土地利用宏观布局。土地位置的固定性决定了土地利用存在于不同的空间。土地利用规划属于空间规划，不同空间的自然环境要素、社会经济要素存在明显的差异性，决定了不同空间的土地用途适宜性，以及不同空间对土地用途的需求有差异，这就要求对土地利用进行宏观布局。土地利用的宏观布局和合理配置，就是要最终确定在何时、何地和何种部门使用土地的数量及分布状态，并结合土地质量和环境条件加以区位选择，最终将各业用地落实于土地之上。

(4) 土地利用微观设计。各类用地和各部门用地的数量和位置确定之后，需要对各类土地利用进行微观设计。宏观布局主要解决用地的数量和位置的问题，而土地利用微观设计就是在宏观布局的基础上，合理组织利用土地，以最大限度地提高其产出率和利用率，降低其占有率。土地利用的微观设计是从内涵和外延上扩大土地利用以及改善生态环境的重要途径和有效措施，并使其成为国民经济与社会持续发展的重要载体。土地利用的微观设计主要表现为土地利用专项规划及土地详细规划。

7.1.2.2 土地利用规划的内容

由于规划的对象、范围和任务的不同，不同类型的土地利用规划内容有所差异。土地利用规划是国土空间规划、国民经济和社会发展规划的重要组成部分和下位规划，上述各项规划均要借助土地利用规划在土地上加以落实其土地规模、形状、界线和区位。一般地，土地利用规划应包含下列内容：①土地利用现状分析与评价；②土地利用潜力分析；③土地供给与需求预测；④土地供需平衡和土地利用结构分析；⑤土地利用规划分区和重点用地项目布局；⑥城乡居民点用地规划；⑦交通运输用地规划；⑧水利工程用地规划；⑨农业用地规划；⑩生态环境建设用地规划。各地区应根据区域自然和社会经济条件，适当增减上述规划内容。

7.1.3 土地利用规划的作用

1. 宏观控制土地利用

土地利用规划是政府对土地进行宏观控制的最基本手段之一。土地利用规划控制是人们在一定条件下为达到一定的土地利用的目的，对土地利用活动与过程施加各种影响和限制，以促进土地利用向预期的目标与状态发展，它是政府对土地利用管理的基本职能之一。土地利用既是一种经济活动，也是一种社会行为，政府通过土地利用规划对土地利用进行宏观控制，协调国民经济各部门用地活动，从而建立适应经济、社会和市场发展需要的合理的土地利用结构。

2. 规范监督土地利用

土地利用规划是土地用途管制的依据，是国家意志的体现。《土地管理法》规定，"国家实行土地用途管制制度。国家编制土地利用总体规划，规定土地用途，将土地分为农用地、建设用地和未利用地。严格限制农用地转为建设用地，控制建设用地总量，对耕地实行特殊保护"。

"土地利用总体规划一经批准,必须严格执行。"土地利用总体规划具有法律效力,任何机构和个人不得随意变更规划方案,各项用地审批必须依据规划,土地利用总体规划是监督各部门土地利用的重要依据。规划方案的修改也必须按编制规划的法定程序进行。

3. 合理组织土地利用

国家通过土地利用总体规划在时空上对各类用地进行合理分配与布局,如对农业用地(如农、林、牧、水产用地等)和建设用地(如城镇居民点、工矿、交通和水利设施用地等)以及自然保护区、风景旅游区等专项用地的布局,引导土地资源的开发、利用、整治和保护;还通过土地专项规划及有关政策,组织和引导对土地后备资源的开发利用,以及对土地的整治和特殊地的保护,同时通过土地利用的详细规划,以提高土地利用效率和生产率,改善土地生态环境,以保证充分、合理、科学、有效地利用有限的土地资源,防止对土地资源的盲目开发。

4. 对人地关系的有效协调作用

土地利用活动实质是人类以土地为载体进行的物资、能量、价值、信息的不断交流与转换过程,涉及政治、社会、经济、文化、环境、生态等多方面,土地利用规划通过调整土地利用结构,提高土地的社会、经济和生态的综合效益,从而使人地系统处于一种动态平衡之中,保持人口、资源、环境与经济的共同发展,有效地协调人地关系。

7.2 土地利用总体规划

土地利用总体规划是各级人民政府依法组织对辖区内全部土地的利用以及开发、整治、保护所作的统筹部署和战略安排,是实行土地用途管制、落实最严格土地管理制度的基本依据,具有重要的意义与地位。

7.2.1 土地利用总体规划的发展历程

新中国成立以来,现代土地利用规划由苏联传入我国,当时称为"土地整理",20世纪50年代后期改称为"土地规划"。直到70年代末,我国土地利用基本沿袭苏联的计划模式,先后在国有农场和农业合作社组织以耕地规划为重点开展土地利用规划。改革开放后,随着经济迅速恢复和发展,城镇、交通、工矿、乡镇企业、农村建房等各类建设用地需求大量增加,造成耕地大幅度减少。为了统筹协调各类用地需求和保护耕地,我国在土地资源调查、农业区划、土地利用规划等方面做了大量工作,土地利用规划的主要任务由重农业生产逐步转为防止非农业建设乱占滥用耕地,协调各部门之间用地矛盾,加强土地利用宏观控制。1986年,国家土地管理局成立,我国土地管理由多头分散管理开始走上城乡土地统一管理阶段;同年,首部《土地管理法》颁发,提出的"各级人民政府编制土地利用总体规划"。土地利用总体规划从原国家土地管理局1987年底主持编制算起,到目前已开展了三轮规划编制和修订,逐渐形成了一套完整的技术规范和严密的规划实施管理监督体系。

7.2.1.1 第一轮土地利用总体规划

据统计,国民经济与社会发展第六个五年计划(1981—1985年)期间,我国耕地年均减少 48.7 万 hm^2，1985 年减少更高达 100 万 hm^2。为贯彻"十分珍惜、合理利用土地和切实保护耕地"的基本国策，1986 年 3 月，中共中央国务院发布 7 号文件，宣布成立国家土地管理局，要求县以上各级人民政府建立健全土地管理机构，明确提出"各地要尽快制定和完善土地利用总体规划"。同年，《土地管理法》实施颁布，第十五条规定"各级人民政府编制土地利用总体规划，地方人民政府的土地利用总体规划经上级人民政府批准执行"，开始了土地利用总体规划的新时期，标志着我国土地利用总体规划走上了依法、统一、全面、科学管理的轨道。

根据《土地管理法》和国务院办公厅《关于开展土地利用总体规划的通知》（国办发〔1987〕82 号），我国土地主管部门于 1987 年第一次尝试编制土地利用总体规划，相应开展了国家、省、市、县、乡（镇）的土地利用总体规划编制工作。1993 年 2 月，国务院正式批准了《全国土地利用总体规划纲要（草案）》，这是我国第一部土地利用总体规划。其后全国大多数地方相继完成了各级土地利用总体规划的编制工作。

第一轮土地利用总体规划实现了我国土地利用总体规划从无到有的转变，确定了土地利用总体规划编制范围为完整的行政区域，建立了国家、省、市（地）、县（区）和乡（镇）5 级土地利用总体规划编制体系。在这个时期，我国土地管理工作开始由分散多头管理转为集中统一管理，由单一行政管理转向由行政、法律、经济和技术措施相结合的综合管理新阶段。规划指标和规划分区构成了这一轮规划的基本内容。在规划体系上，除了过去重点进行的农村土地规划外，增加了区域性土地规划和城镇土地规划；在规划内容上，深度和广度方面都有了很大发展，土地规划在土地分配的空间组织和土地利用的空间组织方面都有了进一步的补充和完善。然而由于没有具体规划审批等事项，因而没有得到很好的实施，也就没有起到应有的作用，但其规划方法对后面的规划起到了重要的指导和借鉴作用。

7.2.1.2　第二轮土地利用总体规划

20 世纪末，我国城镇化进入快速发展阶段。1997 年 5 月，在全国宏观经济调控和严格保护耕地的环境和政策背景下，国务院发布《关于进一步加强土地管理切实保护耕地的通知》（中发〔1997〕11 号），要求"以保护耕地为重点，严格控制占用耕地，统筹安排各业用地的要求，认真做好土地利用总体规划的编制、修订和实施工作"。1997 年 7 月，原国家土地管理局组织在全国范围内开展了第二轮土地利用总体规划的编制和修订工作，该轮规划基期年为 1997 年，规划目标年为 2010 年。1997 年 10 月，原国家土地管理局颁布了《土地利用总体规划编制审批规定》，对各级土地利用总体规划编制的原则、程序、要求以及评审和报批做了详尽的规定。这是我国改革开放以来第一部专门对土地利用总体规划进行规范的部门规章，它提高了规划编制的科学性和可操作性。1998 年，修订的《土地管理法》规定"国家编制土地利用总体规划"，以法律形式确立了土地利用总体规划的国家规划地位。

第二轮土地利用总体规划形成了一套较为成熟的编制技术路线、规程和规划控制指标体系，建立了国家、省、市、县和乡（镇）五级土地利用规划体系和管理方法。本轮规划编制仍以耕地保护为主线，提出了耕地总量动态平衡具体做法，通过指标加分区的方法对主要的规划指标采取自上而下的方式逐级分解，为基层国土资源管理部门的日常管理工作提供了强有力的依据；同时，为保护耕地尤其是强化对永久基本农田的保护，节约利用土地资源，合理控制建设用地规模特别是规划建设占用耕地数量，保障经济社会全面、协调、可持续发展奠定了坚实的基础。

7.2.1.3 第三轮土地利用总体规划

随着我国城市化、工业化进程的加快，人地矛盾不断加剧，同时产业结构调整和生态环境建设也对土地资源管理提出了新挑战。2005年7月，全国土地利用总体规划修编前期工作座谈会在北京开幕，第三轮全国土地利用总体规划修编正式启动。2008年10月，国务院批准实施《全国土地利用总体规划纲要（2006—2020年）》，并指出土地利用总体规划是落实土地宏观调控和土地用途管制、规划城乡建设的重要依据，是实行最严格土地管理制度的一项基本手段。2009年5月，原国土资源部下发《市县乡级土地利用总体规划编制指导意见的通知》（国土资厅发〔2009〕51号），将指标体系分为预期性指标和约束性指标，制定了城乡建设用地规模边界、城乡建设用地扩展边界、禁止建设用地边界以及允许建设区、有条件建设区、限制建设区和禁止建设区的"三界四区"分区管制方式，颁布了《土地利用总体规划编制审查办法》，从编制方式、编制内容、编制审查等方面进行了统筹部署。

本轮规划结合经济社会发展的形势要求，探索了兼顾保护耕地与保障发展的、刚性与弹性结合的土地利用规划管控机制，呈现出鲜明的坚守耕地红线意识、资源节约意识、统筹协调意识和共同责任意识，对规划期内我国土地开发、利用和保护作出了科学、合理的安排和部署，并构建了"图数一致"的规划数据库，提升了土地利用总体规划对经济社会发展的支撑保障能力。

7.2.2 土地利用总体规划的特性

土地利用总体规划由各级人民政府组织编制，核心是确定或调整土地利用结构和布局。它属于土地利用规划的宏观层次，决定和制约着其他各个层次的土地利用规划。《土地管理法》）规定："使用土地的单位和个人必须严格按照土地利用总体规划确定的用途使用土地。""各级人民政府应当依据国民经济和社会发展规划、国土整治和资源环境保护的要求、土地供给能力以及各项建设对土地的需求，组织编制土地利用总体规划。""土地利用总体规划一经批准，必须严格执行。"土地利用总体规划是实行最严格土地管理制度的纲领性文件，是落实土地宏观调控和土地用途管制、规划城乡建设和统筹各项土地利用活动的重要依据。与其他类型土地利用规划相比，土地利用总体规划具有以下特性。

1. 综合性

土地利用总体规划涉及社会、人文、工程以及自然科学等多种学科，体现了人口、土地、工农业生产、生态环境等多方面技术经济问题，具有很强的综合性。它的作用是综合各部门对土地的要求，协调各部门用地的矛盾，对土地利用结构、布局和利用方式做出调整，使之符合经济和社会发展目标，保证国民经济持续、稳定、协调发展。因此，在规划过程中要进行跨部门、多学科的综合研究。

2. 长期性

土地利用总体规划是在较长时间内对土地利用的安排，规划期限较长，一般都在10年以上，可以展望到20年。因此土地利用总体方案一经确定对今后10年甚至几十年的土地利用都会有很大影响。另外，土地利用总体规划的长期性还指规划工作本身是一项长期的工作，规划工作不能一劳永逸。随着规划的逐步实施以及社会经济条件的变化，原来的规划会显现出不足之处，这就需要不断地修正、补充、检查规划方案。

3. 战略性

土地利用总体规划从宏观的角度和战略的层面对国家或地区未来土地利用的全局性、长远性作出安排，特别是全国、省级和市级土地利用总体规划，侧重研究解决一些重大的战略性问题，如国民经济各部门的用地总供给与总需求的平衡问题、土地利用结构与用地布局的调整、土地利用方式的重大变化等。

4. 整体性

土地利用总体规划的整体性主要表现在规划对象是全部土地资源而不是某个行业、某一部分用地；规划内容包括土地资源的开发、利用、整治和保护等方面，而不是某一方面；规划的土地利用类型包括耕地、园地、林地、牧草地、其他农用地、城乡建设用地、交通水利用地、其他建设用地、水域和自然保留地等，而不是某一类土地。

5. 权威性

土地利用总体规划依法由各级人民政府组织编制，通过国家权力保证其实施，对于违反土地利用总体规划的土地利用行为要追究其法律责任，因此规划具有法律效力，是实施土地用途管制的重要依据。

6. 动态性

总体规划是长期规划，由于影响土地利用的经济社会、科学技术以及自然因素等是不断变化的，使得经批准的土地利用总体规划不能适应社会和经济发展的要求，需要根据对土地规划实施情况和新形式，对规划确定的指标和土地利用布局进行调整，或对规划本身进行编制或修编。因此，土地利用总体规划是一个连续不断的"规划—实施—修订—再实施"的过程。

7. 控制性

各级土地利用总体规划要认真贯彻国家有关政策和法规，下一级的土地利用总体规划受到上一级土地利用总体规划的指导和控制，下一级土地利用总体规划又是上一级土地利用总体规划的反馈。地方各级人民政府编制的土地利用总体规划中的建设用地总量不得超过上一级土地利用总体规划确定的控制指标，耕地保有量不得低于上一级土地利用总体规划确定的控制指标。土地利用总体规划实行分级审批，一经批准，必须严格执行，对本区域内国民经济各部门的土地利用起到宏观控制作用。

7.2.3 土地利用总体规划的编制原则与程序

7.2.3.1 编制原则

根据《土地管理法》，土地利用总体规划按照以下原则进行编制：

(1) 落实国土空间开发保护要求，严格土地用途管制。

(2) 严格保护永久基本农田，严格控制非农业建设占用农用地。

(3) 提高土地节约集约利用水平。

(4) 统筹安排城乡生产、生活、生态用地，满足乡村产业和基础设施用地合理需求,促进城乡融合发展。

(5) 保护和改善生态环境,保障土地的可持续利用。

(6) 占用耕地与开发复垦耕地数量平衡、质量相当。

7.2.3.2 编制程序

1. 准备工作

(1) 成立规划领导小组。土地利用总体规划是一项复杂、细致而又十分艰巨的工作,涉及部门多、行业广,纵横关系多、条条块块的矛盾多,因此必须组建一个有权威的强有力的指挥协调机构。

(2) 组建领导小组办公室。土地利用总体规划领导小组下设办公室,负责土地利用总体规划领导小组的日常事务性工作,并为规划编制人员提供各种服务和方便。

(3) 成立规划编制小组。土地利用总体规划是一项综合性极强的工作,需要土地科学、人口学、经济学、环境生态学、城市规划学等多学科协作才能完成。因此,必须成立专门的规划编制小组,这个小组应该包括上述各学科的专家和从事土地利用总体规划实际工作的技术人员,以保证土地利用总体规划的质量。

(4) 制订工作计划和工作方案。为了有组织、有计划、有目标、高效快速地开展土地利用总体规划编制或修订工作,规划编制小组应该在认真分析、研究的基础上拟定工作计划和技术方案。工作计划是对编制规划的任务、时间、经费、人员等方面的统一安排和部署,工作方案是对编制规划的目的、内容、方法、技术路线、工作步骤、成果要求等的安排。

(5) 选择调查研究专题。根据规划区域的土地资源特点和土地利用存在的主要或重要问题,按照土地利用总体规划的任务和目标要求,选定需要进行深入调查研究的专门问题,如耕地总量动态平衡、土地整理复垦、基本农田保护、土地利用总体规划与城镇规划协调等专题。

2. 调查研究与分析

根据土地利用总体规划的任务与内容,按照技术路线的要求,收集相关资料和数据,并根据需要进行外业调查与核实。这些资料和数据包括地貌、气候、土壤、植被、水文、地矿、环境生态等反映土地利用自然条件的资料,以及行政区划、人口状况、城镇规模和农村居民点现状、国民生产总值、工农业生产及布局状况等反映土地利用的社会经济状况的资料,反映各部门各行业的用地数量、质量、分布及其变化的资料,以及上级土地利用总体规划、国民经济和社会发展规划、国土规划及其他相关规划等。

通过上述工作,对规划范围内的土地利用现状、土地适宜性、土地利用潜力、土地供应能力和土地需求状况及规划环境影响作出科学的分析、评价和深入研究,明确土地利用存在的主要问题和应采取的对策。

3. 编制规划方案

土地利用总体规划方案是土地利用总体规划编制的核心内容。在调查研究分析,尤其是各项专题研究的基础上,划分土地利用区,拟定各类用地指标,编制规划方案,绘制规划图,对规划方案和图件广泛征求意见并进行科学论证。

4. 规划成果审批

规划成果一般包括规划文本、规划说明、规划图件及规划附件等。为了保证规划成果的质量,由上级行政主管部门组织规划评审小组对规划成果进行评审。对规划成果不合格的或部分内容不合格的,评审小组应提出纠正、修改或补充的具体意见,由规划编制单位进行修改。

7.2.4 土地利用总体规划的审批、实施与修改
7.2.4.1 规划的审批
根据《土地管理法》,土地利用总体规划实行分级审批制。

下列土地利用总体规划由国务院批准:①省、自治区、直辖市的土地利用总体规划,报国务院批准;②省、自治区人民政府所在地的市、人口在100万以上的城市以及国务院指定的城市的土地利用总体规划,经省、自治区人民政府审查同意后,报国务院批准。

除上述规定以外的土地利用总体规划,逐级上报省、自治区、直辖市人民政府批准;其中,乡(镇)土地利用总体规划可以由省级人民政府授权的设区的市、自治州人民政府批准。

7.2.4.2 规划的实施与修改
土地利用总体规划一经批准,必须严格执行。

在土地利用总体规划的期限内,由于某些不可抗力或不可预料因素的出现,致使已经批准的土地利用总体规划不能适应社会和经济发展的要求,需要对规划确定的土地利用指标和布局进行适当的调整,即修改土地利用总体规划。

土地利用总体规划的修改必须十分慎重,否则会影响规划的严肃性和权威性。确需修改的,应严格按照法律规定的修改程序、修改审批权限办理,即须经原批准机关批准;未经批准,不得改变土地利用总体规划确定的土地用途。

土地利用总体规划在下列情况下可以修改:①经国务院批准的大型能源、交通、水利等基础设施建设用地,需要改变土地利用总体规划的,根据国务院的批准文件修改土地利用总体规划。②经省、自治区、直辖市人民政府批准的能源、交通、水利等基础设施建设用地,需要改变土地利用总体规划的,属于省级人民政府土地利用总体规划批准权限内的,根据省级人民政府的批准文件修改土地利用总体规划。

7.2.5 土地利用总体规划的主要内容
土地利用总体规划范围大、综合性强、内容多、关系复杂,主要内容如下。

1. 土地利用现状分析

土地利用现状分析是在土地利用现状调查的基础上,对土地资源系统的数量与质量、结构与分布、利用现状与开发潜力等方面进行分析,明确土地利用特点和存在的问题以及土地资源开发利用的方向与重点,为制定人地协调发展与强化地域系统功能的土地利用规划提供科学依据。

2. 土地评价

土地评价具体内容包括对现状用地和后备资源的适宜性评价,说明需要调整现状用地数量、分布和调整利用方向,后备土地资源适宜开发利用方向、数量、质量、分布以及进行土地用地结构调整的可能性。

3. 土地利用预测

土地利用预测是人们对土地利用远景模式趋势的推测。土地利用推测是土地利用

总体规划的中心内容之一。根据土地利用总体规划的要求,土地利用预测主要包括以下几点内容:

(1) 土地利用方式预测。预测规划期内可能产生的新的土地利用方式和将会消失或萎缩的土地利用方式。随着地区经济发展的需要,土地利用方式也将随之发生变化,如各种粮食种植面积和经济作物将发生变化。

(2) 人口和消费水平预测。在土地利用总体规划中,人口预测是指对规划期末的总人口及其构成、人口分布的估算,主要包括人口增长率、人口规模、人口构成、人口分布、消费人口、劳动资源、人口城市化水平、人口迁移趋势等预测。消费水平预测是指对规划期末与土地利用直接或间接有关的各类消费指标的预测,包括预测人均占有各类农产品的数量和人均各类建设用地指标。

(3) 农产品单产预测。农产品的单产预测是农业用地预测的一个重要前提,单产预测应分别对不同种类农产品逐一加以预测,一般分为粮食、果品、蔬菜、牧草、淡水产品等的单产预测。

(4) 土地需求量预测。土地需求量预测可分为农业用地需求量预测和非农业用地需求量预测两大部分。农业用地需求量预测的主要依据是人口发展预测、消费水平(包括工业消费农产品)及土地生产潜力(包括农产品单产)预测。

(5) 土地利用结构预测。土地利用结构预测是对规划期末各类用地比例结构的预测,主要依据土地利用的自然条件、社会经济条件、土地利用状况、土地利用需求量预测、土地适宜性评价及各类资源的限制,预测规划期内土地利用结构的变化。

(6) 土地利用效果预测。包括对土地利用的经济效果、生态效果、社会效果的预测。

4. 土地利用战略研究

土地利用战略研究是对土地利用远景目标及任务的战略性安排。战略研究就是要确定土地利用总体规划所要解决的重大问题,提出解决土地利用问题,实现土地利用总体规划目标和任务的途径和步骤,以及所要采取的各种政策和措施。

5. 土地利用分区

土地利用分区是依据土地的适宜性和利用现状,当地社会经济持续发展的要求和上级土地利用总体规划下达的规划指标,以及布局要求划分出的土地主要规划用途相对一致的区域。土地利用分区可以划分为土地利用综合分区、土地利用功能分区和土地用途分区3种类型。不同空间层次的土地利用总体规划对土地利用分区要求不同,其中国家和省级土地利用总体规划由于规划区域广,规划内容和目标比较宏观,一般进行土地利用综合分区,主要为了明确土地综合利用方向;市级土地利用总体规划主要开展土地利用功能分区,县级和乡(镇)级土地利用总体规划一般只进行土地用途分区。

6. 重点工程用地布局

各类重点工程用地是非农业用地的主要形式,重点工程用地布局是否合理对土地利用总体规划方案影响很大。重点工程用地布局主要解决工程用地的分布和界线,对于一些不易确定界线的用地,要求标出其在规划图上的示意性走向。

7. 保障规划实施的措施

土地利用总体规划是一项具有战略意义且十分艰巨复杂的规划，要实施这一规划必须有相应的政策措施作保障，土地利用总体规划中要根据实现土地利用目标和优化土地利用结构的要求，提出相应的实施政策和措施，包括行政、法规、经济和技术措施等。土地利用总体规划在获得批准后即具有法律效力，有关部门必须认真遵守，同时应该把年度土地利用计划纳入地区国民经济计划中，这样才能保证规划的顺利实现。

需要注意的是，不同层级的土地利用总体规划需要解决的问题不同，其规划的内容也不一样。高一层级的土地利用总体规划是下一级土地利用总体规划的依据。其中，全国、省级、地市级土地利用总体规划属于宏观控制性规划，重点在于强化规划控制指标，主要任务是在确保耕地总量动态平衡和严格控制城市、集镇和村庄用地规模的前提下，将土地资源在各产业部门间和地域间进行调整和合理配置。县、乡级规划是实施性、管理性规划，重点是把上级规划下达的各项指标落实到土地空间上，即划定土地功能区、土地管制区，确定土地用途，落实土地用途管制的要求。

7.3 国土空间规划

7.3.1 国土空间规划的相关概念

7.3.1.1 国土空间

国土空间是指国家主权与主权权利管辖下的地域空间，是国民生存和发展的场所和环境，包括陆地、陆上水域、内水、领海、大陆架，以及它们的下层和上空。从国家主权管辖角度看，国土空间包括领土、领空、领海。领土是指一个国家位于其国界范围内的空间。国家对其领土有绝对的管辖权，是国家主权的重要组成部分。领海是指沿海国家自行确定的与其海岸或内水相邻接的一定范围的海域及其海底地下层。国际上至今对领海的宽度无统一规定，目前各国自行规定领海宽度 3~200 海里不等。领空是一个国家的陆地、河流、湖泊以及领海范围内全部地面以上的大气空间。领空的垂直高度应该是多少，目前国际上尚无统一的规定。

国土空间既是一个国家社会经济活动的场所，又是发展生产所需要的各种物料和能量的来源地，归根到底是一个国家赖以存在的物质基础。从资源的角度分析，国土空间由自然资源（土地、气候、水、生物、矿产和空间等）、社会资源（人口、劳动力等）、历史文化资源等构成。一个国家国土空间的大小、自然要素的组合、开发利用的格局等，在基础层面决定着一个国家的可持续发展能力与综合竞争力。如何协调经济社会发展所带来的空间需求压力与有限国土资源之间的矛盾，保障社会经济的健康和可持续发展，创造宜居的生活环境，是当今人类面临的共同挑战。

7.3.1.2 国土空间规划

国土空间规划是对一定区域国土空间开发、保护在空间与时间上所做出的统筹安排，它是国家空间发展的指南、可持续发展的空间蓝图，是各类保护与开发建设活动的基本依据。国土空间规划不是某一类型规划，而是多种规划类型融合构成的体系。它不仅把原主体功能区规划、土地利用规划、城乡规划、海洋功能区划等空间性规

7.3 国土空间规划

划,更把由自然资源主管部门组织编制的自然保护地类规划、自然资源类规划、区域流域类规划,以及其他部门组织编制的交通、水利、电力、基础设施等专项规划,融合为统一的国土空间规划,实现"多规合一"。此外,国土空间规划体系厘清各层级政府的空间管理事权,打破部门藩篱和整合各部门空间责权,从社会经济协调、国土资源合理开发利用、生态环境保护有效监管、新型城镇化有序推进、跨区域重大设施统筹、规划管理制度建设等方面建立的空间规划。

建立国土空间规划体系并监督实施,将主体功能区规划、土地利用规划、城乡规划等空间规划融合为统一的国土空间规划,实现"多规合一",强化国土空间规划对各专项规划的指导约束作用,是党中央、国务院作出的重大部署。

7.3.1.3 国土空间规划"三区三线"

国土空间规划要科学划定"三区三线",其中"三区"指生态空间、农业空间、城镇空间三大功能空间,"三线"指生态保护红线、永久基本农田保护红线、城镇开发边界线三条管控边界。其中,"三区"突出主导功能划分,"三线"侧重边界的刚性管控,基本内涵如下。

生态空间指具有自然属性、以提供生态服务或生态产品为主的功能空间,包括森林、草原、湿地、河流、湖泊、滩涂、岸线、海洋、荒地、荒漠、戈壁、冰川、高山冻原、无居民海岛等。

农业空间指以农业生产和农村居民生活为主体功能,承担农产品生产和农村生活功能的国土空间,主要包括永久基本农田、一般农田等农业生产用地,以及村庄等农村生活用地。

城镇空间指以城镇居民生产、生活为主体功能的国土空间,包括城镇建设空间、工矿建设空间及部分乡级政府驻地的开发建设空间。

生态保护红线指在生态空间范围内具有特殊重要生态功能、必须强制性严格保护的陆域、水域、海域等区域,是保障和维护国家生态安全的底线和生命线。

永久基本农田保护红线,即永久基本农田,是按照一定时期人口和经济社会发展对农产品的需求,依据国土空间规划确定的不得擅自占用或改变用途的耕地。

城镇开发边界线指在一定时期内因城镇发展需要,可以集中进行城镇开发建设,重点完善城镇功能的区域边界,涉及城市、建制镇以及各类开发区等。

在空间关系上,"三线"是"三区"划定的基础,也是从源头上保护生态空间和农业空间、限制城镇空间的重要段,"三区"各自包含"三线",其中,生态空间包括生态保护红线范围和一般生态空间,农业空间包括永久基本农田和一般农业空间,城镇空间包括城镇开发边界内和边界外部分城镇空间。"三区三线"关系见图7.1。

《土地管理法实施条例》规定:"国土空间规划应当细化落实国家发展规划提出的国土空间开发保护要求,统筹布局农业、生态、城镇等功能空间,划定落实永久基本农

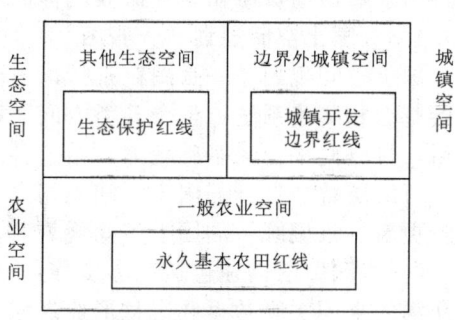

图7.1 "三区三线"关系示意图

田、生态保护红线和城镇开发边界。""三区三线"是各地优化国土空间开发保护格局的有力工具，是各地发展产业和城镇建设不可逾越的红线。科学划定"三区三线"是国土空间规划的核心内容，其意义在于通过划定三大功能空间和三条管控边界，明确一定地域内国土空间开发保护的棋盘，约束指导该地区进行城镇建设、农业生产、生态保护等各类空间开发保护利用修复活动，对于加快形成生产空间集约高效、生活空间宜居适度、生态空间山清水秀的国土空间格局具有重大意义。

7.3.1.4　国土空间用途管制

国土空间用途管制是指以国土空间总体规划、详细规划为依据，对陆海所有国土空间的保护、开发和利用活动，按照规划确定的区域、边界、用途和使用条件等，核发行政许可、进行行政审批等。国土空间规划是国土空间用途管制的基础和依据，国土空间用途管制在城镇、农业和生态空间的基础上划定"三线"，根据规划用途划分用途分区，构建全域覆盖、层级有序的国土空间用途管控体系。

2018年3月，中共中央印发《深化党和国家机构改革方案》，组建自然资源部，承担"统一行使所有国土空间用途管制和生态保护修复职责""建立空间规划体系并监督实施"的职责，这为构建统一国土空间用途管制制度提供了管理平台与顶层支持。2019年，中共中央国务院发布《关于建立国土空间规划体系并监督实施的若干意见》，提出"以国土空间规划为依据，对所有国土空间分区分类实施用途管制。在城镇开发边界内的建设，实行"详细规划＋规划许可"的管制方式；在城镇开发边界外的建设，按照主导用途分区，实行"详细规划＋规划许可"和"约束指标＋分区准入"的管制方式。对以国家公园为主体的自然保护地、重要海域和海岛、重要水源地、文物等实行特殊保护制度。因地制宜制定用途管制制度，为地方管理和创新活动留有空间。

国土空间用途管制源于土地用途管制，与传统土地用途管制相比，国土空间用途管制在以下三个方面具有更强的功能：①更具有整体性和全域性的功能。国土空间用途管制要做到区域全覆盖，不仅要管控农用地和建设用地，还要管控海洋以及河流、湖泊、荒漠等自然生态空间。②具有更强的空间管控功能。它不仅指一般意义上的地下、地表和地上的立体空间，更指由土地、水、地形、地质、生物等自然要素以及建筑物、工程设施、经济及文化基础等人文要素构成的地域功能空间。③具有更强的空间治理功能。国土空间用途管制以空间治理体系和治理能力现代化为目标导向，更强调将山水林田湖草海作为生命共同体的功能。

7.3.1.5　国土空间规划"一张图"

国土空间规划"一张图"是指以自然资源调查监测数据为基础，采用国家统一的测绘基准和测绘系统，整合各类空间关联数据，建成全国统一的国土空间基础信息平台后，再以此平台为基础载体，结合各级各类国土空间规划编制，建设从国家到市县级、可层层叠加打开的国土空间规划"一张图"实施监督信息系统，形成覆盖全国、动态更新、权威统一的国土空间规划"一张图"。

"一张图"的构建包括三个步骤：一是基于最新国土空间调查成果，整合规划编制所需的空间关联数据和信息形成现状"一张底图"；二是推进各地国土空间基础信息平台的建设，推进国土空间总体规划、专项规划、详细规划的编制，平台汇交叠加，形成以"一张底图"为基础，可层层打开、动态更新的国土空间规划"一张图"；三是国土空间规划"一张图"监督实施信息系统的建设，通过调用国土空间信息平台的数据及工具库，开展国土空间规划动态监测评估预警与实施监督。"一张图"将各类规划、国土空间基础数据、管理数据都集中到"一张图"中并动态更新，同时实现了各部门间的横向连通和数据共享，真正实现"多规合一"。

7.3.2 国土空间规划的产生

进入21世纪，随着我国城镇化的快速发展，生态环境恶化、土地利用失序、区域发展差距等问题日益突出，国土空间开发与治理面临着严峻的挑战。为满足国土空间不同的发展需求，长期以来我国制定了种类繁多的空间相关规划，形成了以土地利用总体规划、城乡规划和主体功能区规划三大规划为主，还包含环境功能区规划、农业区划、海洋功能区规划、城镇群规划、环境保护规划等各种产业发展规划、行业发展规划。据统计，我国各类规划达200余项，其中经法律授权的达80多项。在"多规并立"格局下，各种规划自成体系，存在如规划时限、技术标准和信息平台、统计口径等方面不一致性，导致规划之间相互衔接不够，相互协调难度大，由此造成国土空间资源浪费、管理成本增加、实施效率低下等一系列问题。因此，有必要建立全国统一、权责清晰、科学高效的国土空间规划体系。

面对"多规"重叠冲突的问题日益加剧，各级政府和规划主管部门及相关部门积极探索，积极尝试各类规划有机融合，为国土空间规划诞生提供了实践基础。初期探索主要在城市总体规划（简称"城规"）与土地利用总体规划（简称"土规"）之间展开，称为"两规合一"。之后，增加了国民经济与社会发展规划（简称"经规"），变成"三规合一"；陆续又有环境保护规划、主体功能区规划等加入其中，相继出现"四规合一""五规合一"，乃至"N规合一"。2018年新一轮国家机构改革，组建自然资源部，统一行使对自然资源开发利用和保护进行监管，建立空间规划体系并监督实施等一系列职责。2019年，《土地管理法》修正案（草案）明确规定："国家建立国土空间规划体系。"为了妥善处理好国土空间规划与土地利用总体规划的关系，《土地管理法》明确："经依法批准的国土空间规划是各类开发、保护、建设活动的基本依据。已经编制国土空间规划的，不再编制土地利用总体规划和城乡规划。"同年，中共中央国务院《关于建立国土空间规划体系并监督实施的若干意见》正式公布，提出将主体功能区规划、土地利用规划、城乡规划等空间规划融合为统一的国土空间规划，实现"多规合一"，对国土空间规划工作进行总部署并提出要求。至此，国土空间规划成为落实生态文明建设新时代新发展理念的顶层设计，为国家发展规划确定的重大战略任务落地提供空间保障。

目前，我国基本建立国土空间规划体系，包括规划编制审批体系、实施监督体系、法规政策体系和技术标准体系；基本完成市县以上各级国土空间总体规划编制，初步形成全国国土空间开发保护"一张图"。到2025年，健全国土空间规划法规政策和技术标准体系；全面实施国土空间监测预警和绩效考核机制；形成以国土空间规划为基础，以统一用途管制为手段的国土空间开发保护制度。到2035年，全面提升国土空间治理体系和治理能力现代化水平，基本形成生产空间集约高效、生活空间宜居适度、生态空间山清水秀，安全和谐、富有竞争力和可持续发展的国土空间格局。

7.3.3 我国国土空间规划体系构成

根据《关于建立国土空间规划体系并监督实施的若干意见》，国土空间规划体系可概括为"五级三类四体系"的基本构架，并在实践中不断发展和完善。其中"五级"是国土空间规划的编制层级，"三类"是国土空间规划的编制类型，"四体系"将规划体系分为4个子体系。国土空间规划编制的"五级三类"体系见图7.2。

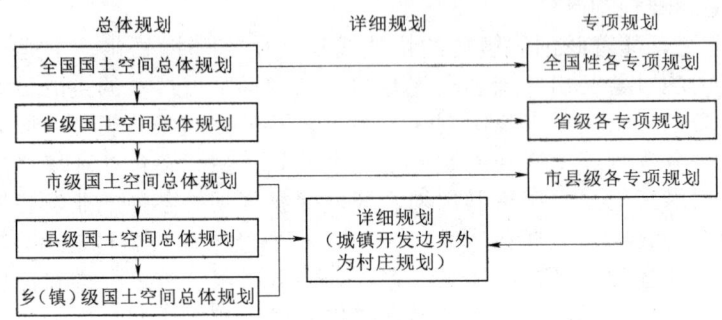

图 7.2 国土空间规划编制的"五级三类"体系

7.3.3.1 国土空间规划的"五级"

从规划层级来看，国土空间规划分为"五级"，分别是国家、省、市、县和乡（镇）。五级规划分别对应我国五个行政管理层级，以便实现一级政府、一级事权、一级规划，统筹安排各级行政辖区内的国土空间开发保护。五级规划自上而下编制，落实国家战略，体现国家意志，下层级规划要符合上层级规划要求，不得违反上层级规划确定的约束性内容。不同层级规划体现不同的空间尺度和编制深度要求，具体如下：

国家级国土空间规划以贯彻国家重大战略和落实大政方针为目标，其功能定位是对全国国土空间作出全局安排，是全国国土空间保护、开发、利用、修复的政策和总纲，侧重战略性，即落实国家安全战略、区域协调发展战略和主体功能区战略，明确全国国土空间发展目标策略，优化全国国土空间格局。

省级国土空间总体规划侧重协调性，功能定位是落实全国国土空间规划，指导市、县国土空间规划编制，既要落实国家发展战略、主体功能区战略等要求，也要促进省域城镇化健康发展、城乡区域协调发展，即协调国家级国土空间规划和市、县级国土空间规划。

市级、县级、乡（镇）级国土空间规划侧重实施性，其功能定位是细化落实上级国土空间规划要求，对本行政区域国土空间开发保护作出具体安排。其中市级国土空间规划应当结合本市实际，落实国家级、省级层面的战略要求，发挥空间引导功能和承上启下的控制作用。县级国土空间规划除了落实上位规划的战略要求和约束性指标以外，重点突出空间结构布局，突出生态空间修复和全域整治等内容。乡（镇）级国土空间规划突出土地用途和全域管控，对具体地块的用途做出确切的安排。

需要说明的是，并不是每个地区都要按照五级规划一层一层地编制国土空间规划。有的地区国土面积比较小，可以将市级、县级国土空间规划与乡（镇）级国土空间规划合并编制，也可以以几个镇（乡、街道）为单元进行编制。总体上，各地区要根据实际情况，因地制宜、实事求是，建立起适合本地区发展实际需要的空间规划体系。

7.3.3.2 国土空间规划的"三类"

在规划类型上，国土空间规划分为总体规划、详细规划和相关专项规划三种类型，总体规划强调综合性，详细规划强调实施性，相关专项规划强调专业性。

1. 总体规划

总体规划是对一定区域内的国土空间，如行政区全域范围涉及的国土空间保护、开发、利用、修复作出的总体安排，强调规划的综合性，如前述的国家级、省级、市级、县级、乡镇级国土空间总体规划。

国家级国土空间总体规划对国土空间开发、资源环境保护、国土综合整治和保障体系建设等作出总体部署与统筹安排，对涉及国土空间开发保护、整治的各类活动具有指导和管控作用，对相关国土空间专项规划具有引领和协调作用。因此，它是全国国土空间保护、开发、利用、修复的政策和总纲，是战略性、综合性、基础性的规划。国家级国土空间总体规划由自然资源部会同相关部门组织编制，经全国人大常委会审议后报中共中央、国务院审批。

省级国土空间总体规划是对全省国土空间保护、开发、利用、修复的总体安排和政策总纲，是编制省级相关专项规划、市县级国土空间总体规划的总遵循。省级国土空间总体规划由省人民政府组织编制，经省人大常委会审议后报国务院审批。

市县级国土空间总体规划是对市县域的空间发展蓝图和战略部署，是市县域国土空间保护、开发、利用、修复和指导各类建设的全面安排、综合部署和行动纲领。市县级国土空间总体规划要落实和深化上位规划，为编制下位国土空间总体规划、详细规划、相关专项规划和开展各类开发保护建设活动、实施国土空间用途管制提供基本依据。市县级国土空间总体规划一般包括市县域和中心城区两个层次，市县域要统筹全域全要素规划管理，侧重国土空间开发保护的战略部署、总体格局和全域全要素管控；中心城区要细化土地使用和空间布局，侧重功能完善、结构优化和土地利用。有条件地区可以全域按中心城区深度开展规划编制。市县域与中心城区都要落实重要管控要素的系统传导要求，并做好上下衔接。市县级国土空间总体规划由市、县人民政府组织编制，除需报国务院审批的城市国土空间总体规划外，其他市县级国土空间总体规划经同级人大常委会审议后，逐级上报省人民政府审批。

乡镇级国土空间总体规划是对上级国土空间总体规划以及相关专项规划的细化落实，允许乡镇级国土空间总体规划与市县级国土空间总体规划同步编制。各地可因地制宜地将几个乡（镇、街道）作为一个规划片区由其共同的上一级人民政府组织编制片区（乡镇级）国土空间总体规划。中心城区范围内的乡镇级国土空间总体规划经同级人大常委会审议后，逐级上报省人民政府审批。其他乡镇级国土空间总体规划由省人民政府授权设区市人民政府审批。

2. 详细规划

详细规划以总体规划为依据，是对具体地块用途、开发强度、管控要求等做出的实施性安排，强调实施性，一般是在市县及以下组织编制。详细规划是实施国土空间用途管制和核发建设用地规划许可证、建设工程规划许可证、乡村建设规划许可证等城乡建设项目规划许可以及实施城乡开发建设、整治更新、保护修复活动的法定依据。

各地应根据国土空间开发保护利用活动实际，合理确定详细规划编制单元和时序，按需编制。根据生态、农业、城镇空间的不同特征，依总体规划确定的规划单元分类编制详细规划。在城镇开发边界内，由市、县自然资源主管部门组织编制详细规划，即控制性详细规划，报同级人民政府审批；在城镇开发边界外的乡村地区，以一个或几个行政村为单元，按照"应编尽编"的原则，由乡镇人民政府组织编制"多规合一"的实用性村庄规划，以作为详细规划，报上一级人民政府审批。

根据实际需要，还可以编制郊野单元、生态单元、特定功能单元等其他类型的详细规划，由市、县自然资源主管部门或由市县自然资源主管部门会同属地乡镇人民政府、管委会组织编制，报同级人民政府审批。

3. 专项规划

国土空间专项规划是在总体规划的指导约束下，针对特定区域（流域）、特定领域，为体现特定功能，在国土空间开发保护利用上做出的专门安排，强调专门性。专项规划可在国家、省、市、县层级编制，遵循国土空间总体规划，不得违背总体规划的强制性内容，其主要内容要纳入详细规划。

相关专项规划大致包含两类：一类是跨行政区域或流域的国土空间规划，如海岸带、自然保护地等的专项规划，由所在区域或上一级自然资源主管部门牵头组织编制，报同级人民政府审批；另一类是以空间利用为主的某一领域的专项规划，如交通、市政、能源、水利、农业、旅游等专项规划，由相关主管部门组织编制和审核。

这三种类型规划之间的关系是：国土空间总体规划是详细规划的依据，即详细规划编制修改要依据总体规划；是相关专项规划编制的基础，即指导约束相关专项规划的编制。相关专项规划要遵循总体规划，不得违背总体规划强制性内容；要与详细规划做好衔接，将主要内容纳入详细规划；相关专项规划要互相协同，与详细规划做好衔接。详细规划要依据总体规划进行编制修改，将相关专项规划主要内容纳入其中。

7.3.3.3 国土空间规划的"四体系"

国土空间规划不只是规划成果本身，而是建立"多规合一"的一整套运行体系制度。从规划运行方面来看，可以把国土空间规划体系分为编制审批体系、实施监督体系、法规政策体系、技术标准体系四个子体系。其中，规划编制审批体系和实施监督体系包括从编制、审批、实施、监测、评估、预警、考核、完善等完整闭环的规划及实施管理流程；法规政策体系和技术标准体系是两个基础支撑。

1. 编制审批体系

规划编制审批体系即各级各类国土空间规划编制和审批以及规划之间的协调配合，编制审批国土空间规划是国土空间规划体系的基础。

融合了主体功能区规划、土地利用规划、城乡规划等空间规划的国土空间规划包括"五级三类"，各级政府按照一级政府、一级事权、一级规划原则，组织编制行政辖区内国土空间的总体规划、详细规划和相关专项规划，并按照"管什么就批什么"

的要求,依法审批下层级规划。

2. 实施监督体系

实施监督体系即国土空间规划的实施和监督管理,实施监督国土空间规划是国土空间规划体系的目的。主要包括:以国土空间规划为依据,对所有国土空间实施用途管制;依据详细规划实施城乡建设项目相关规划许可;建立健全国土空间规划动态监测、评估、预警和实施监管机制;优化现行审批流程,提高审批效能和监管服务水平;制定城镇开发边界内外差异化的管制措施;强化国土空间规划的底线约束和刚性管控,制定各类空间控制线的管控要求,开展各类空间控制线划区定界工作;建立国土空间规划"一张图"实施监督信息系统,利用大数据、智慧化等技术手段加强规划实施监督等。

3. 法规政策体系

法规政策体系是国土空间规划体系的法规政策支撑。自然资源部门要统筹协调研究制定国土空间开发保护法,加快国土空间规划相关的法律法规建设。主要包括:国家层面国土空间规划及其相关立法;国土空间规划的相关地方性法规建设;支撑国土空间规划实施的人口、自然资源、生态环境、财税、金融、投资、城乡建设等配套政策。当前,在新的立法工作完成前的过渡期,既有的《城乡规划法》和《土地管理法》仍然有效。

4. 技术标准体系

技术标准体系是对国土空间规划体系的技术支撑。需要对城乡规划、土地利用规划、主体功能区规划等原有技术标准体系进行必要的调整、合并、优化和扩展,建构"多规合一"的国土空间规划技术标准体系,包括国土空间规划编制方法和技术规程,规划入库标准以及实施监管的规范性要求等,涵盖规划编制、实施、监管的全过程。

7.3.4 我国国土空间规划体系的特点

国土空间规划是国家空间发展的指南、可持续发展的空间蓝图,是各类开发保护建设活动的基本依据,与以往的各类空间性规划相比具有以下特点。

1. 促进生态文明建设

国土是生态文明建设的空间载体,国土空间的开发和保护事关生态文明建设大局。新时代国土空间规划以生态文明为导向,是实现生态文明建设的重要工具和手段。国土空间规划统筹划定"三区三线",优化国土空间开发保护格局,引导城乡构建节约资源、保护环境的空间格局,避免无序开发、过度开发、分散开发,杜绝违规侵占生态空间、破坏生态环境、污染环境等问题,形成生产空间集约高效、生活空间宜居适度、生态空间山清水秀,安全和谐、富有竞争力和可持续发展的国土空间格局。

2. 促进高质量发展

当前我国经济已从高速增长阶段,进入中高速增长阶段,在此阶段必须谋求高质量发展。国土空间规划在自然资源配置和空间布局上发挥战略统领和刚性控制作用,强调底线约束,通过约束性指标、"三条控制线"等管控边界、刚性控制要求,逐级落实国家战略和制定地方空间发展战略。在市、县和乡镇层面,尊重地方发展权,强调以人为本,重视城市和镇村内部功能布局和空间结构的科学合理与高效,完善与人民生活密切相关的各类公共服务设施配套，并着力改善城乡空间品质。新时代的国土空间规划注重落实新发展理念，将通过提供高品质空间促进经济社会高质量发展。

3. 实现"多规合一"

国土空间规划体系融合了原主体功能区规划、土地利用规划、城乡规划、海洋功能区划等空间性规划，自然资源主管部门组织编制的自然保护地类规划、自然资源类规划、区域流域类规划，以及其他部门组织编制的交通、水利、电力、基础设施等专项规划。另一方面从规划编审内容、管理机构、体制机制、技术规范、人员队伍等各方面在原有基础上进行了整合和优化，强调"一级政府一级事权"，强调总体规划和详细规划、专项规划之间的指导约束和衔接协调，强调部门之间形成合力，着力解决过去规划"打架"、约束和引领作用不突出、行政效能不高等问题，因此真正实现"多规合一"。

4. 体现国家意志

国土空间规划自上而下编制，全面落实党中央、国务院重大决策部署，落实国家乡村振兴、区域协调发展、可持续发展等战略。作为国家规划体系中的基础性规划，国土空间规划从空间角度对社会经济发展、城镇空间布局、产业结构调整等进行指导和约束，逐级落实到最终的详细规划和专项规划等实施性规划上。

5. 强化规划权威性

国土空间规划一经批复，任何部门和个人不得随意修改、违规变更。下级国土空间规划要服从上级国土空间规划，相关专项规划、详细规划要服从总体规划；坚持先规划、后实施，不得违反国土空间规划进行各类开发建设活动；坚持"多规合一"，不在国土空间规划体系之外另设其他空间规划。相关专项规划的有关技术标准应与国土空间规划衔接。因国家重大战略调整、重大项目建设或行政区划调整等确需修改规划的，须先经规划审批机关同意后，方可按法定程序进行修改。对国土空间规划编制和实施过程中的违规违纪违法行为，要严肃追究责任。

6. 落实"放管服"改革。

"放管服"即"简政放权、放管结合、优化服务"。国土空间规划体系按照明晰事权、权责对等原则，结合"放管服"改革要求，理顺各层级政府及其自然资源主管部门职责划分；强调"一级政府、一级事权"，以"多规合一"为基础，统筹规划、建设、管理三大环节，推动"多审合一""多证合一"，优化行政审批许可管理流程，提高空间治理体系和能力的现代化水平。

7. 构建全国统一的空间基础信息平台

国土空间规划编制过程中，利用最新的自然资源调查数据，应用全国统一的测绘基准和测绘系统，构建上下贯通、一个标准、一个体系、一个接口、一张底图、数据共享的国土空间基础信息平台。在同一个信息平台的基础上，整合各类空间关联数据，包括各相关专项规划的主要空间数据，构建从国家到市、县的国土空间规划"一张图"，实施监督信息系统，形成覆盖全国、动态更新的"一张图"。同时，对相关专项规划建立"一张图"审核机制，强化国土空间规划对各专项规划的指导和约束作用。

7.4 村庄规划编制

村庄规划是国土空间规划体系中城镇开发边界外乡村地区的详细规划，各地应结合本地区村庄特点，编制"多规合一"实用性村庄规划。

7.4.1 总体要求

7.4.1.1 规划定位

村庄规划是乡村地区的详细规划，是乡村地区开展国土空间开发保护活动、实施国土空间用途管制、核发乡村建设项目规划许可、进行各项建设等的法定依据。要整合村土地利用规划、村庄建设规划等乡村规划，实现土地利用规划、城乡规划等有机融合，编制"多规合一"的实用性村庄规划。

7.4.1.2 规划范围

村庄规划范围为行政村村域全部国土空间，可以一个或相邻的几个行政村为单元统筹编制。紧邻城镇开发边界的行政村，可结合城镇开发边界内的用地统筹编制详细规划，并根据城镇开发边界内外管理的不同要求合理确定规划内容和深度。城镇开发边界内的行政村也可根据需要编制村庄规划。

7.4.1.3 规划原则

1. 多规合一，助力乡村振兴

深入落实乡村振兴战略实施和推进城乡融合发展等相关要求，通盘考虑土地利用、产业发展、居民点布局、人居环境整治、生态保护和历史文化传承等，因地制宜、因村制宜编制"多规合一"的实用性村庄规划，统筹安排乡村地区各类空间和设施布局，做到"先规划后建设"，逐步实现全域管控。

2. 保护优先，节约集约利用

坚持"生态优先、绿色发展"，优先保护自然生态空间，落实耕地和永久基本农田、生态保护红线保护要求，明确底线管控要求。树立"存量规划"理念，加强国土空间综合整治，优化乡村建设用地布局，盘活农村零星分散的存量建设用地资源，逐步提高土地使用效率，着力增加耕地资源。

3. 按需编制，能用、管用、好用

根据国土空间综合整治、村庄建设等需要，聚焦重点，编制能用、管用、好用的实用型村庄规划。坚持有序推进，防止一哄而上、片面追求村庄规划快速全覆盖，防止过度追求规划内容全面但缺乏实用性。可按照急用先编的原则，分步编制、分步报批，先编制近期急需的规划内容，后期逐步完善，在村域内最终形成"一本规划、一张蓝图"。

4. 塑造特色，彰显乡村风貌

充分认识乡村地区在国土空间格局中的重要作用，深入挖掘并保护乡村自然山水环境和历史文化资源，传承和彰显乡村特有的农业景观、建筑风貌、乡土文化。村庄规划建设要顺应新时代农民群众生产、生活习惯和乡风文明建设的变化趋势，协调好与自然山水环境及原有村庄肌理的关系，体现文化特色、时代特征和地域特点。

5. 开门编制，尊重农民意愿

综合应用各有关部门已有工作基础，强化村民主体和村党组织、村委会主导，充分尊重农民意愿，群策群力共同做好规划编制工作。鼓励引导各类规划人才队伍驻村、驻镇进行服务，激励乡贤、能人参与规划编制，支持投资乡村建设的企业积极参与村庄规划工作。

7.4.2 工作程序

根据《江苏省村庄规划编制指南（2023年版）》，村庄规划编制流程见图7.3。

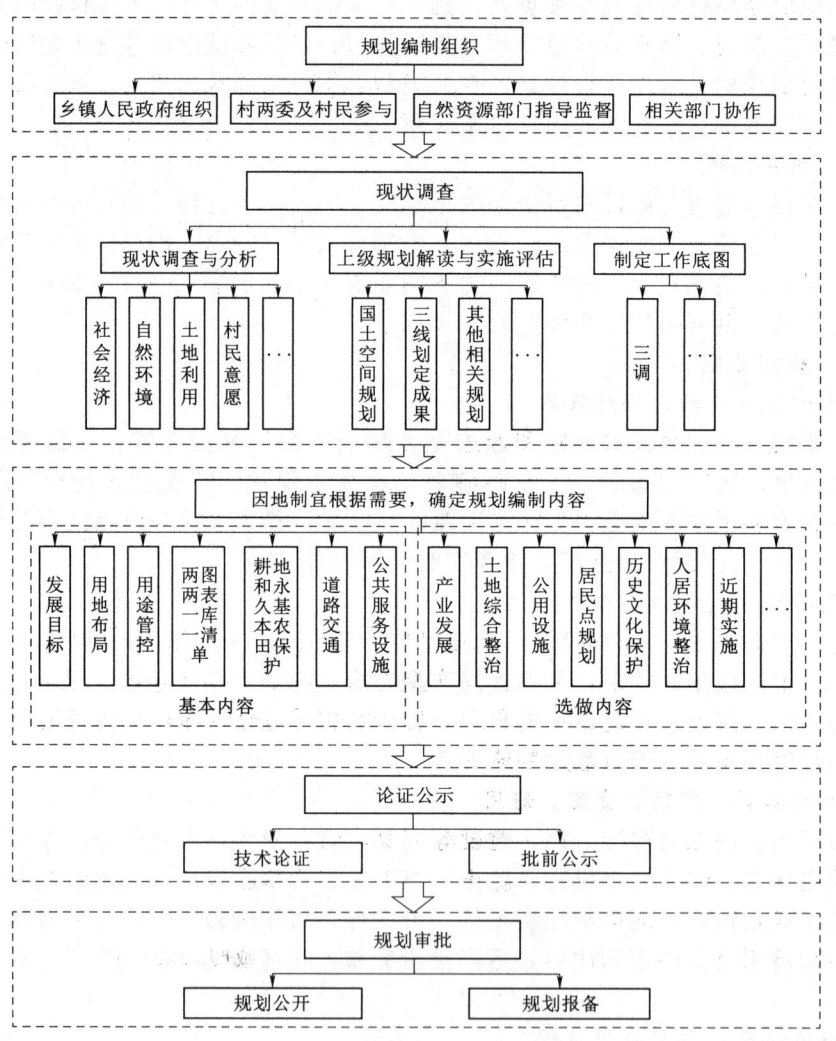

图 7.3 村庄规划编制流程图

1. 政府组织

村庄规划由乡镇人民政府组织编制。乡镇人民政府应引导村党组织和村民委员会认真研究审议村庄规划，并动员组织村民积极参与。市县自然资源主管部门做好技术指导和相关指标分解下达,加强与农业农村、发展改革、住房城乡建设、财政等有关部门的工作协调,共同参与做好规划编制工作。具体编制工作应委托具有相应规划编制资质的单位承担。

2. 开门编制

规划编制技术人员驻村开展详细调查,在深入了解村民意愿的基础上,开展规划方案编制。要综合应用相关部门已有工作基础,充分吸纳村民代表、本地乡贤能人及有关方面的意见和建议,做好全过程规划工作记录,保障规划成果质量。

3. 论证公示

规划成果由县级自然资源主管部门组织技术论证。在报送审批前,规划应在村内公示30日,并提交村民委员会审议和村民会议或村民代表会议讨论通过。

4. 规划审批

规划成果由乡镇人民政府报上一级人民政府审批。报送审批时应附村民委员会审议意见,村民会议或村民代表会议讨论通过的决议。历史文化名村、传统村落保护(发展)规划应在所在行政村的村庄规划中予以落实,并按有关规定程序报批。

5. 规划公开

规划批准之日起20个工作日内,要形成规划公开成果,通过村内布告栏、乡镇人民政府和市县自然资源主管部门官方网站等多种形式"上墙、上网"公开。

6. 规划报备

规划批准之日起30个工作日内,由县级及以上自然资源主管部门将规划报备材料汇交至省自然资源厅,叠加到国土空间规划"一张图"系统管理。

7. 规划实施

规划成果经批准后,村民委员会要将规划主要内容纳入村规民约,方便村民掌握、接受和执行。各类国土空间开发利用活动要严格执行村庄规划,接受全体村民监督,任何单位和个人不得随意修改、违规变更。

8. 规划修改

因村庄发展条件变化需修改村庄规划的,组织编制单位可向原村庄规划审批机关提出修改申请,经同意后参照上述程序要求开展规划修改。修改后的规划成果要及时报备,更新叠加到国土空间规划"一张图"系统管理。鼓励各地探索建立村庄规划动态更新机制。

7.4.3 现状调查

1. 村庄基本情况

(1) 自然环境。包括地形地貌、地质、水文、气象、自然资源、生态环境等。

(2) 历史文化。包括历史沿革、历史遗存、传统风貌和文化特色等。历史文化名村和传统村落应按照有关要求开展详细调查。

(3) 社会经济。调查村庄经济社会基本情况,包括人口(户籍和常住)、户数、人口流动、可支配收入、集体收入、主导产业、社会治理状况等。

(4) 土地利用。调查土地利用现状及其存在的主要问题,包括耕地和永久基本农田、农村住宅用地、公共服务设施用地、市政公用设施用地、集体经营性建设用地以及各类农林用地、生态用地等。

(5) 发展潜力。结合村庄区位、社会经济、土地利用、生态环境、历史文化等资源条件，分析并评价其在产业发展、国土空间综合整治等方面的综合潜力。

2. 意愿调查

通过入户走访、座谈、问卷等调查方式，深入了解地方政府、村两委和村民在产业发展、住房建设、设施改善、环境提升等方面的发展诉求或意愿。

3. 上级规划解读及规划实施评估

解读相关国民经济和社会发展规划、国土空间规划等上级规划和相关部门专项规划，明确生态保护红线、永久基本农田、城镇开发边界等约束性指标和强制性内容的落实要求，以及相关部门的规划建设需求。

对现行村庄相关规划的实施情况进行分析评估，总结成效与不足，明确村庄规划需要解决的重点问题。

4. 工作底图

以第三次全国国土调查为基础，年度土地利用现状变更调查、农村建设用地调查数据为补充，统一采用2000国家大地坐标系和1985国家高程基准数据标准，形成比例尺不小于1:5000的土地利用现状数据和工作底图。上级国土空间规划另有规定的，从其规定。

有条件的地区宜采用1:2000或更大比例尺的工作底图。

7.4.4 村庄规划编制主要内容

7.4.4.1 村庄总体布局规划

1. 发展目标

严格落实上级规划要求，遵循城镇化和乡村发展客观规律，按照镇村布局规划的村庄分类，合理预测村庄人口规模，制定村庄发展、国土空间开发保护等目标，落实生态保护红线、耕地保有量、永久基本农田保护面积、村庄建设用地规模等约束性指标及相关预期性指标。主要包括：

(1) 人口规模预测。村庄人口统计包括户籍人口和常住人口，其中常住人口及其构成是各项公共服务配套的主要依据。人口预测应科学合理，符合人口迁移和产业发展等客观趋势。

(2) 建设用地规模。按照上级国土空间规划分解的约束性指标要求，合理确定村庄规划建设用地规模。优先盘活存量，合理确定流量，并符合县域流量指标总量控制要求。

(3) 其他指标。生态保护红线、耕地保有量、永久基本农田保护面积等约束性指标，要严格落实上级规划确定的指标分解要求。可根据村庄实际管理需要和上级规划要求，统筹制定人均村庄建设用地规模、建设用地机动指标、集体经营性建设用地规模等其他指标。新增宅基地户均用地标准应符合相关法律法规规定。

各地还可结合农村土地制度改革试点、集体经营性建设用地入市、宅基地管理、国土空间综合整治、农民群众住房条件改善、农村人居环境整治等工作，按需增加相应指标和规划内容。

2. 用地布局规划

落实上级规划要求，在不改变上级规划约束性指标和强制性内容的前提下，根据村庄发展目标,按照"把每一寸土地都规划得清清楚楚"的要求,优化调整村域用地布局,明确各类土地规划用途(国土空间用途分类)。落实生态保护红线、永久基本农田、历史文化保护等各类控制线,根据需要适当细化居住用地、集体经营性用地(商业、工业和仓储等)、公共服务设施和公用设施用地、道路交通用地等建设用地,以及农林用地、自然保护与保留用地等的规划布局。加强建设用地的弹性和兼容性管理,合理确定用途分类的深度。

村庄规划编制中,应结合国土空间综合整治、城乡建设用地增减挂钩和工矿废弃地复垦利用等项目安排,将需逐步搬迁撤并、但实施时间难以确定的村庄建设用地,划入(村庄)建设控制区,在村域用地布局中予以明确,并合理确定范围、规模和规划用途。上级规划已划定(村庄)建设控制区的,村庄规划可在符合上级规划确定的约束性指标前提下,对(村庄)建设控制区进行布局优化调整。

上级规划确定的交通、基础设施及其他线性工程,军事及安全保密、殡葬、综合防灾减灾、战略储备等特殊建设项目,郊野公园、风景游览设施的配套服务设施,直接为乡村振兴战略服务的建设项目,以及其他必要的服务设施和民生保障项目等,应在村庄规划中进一步落实具体的规模和边界。暂时不能落地的,可采取"点位预控"的方法,提出意向性的位置或控制范围,并纳入项目清单管理,符合条件的也可按照"留白管控"或"机动指标管控"方式进行处理。

3. 国土空间用途管控

落实上级国土空间规划和用途管制要求,按照"农业空间规模高效、生态空间山清水秀、建设空间宜居适度"的总体原则,以用地布局规划内容为基础,依据相关法律法规及规定,确定农业空间、生态空间和建设空间相应的国土空间用途管控要求,引导各类土地合理保护和开发利用。

(1) 农业空间管控。农业空间原则上包括耕地、园地、林地、牧草地、其他农用地(含设施农用地、农村道路、田坎、坑塘水面、沟渠)等农林用地。农业空间主要包括永久基本农田、一般农业空间。

永久基本农田指上级国土空间规划已划定的永久基本农田保护地块(图斑),严格执行永久基本农田相关管理规定。

一般农业空间是指永久基本农田以外的耕地、园地、林地、牧草地、其他农用地(包括设施农用地、农村道路、田坎、坑塘水面、沟渠等)。有需要的,一般农业空间还可细分为一般农地区和林业用地区。一般农业空间内的各类土地使用,应符合现行农用地、林业用地等对应土地用途管制的相关规定,严格控制各类开发活动占用、破坏。

(2) 生态空间管控。生态空间原则上包括湿地、陆地水域、其他自然保留地等自然保护与保留用地,以及其他需要加强生态功能管控的区域。有需要的,生态空间可细分为生态保护红线和一般生态功能区。

生态保护红线指国务院批准公布的生态保护红线,范围内严格执行生态保护红线相关管理规定。

一般生态功能区是指生态保护红线范围外,具有生态保育功能的区域。一般生态功能区内各类土地使用,应符合对应土地用途管制相关规定。

（3）建设空间管控。建设空间指一定时期内因乡村发展需要，可以进行开发建设的区域，主要包括农村居住、公共服务和公用设施、工业仓储、道路交通等建设用地类型。涉及城镇开发边界的，村庄规划要严格落实边界划定成果，不得随意修改。

1) 总体要求。按照镇村布局规划确定的自然村庄分类，以及上级规划确定的相关管控要求，提出相应的建设用地管控要求。确需调整村庄分类的，应先行按程序修改镇村布局规划。要严格控制村庄建设用地规模，避免出现"人减地增"等情况。

集聚提升类村庄、特色保护类村庄和城郊融合类村庄属于规划发展村庄，是乡村地区经济社会发展和人口集聚的主要空间载体，可在不突破村庄（行政村）建设用地规模的前提下，允许优化自然村建设用地布局、新建翻建农房以支撑村庄发展需求。其中，集聚提升类村庄可结合农民建房和提升公共服务等需求，规划新建住宅、集体经营性建设用地、公共服务和公用设施等用地，但应注意集聚规模适度；特色保护类村庄可按照风貌保护和特色塑造等需求，妥善安排各类配套设施、景观绿化等用地；城郊融合类村庄可结合城乡关系、自身产业发展和农民建房需求，合理确定自然村建设用地布局优化方案。

搬迁撤并类村庄作为实施国土空间综合整治、城乡建设用地增减挂钩和工矿废弃地复垦利用等工作的区域，原则上应划入（村庄）建设控制区进行管理，未来应逐步有序拆迁复垦。近期暂时不能拆迁复垦的，应严格控制自然村现状用地规模与范围，并保障其日常所需的水、电、环境卫生等基本生活服务需求。

其他一般村庄原则上不允许新增自然村建设用地规模，待分类明确后再按照上述对应村庄分类进行规划管控。

2) 用地管控。村庄建设用地应明确居住用地、集体经营性建设用地（商业、工业、仓储等）、主要公共服务和公用设施等用地布局和必要的指标管控要求，作为用地审批和规划许可的依据。

居住用地重点明确居住用地规模和布局，合理保障农民建房需求，因地制宜制定新增宅基地户均用地标准、建筑高度、建筑层数等相关控制指标和建筑风貌、农房布局等规划引导要求，严格执行"一户一宅"。新建农房要优先利用规划发展村庄内的空闲地、闲置宅基地等现状建设用地。

集体经营性建设用地统筹安排商业、工业和仓储等集体经营性建设用地规划布局，优先做好存量集体经营性建设用地规划安排，严格控制新增集体经营性建设用地规模。有需要的，可增加规划管控图则，明确集体经营性建设用地性质、位置、边界、容积率和建筑高度等开发控制指标，为集体经营性建设用地入市做好规划保障。允许在保证耕地保有量不减少、建设用地规模不增加的前提下，按照节约集约的原则，采取布局调整等方式合理利用存量集体经营性建设用地。集体经营性建设用地规划内容应符合产业政策和环保、安全等要求，优先用于农村一、二、三产业融合发展项目，不得用于商品住宅类开发建设。

公共服务和公用设施要根据实际管理需要明确具体位置，鼓励各类设施共建共享、复合利用。有条件的可细化提出用地边界、建设规模、建筑高度、安全防护等相关规划管控要求。

3) 弹性管控。为适度提高村庄规划管理的灵活性，在符合约束性指标的前提下，村庄规划可采取"留白"管控、"点位"预控、机动指标管控等弹性管控方式,引导各类土地高效利用和设施合理布局。

"留白"管控。对规划期内确定使用,但暂时无法明确具体规划用途的建设用地,可采取"留白"方式处理,暂不确定具体规划用地性质(图上表述为"留白用地"),为未来的布局优化、项目落地预留空间。后续使用"留白"用地,应符合国家和省相关规定要求。

"点位"预控。对暂时无法明确具体地块及规模边界的项目,可在用地规划图中采用"点位"预制的方法,表达项目的类别和意向性位置,并纳入项目清单管理,后续可根据项目建设需要再确定具体边界、规模和相应的规划管控要求。

机动指标管控。在不突破规划建设用地规模、不占用永久基本农田和生态保护红线的前提下,村庄规划中可预留一定比例的建设用地机动指标(不超过5%),用于农村公共公益设施和零星分散的一、二、三产业融合发展项目使用。机动指标实行台账方式管理,可不落地上图(不在规划图中表述为具体地块),但应在规划指标表中体现,未来可在不占用永久基本农田和生态保护红线,并符合相关用途管制要求的前提下,在村域内灵活使用(原则上向规划发展村庄倾斜)。建设项目规划审批时落地机动指标、明确规划用地性质,项目批准后更新数据库并纳入国土空间规划"一张图"系统。

4. 耕地和永久基本农田保护

落实永久基本农田划定成果,落实耕地保护任务和补充任务,守好耕地红线,明确永久基本农田地块(图斑)范围、保护要求和管控措施。统筹安排各类农业发展空间,推动循环农业、生态农业、高效农业发展。可根据需要完善设施农用地和农田水利配套设施规划布局,保障设施农业和农业产业园合理发展空间,促进农业转型升级。

5. 国土空间综合整治和生态修复

落实生态保护红线和自然保护地划定成果,优化村庄水系、林网、绿道等生态空间布局,加强植树绿化,并按照"慎砍树、禁挖山、不填湖"的原则,尽可能多地保留乡村原有地貌、自然形态等,系统保护好乡村自然风光和田园景观。

落实上级规划确定的国土空间综合整治和生态修复目标与项目安排,结合耕地和永久基本农田保护、生态保护修复、农村人居环境整治、乡村景观建设等工作,进一步明确各类项目的具体任务、实施范围和实施时序。

有需要的,可在编制村庄规划时同步编制国土空间(全域)综合整治方案,统筹考虑农用地整治、建设用地整治、生态保护修复等规划内容和项目安排,将整治任务、指标和布局要求落实到具体地块。经国土空间综合整治产生的土地资源,优先作为耕地使用,鼓励按照永久基本农田标准进行建设,经验收后纳入永久基本农田储备区进行管理。鼓励按照高标准农田建设的要求,对田、水、路、林、村空间形态进行控制,对零散耕地和拟复垦地块进行土地整治,对田块的大小和方向提出设定,对农田水利、田间骨干工程和主要配套设施的平面布置作出规划,形成规模连片、田块适度、排灌有序、设施完善的耕地和永久基本农田系统,适应规模经营和现代农业生产需要。用地布局涉及永久基本农田调整的,按照相关法律法规及政策执行。

整治验收后腾退的建设用地指标,在保障所在乡镇农民安置、农村基础设施建设、公益事业等用地的前提下,重点用于农村一、二、三产业融合发展项目。节余的建设用地指标按照城乡建设用地增减挂钩政策,可在省域范围内流转。

6. 产业空间引导

落实"粮食生产功能区和重要农产品生产保护区"划定成果,统筹安排农、林、牧、副、渔等农业发展空间,促进村庄产业发展与用地布局相衔接。落实农村产业发展相关政策要求,梳理村庄现状产业发展优势和特色,加强产业发展策划研究,明确主导产业发展方向,因地制宜发展优势特色产业。合理保障农村新产业新业态发展用地,根据需要明确各类产业用地规划用途、开发强度等要求,鼓励农业生产和村庄建设等土地的复合利用。城郊融合类村庄和特色保护类村庄,要加强乡村旅游和特色产业发展研究。

优化村庄工业用地布局,引导乡村地区工业企业逐步向城镇产业空间集聚。除少量必需的农产品生产加工及脱贫攻坚项目外,一般不在乡村地区安排新增工业用地。盘活利用好村庄存量商业、工业和仓储等集体经营性建设用地,合理确定土地规划用途。

7.4.4.2 村庄配套设施规划

1. 公共服务设施规划

落实上级规划和相关公共服务设施配置要求,按照"基本公共服务均等化供给、设施分类差别化布局"的原则,统筹考虑行政村管辖范围、自然村庄分类、人口规模、设施服务能力和村民实际需求等因素,合理确定必要的公共服务设施规划建设内容和要求。

新增公共服务设施优先配置在规划发展村庄,以引导留村农民向规划发展村庄集聚和适度集中居住。搬迁撤并类村庄和其他一般村庄要维持其日常所需的基本生活服务需求,保证基本公共服务能够覆盖。

鼓励各类设施共建共享,提高使用效率,降低建设成本,避免重复建设和浪费。靠近城镇的村庄,可根据与城区、镇区距离的远近,优化调整公共服务设施配置内容和标准。

2. 道路交通规划

道路网布局。落实上级规划确定的各类道路交通设施安排,做好用地预留和布局衔接。根据需要因地制宜制定与过境公路的连接道路,以及村道规划方案,细化路网布局,明确村域内各类道路等级、走向和用地安排。

道路等级。根据村庄的不同规模和集聚程度,选择相应的道路等级与建设标准。规模较大的村庄可按照干路、支路和宅前路进行分级设置,规模较小、用地紧张的村庄可因地制宜确定道路等级与建设标准。属于农村公路的,应当符合并落实农村公路规划相关要求和建设标准。

有需要的,可细化明确各类道路红线宽度和断面形式,提出道路沿线廊道控制、建设退距、绿化景观等管控要求。

停车场地。综合考虑农村实际需要,结合村庄出入口、公共广场、住宅组团等,因地制宜规划布局停车场地。停车场地布局可根据地形地貌、村民需求、村庄形态特征等，采用相对集中或分散布局相结合的方式，合理利用存量建设用地，体现绿色生态、节约集约的原则。

有特殊功能（如乡村旅游）的村庄，要考虑停车安全和减少对村民的干扰，可在村口、公共活动中心等附近集中布局一定规模的停车场，也可因地制宜设置用地复合的季节性停车场。

3. 公用设施规划

落实上级规划和相关公用设施建设要求，根据需要明确必要的村庄给水、排水、供电、通信、燃气、环卫等市政公用设施规划建设要求，加强相关用地的规划保障落实，并合理确定规划内容和深度。

4. 防灾减灾规划

落实上级规划和防灾减灾工作要求，根据需要明确必要的村庄消防、防洪排涝、地质灾害防治、抗震、森林防火等防灾减灾设施规划建设要求，加强相关用地的规划保障落实，并合理确定规划内容和深度。

有需要的，要根据地质灾害防御、防洪泄洪、森林防火等上级规划确定的防灾减灾工作要求，明确灾害影响范围和安全防护范围，提出综合防灾减灾的规划目标和应对各类灾害危害的对策措施。

7.4.4.3 居民点规划

1. 农村居民点规划设计

近期有建设需求的自然村庄（主要指集聚提升类村庄、特色保护类村庄和城郊融合类村庄等规划发展村庄），在符合村域用地布局规划和用途管控要求的基础上，编制农村居民点规划设计方案，并结合村庄规划管理和核发规划许可等实际需要，合理确定规划编制内容深度和表达形式。

（1）总平面布局。农村居民点总平面布局要遵循顺应地形、显山露水、突出地方特色、适度集中布局的原则，统筹考虑宅基地、菜地、绿化用地等的布置，满足农民生产生活需要，符合农村生活习惯，人口集聚规模合理，避免把城市居住小区的布局方式简单复制到农村。宅基地优化调整和建筑院落布局应结合地形采用多样化的组合方式，避免形成行列式、兵营式的呆板布局。鼓励在原有村庄（居民点）形态基础上进行规划建设，延续村落传统空间格局和街巷肌理，保护乡土文化和乡村风貌。

顺应新时代农民群众生产、生活习惯和乡风文明建设的变化趋势，加强新建农村居民点的规划设计和特色塑造，建设与自然山水和谐共生、具有鲜明文化特色、时代特征和地域特点的新型农村社区。要合理确定村庄建设规模，新建和改建建筑空间布局要与自然环境及传统村庄肌理相协调，注重挖掘、传承、彰显地域建筑文化特色，避免"千村一面"。

（2）建筑风貌引导。农房住宅设计应充分考虑本地建筑特色、农村生产和生活习惯，遵循"绿色、经济、适用、美观"的原则，满足相关建筑设计规范和抗震设防等要求，具有地域特点、乡土特色、时代特征。严格按照"一户一宅"的要求，因地制宜确定新增宅基地户均用地标准和相关建设控制指标，从严控制农房建筑体量，建筑层数一般不超过3层。统一规划建设的村民住宅点（区），应制定详细规划设计方案。

公共建筑宜集中布置在位置适中、内外联系方便的地段，对外服务的商业、餐饮和市场等设施宜设置在村庄出入口附近或对外交通便利的地段。公共建筑设计应符合相关规范标准要求，注重功能复合，适应农民群众生产生活习惯，其建筑空间组合、建筑体量、建筑风貌、色彩材质等应与周边环境相互协调、相得益彰。

（3）乡村景观设计。整体风貌。挖掘和提炼村庄自然、人文要素符号及乡土建筑特色，兼顾村民实用和现代审美的需要，确定村庄整体风貌特征。

公共空间与重要节点。充分挖掘乡村地区的传统文化和乡风民俗特色，综合考虑村民使用和产业发展需求，对滨水空间、宅旁空间、村庄入口、活动广场等公共空间进行详细规划设计，布置路灯与指示牌等便民设施，引入自然材质、乡土铺装、传统元素或特色小品，展示和利用村庄乡土文化和传统特色，形成标志性景观，彰显村庄魅力。

绿化景观。尊重原有地形地貌、自然肌理和乡风民俗，对农田、水系、道路、林地、特色植被等自然景观和生态要素进行规划设计，凸显原生态自然风貌和乡土景观特色，营造有利于形成村庄特色的景观环境。

绿化景观材料应自然、简朴、经济，以本地品种、乡土材料为主，使用具有地方特色、自然生态的景观营造手法，与乡村景观风貌和环境氛围相协调。

（4）设施配套安排。明确农村居民点必要的交通、给水、排水、电力、通信、燃气、环卫等市政公用设施和防灾减灾设施规划建设内容和项目安排。

2. 历史文化保护和特色风貌引导

重视地域文化和乡土文化的挖掘，落实并划定需要进行保护的各类历史文化保护线，提出历史环境整体保护措施，保护好历史遗存的真实载体。涉及文物保护单位、历史建筑等的，要列出详细清单，明确保护范围和必要的保护措施要求。加强乡村田园风貌、水系格局、建筑特色、村庄肌理、绿化景观等风貌塑造和引导，保护好村庄的特色风貌，防止大拆大建，做到应保尽保，留住乡愁记忆。

特色保护类村庄还要明确特色资源保护内容、范围和要求，提出特色塑造措施。历史文化名村、传统村落所在行政村的村庄规划，应当增设专门篇章，按照相关要求编制历史文化保护规划内容。

有条件的市县可结合市县国土空间总体规划编制等工作，明确市县域乡村特色风貌规划指引，作为农村居民点规划设计与农房建设的依据和参考。

3. 农村人居环境整治

有农村人居环境整治需求的村庄，可按照相关要求，结合村庄人居环境现状基础和自然村庄分类，制定村庄人居环境整治规划方案，因地制宜明确农村生活垃圾治理、厕所粪污治理、生活污水治理、农业废弃物治理、村庄道路提升、绿化景观塑造、村容村貌提升等方面的措施和要求。涉及用地布局和项目建设的，应符合村庄用地布局规划和国土空间用途管控的要求。

其中，规划发展村庄要按照"美丽宜居村庄"的相关标准要求进行整治提升，强化公共资源配置和建设，吸引周边农民适度集中居住。搬迁撤并类村庄和其他一般村庄要在维持村民基本生产生活水平的基础上，合理确定村庄环境整治的目标和措施，积极引导村民进城入镇和向规划发展村庄集中集聚。

7.4.4.4 近期规划

有需要的，可根据规划确定的目标任务，综合考虑人力、财力、村民需求和实施可操作性等各方面实际情况，统筹运用好促进村庄规划实施的相关政策工具，提出近期推进的农房建设、国土空间综合整治和生态修复、人居环境整治、产业发展、公共服务和公用设施建设等项目安排，形成近期（3~5年）实施计划及项目库（表）。

7.4.5 成果要求
7.4.5.1 成果内容
规划成果内容可分为基本内容和选做内容，各地可根据村庄发展需求和规划管理工作需要，因地制宜确定编制的内容和深度。

1. 基本内容

包括现状分析、发展目标、用地布局规划、国土空间用途管控、公共服务设施、道路交通、耕地和永久基本农田保护等规划内容。

2. 选做内容

在基本内容的基础上，结合村庄发展实际需要，合理选择规划编制内容和深度。后续如因村庄发展和管理需要细化或增加的规划编制内容，应符合上级规划和村庄规划基本内容的要求，按照相关程序审批通过后，可作为村庄规划的组成部分。

7.4.5.2 成果格式
规划成果原则上应包含文本、图件、数据库以及必要的附件。规划成果既要便于基层管理使用，也要便于村民理解接受和监督实施。鼓励以前图后则、图文并茂等形式，形成简明扼要、通俗易懂的规划成果。

1. 规划文本

包括规划总则、规划内容、附表等。附表包括规划指标表、村庄分类一览表、土地用途结构调整表、设施配套一览表、近期实施项目库（表）等。

2. 规划图件

规划图件应至少包括土地利用现状图和土地利用规划图。可结合村庄规划管理实际需要和编制内容深度，适当增加相关选做图件，并注重加强图纸美化表达，突出规划管控内容。涉及国土空间综合整治和生态修复、历史文化保护、耕地和永久基本农田保护等的相关专业图纸，应当符合相应的制图规范要求。

土地利用现状图：按国土空间用途分类标准，表达村域内现状各类用地的分布情况，以及主要道路、河流、自然村名、相邻关系、公共服务设施和市政公用设施位置等要素信息。现状图地类应可适当细化表达。

土地利用规划图：按国土空间用途分类标准，表达村域各类土地主要规划用途，以及相关控制线和设施的分布情况。重点表达居住用地、集体经营性建设用地、公共服务和公用设施用地、道路交通等用地和永久基本农田、生态保护红线等控制线。规划图地类表达深度应根据实际管理需要确定。

3. 规划数据库

规划数据库是规划成果数据的电子形式，包括规划图件（至少应包括土地利用现状图和土地利用规划图）的栅格数据和矢量数据、规划表格（至少应包括规划指标表和土地用途结构调整表）等。规划数据库内容应与纸质规划成果内容一致。村庄规划数据库建库标准按照后续国土空间规划相关数据库建库标准执行。

4. 附件

对规划文本和图件进行必要的补充说明，必须包括村委会审议意见和村民会议或村民代表会议讨论通过的决议、专家论证意见、规划公示及相关意见采纳情况说明。

7.4.5.3 规划公开成果

村庄规划批复后，要形成规划公开成果向村民进行公布。规划公开成果应包括土地利用规划图、用途管制规则或要求，以及必要的规划示意图等内容。规划公开成果应简明易懂、方便村民理解和使用。

第8章 土地整治

土地整治是指为满足人类生产、生活和生态功能需要，依据土地整治规划及相关规划，对未利用、低效和闲置利用、损毁和退化土地进行综合治理的活动。积极开展土地整治，能提高土地资源利用率，增加有效耕地面积，改善土地质量，实现土地利用结构调整和优化，促进土地集约利用，对于缓解人地矛盾，改善农业生产条件与生态环境，实现耕地总量动态平衡目标，推进城乡统筹发展和生态文明建设具有极其重要的意义。

8.1 土地整治概述

8.1.1 土地整治的内涵

土地整治是土地开发、土地整理、土地复垦和土地修复的统称。

1. 土地开发

土地开发有广义和狭义两种概念。广义的土地开发指因人类生产建设和生活不断发展的需要，以提高土地利用率、扩大土地利用空间与利用深度为目的，采用一定的现代科学技术和经济手段，挖掘土地的固有潜力，充分发挥土地在生产和生活中的作用的过程。广义的概念包括两方面内容：一是对尚未利用的土地进行开垦和利用，以扩大土地利用范围，主要是对未利用土地的开发利用，包括宜农荒地开发、闲散地开发、农业低效利用率土地开发、河湖海滩涂开发等，这也是狭义的土地开发。二是对已利用土地深度的开发，以提高土地利用效率和集约经营程度，常指城市低效利用建设用地的再开发，或城市新区的开发。

2. 土地整理

土地整理指在一定地域范围内，按照土地利用总体规划或国土空间规划的要求，采取行政、经济、法律和工程技术手段，调整土地利用和社会经济关系，改善土地利用结构，科学规划，合理布局，综合开发，增加可利用土地数量，提高土地的利用率和产出率，确保经济、社会、生态三大效益的统一。土地整理一般可分为农用地整理与建设用地整理。

农用地整理主要在以农用地为主的区域，采用工程、生物等措施，对田、水、路、林、村等进行综合整治，改善土地利用结构，增加有效耕地面积，改善生产、生活条件和生态环境。农用地整理的主要内容包括农用地面积、位置的变动，农用地性质的置换，低效农用地的改造及地块规整重划，水、电、路等基础设施配套和零星农宅的迁出和合并。农用地整理的主要措施包括土地平整、灌溉与排水、田间道路、农田防护与生态环境保持等工程措施和相关生物措施，进行土地调整、改善，并保证用地功能的持续发挥。根据整理后的主导用途，农用地整理可分为耕地整理、园地整理、林地整理、牧草地整理和养殖水面用地整理等。

建设用地整理是以提高土地集约利用为主要目的，对利用率不高的建设用地进行的综合整理。按照整治对象，建设用地整理包括农村建设用地、城镇用地、独立工矿用地、基础设施用地以及其他建设用地的整理。

（1）农村建设用地整理。农村建设用地整理指对农村地区散乱、废弃、闲置和低效利用的建设用地进行整治，包括村镇的撤迁、合并和就地改扩建，完善农村基础设施和公共服务设施、改善农村生产生活条件，提高农村建设用地节约集约利用水平。

（2）城镇用地整理。城镇用地整理主要指城镇建成区内的存量土地的挖潜利用、旧城改造、用途调整和零星闲散地的利用。

（3）独立工矿用地整理。独立工矿用地整理主要指就地开采、现场作业的工矿企业和相配套的小型居住区用地的布局调整、用地范围的确定和发展用地选择，一般不包括大规模废弃地复垦。

（4）基础设施用地整理。基础设施用地整理包括公路、铁路、河道、电网、农村道路、排灌渠道的改线、裁弯取直、疏挖和厂站的配置、堤坝的调整，也包括少量废弃的路基、沟渠等的恢复利用。

（5）其他建设用地的整理。上述整理对象以外的建设用地整理，如风景名胜用地及特殊用地等的整理。

3. 土地复垦

土地复垦是指对生产建设活动损毁和自然灾害损毁的土地采取整治措施，使其达到可供利用状态的活动，包括生产建设活动损毁土地复垦和自然灾害损毁土地复垦。

生产建设活动损毁土地复垦是指对生产建设过程中，因挖损、塌陷、压占等原因造成破坏的土地采取整治措施，使其恢复到可供利用状态的活动，这也是狭义上的土地复垦，可分为采矿破坏土地复垦、交通建设破坏土地复垦和水利工程建设破坏土地复垦等类型。其中，采矿破坏型土地复垦又可分为煤矿开采破坏土地复垦、金属矿开采破坏土地复垦、石油开采破坏土地复垦等。

自然灾害损毁土地复垦是指对洪涝、风灾、地震、海啸等自然灾害所造成破坏的土地采取整治措施，使其恢复到可供利用状态的活动，可分为洪涝灾害损毁土地复垦、海啸灾害损毁型土地复垦、地质灾害损毁土地复垦、地震灾害损毁土地复垦和风沙灾害损毁土地复垦等类型。

4. 土地修复

土地修复是指对长期受到高强度开发建设、不合理利用和自然灾害等影响造成严重受损退化、生态功能失调的土地，采取工程和非工程等综合措施，进行生态整治、生态恢复、生态重建的活动。通过土地修复，改变土地不良性状、防止土地退化，恢复和提高土地生产能力和土地生态环境质量。

8.1.2 土地整治的原则

根据《全国土地整治规划（2016—2020年）》，土地整治遵循以下基本原则：

（1）坚守耕地红线。围绕落实国家粮食安全战略，坚持最严格的耕地保护制度，以大规模建设高标准农田为重点，合理安排土地整治重点区域和重大工程，全面划定永久基本农田，大规模推进土地整治、中低产田改造和高标准农田建设，确保耕地数量和质量有提升，夯实农业现代化和粮食安全基础。

（2）促进城乡统筹。坚持区域协同、城乡一体，以节约集约用地为核心，统筹安排农村建设用地整理、城乡建设用地增减挂钩、工矿废弃地复垦利用、城镇低效用地再开发等活动，调整优化城乡建设用地结构布局，促进土地要素在城乡间有序流转，助推一二三产业融合发展，推进城乡基本公共服务均等化，促进新型城镇化发展和美丽乡村建设。

（3）加强生态保护。落实生态文明建设要求，实施山水林田湖综合整治，加强生态环境保护和修复，坚持保护优先、自然修复为主，加强对水土流失、石漠化、沙化等严重的环境敏感区、脆弱区土地生态环境整治，提高土地生态服务功能，筑牢生态安全屏障。

（4）维护群众权益。坚持农民主体地位，尊重农民意愿，保障农民的知情权、参与权、监督权和受益权，切实维护农村集体经济组织和农民合法权益；坚持工业反哺农业、城市支持农村，加大新增建设用地土地有偿使用费、耕地开垦费和增减挂钩收益对农村的投入，鼓励社会资本投向农村，改善农民生产生活条件，保证农民共享工业化、城镇化发展成果。

（5）坚持政府主导。坚持政府主导、国土搭台、部门协同、上下联动、公众参与的工作机制，加强政府的组织领导，强化部门合作，有效发挥整体联动的综合效应；建立健全激励机制，充分调动社会各方和农民的积极性、主动性，推进土地综合整治。

（6）坚持因地制宜。立足地方经济社会发展水平，顺应人民群众改善生产生活条件的期待，统筹安排、突出重点、循序渐进推进各项土地整治活动，避免不顾实际大拆大建，增加人民生活负担。

8.1.3 土地整治的作用

土地整治是补充耕地、实现耕地占补平衡，改善生产条件和生态环境，提高土地生产能力的重要途径。根据《全国土地开发整理规划（2001—2010年）》《全国土地整治规划（2011—2015年）》《全国土地整治规划（2016—2020年）》，土地整治主要作用如下：

（1）耕地数量、质量保护得到全面提升。通过土地开发、整治和复垦，补充了耕地数量，实现了耕地总量动态平衡，保障了18亿亩耕地红线。另一方面，通过广泛实施以田、水、路、林、村综合整治为主要内容的土地整治，完善农田基础设施，改善生产条件，稳步提高了耕地质量，增强了国家粮食综合生产能力。我国通过土地整治，2001—2010 年期间新增耕地 4142 万亩，"十二五"期间补充耕地 2767 万亩，"十三五"期间补充耕地 1829 万亩，均超过同期建设占用和自然灾害损毁的耕地面积，保证了全国耕地面积基本稳定。

（2）推进高标准农田建设，巩固国家粮食安全基础。高标准农田建设是一项事关国家粮食安全、现代农业发展的基础性工程。通过土地整治，积极推进建设旱涝保收高标准农田建设，显著提高农田机械化耕作水平、排灌能力和抵御自然灾害的能力，农业生产条件明显改善，保障了粮食连年增产。把建成的高标准农田划为永久基本农田，实行特殊保护，为落实藏粮于地战略、保障国家粮食安全和重要农产品有效供给提供坚实基础。我国 2001—2010 年期间全国建成高产稳产基本农田超过 2 亿亩，"十二五"期间建成高标准农田 4.03 亿亩，"十三五"期间累计建成高标准农田 2.32 亿亩，有力地提高了粮食生产能力，巩固了国家粮食安全基础。

（3）优化城乡用地结构和布局，推动城乡融合发展。以城镇低效用地再开发为重点，通过城乡建设用地增减挂钩、工矿废弃地复垦利用、城镇低效建设用地再开发等，大力盘活存量建设用地，优化城市用地结构，推动产业转型升级；以城乡建设用地增减挂钩和农村土地综合整治为平台，整理农村闲置、散乱建设用地，稳妥推进村庄土地整治，逐步形成空间布局合理的农村居民点体系，促进了城乡基本公共服务均等化。通过优化城乡用地结构和布局，促进节约集约用地，提高土地利用效率，为新型城镇化发展和美丽乡村建设提供用地空间。"十一五"期间，通过增减挂钩，复垦还耕面积 148.1 万亩。"十二五"期间，全国共整理农村建设用地 233.7 万亩，复垦工矿废弃地 936.6 万亩，改造开发城镇低效用地 150 万亩。

（4）促进了农民增收、农业增效和农村发展。土地整治改善了农业生产条件，促进了农业规模化、产业化经营，降低了农业生产成本，增加了农民务农收入。通过引导和动员农民参加土地整治劳务，带动农村投入和农民就业。"十一五"期间，全国农民参加土地整治工程劳务所得合计 150 亿元，农民人均新增年收入 700 余元。"十二五"期间，农民参加土地整治劳务所得合计超过 1100 亿元，农民人均新增年收入 900 多元。

（5）改善生态环境质量，促进生态文明建设。通过采取工程、生物等整治措施，促进了区域生态环境建设，控制了土地沙化、盐碱化，减轻了水土流失，提高了土地生态涵养能力；通过工矿废弃地复垦和生态环境恢复治理，改善了矿山生态环境；通过对农村散乱、闲置、低效建设用地的整治，改善了农民居住条件、农村基础设施和公共服务设施，美化农村人居环境；扩大了就业空间，推动了农村精神文明建设，有力地维护了社会稳定，促进了美丽乡村建设和生态文明建设。

8.1.4 土地整治项目的一般程序

土地整治项目实施程序一般分为 6 个阶段：土地整治规划阶段、项目可行性研究阶段、项目规划设计与预算阶段、工程施工阶段、竣工验收阶段和项目后评价阶段。

8.1.4.1 土地整治规划

土地开发、复垦、整理、修复等项目的立项，必须依据国土空间规划或土地利用总体规划，以及相关土地整治专项规划。这些规划是开展土地整治活动的依据，未纳入或不符合相关规划的，不得实施土地整治项目。

国家级土地整治规划的重点是制定全国土地整治的方针和政策，提出土地整治的重点区域和重大工程。省、地级土地整治规划的重点是提出本行政区域内土地整治的重点区域、重点工程和重点项目，提出本行政区域内补充耕地区域平衡的原则、方向和途径，确定土地整治投资方向。县级土地整治规划的重点是划分土地整治区，明确土地整理、复垦和开发项目的位置、范围和规模，作为确立土地整理、复垦和开发项目的依据。

各级土地行政主管部门负责编制本行政区域的土地整治规划；跨行政区域土地整治规划的编制，由涉及区域的上一级土地行政主管部门负责。土地整治规划一般应与国土空间规划或土地利用总体规划期限一致，重点确定近期规划。国土空间规划或土地利用总体规划的规划期限一般为15年，近期规划的期限一般为5年。

土地整治规划阶段的主要任务是：对土地整治活动进行统筹规划，确定土地整治的目标和方向，提出重点区域工程和项目等，拟定实施规划的保障措施，保障规划目标的实现。具体包括以下内容。

1. 实地调研，收集资料

土地整治规划前，需要结合调研，收集土地利用现状和规划资料以及其他相关基础资料。

土地利用现状和规划资料包括：县、乡（镇）国土空间规划或土地利用总体规划；上级下达的土地整治分解指标和要求；各有关部门涉及的土地利用专项资料；县、乡（镇）土地利用现状资料（包括土地利用现状标准分幅图）；土地整治潜力调查资料；土地评价资料。

其他相关基础资料包括当地的自然资料（如地理位置、气候条件、水文水资源、土壤）、生态环境、人口和社会经济发展、农业普查等资料。

2. 进行土地整治潜力分析

查清各类可供开发整理的土地资源的类型、数量、质量和分布，绘制有关图件、量算面积，进行适宜性评价，为顺利地编制专项规划创造有利条件。

土地整治潜力包括农用地整理潜力、建设用地整理潜力、废弃地复垦潜力和未利用地的开发潜力。由于我国应后备土地资源匮乏，且难度又大，把重点放在已利用土地资源潜力上，同时适当考虑待开发土地资源的开发潜力。

3. 确定土地整治规划目标和任务

在土地利用潜力分析基础上，依据土地利用总体规划和当地的经济发展水平和技术水平以及对土地资源的需求状况，确定规划期间土地整治的目标和任务。

4. 划定土地整治区

在国土空间规划或土地利用总体规划的基础上，划出各类土地整治区，并进一步确定重点土地整治区。划定土地整治区就是根据土地利用潜力的类型、潜力大小和分布状况，将类型相对一致，潜力较集中的区域划分出若干土地整治区；所划定的土地整治区的土地规划用途应与当地国土空间规划或土地利用总体规划所规定的用途一致；同时根据需要和可能，确定重点（优先）整治区。土地整治分区是规划的重点和核心。

5. 拟定土地整治规划方案

规划方案是整个规划工作的核心内容。其目的是根据土地整治的潜力与要求，科学、合理、有序地安排土地整治工作。规划方案要根据土地整治的类型和特点进行制定。在编制土地整治规划方案时应考虑以下两点。

（1）土地整治规划是国空间空规划或土地利用总体规划的专项规划，应与上位规划相衔接。

（2）提供审批实施的规划方案只能是一个。但为使规划方案内容更完善，时序更符合实际，也可以编制出几个土地整治规划方案，以供在规划编制过程中，进行比较和选优，最后确定推荐规划方案。

6. 规划的可行性分析

（1）经济效益分析。经济效益分析是衡量土地整治投资收益的重要指标。目前土地整治经济效益分析的内容是：土地整治的投入量与产出量分析，主要包括通过土地整理增加有效耕地面积、提高耕地质量、增加土地产出、改善农业生产条件，便于机械化耕作、水利灌溉和规模经营、节水节电、有效降低农业生产成本的经济效益。

目前，进行土地整治经济效益分析所采用的方法是静态分析方法，这种方法是各地在开展土地整理经济效益评价时普遍采用的一种评价方法。

（2）环境效益分析。环境效益分析是衡量土地可持续利用的重要指标，土地整治的环境效益分析内容是：评估土地整治实施后，通过疏浚河道、兴修水利、植树造林等增加森林覆盖率、治理水土流失面积、增强抗御洪涝灾害能力、优化生态结构、改善生态环境所取得的效益。

环境效益分析采用定量分析与定性分析相结合的方法，该方法是目前各地在开展土地整理环境效益评价时，普遍采用的一种比较符合实际的评价的方法。

环境效益的定量评价：对于山丘区，主要计算森林覆盖率（或植被覆盖率）和水土流失治理面积等；对于平原地区，主要计算农田防护林网密度、农田污染改善程度、防洪除涝改善程度等。

环境效益的定性分析：是对土地整治后对环境的正反两方面的影响进行综合分析，这是环境效益分析中比较常用的一种评价方法。

（3）社会效益分析。社会效益分析是衡量社会可持续发展的重要指标，土地整治的社会效益分析内容是：在农村，通过改造旧村庄，归并农村居民点，节约基础设施建设，改变农村环境脏、乱、差的面貌，提高农民居住水平和生活质量的效益；在城市，通过对存量土地的消化利用，优化用地布局，提高城市现代化水平，加速存量土地资产的流动和重组，促进国企改革和国有经济战略性布局调整的效益。由于各地开展土地整理的内容不同，土地整理的社会效益所采取的指标也不同，各地应因地制宜采用定量分析与定性分析相结合的方法进行社会效益分析。

7. 制定实施规划措施

实施规划是规划工作的重要环节，规划实施措施是保证规划制定的目标与决策能否得到贯彻落实的必要手段。在制定规划实施措施时，应考虑以下几个方面：

（1）土地整治规划经批准后，应当予以公告，并纳入土地管理计划逐步实施。让群众了解规划的内容，自觉按规划的安排使用土地，是实施规划的第一步，因此实施规划首先要进行公告。

土地整治规划是土地管理计划的依据，土地管理计划又是实施土地整治规划的行政手段。对土地资源的开发、利用、整治和保护的统筹安排和合理利用都需要借助土地整治规划和土地管理计划来实现。因此，土地整治规划的实施应纳入土地管理计划进行。

（2）在选定土地整治项目和编制项目规划设计时，要依据或符合当地的土地整治规划。

对土地整治工作实行项目管理是我国目前开发土地整理工作的一种行之有效的工作方式，土地整治项目的选择、设计、实施是落实土地整治规划的重要手段。

（3）建立土地整治专项基金；对按土地整治规划进行土地整治有贡献的单位和个人予以表彰和奖励。

稳定、充足的土地整治资金投入和良好的资金运作机制是保证土地整治工作开展的关键因素，土地整理所需资金，应按照"谁受益、谁负担"的原则，由土地所有者和土地使用者共同承担。同时，土地整理要走社会化、产业化道路，要引入市场机制，就应鼓励对土地整治有贡献的单位和个人。

（4）按土地整治规划开发整理后的土地，应及时进行权属调整和登记。土地整理的过程也是土地产权调整的过程。对整理的土地进行权属调整和登记是平衡不同主体之间利益关系的必要措施，也是促进社会稳定、经济发展的重要措施，为下一步顺利开展土地整治工作奠定基础。

土地整治规划成果包括规划文本、规划说明、规划图件和规划附件。具体要求与土地利用总体规划类同。

8.1.4.2 项目可行性研究

在土地整治专项规划的基础上，根据先易后难、分步实施的原则，在土地整治规划区（一般为县级行政区辖范围）内选择土地整治项目，作为实施备选项目入库。这一阶段主要工作是对项目进行可行性研究。

土地整治项目可行性研究主要是对土地整治项目立项的合法性、技术上的可行性、经济上的合理性进行分析。具体包括以下内容。

1. 项目概况

主要介绍项目类型（开发、整理、复垦、修复等），项目区地理位置、行政区域和范围，项目提出的缘由、建设的必要性和意义，建设规模和投资规模，项目工期，项目任务目标，包括项目完成后新增耕地面积和比率，耕地质量提高的程度和新增粮食生产能力，以及所能达到的对生态环境保护和改善的程度等。

2. 报告编制依据

包括国家和地方制定土地整治相关的法律、法规和规章等法规性依据；《土地整治重大项目可行性研究报告编制规程（TD/T 1037）、《土地整治项目规划设计规范》（TD/T 1012）、《高标准农田建设通则》（GB/T 30600）、《高标准农田建设技术规范》（NY/T 2949）等技术标准；还包括国土空间规划、土地利用总体规划、土地整治专项规划、土地利用年度计划以及农业、水利、林业、交通等相关规划及相关基础资料。

3. 项目区概况

项目区自然条件，包括地形地貌、水文地质、气候、植被、土壤、生态条件、自然灾害等。

项目区社会经济条件，包括人口、人均产值、人均耕地面积、人均土地面积、农村就业情况、生活水平以及耕地撂荒情况等。

项目区土地利用现状，明确项目实施以前土地利用的实际状况和特征。土地利用结构应根据最新调查结果，按照土地分类进行统计汇总，行政辖区要统计到村。土地利用分类面积统计表可利用国土部门的数据库导出。

项目区基础设施状况。项目区基础设施是指与项目建设有关的水利、道路、电力等基础设施，是实施土地整治项目必须具备的基础条件。包括排灌系统骨干设施状况、交通状况、林网建设状况、电力设施状况、生态环境保护设施状况，以及正在建设和拟建并落实了建设资金的基础设施，这些条件是实施土地整治项目必须具备的条件。

4. 项目分析

项目分析是土地整治项目可行性研究的重要内容，包括项目的合法性分析、项目区新增耕地潜力分析、项目区土地适宜性评价、项目区土地利用限制因素分析和公众参与分析。

项目合法性分析要求阐明该项目实施与现行的法律、法规的规定是否一致。如项目实施后土地利用与国土空间规划或土地利用总体规划的要求是否一致，与土地整治专项规划的要求是否一致；土地开发是否经过依法审批，是否依据规划避免了湿地开发、毁林毁草和围湖造地等。

现阶段土地整治的主要目的是增加耕地面积，提高耕地质量，以补充建设对耕地的占用，促进耕地总量动态平衡目标的实现。因此新增耕地面积与质量是土地整治潜力分析的重点。

土地整治项目必须结合土地利用方向进行土地适宜性评价，包括废弃地、宜耕后备土地等的适宜性及适宜程度。

项目区土地利用限制因素分析是指对影响项目区土地有效利用的自然因素和社会经济因素进行的分析。其中自然因素包括项目区地形条件、土壤条件、排灌条件、水分条件、气候条件等；社会经济因素包括土地利用集约度、现有耕地利用程度、土地经营规模、土地区位条件、资金筹措等。

土地整治项目的实施与项目区当地农民和居民的利益息息相关，公众参与分析就是充分征求各部门和当地民众的意见和建议，包括公众参与的形式、内容、过程和结果等。

5. 项目规划方案及建设内容

项目规划方案拟定是项目可行性研究的基础和核心，包括规划原则、规划依据、项目规划方案与总平面布置说明、项目工程进度计划等。它是根据有关要求，科学、合理地进行田、水、路、林、村的规划布置，在多种方案中进行比较和选优，最后确定规划方案的过程。

项目的总体布局要解决以下5个方面的问题。

（1）根据项目区的地形条件、土地适宜性评价结果、社会经济综合发展情况及农业现代化的要求,确定耕地、园地、林地、牧草地、田间道路和水面用地的布局及分布范围。

(2) 根据项目区及其外围的水文条件和水资源情况及已有的水利设施,确定水利设施建设项目的数量、等级和位置。

(3) 根据项目区外围已有的交通设施状况和区内地形、骨干沟渠布局情况,确定区内交通道路的类型和位置。

(4) 根据当地的气候条件、主导风向和风的强度,确定生态防护林的布局、规模、结构、树种和数量。

(5) 根据当地土地利用总体规划的要求,确定村镇用地及工矿用地的数量、规模、位置和发展方向。

项目主要工程内容包括:土地平整工程、农田水利工程(或称灌溉排水工程)、田间道路工程、农田防护工程和拆迁工程。土地平整工程是进行农业机械化生产和农田水利、道路等基本建设的实施基础,目的是要达到便于机械化耕作,发挥机械效率,提高机耕质量,灌水方便均匀,利于压盐、排水、改良土壤等,满足作物高产稳产对水分及土质的需要。该项工程一般包括土石方开挖、土石方回填、土石方运输、平整土地等。农田水利工程是指在对洪、涝、旱、渍、盐、碱等进行综合治理和水资源合理利用的原则下,对项目区灌排系统及其建筑物等进行配套和改造。田间道路工程主要是指直接为农业生产服务的田间道和生产路的建设。农田防护工程是指土地整治过程中涉及的农田生态防护林及水土保持工程等。拆迁工程是根据土地利用规划,确定拆迁工程范围,调查拆迁工程现状,提出项目拆迁工程数量等。

项目工程进度计划指结合当地的气候、农时及资金情况对施工进度按月进行的施工安排。可行性研究中需拟定项目工程进度计划。

6. 项目区土地权属调整

项目区土地权属调整前必须明确项目区的土地权属,包括所有权和使用权等,将土地面积按权属分解到具体的权属单位。

土地权属调整是指对土地整治后各类用地产权进行的调整划分。土地权属调整方案要尽量使原有产权者的耕地面积保持不变,以利于土地经营管理和维护农民的合法权益。有条件的地方应根据农地分等定级成果,以土地价值为标准进行土地权属调整方案的确定。权属调整方案应包括调整内容、方法和程序。

7. 后期管护

后期管护需要说明管护原则,后期管护的主要内容和基本管护制度,基本确定后期管护的主体,说明相应的权利和责任。

8. 投资估算

投资估算是指根据项目总体规划确定的土地整治项目建设标准以及项目所在地其他同类项目的建设投资等,对项目总投资做出的估算。投资估算依据包括项目区所在地的基本农田建设标准、当地同类项目的竣工决算书以及土地整治项目相关的定额标准及有关规定。

投资估算确定后应提出项目投资组成、投资承诺意见和资金筹措方式,并根据施工进度安排,说明分年度投资计划。

9. 效益分析

项目效益分析包括社会效益、生态效益和经济效益分析。社会效益评价指标包括：土地利用率、新增耕地面积、新增耕地比例、新增灌溉面积、技术措施增产率、人均收入增加量、耕地质量改善程度等；生态效益评价指标包括：林木覆盖率、水土流失治理面积、土地沙化治理面积、土地污染治理面积、人均绿地面积等；经济效益评价指标包括：新增粮食生产能力、项目区人均增加耕地面积、单位面积投资、新增耕地单位面积投资、静态投资回收期、静态投资收益率、居住条件、交通水利等基础设施改善程度等。应根据实际情况对上述指标进行项目实施前后的对比分析。

10. 结论与建议

可行性研究结论应对项目的必要性、合法性、目标实现的可行性、投资总额以及项目实施对社会、经济、环境等方面的影响等做出总结和概括，结论要重点突出，观点明确。对需要进一步研究解决的问题提出建议和意见，所提建议应有针对性。

8.1.4.3 项目规划设计与预算

土地行政主管部门对申报项目进行审查，符合规定要求的，纳入土地整治项目库（备选库），并通知项目申报单位，规定要求编制项目规划设计和预算。再由土地行政主管部门对项目规划设计和预算进行审核，符合有关规定的，纳入土地整治项目库（初审库）。土地整治项目设计阶段一般包括初步设计和施工图设计两个阶段。

8.1.4.4 工程施工

土地整治工程施工是指根据土地整治工程设计图纸和相关设计文件的要求，依据有关技术标准，对土地整治工程进行建设的活动。土地整治施工是土地整治众多环节中最重要的环节之一，是实现土地整治目标的关键。土地整治工程是否按设计文件的要求施工，施工质量是否合格等都将影响项目实施的成效。

8.1.4.5 项目竣工验收

项目竣工验收是指由建设单位、施工单位和上级土地行政主管部门派出的项目验收组，以批准的项目设计任务书和设计文件，以及国家或部门发布的施工验收规范和质量检验标准为依据，按照一定的程序和手续，在项目建成后，对土地开发项目实施的总体情况进行检验和认证的活动。土地整治项目竣工验收后，将资产移交使用方，进行后期管护阶段。

8.1.4.6 项目后评价

项目后评价是在土地整治项目实施建设工作结束后，进入经营期时所进行的综合分析工作。后评价的目的是广泛了解项目的建设情况、运营情况和可能的发展前景，与原来的预计进行对照分析，分析项目建设成功或失败的各种原因，总结得失，为将来的项目识别、准备、实施和经营提供经验教训。后评价的结论和建议还有助于改进项目的运营。

8.2 农用地整理

8.2.1 农用地整理的意义

农用地整理是指以农用地（主要是耕地）为主的区域，通过实施土地平整、灌溉与排水、田间道路、农田防护与生态环境保护等工程,增加有效耕地面积、提高耕地质量,改善农业生产条件和生态环境的活动。农用地整理是土地整治的主要工作,通过农用地整理,能有效增加耕地面积,改善耕地质量,提高粮食生产能力,改善农业生产条件与生态环境,对于实现耕地总量动态平衡目标,推进农村现代化建设具有极其重要的意义。

从我国现阶段社会经济发展对土地的需求、农用地现状和土地潜力来看,土地整治主要依靠农用地整理。耕地整理是农用地整理的重要内容,有效的耕地整理是通过土地平整,田、水、路、林的合理布局,农田灌排设施配套和土壤改良,从而增加耕地面积,改善土地利用条件,提高耕地质量与土地产出率,即增加耕地潜力。基于增加耕地潜力这一目标,耕地整理的对象主要包括3个方面:①利用率较低的耕地,表现为地块规模较小,布局散乱,且地块中分布较多的其他闲散地;②产出率较低的耕地,表现为由于自然条件和基础设施条件较差而导致的单位面积的产量低下;③利用率和产出率都较低的农用土地,这是最值得整理的对象。

开展农用地整理,可以挖掘后备土地资源利用的潜力,有效增加耕地面积。主要表现为:通过田块调整,结合平坟、填沟、整理零星宅基地、晒谷场和废弃闲散地块等增加耕地面积;通过沟渠和田间道路调整、改造和完善等,减少沟渠和田间道路占地面积,从而增加耕地面积;通过中低产田改造,以及园地、林地、草地和水面的整理,提高土地利用率。

开展农用地整理,通过农田灌排设施配套和土地平整,增强抗御自然灾害的能力,提高耕地质量和产出率;合理布局田、水、路、林、村,有效改善生产条件,提高农业机械化作业水平;改善农村生活条件与生态环境,提高农民的生活质量,从而更好地释放农业生产潜力。

开展农用地整理,有利于促进农业可持续发展。通过农用地整理,走集约用地之路,节流与开源并举,促进耕地总量动态平衡;通过兴修水利设施,改良灌排系统,田、水、路、林、村综合治理,配合有机肥投入,促进农用地的可持续利用,改善农业生态环境,提高农业综合生产能力,从而促进农村经济的可持续发展。

开展农用地整理,可以进一步实现土地利用分区管制,不仅可以稳定永久基本农田保护区范围,而且还能扩大永久基本农田保护区面积。

开展农用地整理,对农村村庄进行改造,把散居的村民向中心村集中,除可以节约土地,调整出耕地外,还有利于促进农村社区建设。主要表现为:改善居住条件和环境,有利于精神文明建设,有利于社会治安管理,有利于农村教育和科技推广,有利于促进乡镇企业的发展。

开展农用地整理,有利于保障粮食和农副产品安全。通过农用地整理,挖掘农用地潜力,提高粮食生产能力;促进后备耕地资源和非耕地资源的开发利用,增加粮食和农副产品的产量;优化农业结构,加快多种经营和农业生态建设,发挥地区优势,因地制宜地发展畜牧业、养殖业和林果业,保障粮食和农副产品的总量平衡。

8.2.2 农用地整理的要求

(1)农用地整理要满足农业生产现代化的要求,有利于田间机械作业,有利于排灌工程和设施的配套,有利于田间防护林网的建设。

(2) 农用地整理要适应改善生态环境的需要，避免湿地开发、毁林开荒、滥垦草地和围湖造田，同时要因地制宜地实行退耕还林、还草、还湖。

(3) 农用地整理要因地制宜，讲究实效，要充分应用生物、工程、农艺等方面的先进科学技术，改良土壤，提高农用地的质量。

(4) 农用地整理还要和农业经营制度的改革完善联系起来，逐步实现土地适度规模经营，促进农业现代化。

8.2.3 农用地整理的目标

(1) 增加耕地面积，实现耕地总量动态平衡。通过土地整理，把整理区内的工矿废弃地、散乱坑塘、低洼鱼池、零星荒滩地、荒草地改造为耕地。

(2) 提高耕地质量，增加耕地产出率，稳定农业生产。合理配置农田水利设施，增强抵御旱涝等自然灾害的能力，提高耕地质量和生产能力。

(3) 推进农业结构调整，增加农民收入。通过土地整理，改善土地生产条件，实施规模化经营，推进农业结构调整，增加农民收入。

(4) 完善田间道路系统，结合灌排沟渠建设，对现有田块进行重划，以达到"田成方，路成框"的效果，为农业机械化生产和农业规模经营创造条件。

(5) 合理布局农田防护工程，营造农田防护林和水土保持林，结合土地平整，增强土壤保水保肥的能力，改善农田生态环境。

(6) 促进村镇集中和合并，改善农村社区生活条件，调整土地产权关系，保障土地权属主体的合法权益，维护社会稳定。

8.2.4 农用地整理的规划设计

农用地整理规划设计的工作程序和内容包括：现场踏勘，收集整理资料，土地利用现状和整理潜力分析，制定整理的目标和任务，研究确定项目总体布局方案，单项工程设计等。

1. 现场踏勘，收集整理资料

这是土地整治规划设计的基础性工作，只有全面、翔实的基础资料，才能保证规划设计成果的科学性和可操作性。因此，要求规划设计资料具备真实性、完整性、时效性和具有法律效力。项目规划设计一般应搜集以下资料：

(1) 项目区基本概况。行政辖区、地理位置、项目区四至及经纬度坐标范围、总面积、整理规模、覆盖范围（所涉及的行政村镇）、区内人口等。

(2) 自然条件。包括项目区地形、地貌、土壤、水文、气候、地质、植被、自然灾害等情况。

(3) 自然资源。包括土地资源、水资源、生物资源、光热资源等。

(4) 社会经济条件。包括经济状况、市场状况、基础设施、人民生活水平、民族与文化等。

(5) 土地利用现状。包括各类用地的数量、布局、土地利用的有利及不利因素、土地权属状况等。

(6) 土地利用潜力状况。包括待开发整理土地的数量、质量、生产潜力、开发整理潜力及布局等。

(7) 土地政策、法规及相关的规定、标准等资料。包括涉及土地利用的有关行业规划资料，涉及城建、林业、环保、水利、交通、能源、牧业、水产等的规定和标准。

2. 土地利用现状和整理潜力分析

对确定为土地整理项目区的土地进行利用现状分析，确定土地的适宜用途和适宜程度，进一步分析土地整理的潜力。

3. 制定整理目标和任务

根据上位规划要求及项目所在区域的自然条件、土地质量、社会需求、经济建设需要、经济发展水平、技术水平等，确定土地整理项目规划的目标、任务和要求。

4. 确定项目的总体布局

根据项目区的自然条件、资源状况、社会经济条件、交通水利设施状况以及土地适宜性评价结果，确定主干交通线路和水利干沟渠等重点开发整理工程设施的位置和规模、村镇的位置和发展方向。根据项目规划目标，当地的社会、经济、自然和技术条件，以及土地的适宜用途和项目总体布局，合理确定各类用地的数量、各项工程设施和生物措施的位置和用地规模，并将其落实到具体地块。

（1）根据项目区的地形条件、土地适宜性评价结果、社会经济综合发展情况及农业现代化的要求，确定耕地、园地、林地、牧草地和水面用地的布局及分布范围。

（2）根据项目区及其外围的水文条件和水资源状况及已有的水利设施，确定水利设施建设项目及其数量、等级和位置。

（3）根据项目区外围已有交通设施状况和区内地形、骨干沟渠布局情况，确定区内交通道路的类型和位置。

（4）根据当地的气候条件、主导风向和风的强度，确定生态防护林的布局、规模、结构、树种和数量。

8.2.5　田块规划及土地平整设计

农用地整理项目一般划分为：田块规划与土地平整工程、农田水利工程（或称灌溉排水工程）、田间道路工程和农田防护工程等四大单项工程。四大单项工程的规划布局和设计是相互联系的，每个单项工程的规划布局和设计都要与其他单项工程相协调。

田块规划处于农田平整规划与其他单项规划之间，起着承上启下的作用。一方面，农田平整规划为田块规划奠定基础，从一定程度上决定田块规划布局；另一方面，田块规划又会影响灌排、道路、防护林等单项工程规划。因此，在田块规划的同时必须全面考虑其他规划，如条田、梯田的布局与规格的确定需要综合考虑土地平整工程量、沟渠与田间道路的间距等。因此，田块规划与其他规划相互联系又相互制约，田块规划的好坏制约着其他单项规划效益的发挥，从而影响到整个工程的效益。

8.2.5.1　土地平整工程设计

土地平整是指为使耕作田块及其平整度满足农田灌排及耕作需要而进行的土方挖、填与调配等田块修筑和地力保持措施的总称。土地平整工程设计是田块规划设计、沟渠、道路、防护林设计的前提和基础。搞好平整土地，对合理灌排，节约用水，提高劳动生产率，发挥机械作业效率，以及改良土壤、保水、保土、保肥等方面，都有着重要的作用。例如在盐碱土等低产土地的治理中，土地平与不平，直接影响到土壤水分和盐分的重新分配，土壤含盐不匀、干湿不均，关系到作物的播种、保苗和机耕作业的环境。

1. 土地平整的原则和要求

（1）要和土地利用工程规划统一起来。土地平整必须适应土地整治的要求，并作为其一个组成部分。平整土地应与田、沟、渠、林、路等工程密切结合，以避免挖了又填，填了又挖，造成返工浪费。

（2）通过土地平整要达到便于机耕，发挥机械效率，提高机耕质量；灌水均匀，节约用水；利于压盐、排水、改良土壤；满足作物高产稳产对水分的需要。具体要求如下。

1）平整单元：土地平整单元是制定土地平整方案的基础，平整单元的大小直接影响土地平整土方工程量，应根据地形条件和灌排要求，结合耕作田块、灌排工程布置等综合确定。平原地区，在不影响沟渠布局和灌排的条件下，应以一块条田或条田内部的格田、畦田为平整单元；山丘区，应以一块梯田为平整单元。

2）田面平整度：平整度是指一个平整单元内的地面高差值。地面灌溉时耕作田块应实现田面平整，横向坡降应尽量小，纵向坡降应根据土壤条件和灌溉方式确定。水田格田内田块允许高差±3cm，畦田内田块允许高差±5cm，采用喷微灌田面高差不宜大于15cm。

3）土层厚度：耕地土体厚不应小于50cm，水浇地和旱地耕作层厚度不应小于25cm，水田耕作层厚度不宜小于20cm。

4）土壤条件：加强耕作层保护，降低作物生长障碍因素的影响程度，改良后的土壤应符合《土壤环境质量 农用地土壤污染风险管控标准（试行）》（GB 15618）的规定。

5）平整土方量最小。在平整田块内，尽可能使填挖土方量基本平衡，总的平整土方量达到最小，且土方运输距离最短。

2. 农田田面高程设计

农田平整高程设计的合理与否关系到平整工程量的大小及相应的田块规划。在不同地区，农田平整高程设计的标准不同。地形起伏小、土层厚的旱涝保收农田田面设计高程根据土方挖填量确定；以防涝为主的农田，田面设计高程应高于常年涝水位0.2m以上；地形起伏大、土层薄的坡地，应修建梯田，田面设计高程应根据梯田的规格确定；地下水位较高的农田，田面设计高程应高于常年地下水位0.8m以上。

3. 确定平整方案

（1）根据整理区平整工程量及地形变化幅度的大小，农田平整方案可分为局部平整与完全平整两种类型。

局部平整即结合地形地势进行平整，允许田块有一定坡度，以耕作田块为平整单元，保持土方的挖填方平衡，不需要从区外大量取土或将土方大量外运。最终的田面高程是在挖填方平衡的基础上，根据所布置的沟渠水流方向来确定，各田块之间允许有一定的高差。即考虑渠道的布设要求，采取中高式或一面坡式两种形式，以满足自流灌排。局部平整的优点是填挖方工程量和工程投资大大降低，有利于保护表土层。局部平整的缺点是土方量计算较复杂，新增耕地量有所降低，增大沟渠布置的难度。

全面平整是在地形平坦地区，将整个项目区作为一个平整单元，设计一个平整高程，以平整高程为基准面对整理区进行全面平整。全面平整的优点是能够最大限度地挖掘土地利用潜力，增加耕地面积；方便农业生产，易于机械化作业；便于布置沟渠、道路、农田防护等工程。全面平整的缺点是：填挖方工程量大，投资量大，对表土造成极大的破坏。

(2) 根据地形纵向变化情况，农田平整方案可分为平面法、斜面法和修改局部地形法3种类型。

平面法是将设计地块平整成一近似水平面。这种方法挖填土方量较大，一般多用于地形坡度不大的项目区和水稻田的平整。

斜面法是将设计地段平整成具有一定纵坡的斜面。坡度方向与灌水方向一致，并达到灌水技术要求。对沟、畦灌有利，土方量也较大。

修改局部地形法是对设计地块进行局部的适当修改，而不是全部改变其原有地形面貌，只是将过于凸凹的局部修平，把阻碍灌水的高地削除，低地填平，倒坡取削，对灌水无阻碍就可以。这种方法适用于面积较大，地形变化较多，如果大范围挖填工作量太大的地区。优点是大大减少土方量。

(3) 根据平整的精度，农田平整方案又可分为大平、粗平、细平3种类型。

大平就是常说的"大平大整"，这是平整土地当中用工最多，动土方量最大的一种方案，往往需要几年的时间才能完成，如削平土岗、填沟补洼等。

粗平是平整土地最广，范围较大的一种方案。可分为：取高垫低、合并地块、改田埂等多项内容，从而完成平整土地的基础。

细平就是在粗平的基础上对土地进行精细平整，主要利用全球导航卫星系统、激光控制平地系统等技术，可有效改善田面微地形条件，提高田面平整度，显著提高地面灌溉灌水质量。

4. 土地平整设计方法

在平地测量和平整方案确定的基础上进行土地平整设计，主要是设计田面高程，计算挖填土方量。根据地形条件，土地平整设计方法有方格网法、散点法和截面法等。

(1) 方格网法。方格网法适用于比较复杂的地形。在田块平面形状比较方正的情况下，精度较高，但测量和计算工作量较大。其设计步骤如下。

1) 平地测量。根据地形条件和施工方法将要平整的田块划分成边长为10～50m的方格，各方格的顶点均用木桩标定，形成方格网，对各方格进行编号，分别测出各方格4个顶点的高程，并绘出方格网点的高程图。

一般地形起伏较大或水田地区，采用10m×10m的方格；地形相对平坦，采用人力施工的，采用20m×20m的方格；机械施工的，多采用50m×50m的方格。方格网点名称见图8.1。

2) 计算田面平均高程。根据测出的高程点和方格总数计算田面平均高程，即

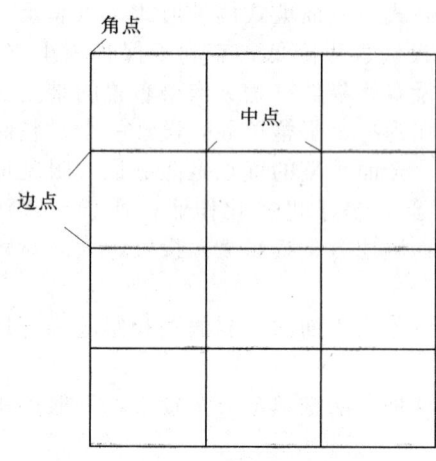

图 8.1 方格网点名称

$$H_0 = \frac{\sum H_{角} + 2\sum H_{边} + 4\sum H_{中}}{4n} \quad (8.1)$$

式中：H_0 为平整田块的平均高程，m；$\sum H_{角}$ 为方格网各角点高程之和，m；$\sum H_{边}$ 为方格网各边点高程之和，m；$\sum H_{中}$ 为方格网各中点高程之和，m；n 为方格网个数。

3) 计算各网点设计高程和挖填值。对于水平田面，田面平均高程就是各网点设计高程 H_0；对于旱作地，为了满足沟畦灌排，要求田面有一定坡降，此时，相邻网格点的设计高程应计及方格边长乘以设计坡面比降算出的高差值。

通常以平均高程作为田块设计坡度方向中心点的设计高程，然后从中心点开始，推算上下各网格点设计高程，逆坡逐点递增一个方格边长高差值，顺坡逐点递减一个方格边长高差值。各网格点设计高程算出后，可按下式计算各点挖填值。挖填值为"+"时表示挖方；"-"时表示填方。

挖填深度＝地面高程－设计高程

4) 计算挖填方量。一般要求挖填方量基本平衡，挖方接近或略大于填方。按式 (8.2) 和式 (8.3) 计算挖填方量：

$$V_{挖} = \frac{\sum h_{角挖} + 2\sum h_{边挖} + 4\sum h_{中挖}}{4} M \quad (8.2)$$

$$V_{填} = \frac{\sum h_{角填} + 2\sum h_{边填} + 4\sum h_{中填}}{4} M \quad (8.3)$$

式中：$V_{挖}$ 为总挖方量，m³；$V_{填}$ 为总填方量，m³；$\sum h_{角挖}$ 为方格网各角点挖深之和，m；$\sum h_{边挖}$ 为方格网各边点挖深之和，m；$\sum h_{中挖}$ 为方格网各中点挖深之和，m；M 为一个方格网的面积，m²；$\sum h_{角填}$ 为方格网各角点填高之和，m；$\sum h_{边填}$ 为方格网各边点填高之和，m；$\sum h_{中填}$ 为方格网各中点填高之和，m。

(2) 散点法。散点法适用于地形虽然有起伏，但变化比较均匀、不太复杂的地形。这种方法测量不受太多限制，可以根据地形情况布置测点。其设计步骤如下。

1) 平地测量。在田面四角四边、田块的最高点、最低点、次高点、次低点以及一切能代表不同高程的各个位置上都均匀布置测点，并测出其高程。

2) 计算田面平均高程。根据测出的高程点计算田面平均高程：

$$H_0 = \frac{1}{n}\sum H_i = \frac{H_1 + H_2 + \cdots + H_n}{n} \quad (8.4)$$

3) 计算挖填值。将各实测点高程与平均高程相比较，大于平均高程的为挖方，小于平均高程的为填方，等于平均高程的表示不挖不填。算出各点高程与平均高程的差值，作为施工时应掌握的挖填深度，再将其中的正值求平均，可算出平均挖深，负值求平均，即为平均填高。计算公式如下：

$$h_{挖} = \frac{\sum H_w}{k} - H_0 \quad (8.5)$$

$$h_{填} = H_0 - \frac{\sum H_t}{m} \quad (8.6)$$

式中：$h_{挖}$ 为挖方区平均挖深，m；$\sum H_w$ 为大于平均高程 H_0 各测点高程之和，m；k 为大于平均高程 H_0 的测点数；$h_{填}$ 为填方区平均填高，m；$\sum H_t$ 为小于平均高程 H_0 各测点高程之和，m；m 为小于平均高程 H_0 的测点数。

4) 计算挖填面积和挖填土方量。根据挖填平衡原则，由下列方程组可分别求得挖方面积、填方面积及相应的挖填土方量：

$$\left. \begin{array}{l} A_{挖} h_{挖} = V_{挖} = V_{填} = A_{填} h_{填} \\ A_0 = A_{挖} + A_{填} + A_b \end{array} \right\} \quad (8.7)$$

挖方面积：
$$A_{挖} = \frac{(A_0 - A_b) h_{填}}{h_{填} + h_{挖}} \quad (8.8)$$

填方面积：
$$A_{填} = \frac{(A_0 - A_b) h_{挖}}{h_{填} + h_{挖}} \quad (8.9)$$

挖填方量：
$$V_{挖} = V_{填} = \frac{(A_0 - A_b) h_{填} h_{挖}}{h_{填} + h_{挖}} \quad (8.10)$$

式中：$A_{挖}$ 为挖方面积，m^2；$A_{填}$ 为填方面积，m^2；A_b 为不填不挖面积，m^2；$V_{挖}$ 为挖方量，m^3；$V_{填}$ 为填方量，m^3；A_0 为土地平整总面积，m^2；其他符号意义同前。

(3) 截面法。截面法一般用于地形坡度较大，需要修筑梯田时，对梯田平整设计。其设计步骤如下。

1) 梯田田面宽度设计。梯田田面宽度设计主要考虑地形坡度和土层厚度。为尽量减小挖填方量，地形坡度大、土层较薄时，则田面宽度宜小，地形坡度小、土层较厚时，则田面宽度可大一点，同时也要考虑施工和机耕的要求。具体可参考《水土保持综合治理技术规范——坡耕地治理技术》（GB/T 16453.1）。

2) 梯田田坎高度设计。梯田田坎高度主要根据地形坡度、耕作要求等因素确定。具体可参考《水土保持综合治理技术规范——坡耕地治理技术》（GB/T 16453.1）。

3) 梯田田坎坡度。为保持梯田的稳定性，田坎需修成一定的侧坡，田坎越高，侧坡应越缓。具体可参考《水土保持综合治理技术规范——坡耕地治理技术》（GB/T 16453.1）。

4) 梯田田面高程设计。梯田田面的设计高程，一般从各渠道控制的最高田面开始，以田坎高度为基数逐块向下推算。

5) 挖填土方量计算。为了节省工程量，一般以每块梯田为平整单元，在平整单元内实现挖填平衡。梯田断面要素见图 8.2，从图中可以推算出各要素间的关系式：

$$B_m = H \cot\theta \quad (8.11)$$

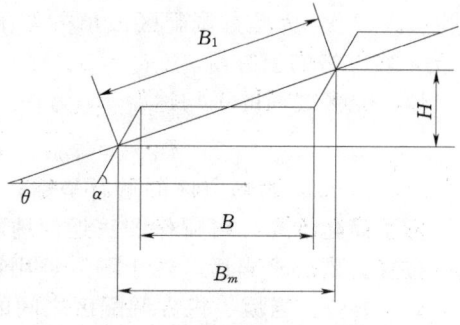

图 8.2 梯田断面要素示意图

$$H = \frac{B}{\cot\theta - \cot\alpha} \qquad (8.12)$$

$$B_1 = \frac{H}{\sin\theta} \qquad (8.13)$$

式中：θ 为原地面坡度，(°)；α 为田坎坡度，(°)；H 为田坎高度，m；B 为田面净宽，m；B_m 为田面毛宽，m；B_1 为原坡面斜宽，m。

根据田面净宽 B、田坎坡度 α 和原地形坡度 i，用式 (8.4) 计算梯田的挖填土方量：

$$V_{挖} = \frac{B^2}{8 \times (\cot\theta - \cot\alpha)} = \frac{B^2}{8 \times (1/i - \cot\alpha)} = V_{填} \qquad (8.14)$$

5. 土方调配

在田块设计高程、填挖方位置、填挖区面积、挖填土方量算出后，需要对土方进行综合平衡调配。其目的是在土方运输量或土方运输成本最低的条件下，确定填、挖方区土方的调配方向和数量，从而达到缩短工期和提高经济效益的目的。

土方调配遵循下列原则：①挖方与填方基本达到平衡，在挖方的同时进行填方，减少重复倒运；②总土方运输量或运输费用最小，即挖（填）方量与运距的乘积之和尽可能最小；③选择恰当的调配方向、运输路线，做到施工顺序合理，土方运输无对流和乱流现象，同时便于机械化施工；④取土或弃土尽量不占农田或少占农田；⑤分区调配应与全场调配相协调，避免只顾局部平衡，任意挖填而破坏全局平衡；⑥调配应与地下构筑物的施工相结合，有地下设施需要填土，应留土回填。

土方平衡调配主要内容包括划分调配区、计算土方调配区的土方量，计算各挖、填方调配区之间的平均运距，确定土方最优调配方案、绘制土方调配图。

(1) 划分调配区。在场地平面图上先划出挖填区的分界线，并在挖方区和填方区适当划出若干调配区，确定调配区的大小和位置。

(2) 计算土方调配区的土方量并标注在图上。

(3) 计算各挖、填方调配区之间的平均运距。挖、填方调配区之间的平均运距就是各挖方区土方重心至填方区土方重心的距离。取场地或方格网中的纵横两边为坐标轴，以一个角作为坐标原点，按下式求出各调配区土方重心位置：

$$X_0 = \frac{\sum(X_i V_i)}{\sum V_i}; \quad Y_0 = \frac{\sum(Y_i V_i)}{\sum V_i} \qquad (8.15)$$

式中：X_0、Y_0 为挖方调配区或填方调配区重心坐标；X_i、Y_i 为 i 块方格重心坐标；V_i 为 i 块方格的土方量。

填、挖区之间的平均运距 L_0 为

$$L_0 = \sqrt{(x_{0T} - x_{0w})^2 + (y_{0T} - y_{0w})^2} \qquad (8.16)$$

式中：x_{0T}、y_{0T} 为填方区的重心坐标；x_{0w}、y_{0w} 为挖方区的重心坐标。

为了简化计算，可用作图法近似地求出调配区的几何中心（即形心位置）以代替重心位置。重心求出后，标于图上，用比例尺量出每对调配区的平均运输距离（L_1，L_2，L_3，…）。当填、挖方调配区之间的距离较远，采用自行式铲运机或其他运土工具沿现场道路或规定路线运土时，其运距应按实际情况进行计算。

计算出所有填挖方调配区之间的平均运距，并将结果列于土方平衡运距表内。

（4）确定土方最优调配方案。对于线性规划的运输问题，可以用"表上作业法"求解，使总土方量与运距的乘积最小，即为最优调配方案。

（5）绘出土方调配图。根据以上计算，在场地平面图标出土方调配方向、土方数量及运距。

8.2.5.2 田块规划设计

田块即耕作田块，是由田间灌排渠系、道路、林带等固定工程设施所围成的地块，是进行田间耕作、管理与建设的最基本单位。在不同条件下，有不同的利用形式。在水田地区，为了保持均匀的淹灌水层，往往在一个条田内再划分格田。在旱作地区，为了保持一定的水流推进速度，使灌水均匀，往往在一个耕作田块内再划分畦田。

耕作田块的规模、长度、宽度、方向、形状等要素规划的合理与否直接影响到灌排系统、护田林带、田间道路等作用的发挥以及机械作业效率和田间管理，所以正确规划耕作田块是耕地内部规划的一个十分重要的内容。

田块规划设计的内容主要包括田块的长度、宽度、方向、形状及规模等要素的设计。其中每一个要素均是田块规划设计中所不可缺少的，每一个因素在规划设计中所起的作用均不同，不能相互替代。

（1）耕作田块的方向。耕地田块方向一般是指田块的长边方向。它与末级固定沟渠、田间道路和护田林网中的主林带方向相一致。耕作田块方向选择的合理与否，将长期影响田块的日照、灌排、田间作业、防风以及机械下田距离远近。

在综合考虑以上因素的前提下，应尽量使田块保持南北方向，此外，不同地区存在的问题不同，所需侧重考虑的因素也不尽相同，不可机械加以确定。如在水蚀地区，耕作田块宜平行等高线布置；在风蚀地区，应与当地主害风向垂直，或与主害风向垂直线的交角小于30°～45°。在此基础上，耕作田块的方向应体现以人为本的原则，使耕作田块与居民点之间保持最短的距离和最便利的交通条件。

（2）耕作田块的长度。田块的长度不仅关系到机械作业效率的发挥、田块平整工程量的大小，还影响到灌排渠系的布设。因灌水流量的大小影响到流程的长短及灌溉面积的大小，从而影响到灌溉均匀程度以及田块灌排水的畅通度。

田块长度的合理确定并不是一成不变的，需根据地形、土壤、作业方式、种植作物种类等因素加以综合权衡确定，不能为刻意追求某一因素而加以限定，应在尽量保持田块完整性的基础上，集约利用土地。

根据不同地区、不同地形、土壤等条件下的经验总结，田块长度有一个大致的范围可供参考，田块的长度可在 500～800m 之间，也可更长一些。如在平原地区田块可长些，而在丘陵地区要短些。

（3）耕作田块的宽度。耕作田块宽度取决于末级固定沟道的间距、机械作业要求、防护林的有效防护距离、田块面积的大小，同时还应考虑地形、地貌的限制。田块宽度的合理确定关系到田间生产作业的方便与否、机械作业效率的发挥、平整工程量的大小及田间地下水位的降低。

不同地区、不同情况下所需考虑的主要因素不尽相同，如盐碱化地区以降低地下水位为主，风害地区则侧重于考虑防护林的有效防护距离。

耕作田块的宽度需综合考虑各因素合理确定，其大致范围在不同地区分别为：机械作业要求宽度为 200～300m；灌溉排水要求宽度为 100～300m；防止风害要求宽度为 200～300m。

(4) 耕作田块的形状。从经济角度考虑，耕作田块形状直接影响到机械作业的效率及田间生产管理。好的耕作田块形状应当有利于机械作业的正常进行，尽量减少机械作业当中所产生的漏耕与重耕，且有利于田间生产管理；反之，不规整的田块形状易造成施工成本的上升及其他配套田间工程的配置与施工。

从环境美学角度考虑，耕作田块的形状影响到规划后项目区的田间生态环境。规整的田块形状可以对原有凌乱的田间布局加以完善，有利于田间环境的改良。

在条件许可的前提下，田块的外形要力求规整，长边与短边交角以直角或接近直角为好。形状选择依次为长方形、正方形、梯形、其他形状，避免不规则的三角形和多边形，长宽比以不小于 4：1 为宜。耕作地块的边界还应结合现有沟、渠、路、林及其他自然界线，不能机械划分，做到既不影响机械作业，又不浪费土地。

(5) 耕作田块的规模。耕作田块的长度与宽度相应确定了耕作田块的规模，但耕作田块规模大小的确定还应有利于机械作业、土地平整及权属的划分与重调。

不同地区，种植作物的种类、机械化作业程度、地形不同，耕作田块的规模应有所差异。如北方旱作、机耕区具有较大的规模，南方丘陵地区面积稍小些，稻作区则还要小些。

耕作田块规模的大小除与自然因素相关外，还需综合考虑整理区社会经济条件，如人均拥有耕地面积、人均国民生产总值，整理区土地流转情况、农村劳动力等。使田块规模的确定不仅有利于当前生产作业与土地分配，还有利于未来的规模经营。

(6) 耕作田块内部规划。对于平原地区，水田宜采用格田形式。格田设计必须保证排灌畅通，灌排调控方便，并满足水稻作物不同生长发育阶段对水分的需求。格田田面高差应在 ±3cm 以内，长度保持在 60～120m 为宜，宽度以 20～40m 为宜。格田之间以田埂为界，埂高以 40cm 为宜，埂顶宽以 10～20cm 为宜。旱地田面坡度应在 1：500 以内。

对于滨海滩涂区，耕作田块内部设计应注意降低地下水位，洗盐、排涝，改良土壤，改善生态环境，在开发利用过程中，可采用挖沟垒田，培土整地方法。以降低地下水位为主的农田和以洗盐除碱为主的滩涂田块田面宽宜为 30～50m，长宜为 300～400m。

对于丘陵山区，以修筑梯田为主，根据地形、地面坡度、土层厚度的不同可将其修筑成水平梯田、隔坡梯田、坡式梯田等。其中，梯田规格及埂坎形态应因地制宜，视地形坡度、机耕条件、土壤的性质、土层厚度和干旱程度而定，并考虑防冲措施；梯田田面长边应沿等高线布设，梯田形状呈长条形或带形。若自然条件允许，梯田田面长度一般不小于 100m，以 150～200m 为宜；田面宽度除应考虑地形坡度、土层厚度等自然条件外，还应满足灌溉和机械作业要求，一般陡坡区田面宽度一般为 5～15m，缓坡区一般为 20～40m。

8.2.6 农田水利工程规划设计
8.2.6.1 排灌系统规划
1. 骨干沟渠规划布置

包括根据水源条件和地形条件确定骨干沟渠的位置和走向,测算其控制的灌排面积,在规划设计过程中应考虑上下级沟渠的协调配套。

2. 田间排灌沟渠布置

平原地区田间沟渠,可依条件分别采用灌排相邻、灌排相间、灌排兼用布置。并根据灌排设计标准推算其设计流量,进行纵横断面设计和工程量计算。

丘陵山区田间沟渠、岗田间沟渠应垂直于等高线沿塝田的短边布置,可为双向控制或灌排两用。冲田沟渠布置可随地形在山坡来水较大的一侧沿山脚布置排水沟;山坡来水较小、地势较高的一侧,布置灌排两用渠,兼山坡或塝田排水。在开阔的冲田地区,可在两侧塝脚布置排水沟,在冲田中间布置排灌两用渠,控制两侧冲田。

3. 地下排灌工程布置

应考虑渠(管)首(泵站)位置适中,渠(管)线最短;干支沟渠相互垂直,各级排灌设施配套;渠(管)线沿高地布置,路渠(管)结合。布置形式根据地形可分为:两边分水式、一边分水式。

4. 排灌系统的其他工程规划

排灌系统的其他工程规划要满足渠系输水、分水、蓄水、泄水、排水及防洪等要求,保证渠系正常运行;建筑物数量、类型在满足安全运行、便于管理的条件下,做到数量少、工程量省,应尽量采取联合布置形式;应使流态稳定、水头损失小,能控制较大自流灌溉面积;保证灌区交通顺畅,满足生产生活需要。

小型蓄水工程规划包括坝址、坝型选择,库容确定以及配套建筑物的规划设计。小型抽水站规划包括抽水站布置与站址选择,抽水站流量、扬程的确定及机组配套与选择等。

排灌水工建筑物配置。必须保证排灌水顺利通过各种天然与人工的障碍,并能调节水量、联结工程等。其中包括引水建筑物、配水建筑物、交叉建筑物、衔接建筑物、泄水建筑物和量水建筑物等的配置。

5. 喷微灌工程规划

根据地形、土壤、气象、水源、土地利用规划及土地利用方式,选定喷滴灌系统的类型。根据水源、地形、作物分区及喷微灌系统工作特性,对干、支管进行布置。微灌系统分干、支、毛三级管道,布置时应相互垂直。

6. 竖井工程规划

竖井工程规划一般与灌排系统配合进行。包括井型选择、井数确定、井的平面布局等。竖井工程规划需要进行地下水资源估算,查清地下水储量、可采量及可利用量;计算降雨入渗补给、灌溉回渗补给、河渠引水补给及地下径流补给量;进行水资源采、供平衡计算,确定宜开采水层,合理规划井位、井距,确定井的数量。大面积开采地区,必须进行总体规划,避免造成地下水的恶化和产生地面沉降。

7. 排灌电气工程规划

确定电力排灌设备总容量、受载系数和同时率,计算负荷量。合理布设变电站,

8.2.6.2 排灌工程设计

1. 设计标准

(1) 灌溉设计标准。灌溉设计标准是确定灌溉制度、设计灌水流量和设计灌水模数的主要依据,也是灌溉渠道工程规模和投资的决定因素。实际工作中,一般采用灌溉设计保证率作为灌溉设计标准,南方小型水稻灌区的灌溉工程也可按抗旱天数进行设计。

灌溉设计保证率是指灌区用水量在多年期间能够得到充分保证的概率。灌溉工程设计时,应首先确定灌溉设计保证率。灌溉设计保证率可根据水文气象、水土资源、作物组成、灌区规模、灌水方法及经济效益等因素,参考表8.1确定。

表 8.1　　　　　　　　　　　灌溉设计保证率参考值

灌水方法	地区	作物种类	灌溉设计保证率/%
地面灌溉	干旱地区 或水资源紧缺地区	以旱作为主	50~75
		以水稻为主	70~80
	半干旱、半湿润地区 或水资源不稳定地区	以旱作为主	70~80
		以水稻为主	75~85
	湿润地区 或水资源丰富地区	以旱作为主	75~85
		以水稻为主	85~95
喷灌、微灌	各类地区	各种作物	85~95

(2) 排水标准。排涝标准的设计暴雨重现期应根据排水区自然条件、涝灾的严重程度及影响大小等因素,经技术经济论证确定,一般可采用5~10年,或参照经国家或相关权威部门批准过的地区性提法。经济条件较好或有特殊要求的地区,可适当提高标准;经济条件目前尚差的地区,可分期达到标准。

设计暴雨历时和排除时间应根据排涝面积、地面坡度、植被条件、暴雨特性和暴雨量、河网和湖泊的调蓄情况,以及农作物耐淹水深和耐淹历时等条件,经论证确定。旱作区一般可采用1~3d暴雨从作物受淹起1~3d排至田面无积水;水稻区一般可采用1~3d暴雨3~5d排至耐淹水深。

设计排涝模数应根据当地或邻近地区的实测资料分析确定。无实测资料时,可根据排水区的自然经济条件和生产发展水平等,选用经过论证的方法如平原区设计排涝模数经验公式或平均排除法计算。

设计排渍深度、耐渍深度、耐渍时间和水稻田适宜日渗漏量,应根据当地或邻近地区农作物试验或种植经验调查资料分析确定。无试验资料或调查资料时,旱田设计排渍深度可取0.8~1.3m,水稻田设计排渍深度可取0.4~0.6m;旱作物耐渍深度可取0.33~0.60m,耐渍时间3~4d。水稻田适宜日渗量可取2~8mm/d(黏性土取较小值,砂性土取较大值)。

有渍害的旱作区,农作物生长期地下水位应以设计排渍深度作为控制标准,但在设计暴雨形成地面水排除后,应在旱作物耐渍时间内将地下水位降至耐渍深度。水稻区应能在晒田期内 3~5d 将地下水位降至设计排渍深度。土壤渗漏量过小的水稻田，应采取地下排水措施使其淹水期渗漏量达到适宜标准。

适于使用农业机械作业的设计排渍深度，应根据各地的农业机构的具体要求确定，一般可采用 0.6~0.8m。

设计排渍模数应采用当地或邻近地区的实测资料确定；无实测资料时，轻砂壤土可取 $0.03~0.04m^3/(s \cdot km^2)$，中壤土可取 $0.02~0.03m^3/(s \cdot km^2)$，重壤土、黏土可取 $0.01~0.02m^3/(s \cdot km^2)$。

改良盐碱土或防治土壤次生盐碱化的地区，还应在返盐季节前将地下水控制在临界深度以下，地下水临界深度应根据各地区试验或调查资料确定。无试验或调查资料时，可按经验值确定，见表 8.2。

表 8.2　　　　　　　　地下水临界深度参考值（m）

土 质	地下水矿化度			
	<2g/L	2~5g/L	5~10g/L	>10g/L
砂壤土、轻砂壤土	1.8~2.1	2.1~2.3	2.3~2.6	2.6~2.8
中壤土	1.5~1.7	1.7~1.9	1.8~2.0	2.0~2.2
重壤土、黏土	1.0~1.2	1.1~1.3	1.2~1.4	1.3~1.5

（3）防洪标准。防洪标准包括蓄水枢纽工程建筑物、引水及提水枢纽工程建筑物、灌排建筑物及灌溉渠道、潮汐河口灌排挡潮建筑物、排洪沟或撇洪沟的防洪标准。

一般工程级别不同其防洪标准也不同，工程等级划分可查《灌溉与排水工程设计规范》（GB 50288）确定，防洪标准应根据其级别查《灌溉与排水工程设计规范》（GB 50288）确定。

整理区内必须修建的排洪沟或撇洪沟，其防洪标准可根据排洪流量的大小，按重现期 5~10 年确定。

整理区内防洪堤或挡潮堤的防洪标准，应根据防护对象的重要程度和受灾后损失的大小，按《堤防工程设计规范》（GB 50286）的规定确定。

（4）灌排水质标准。以地面水、地下水或处理后的城市污水与工业废水作为灌溉水源时，其水质均应符合《农田灌溉水质标准》（GB 5084）的规定。

在作物生育期内，灌溉时的灌溉水温与农田地温之差宜小于 10℃。水稻田灌溉水温宜为 15~35℃。

灌区内外农田、城镇及工矿企业排入灌排渠沟的地面水和污水水质必须符合《地表水环境质量标准》（GB 3838）和《污水综合排放标准》（GB 8978）的规定；回灌地下水的水质除应符合上述规定外，还应该符合《农田灌溉水质标准》（GB 5084）的规定。

2. 引水工程设计

渠道引水工程设计应根据河湖水位、沿岸地形、地质条件和灌溉对引水高程、引水流量的要求，经技术经济比较确定后选择采用无坝引水或有坝引水方式。

当沿岸地形较陡、岸坡稳定时，渠首工程宜采用岸边式布置；当沿岸地形较缓、岸坡不稳定时，可采用引渠式布置。

无坝引水的渠首的引水角度宜取 30°～60°。引水角前沿宽度不宜小于进水口宽度的 2 倍。

3. 灌溉泵站设计

灌溉泵站设计应对扬程、流量、泵的数量进行计算，泵址应根据地形、地质、水流、动力源等条件确定。泵站应进行泵房、泵房机电设备、进水管系、出水管系及配套设施的设计计算。灌溉泵站设计详见《泵站设计规范》（GB 50265）和《灌溉与排水工程设计规范》（GB 50288）。

4. 机井工程设计

机井设计应根据水文地质条件和地下水资源可利用情况进行设计，并进行技术经济比较后确定。机井最大可能出水量、最大可能水位降落值、单井群井影响半径、机井数量及井距计算。详见《灌溉与排水工程设计规范》（GB 50288）。

5. 灌溉输配水工程设计

输配水工程的作用是将适宜的水量逐级输送并分配到田间。这类工程包括渠道或管道系统及相应的建筑物等。

（1）灌溉渠道系统设计。输配水渠道系统通常分为干、支、斗、农渠四级。各级渠道上可根据需要修建渠系建筑物，包括分水闸、节制闸、渡槽、涵洞、倒虹吸、桥梁、跌水、陡坡和量水建筑物等。

灌溉渠道系统设计包括横断面设计和纵断面设计。灌溉渠道设计流量计算及渠道横断面、纵断面设计具体方法参见《灌溉与排水工程设计规范》（GB 50288）。

（2）灌溉管道系统设计。灌溉管道系统可根据地形、水源和用户用水情况，采用环状管网或树状管网。千亩以上连片农田的灌溉管道系统，宜采用优化方法进行设计。

各用水单位应设置独立的配水口，配水口的位置、给水栓的形式和规格尺寸，必须与相应的灌溉方法和移动管道连接方式一致。

各级管道进口必须设置节制阀，分水口较多的输配水管道，每隔 3～5 个分水口应设置一个节制阀；管道最低处应设置排水阀。

水泵出口逆止阀或压力池放水阀下游，以及可能产生水锤负压或水柱分离的地方安装进气阀。管道的驼峰处或长度大于 3km 但无明显驼峰的管道中段安装排气阀。水泵出口处安装水锤防护装置。在适当位置设置压力、流量计量装置。

灌溉管道系统进口设计流量应根据全系统同时工作的各配水口所需要设计流量之和确定，设计压力应经技术经济比较后确定。如局部地区水压不足，提高全系统工作压力又不经济时，可另行增压；部分地区水压过高时，应安装调减压装置。

管道沿程水头损失和局部水头损失计算可参见《灌溉与排水工程设计规范》（GB 50288）。管道设计流速应控制在经济流速 0.9～1.5m/s，超出此范围时应经技术经济比较后确定。

管道的纵、横断面应通过水力计算确定，并应验算输水管道产生水锤的可能性及水锤压力值。管道转角不应小于 90°。

所选管材和工作压力应大于或等于灌溉管道系统分区或分段的设计工作压力。固定管道宜优先选用硬塑料管、钢丝网水泥管或钢筋混凝土管，选用钢管、铸铁管时，应进行防腐蚀处理。

6. 渠道防渗工程设计

渠道防渗工程是节约用水、保护水土资源、提高水的利用效率的重要措施。渠道防渗工程设计应结合当地的自然条件、灌区规模、水资源丰缺情况以及社会、经济、生态环境等诸因素评价，经论证确定，优选符合当地具体条件的防渗工程。

防渗材料的运用应坚持因地制宜、就地取材、量力而行和符合生态环境保护的原则。可选用土料、砌石、塑膜材料、沥青混凝土、混凝土等材料。各种材料的防渗性能应经过科学试验，材料配合比应经过试验确定。详见《渠道防渗工程技术规范》(GB/T 50600—2010)。

7. 喷灌、滴灌系统设计

喷灌系统一般包括水源、动力、水泵、管道系统及喷头等部分。喷灌系统设计包括灌水定额和灌水周期的设计及计算喷头数、支管数、管道系统的水头损失及水泵和动力选择等。

滴灌系统一般包括压力源、输配水管路、滴头等部分。滴灌系统设计包括确定系统用水率、确定系统面积及进行滴灌系统布置设计、滴灌系统水力设计。

8. 农田排水工程设计

农田排水方法有明沟排水、暗沟排水、竖井排水等。排水系统由田间排水集水沟、各级输排水沟道、承泄区以及附属其上的控制建筑物（水闸）、交叉建筑物（涵洞、渡槽、倒虹吸、桥梁等）、衔接建筑物（跌水、陡坡）组成。农田排水工程应进行排水沟设计流量、排水沟设计水位计算及排水沟纵断面、横断面设计。

8.2.7 道路工程规划设计

农村道路是乡镇道路网的延伸，沟通乡镇、村庄与田块，整理区内的农村道路按主要功能和使用特点可分为干道、支道、田间道、生产路。

干道一般指乡镇与乡镇联系的道路，以通行汽车为主，是整个整理区道路网的骨干，联系着农村居民点和各乡镇，承担着项目区的主要客货运输。

支道一般指村庄与村庄之间联系的道路，是村庄对外联系的通道，承担着运进农业生产资料、运出农产品的重任。

田间道是指联系村庄与田块，为货物运输、作业机械向田间转移及为机器加水、加油等生产过程服务的道路。

生产路是指联系田块，通往田间的道路，主要起田间货物运输的作用，为人工田间作业和收获农产品服务。

8.2.7.1 干道、支道规划设计

在规划干道前，为了减少修建道路的费用，充分利用现有道路网和道路建筑物，必须进行调查研究，调查内容一般包括：现有道路的位置长度，道路建筑物的种类和状况，路基状况，现有路基线上的土质状况，道路建筑用材料（沙子、砾石等）的地点等。

1. 选线、确定交通量

如果现有道路基本符合要求可以以其为基础进行改造，如果现有干支道不能满足

整理区内人流物流运转的需要，要重新选线。依据交通量和货运方向，确定线路的起点、终点、中间控制点的具体位置。

交通量是指某道路横断面上单位时间内通过车辆的往返数量。农村道路设计时交通量主要考虑满足旺季交通运输要求及生产运输车流量，计算公式为

$$A = \frac{2N}{dp} \tag{8.17}$$

式中：A 为昼夜平均交通量，辆/昼夜；N 为货运强度是在一定时间内货物运输的净重量，它可以按照项目区内的生产发展规划和居住人数概算一年内的货运量，t；d 为汽车运输期，d；p 为每辆汽车的载重量，t。

2. 道路纵坡和弯道半径

道路纵坡：平原地区一般应小于 6%；丘陵山区应小于 8%，个别大纵坡地段以不超过 11% 为宜。

弯道半径：根据地形、工程难易及行驶安全确定。平原地区或丘陵地区弯道半径不小于 20m，山区最小半径可为 15m，对翻山越岭回头弯道半径一般可采用 12m。

3. 设计路基和路面

农村道路一般由行车路面、路肩和路沟组成，行车路面是指铺筑在道路路基上供车辆行驶的结构层，具有承受车辆重量，抵抗车辆磨损和保持道路表面平整的功能。路肩是道路两边没有铺筑路面的部分，用作路面的侧向支承和行车停歇的地带。路沟为道路两边的排水沟。

（1）路基。路基是在原地面上挖或填成的一定规格的横断面，通常把堆填的路基称路堤，把挖成的路基称路堑。

路基的宽度为行车路面与路肩宽度之和。整理区干道的路面宽一般为 6~8m，路基宽一般为 7~9m，支道的路面宽为 3~6m，路基宽为 4~7m。

路基的高度应使路肩边缘高出路面两侧地面积水高度，同时要考虑地下水、毛细管水和冰冻作用。如果地面排水情况良好，没有积水，路基可以就原地面或略高于原地面；如果经常有积水或地下水位较高，应进行填方，填方高度根据不同的土壤在 0.3~0.8m 之间选定。沿河及受水浸淹的路基高度一般高出 25 年一遇的计算洪水位 0.5m 以上。

路基的边坡取决于土石方经过填挖后能达到自然稳定状态的坡度，路堤的边坡坡度一般采用 1:1.5，受水漫淹的路堤的边坡应放缓为 1:2。

路基长期浸水或积水，会发生泥泞松软和滑坍。路基和路面一样也要有一定的横向坡度，一般以比路面横向坡度大 1% 或 2% 的值设置，但最大不超过 5%。

（2）路面。整理区的干支道一般采用中低级路面，常见的铺筑路面方式有粒料加固土路面、级配路面、泥结砾石或泥结碎石路面，要根据就地取材的原则选用。

粒料加固土路面是指用当地的砾石、砂、风化碎石、礓石、炉渣、碎砖瓦及贝壳等粒料与当地的黏性土壤掺和以后铺成的路面。

级配路面是用颗粒大小不一的砾石、砂材料逐级填充空隙，并借用黏土的黏结作用，经过压实得到的一定密度的路面。

泥结碎石路面是以碎石或轧碎的卵石为骨料，以泥浆为黏结料，经碾压后，以碎

石相互嵌固而稳定成型的路面。

8.2.7.2 田间道和生产路规划设计

田间道和生产路同农业生产作业过程直接相连，一般在农地整理的田块规划和沟渠规划后进行布设。田间道和生产路具有货运量大、运输距离短、季节性强、费工多等特点，其规划设计要有利于田间生产和劳动管理，既要考虑人畜作业的要求，又要为机械化作业创造条件，应与田、林、沟、渠结合布局。其最大纵坡宜取 6‰～8‰，最小纵坡在多雨区取 0.4‰～0.5‰，一般取 0.3‰～0.4‰。

1. 田间道

田间道是由居民点通往田间作业的主要道路。除用于运输外，还起田间作业供应线的作用。田间道应能通行农业机械，一般设置路宽为 3～4m，南方丘陵区通常采用小型农机，在此基础上，可酌情减少。田间道又可分为主要田间道和横向田间道。

主要田间道是由农村居民点到各耕作田区的道路。它服务于一个或几个耕作区，如有可能应尽量结合干支道布置，在其旁设偏道或直接利用干支道；如需另行配置时，应尽量设计成直线，并考虑使其能为大多数田区服务。当同其他田间道相交时，应采用正交，以方便畜力车转弯。

横向田间道亦可称为下地拖拉机道，供拖拉机等农机直接下地作业之用，一般沿田块的短边布设。在旱作地区，横向田间道也可布设在作业区的中间，沿田块的长边布设，使拖拉机两边均可进入工作小区以减少空行。在有渠系的地区，要结合渠系布置。一般有以下几种方案。

(1) 路-沟-渠布置。横向田间道布置在斗沟靠农田一侧。这种布置形式可利用挖排水斗沟的土方填筑路基，节省土方量，机械可以直接下地作业，道路今后有拓展的余地；但是横向田间道要穿越农沟，需在农沟与斗沟连接处修建桥梁、涵洞等交叉建筑物，此外，斗渠和斗沟之间应种植数行树木。

(2) 沟-路-渠布置。横向田间道布置在斗渠与斗沟之间。这种布置形式斗农两级灌排系统自然衔接，且便于沟渠的维修管理；但今后拓展有困难，机械进入田间必须跨越灌溉斗渠或排水斗沟，需要修建桥梁。

(3) 沟-渠-路布置。横向田间道布置在靠近斗渠的一侧。这种布置形式机械下地作业方便，道路今后有拓展的余地；但是横向田间道要穿越农渠，需修建涵管等交叉建筑物。

2. 生产路

生产路的设置应根据生产与田间管理工作的实际需要情况确定。生产路一般设在田块的长边，其主要作用是为下地生产与田间管理工作服务。

(1) 旱地生产路设置。平原区旱地应不受灌溉条件的限制，田块宽度一般为 400～600m，在这种情况下，每个田块可设一条生产路。如果田块宽度较小，可考虑每两个田块设一条生产路，以节约用地。生产路要与林带结合，充分利用林缘土地，生产路应设在向阳易于晒暖的方向，即在林带的南向、西南向和东南向。这样能使道路上的积雪迅速融化，使路面迅速干燥。当道路和林带南北向配置时，任意一面受光程度大体相同，道路应配置在林带迎风的一面，使路面易于干燥。

(2) 灌溉地区生产路的设置。有两种布置形式：一种是生产路布置在农沟的外侧与田块直接相连，田间管理和运输都有很大的方便，一般适用于生长季节较长，田间管理工作较多，尤其以种植经济作物为主的地区；另一种是生产路设置在农渠与农沟之间，这样可以节省土地，田块与农沟直接相连有利于排除地下水与地表径流，农民下地生产和运输不太方便，一般适用于生产季节短，一年只有一季作物，以经营谷类为主的地区。

8.2.8 农田防护工程规划设计

农田防护工程是对农田采取一些措施以防范灾害、保护土地，并建立起合理的农田防护措施体系，以实现农地资源的永续、高效利用。农田防护工程一般包括农田防护工程生物措施和农田防护工程措施两方面的内容。

1. 农田防护生物措施

生物措施就是利用植物发达的根系之固沙、固土作用和高大繁茂秆茎枝叶的防风作用，通过合理的规划设计，对需保护的农田提供生物防护屏障。一般见效慢、实施周期长，但较工程措施用工和投资少，且可实现标本兼治，具有多方面的生态、经济和社会效益。既可改善区域内的环境气候，促进水土资源的合理利用，提高农业产出率，又能建立秀丽的农田景观系统。生物措施包括营造农田防护林及其他防护林和种植保护草。

农田防护林是在没有特殊灾害的地方，建在田块周围以降低农田内的风速，减少田内水分蒸发，改善农田内的小气候为目的的小片林带，一般布局成林网。其布局应同其他农田基本建设的布局相结合。

水土保持林是以减免与控制水土流失，改善农业生产基本条件，保护农田为主要目的而建立的防护林。主要采用适应性强、繁殖容易、蓄水保土作用大的速生树种，一般有分水岭防护林、护坡防护林、固沟防冲林等。

固沙林是指采用适应性强、抗风蚀、耐干旱瘠薄、沙埋沙压后能很快长出根、生长迅速、繁育容易的树种而建的以防止风蚀、固定流沙、保护农田为目的的防护林，是改造利用沙地的最有效的措施之一。

护岸固滩林是为了防止河流两岸土地冲刷和崩塌，防止河水泛滥而在河滩地和河岸营造的防护林，包括固滩林和护岸林。应结合工程治理，营造护岸固滩林，以阻水淤沙、保护农田、扩大耕地、保障村镇安全，同时建立用材林和薪炭林基地。

保护草是在水土流失和风沙危害的地区，种植草本植物，以恢复草被，增加覆盖率，蓄水保土，防风固沙，减少径流和沙移。草场应根据整理区地形、土壤、草被情况及固坡要求，与林业工程措施配合。

2. 农田防护工程措施

工程措施就是通过一些工程，来改变局部地形、局部构造，从而影响水流方向、阻挡风沙，达到防灾保田的目的。一般见效快、实施周期短，但一次性投资较大、用工也多，只用于农田受灾严重的地区。工程措施包括治坡工程、治沟工程、治滩工程、防洪防潮工程等。

治坡工程是在坡面上沿等高线开沟、筑埂，修成不同形式的水平台阶，用于改变局部地形。一般包括坡地梯田工程、鱼鳞坑与水簸箕工程、坡地蓄水工程等。

治沟工程是指从上到下、从坡到沟、从沟口到沟底的一系列治沟措施的总称。在沟头兴修防护工程如土埂、树桩埂、截水沟埂等将地面径流分散拦蓄，使之不从沟头下泄，制止沟头发展；在沟坡，通过坡面工程减少、减缓下泄到沟底的径流，在沟底依据不同条件采取修谷坊、淤地坝、小型水库等工程抬高和巩固侵蚀基点，拦蓄洪水泥沙。

治滩工程主要是通过人工垫土、水利冲土等办法治理河滩地、淤地造地，包括修堤、改河道、引洪淤滩等工程。治滩工程难度较大，应采取综合措施，修筑堤防，开挖河网，配套小型桥、涵、闸、站，达到旱涝保收的标准。

防洪防潮工程主要是根据洪潮特点，合理确定圩堤位置；按防洪防潮标准，设计堤顶高程和堤线；合理进行联圩筑堤，缩短防洪堤线。

潮排工程包括自排与机电排工程。潮排系统一般由河网（包括内、外河），挡潮排水闸、涵洞、排水站（包括外排站和内排站）及湖塘、海涂水库等组成。自排时，内河的水经外河排入大海。规划时应通过潮位频率计算及圩内水位推算，分析潮排地区自流排的可能性及机电排的必要性，合理确定排水面积、自排、抽排的范围及配合方式，以防涝保田。

8.3 建设用地整理

建设用地整理主要是指村镇用地整理、城镇用地整理、独立工矿用地整理、交通和水利基础设施用地整理等。

8.3.1 建设用地整理潜力

建设用地整理潜力，主要是指地块破碎，基础设施不完善，利用不集约，使用率低，通过规划，控制城市盲目外延，盘整闲置土地，挖掘城区存量潜力，解决城市用地；通过迁村并点，使农民住宅向中心村和小集镇集中；通过搬迁改造，使乡镇企业逐步向工业园区集中。

当前建设用地潜力分析的重点在农村居民点用地潜力。包括通过旧城镇、村改造，盘活土地存量，加强集约利用可以挖掘的土地潜力；通过零星分散的自然村向中心村和乡镇集中，分散的乡镇企业向工业小区集中而进行撤并改造的潜力。

8.3.2 建设用地整理要求

建设用地整理要与土地利用总体规划、城镇和村镇体系规划以及其他有关专项规划相衔接。建设用地整理要根据用地定额，充分利用土地并满足地上、地下工程管线铺设的要求。

建设用地整理要符合建设用地规律，依据整理地段的地形、地质、水文、风向等，做到布局合理、有利于生产、方便生活、美化环境。

建设用地整理要统筹规划，合理安排用地，保持良好的生态环境条件，做到土地资源的可持续利用。

村镇用地整理要与城镇化发展水平相适应，满足农村现代化建设的需要。因地制宜、循序渐进向中心村、镇归并集中。村镇用地整理应尽量结合现有基础较好的村镇改建扩建，注意节约土地，少占耕地，用地标准要符合《镇规划标准》（GB 50188）。

独立工矿用地除必需现场作业的企业外，应逐步向工业区和工业园区集中。交通、水利设施新建工程应尽可能和土地整理相结合，以做到土方量平衡、节约用地、少占或不占耕地。

8.3.3 建设用地整理规划

1. 建设用地整理目标

根据社会经济发展需要、项目区土地的适宜用途、当地的经济实力和技术水平，依据土地利用总体规划和城市规划，确定城市建设用地开发整理项目规划目标。一般建设用地整理目标包括：完善建设用地功能分区和布局；提高土地利用效率，充分发挥土地资产效益；增加绿地面积，改善生态环境。

2. 建设用地整理原则

建设用地开发整理应以集约用地、因地制宜、统筹兼顾、有利生产、方便生活、促进流通、繁荣经济、推进科学文化事业建设、提高土地利用效率和改善生态环境为原则。

3. 建设用地整理类型

建设用地整理包括：新增城市建设用地整理，低容积率、高建筑密度、无规划、杂乱地区的城市建设用地整理，闲置和废弃城市建设用地开发整理。

4. 土地利用结构调整和布局

整理区建设用地构成按城市规划的要求确定。以提供适宜的城市建设用地为目标，同时根据城市规划对整理区的规划要求，布局各类用地。

5. 基础设施用地规划

以有利于生产、生活，建设和美化环境为原则，项目区按城市规划要求布局道路、供水、排水、供电、通信等系统，并制定保护环境的工程措施。

6. 村镇用地整理规划

根据土地利用总体规划以及整理区内村镇人口预测、服务半径、土地适宜性、社会经济发展要求、区位条件等，确定村镇数量、用地规模、布局工程规划。

（1）村镇数量和规模确定。按村镇地位和职能将其划分为村庄和集镇两个层次，并按规模划分为特大型、大型、中型、小型4个等级。村庄和集镇层次和规模等级划分参考表8.3。

表8.3　　　　　　　　村庄和集镇层次和规模等级划分

规划人口规模分级		镇区/人	村庄/人
特大型	一级	>50000	>1000
大型	二级	30001～50000	601～1000
中型	三级	10001～30000	201～600
小型	四级	≤10000	≤200

预测各层次、各级别村镇数量及人口数量。根据各层次各级别村镇的服务半径及经营半径，结合项目区内现有村镇规模、布局情况，确定各层次、各级别村镇数量及

8.3 建设用地整理

人口数量。

各村镇用地规模按式(8.18)确定:

$$S_{村镇}=nS_{人均}\times 10^{-6} \tag{8.18}$$

式中：$S_{村镇}$为村镇用地规模，km^2；n为村镇人口，人；$S_{人均}$为人均建设用地，m^2/人。

村镇人均建设用地面积根据《镇规划标准》(GB 50188)确定，见表8.4。新建镇区的规划人均建设用地指标应按表8.3中第二级确定；当地处现行国家标准《建筑气候区划标准》(GB 50178)的Ⅰ、Ⅶ建筑气候区时，可按第三级确定；在各建筑气候区内均不得采用第一、四级人均建设用地指标。对现有的镇区进行规划时，其规划人均建设用地指标应在现状人均建设用地指标的基础上，按表8.4规定的幅度进行调整。第四级用地指标可用于Ⅰ、Ⅶ建筑气候区的现有镇区。地多人少的边远地区的镇区，可根据所在省、自治区人民政府规定的建设用地指标确定。

表8.4 规划人均建设用地指标 单位：m^2/人

现状人均建设用地指标	规划调整幅度	现状人均建设用地指标	规划调整幅度
≤60	增 0~15	>100~≤120	减 0~10
>60~≤80	增 0~10	>120~≤140	减 0~15
>80~≤100	增、减 0~10	>140	减至140以内

注　规划调整幅度是指规划人均建设用地指标对现状人均建设用地指标的增减数值。

同时，应根据建设用地构成比例，进行人均建设用地的控制。村镇规划中的居住建筑、公共建筑、道路广场及绿化用地中公共绿地4类用地占建设用地的比例宜符合表8.5。

表8.5 建设用地构成比例

类别名称	占建设用地比例/%	
	中心镇镇区	一般镇镇区
居住用地	28~38	33~43
公共设施用地	12~20	10~18
道路广场用地	11~19	10~17
公共绿地	8~12	6~10
四类用地之和	64~84	65~85

(2) 村镇用地评价。根据气候、水文、地质、地形、地貌等条件和农村居民点用地的建设要求，对村镇用地进行评价。

1) 适用修建用地：是指地形平坦、坡度适宜、地质条件良好、没有水灾等危害的地段。若是扩建原村镇，一般应要求村镇基础设施良好、建筑物布局合理。

2) 基本适用修建用地：是指必须采取一些工程准备措施才能修建的用地。

3) 不适用修建用地：是指农业生产价值很高的丰产田或土地承载力低或地形坡

度陡、常受自然灾害侵袭等用地。

（3）村镇用地布局。综合考虑当地的生产力水平、自然条件、生活习惯、生态环境、经营半径、服务半径、社会经济发展态势及村镇用地现状等因素，确定村镇用地布局。

当涉及多个村镇合并时，应征求相关村镇居民、单位与政府的意见，签署具有法律效力的村镇归并协议，并得到上级人民政府的批准。

（4）村镇内部用地整理规划。根据土地利用总体规划和村镇建设规划进行村镇内部用地整理规划。供水、道路、供电、通信、灾害防治工程等用地规划参照《镇规划标准》（GB 50188）。

7. 村镇用地的复垦规划

按照土地整治规划要求需要搬迁的村镇，根据土地的适宜性，实施村镇用地的复垦规划，以达到满足农业生产对用地的要求。

8.4 废弃地复垦和未利用地开发

废弃地复垦是指对曾经利用而目前废弃、未利用土地，采取整治措施，使其恢复到可利用的状态的活动。未利用土地开发是指对从未利用过但有利用潜力和开发价值的土地，采取技术经济手段进行开发利用。

在废弃地复垦和未利用土地开发中，必须遵循自然规律，合理复垦土地资源，实现良性生态循环；充分发挥资源优势，以最少的投入，获得最大的经济效益；有利于促进农业生产结构和农村产业结构的合理调整，满足人民生活和社会日益增长的需求。

8.4.1 废弃地复垦

废弃地复垦包括农用地中废弃地和工矿、交通、水利、城镇建设中因挖损、塌陷、压占形成的闲散地、荒地的复垦利用。

1. 废弃地复垦潜力

废弃地复垦潜力主要是指曾经利用过而现在放弃利用的土地的潜力。由于工矿等生产建设形成的废弃土地进行复垦整治潜力，能为增加农用地或建设用地，改善生态环境提供资源潜力。

2. 废弃地复垦要求

废弃地复垦要因地制宜，以生态效益、社会效益和经济效益并重为原则，确定复垦的方式和规模，最大限度地发挥综合效益。

废弃地复垦要结合国民经济和社会发展计划与土地利用总体规划确定整理的目标、方向、方法和进度。大面积的工矿废弃地复垦要列入国民经济和社会发展计划分期实施，按照《土地复垦规定》实行"谁破坏、谁复垦"的原则，由有关单位组织进行，也可纳入土地整理统一计划，分工负责，复垦后的土地利用要符合土地利用总体规划。

3. 废弃地复垦项目规划

土地复垦项目规划是指对在生产建设过程中，因挖损、塌陷、压占等造成破坏的土地，根据其可恢复能力的适宜用途，对其复垦后土地利用方向及配套设施做出的具体安排。

土地复垦类型包括水灾、地质灾害及其他自然灾害引起的灾后土地复垦、矿山开采引起的矿地复垦、各种污染引起的污染土地复垦、交通水利等已废弃的建设用地复垦。

(1) 废弃地复垦目标确定。根据社会经济发展需要、当地的技术水平和经济实力以及待复垦土地资源的适宜用途，依据土地利用总体规划和土地整治规划，确定土地复垦项目规划目标。包括：重建永久景观地形；恢复土地生产能力；提高土地利用率；增加土地收益；改善生态环境；增加有效耕地面积。

(2) 待复垦土地适宜用途确定。以满足耕地、园地、林地、牧草地对土地性质的最低要求为标准，根据土壤侵蚀程度、地形坡度、土层厚度、土壤质地、水文与排水条件、盐碱化改良条件、微地形起伏程度、温度条件和水分条件等确定待复垦土地的适宜用途。

(3) 土地利用结构确定。根据待复垦土地的空间特性、区位因素、土地适宜用途、各业之间的相互关系及农业和农村现代化的要求，确定复垦用地结构，合理布局各类用地。

大型的土地复垦项目应包括耕地、园地、林地、牧草地、水面用地、居民点用地的合理配置以及沟渠、道路等基础设施和水土保持的工程措施用地的综合配套。

(4) 配套设施规划。土地复垦的主要配套设施有道路、灌排水、防洪、防涝、水土保持、改良盐碱等设施，各配套设施的规划参见耕地整理项目规划的具体要求。

因大型工程建设，使部分土地破碎零乱，为合理、高效地利用土地，必须对其进行整理，若涉及农用地及村镇用地整理，则按农用地及村镇整理项目规划要求进行，若涉及建设用地整理，则按建设用地开发整理项目规划要求进行。

8.4.2 未利用地开发

1. 未利用地开发潜力

未利用地开发潜力，主要是指荒山、荒地、荒水、滩涂等尚未利用过的土地的潜力。包括大片荒地、滩涂、盐碱地和沙荒地等后备资源，根据目前的科技水平、经济实力和生态环境建设的要求，可以开发利用的潜力；也包括位于整理区的小片荒地和闲散地结合土地整理统一进行开发利用的潜力。

2. 未利用土地开发的要求

未利用土地开发要统一规划，要特别注意保护生态环境，严禁在生态脆弱的地区进行盲目开发；要根据开发地区的地域特点、土地适宜性以及土地利用总体规划，确定土地的适度开发规模和土地的用途。

以规划为依据，经过充分论证，对水土资源好、潜力大、投资少、见效快的地区，应优先进行开发。

3. 土地开发项目规划

土地开发项目规划是指对荒山、荒地、荒水、荒滩涂等未利用的土地，采取工程或其他措施，使宜农荒地改造为可利用的农用地所做的统筹安排和具体部署。

(1) 土地开发目标确定。根据社会经济发展需要、当地的技术水平和经济实力以及待开发土地资源的适宜用途，依据土地利用总体规划和土地整治规划，确定土地开发项目规划目标。主要包括增加有效耕地面积；改善生态环境；提高土地利用率；增加土地收益。

(2) 待开发土地适宜用途确定。以满足耕地、园地、林地、牧草地对土地条件的最低要求为标准，根据土壤侵蚀程度、地形坡度、土层厚度、土壤质地、水文与排水条件、盐碱化改良条件、微地形起伏程度、温度条件和水分条件等，确定待开发土地适宜用途。

(3) 土地利用结构确定。根据待开发土地的空间特性、区位因素、土地适宜用途、各业之间的相互关系及农业和农村现代化的要求，确定开发用地结构，合理布局各类用地。

大型的土地开发项目应包括耕地、园地、林地、牧草地、水面用地、居民点用地的合理配置以及沟渠、道路等基础设施和水土保持工程措施用地的综合配套。

(4) 配套设施规划。土地开发的主要配套设施有道路、灌溉、防洪、防涝、水土保持、防止风沙、改良盐碱、引水蓄淡等设施，各配套设施的规划参见农用地整理项目规划的具体要求。

第9章 水土资源的预测内容及方法

水土资源是自然界的动态资源,其数量和质量随自然环境因子的变化及人类活动影响而不断变化。预测是一种预计和推测,是研究事物规律判断未来的科学。水土资源预测就是通过过去和现在水土资源开发整治中量和质变化、发展规律的研究,来预测未来发展趋势和状况,为项目规划和决策提供科学依据。

预测不是简单的估计,而是通过大量调查研究、科学实验及多年基本数字资料积累为基础,经过科学分析,即预测分析,通过已知判断未来的科学方法。预测分析所采用的方法称为预测技术。预测可以提供多种方案,供比较选择,为区域水土资源的决策、规划和管理提供科学依据。

9.1 预测的内容及步骤

水土资源及其开发整治由于其综合性、系统性及自然、经济要素的随机性和复杂性,决定了其预测的内容,除了市场需求预测外,还要进行资源潜力、容量变化、生态环境、治理趋势、用地构成,乃至投资效果、社会效益等多方面的预测内容,以满足不同层次、不同阶段、不同深度的规划、管理要求。

9.1.1 水土资源预测的内容

1. 水土资源开发与利用趋势预测

预测土地资源、水资源、农业自然资源等开发利用潜力及变化趋势,土地资源类型、生产能力和治理前景,国民经济各业用地、用水结构调整动向,水资源量、质变化及供需规律;开发整治地区环境演变估计;预测水、土资源开发整治方向、规模及发展形势。

2. 水土生态系统变化预测

水土生态系统变化预测内容包括:水土资源开发整治各种工程措施实施对水土质量变化和环境生态系统的影响。农、牧、林、工、城及水域用地适宜性的变化趋势;水、土资源建设整治投入与产出,物质、能量转换的估价;水土资源的动态耦合与平衡分析;土地资源利用构成、产品构成变化;农田生态良性循环状况等。

3. 土地产品供需状况预测

从国民经济发展全局和市场供需规律角度预测水、土工程开发后产品的提供量，产品的宏观需求量及特定产品的供求规律，产品出口及国内消费市场的动态，产、供、销流动状况及可能的价格波动统计。预测人口增长和水土资源承载力前景。

4. 水土资源利用结构及社会发展预测

主要包括各业用水、用地需求量预测。非农业用地占地及保护耕地的估计，城镇及工业用水对农业用水的影响及措施，用水、用地构成比例变化对当地农业生产发展的关系，以及对地区经济水平的影响，预测水、土资源开发整治的经济与社会效益。

5. 水土资源治理效果预测

内容包括：水土治理工程投资及构成分析预测，水土治理工程实施后生产条件改善及土地生产率和劳动生产率变化趋势。提高土地生产力，改良中低产土地的前景。预测各类受害土地的治理效果，产品产量可能达到的水平及工程投入产出报酬率。

6. 区域经济政策预测

内容包括区域工业、农业、交通、服务、旅游各业的价格、成本和比价的变化趋势，农业信贷、税收的调节作用和变化动向；农、副、工各业产品价格体系的改革，预测区域水土资源开发整治与当地经济政策调整改革的适宜性。

9.1.2 预测的步骤

水土资源预测的步骤如下。

(1) 明确目的，确定预测对象、内容和目标。首先了解水土资源开发整治预测的目的、要求和预期结果，预测的精度指标是什么？是中期目标还是长期目标？在此基础上，确定预测的内容与项目，做好预测工作计划安排。

(2) 调查、收集预测资料。根据预测目的与要求，有计划地收集与水土资源开发有直接或间接关系的资料，包括历史的和现状的图表资料和文字资料以及典型调查资料。对掌握的有关资料进行合理性、可靠性、一致性检验、复核、整理与分类。

(3) 选择预测方法。针对预测要求，合理确定预测方法，是定性分析还是定量分析。定性分析要组织有关定性分析资料，设计定性分析主因子及有关分析图表，定量分析要研究合理的预测数学模型及有关参数的调查与确定。研究相应的计算方法及计算机程序。实际预测一般应定性和定量分析方法结合进行。

(4) 开展预测。根据预测要求的内容与项目，按选定的预测方法，对不同项目进行预测计算，并分析判断预测结果，进行综合平衡与调整。在预测中，资料及数据不足，必须补充调查，使预测结果准确可信。

(5) 评定预测成果。详细分析研究各种预测成果，检查数据是否准确，质量是否可信，预测目标是否可靠，不同项目预测结果是否平衡等。一般可采用同一事物不同预测方法，对其计算结果进行比较，如果差异较大，要复查核算预测数据，检查预测方法的合理性，尤其要重视不确定因素的影响及影响程度，必要时分析采用新的预测方法，保证预测成果质量。

预测系统虽然没有固定的形式，但其基本工作程序是类同的，一般可按图 9.1 所示程序进行。

9.1.3 预测方法分类

预测学自 20 世纪 40 年代开始形成一门学科以后，近 20 年来随着计算方法和计算手段的更新得到了较大的发展，在水土资源的预测方面也得到广泛应用。预测的方法不仅有数学的，也有非数学的，常按预测性质及结果进行分类。

1. *按预测的性质分类*

一般有平均增长率法、特尔菲 (Delphi) 法、时间序列法、相关分析法等。其中平均增长率法在第 3 章已经介绍。本章介绍后几种方法。

2. *按预测的结果分类*

一般有定性预测法和定量预测法。

3. *按预测的时效分类*

短期预测：一般以月、季度或一年为期限。

中期预测：一般以 1～5 年为期限。

长期预测：一般预测期为 5 年以上。各种预测的方法虽然很多，但都具有下列特点。

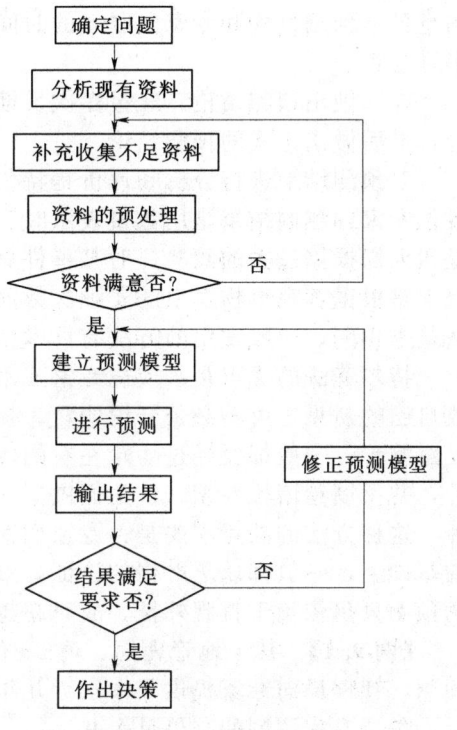

图 9.1 预测程序图

(1) 科学性。它反映了客观事物发展过程中诸因素之间的相互联系和相互制约的关系，反映了事物的发展规律。

(2) 近似性。由于事物的发展不是简单的重复，所以预测的结果常与未来事件发生的结果有一定的偏离，预测结果是一种统计规律。

(3) 局限性。由于预测时掌握数据不够全面，或对某些复杂因素进行了简化，特别是对随机、偶然因素不宜把握，加上人们对真理认识的相对性等，致使预测的结果存在一定的局限性。因此，在实践中需对预测结果进行检验，分析原因并进行修正。

9.2 特尔菲 (Delphi) 法

特尔菲法又称专家调查法，是 20 世纪 50 年代初由美国兰德 (RAND) 公司创立的预测方法。

特尔菲法预测的步骤如下。

(1) 挑选专家。挑选与预测问题有关的专家若干人（一般以 20～50 人为宜），由预测机构与专家用书信进行联系。但专家之间互不联系。

(2) 首次联系。预测机构向专家们提出预测目标，并提供现有的信息资料。

(3) 第二次联系。要求专家根据收到的资料，提出个人意见，并说明他们是如何利用这些资料的。为了改进预测，还需补充哪些资料。

(4) 以后的多次联系。预测机构继续提供补充资料或说明，请专家提出修改预测的意见。预测机构和专家们联系的时间间隔，依实际问题的需要而定，一般以一周或半月为宜。

(5) 做出预测结论。经过多次反馈后，由预测机构对专家意见进行统计分析和综合，最后做出正式的预测结论。

对预测结果进行分析和评价是特尔菲法最后阶段的工作，也是最重要的工作。当各位专家预测的结果是用数量表示时，一般常用主观概率法进行评定。所谓主观概率是指人们根据过去的经验，对某事件做出主观判断的量度。它有别于客观概率（客观概率是根据客观事物发生的实际次数而统计出来的一种概率）。但两种概率的量度方法基本相同，一般常用的方法有算术平均法和加权平均法两种。

特尔菲法的优点是：应邀专家互不了解，基本上消除了心理因素的影响；专家修改自己的意见，可不必公开说明，无损个人威望；另外，反馈次数多。它不同于一般民意测验，一般都要经过 4 轮左右的反复调查，预测机构对每一轮的预测结果作出统计，并反馈给诸位专家，供他们做下一轮预测时的参考。

这种方法的缺点主要是：专家们对预测问题的评价通常是建立在直观和传统观念的基础上，一般都缺乏严格的论证，致使预测的结论不够稳定。由于对事物发展趋势的预测只是依赖于直观外推，故对超越现状的发展趋势往往难以估计。

【例 9.1】 某土地管理局，请 20 位专家对明年本区非农业用地增长百分数进行预测，管理局向专家提供了本区近几年非农业用地增长状况的统计资料。经多次反馈后，各位专家预测的结果见表 9.1。

表 9.1　　　　　　　　　专家预测成果统计表

非农土地增长百分数/%	15	12	10	8	4
此种意见的专家/人	2	4	5	6	3

试用特尔菲法，对该灌区非农业用地增长百分数做出预测。

解： 对各位专家提出的预测值平等对待，以算术平均值法，计算预测平均值：

$$M = \frac{15\% \times 2 + 12\% \times 4 + 10\% \times 5 + 8\% \times 6 + 4\% \times 3}{2 + 4 + 5 + 6 + 3} = 9.4\%$$

所以该区下一年非农业用地产量增长百分数的预测值为 9.4%。

【例 9.2】 由于各专家知识和经验不同，如果对各位专家预测结果给予不同的权重（表 9.2），问该区下一年非农业用地增长百分数的预测平均值应为多少？

表 9.2　　　　　　　　　专家预测值及权重值

序 号	1	2	3	4	5~6	7	8	9~10	11	12	13~14	15~16	17	18	19~20
专家预测值 m_i/%	15	15	12	12	12	10	10	10	10	10	8	8	8	4	4
加权系数 α_i	1.5	1.0	2.0	1.5	1.0	2.5	2.0	1.5	1.0	2.5	2.0	1.5	1.0	2.5	1.0

解： $\sum_{i=1}^{n} \alpha_i m_i = 15\% \times (1.5 + 1.0) + 12\% \times (2.0 + 1.5 + 1.0 \times 2)$

$$+10\% \times (2.5+2.0+1.5\times 2+1.0)$$
$$+8\% \times (1.5\times 2+2.5+2.0\times 2+1.0)$$
$$+4\% \times (2.5+1.0\times 2)$$
$$=290.5\%$$

$$\sum_{i=1}^{n}\alpha_i = 1.5+1.0+2.0+1.5+1.0\times 2+2.5+2.0+1.5\times 2$$
$$+1.0+2.5+2.0\times 2+1.5\times 2+1.0+2.5+1.0\times 2$$
$$=31.5$$

$$M = \frac{\sum_{i=1}^{n}\alpha_i m_i}{\sum_{i=1}^{n}\alpha_i} = 9.22\%$$

用加权平均法求得该区明年的非农业用地增长百分数为 9.22%。

一般地,当参加预测专家的知识和业务水平相差较大时,宜采用加权平均法评定预测成果。

9.3 时间序列法

时间序列法,就是将预测变量的历史值,按时间的先后顺序排成数列,根据其反映的过程、方向和趋势进行类推延伸,借以预测下一时期或以后若干期所能达到的水平的一种预测方法。这类方法,一般是通过建立预测模型,即预测变量与时间的关系进行预测。它可以根据时间序列的性质直接建立模型进行预测,也可以对原始数据进行处理后,再建立模型进行预测。本节主要介绍多项式长期趋势曲线法、移动平滑法、指数平滑法预测的基本原理及其应用。

9.3.1 多项式长期趋势曲线法

在时间序列预测模型中,自变量就是时间 t,因变量为预测对象 y,确定时间序列模型的一般形式为

$$\hat{y} = f(t) \tag{9.1}$$

若有几个随时间排列的数据资料,则应该有:

$$\hat{y}_i = f(t_i) \quad (i=1,2,\cdots,n) \tag{9.2}$$

而 $t_1 < t < t_2 < \cdots < t_n$。这里的 $\hat{y}$(或 $\hat{y}_i$)与真实的 y(或 y_i)有误差。这个误差是由用数学模型来逼近真实点时产生的,而不是由于其他随机因素产生的。至于采用什么样的数学模型,则要看实际数据的变化情况。一般情况下,这些数据的变化趋势可以用以下多项式方程加以描述,即

$$\hat{y} = a_0 + a_1 t + a_2 t^2 + \cdots + a_n t^n \tag{9.3}$$

式中:$\hat{y}$ 为时间 t 的预测量;t 为时间序列的时期数(根据所给定的数据情况,可取年,月);a_0、a_1、a_2、$\cdots$、a_n 为根据时间序列求出的系数。

假定把时间序列的趋势看作一条直线,则该直线具有下列方程式:

$$\hat{y} = a + bt \tag{9.4}$$

而对于 n 个点数据,便有

$$\hat{y}_i = a + bt_i \tag{9.5}$$

根据最小二乘法原理,可以求得

$$a = \bar{y} - b\bar{t} \tag{9.6}$$

$$b = \frac{\sum t_i y_i - \bar{t} \sum y_i}{\sum t_i^2 - \bar{t} \sum t_i} \tag{9.7}$$

其中

$$\bar{t} = \frac{\sum t_i}{n}$$

$$\bar{y} = \frac{\sum y_i}{n}$$

当然,时间序列的趋势线,实际上并不一定是一条直线,大多数情况很可能是一条二次或更高次的多项式曲线。

当采用二次曲线求趋势线时,可取以下形式:

$$\hat{y} = a + bt + ct^2 \tag{9.8}$$

对于 n 个数据点有

$$\hat{y}_i = a + bt_i + ct_i^2 \tag{9.9}$$

系数 a、b、c,也可采用最小二乘法原理求得

$$\left. \begin{array}{l} a = \dfrac{\sum t_i^2 \sum y_i - \sum t_i^2 \sum t_i^2 y_i}{n \sum t_i^2 - (\sum t_i^2)^2} \\ b = \dfrac{\sum t_i y_i}{\sum t_i^2} \\ c = \dfrac{n \sum t_i^2 y_i - \sum t_i^2 \sum y_i}{n \sum t_i^2 - (\sum t_i^2)^2} \end{array} \right\} \tag{9.10}$$

9.3.2 移动平滑法

移动平滑法就是对所取得的统计数据逐点推移,分段平均,以期最后得到一组具有较明显趋势的新数据。平滑即将统计数据进行平均,消除部分起伏部分,以便分析事物的发展趋势。它不是按照时间序列各期的全部数据来描述趋势,而是根据各期之前的迹象几项数据的平均值来分析时间序列的趋势。为此,在实际应用中,常需要对原始数据进行一次、二次、三次(或多次)移动平均处理,使处理后的新数列能充分反映时间序列的趋势,然后由此建立预测模型,进行预测。当原始数据的时间序列具有线性趋势时,多采用这种方法。其步骤如下。

1. 计算一次移动平均值 $M_t^{(1)}$

$$M_t^{(1)} = \frac{x_t + x_{t-1} + \cdots + x_{t-N+1}}{N} = \frac{1}{N} \sum_{i=t-N+1}^{t} x_i \quad (t \geqslant N) \tag{9.11}$$

式中:$M_t^{(1)}$ 为第 t 期的一次移动平均值;x_t 为原始数列;N 为移动平均值的项数,或分段数。

利用一次移动平均值作预测量，将 $M_t^{(1)}$ 当作 t 期的预测值 $\hat{x}_t$，然后逐步向前推移，以求出任意期的预测值。

容易看出，移动平均值是将时间序列的数据逐项移动而平均的，$M_t^{(1)}$ 和 $M_{t-1}^{(1)}$ 仅首尾两数变化，中间各数据是依次向前推移的，因此，式（9.11）可变化为

$$M_t^{(1)} = M_{t-1}^{(1)} + \frac{x_t - x_{t-N}}{N} \tag{9.12}$$

2. 计算二次移动平均值 $M_t^{(2)}$

若时间序列的各项数据经过一次移动平均后，仍不能充分反映时间序列的趋势时，可以在一次平均的基础上再求二次（或多次）移动平均值。

$$M_t^{(2)} = \frac{M_t^{(1)} + M_{t-1}^{(1)} + \cdots + M_{t-N+1}^{(1)}}{N} \tag{9.13}$$

或写成：

$$M_t^{(2)} = M_{t-1}^{(2)} + \frac{M_t^{(1)} - M_{t-N}^{(1)}}{N} \tag{9.14}$$

式中：$M_t^{(2)}$ 为第 t 期的二次移动平均值；其他符号意义同前。

3. 建立预测模型

当二次移动平均值所得的数列线性趋势明显时，可将其序列中的最后几项作为直线，求出变化趋势，建立预测模型：

$$\hat{x}_{t+T} = a_t + b_t T \tag{9.15}$$

其中

$$\left. \begin{array}{l} a_t = 2M_t^{(1)} - M_t^{(2)} \\ b_t = \dfrac{2}{N-1}[M_t^{(1)} - M_t^{(2)}] \end{array} \right\} \tag{9.16}$$

式中：$\hat{x}_{t+T}$ 为第 $t+T$ 期预测值；T 为由 t 期算起的预测期数；t 为目前的时期数，或为最后一个实测数据的序号。

由式（9.11）～式（9.14）可以看出，移动平均项数 N 值直接影响 $M_t^{(1)}$、$M_t^{(2)}$ 及其预测模型。因此，N 值是移动平均法预测的重要参数，必须恰当选择。较准确的做法是选择若干个 N 值，进行试算比较，从中选择一个既能反映预测事件的变化趋势，灵敏度又高的值。在一般情况下，当时间序列数据波动较大时，N 的取值应大一些，反之的取值可小一些，一般在 3～10 之间。

移动平滑法的预测程序框图见图 9.2。

【**例 9.3**】 某灌区历年人均林果产值见表 9.3，试用移动平滑法建立预测模

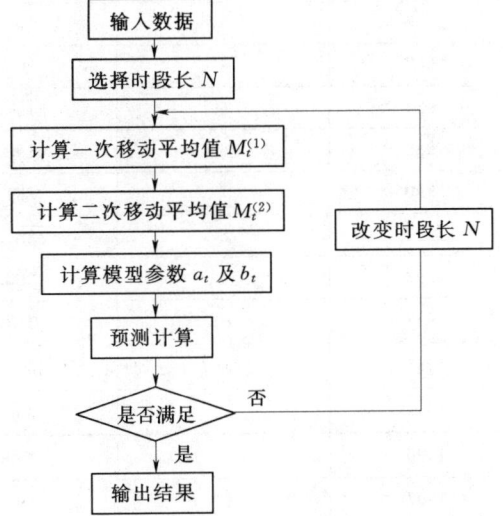

图 9.2 移动平滑法的预测程序框图

型，并求 1999—2005 年该灌区人均林果产值的预测值。

表 9.3　　　　　　　　　某灌区历年人均林果产值表

序号	1	2	3	4	5	6	7	8	9	10	11	12	13	14	15
年份	1984	1985	1986	1987	1988	1989	1990	1991	1992	1993	1994	1995	1996	1997	1998
人均产值/元	134.3	165.0	195.1	164.1	151.5	198.2	251.9	281.8	293.7	314.2	309.3	350.0	349.7	394.4	441.6

解：

(1) 计算一次及二次移动平均值。已知 $t=15$，取时段长 $N=5$，根据式 (9.11) 计算 $M_5^{(1)}$，$M_6^{(1)}$，…，于是

$$M_5^{(1)} = \frac{151.5+164.1+195.1+165.0+134.3}{5} = 162.00 (元)$$

$$M_6^{(1)} = \frac{198.2+151.1+164.1+195.1+165.0}{5} = 174.78 (元)$$

根据一次移动平均值，用式 (9.13) 计算 $M_9^{(2)}$，$M_{10}^{(2)}$，…，于是

$$M_9^{(2)} = \frac{235.42+209.5+192.16+174.78+162.00}{5} = 194.77 (元)$$

$$M_{10}^{(2)} = \frac{267.96+235.42+209.50+192.16+174.78}{5} = 215.96 (元)$$

计算成果见表 9.4。

表 9.4　　　　　　　　　一次及二次移动平滑值计算表

年份	序号 t	人均产值 y_t/元	$M_t^{(1)}$/元	$M_t^{(2)}$/元
1984	1	134.3		
1985	2	165.0		
1986	3	195.1		
1987	4	164.1		
1988	5	151.5	162.00	
1989	6	198.2	174.78	
1990	7	251.9	192.16	
1991	8	281.8	209.50	
1992	9	293.7	235.42	194.77
1993	10	314.2	267.96	215.96
1994	11	309.3	290.18	239.04
1995	12	350.0	309.80	262.57
1996	13	349.7	323.38	285.35
1997	14	394.4	343.52	306.97
1998	15	441.6	369.00	327.18

(2) 建立预测模型。根据表 9.4 中 $M_t^{(1)}$ 和 $M_t^{(2)}$ 值计算 a_t 和 b_t 值。

已知 $t=15$，$N=5$

由 $$a_t = 2M_t^{(1)} - M_t^{(2)}$$

即 $$a_{15} = 2M_{15}^{(1)} - M_{15}^{(2)} = 2 \times 369.00 - 327.18 = 410.82(元)$$

由 $$b_t = \frac{2}{N-1} \times [M_t^{(1)} - M_t^{(2)}]$$

即 $$b_{15} = \frac{2}{5-1} \times [M_{15}^{(1)} - M_{15}^{(2)}]$$

$$= \frac{2}{4} \times (369.00 - 327.18)$$

$$= 20.19(元)$$

由式（9.15）得到 1999—2005 年该灌区人均林果产值的预测模型为

$$\hat{y}_{15+T} = a_t + b_t T$$

即 $$\hat{y}_{15+T} = 410.82 + 20.91T$$

由预测模型计算得 1999—2005 年灌区人均林果产值（预测值）见表 9.5。

表 9.5　　　　　　　　1999—2005 年灌区人均林果产值预测表

年　份	1999	2000	2001	2002	2003	2004	2005	备注
新编序号 T	1	2	3	4	5	6	7	$t=15$
预测值 $\hat{y}_{15+T}$/(元/人)	431.73	452.64	473.56	494.47	515.38	536.24	557.20	

由表 9.4 和表 9.5 绘得人均林果产值的自然曲线及移动平滑预测曲线见图 9.3。

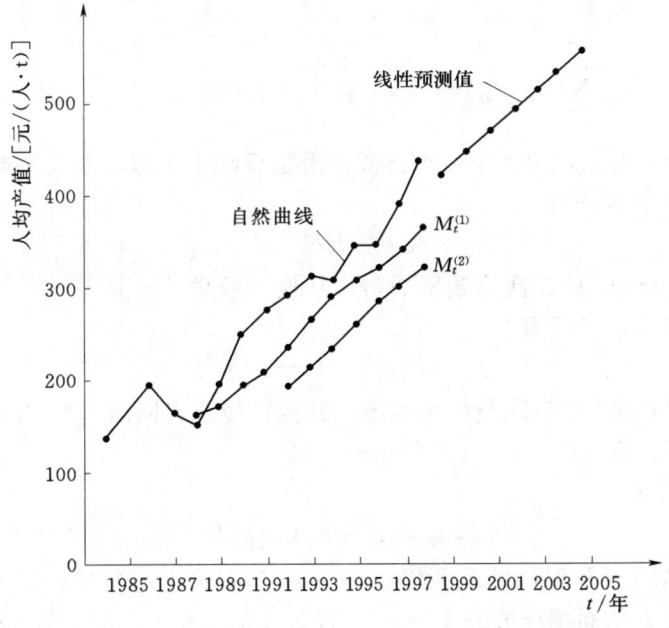

图 9.3　人均林果产值的自然曲线及移动平滑预测曲线图

由图 9.3 可知，对于直接用一次或二次移动平滑模型预测会出现滞后现象。

9.3.3 指数平滑法

当时间序列数据点的分布呈非线形趋势时，常用指数平滑法确定预测模型。其计算步骤如下。

1. 求一次指数平滑值

一次指数平滑值根据本期实测数和前期的平滑值加权平均求本期平滑值。前期平滑值等于以前各期实测数的加权平滑值，能反映和代表以前的全部数据的影响，数学表达式为

$$x_t^{(1)} = x_{t-1}^{(1)} + \alpha [x_t - x_{t-1}^{(1)}] \tag{9.17}$$

式（9.17）可改写为

$$x_t^{(1)} = \alpha x_t + (1-\alpha) x_{t-1}^{(1)} \tag{9.18}$$

式中：t 为数据的序号；$x_t^{(1)}$ 为第 t 个一次指数平滑值；x_t 为第 t 个实测值；α 为平滑系数（修匀指数），$0 \leqslant \alpha \leqslant 1$。

事实上，反复运用式（9.18），可得

$$\begin{aligned} x_t^{(1)} &= \alpha x_t + (1-\alpha) x_{t-1}^{(1)} \\ &= \alpha x_t + (1-\alpha)[\alpha x_{t-1} + (1-\alpha) x_{t-2}^{(1)}] \\ &= \alpha x_t + \alpha(1-\alpha) x_{t-1} + (1-\alpha)^2 x_{t-2}^{(1)} \\ &= \alpha x_t + \alpha(1-\alpha) x_{t-1} + (1-\alpha)^2 [\alpha x_{t-2} + (1-\alpha) x_{t-3}^{(1)}] \\ &\vdots \\ &= \alpha \sum_{i=0}^{t-1} (1-\alpha)^i x_{t-i} + (1-\alpha)^t x_0^{(1)} \end{aligned} \tag{9.19}$$

由式（9.19）可知，第 t 个一次指数平滑值反映了全部前期实测数据的影响。

2. 计算二次指数平滑值

$$x_t^{(2)} = \alpha x_t^{(1)} + (1-\alpha) x_{t-1}^{(2)} \tag{9.20}$$

式中：$x_t^{(2)}$ 为序列为 t 的二次指数平滑值；其他符号意义同前。

3. 计算三次指数平滑值

$$x_t^{(3)} = \alpha x_t^{(2)} + (1-\alpha) x_{t-1}^{(3)} \tag{9.21}$$

式中：$x_t^{(3)}$ 为序列为 t 的三次指数平滑值；其他符号意义同前。

对于初始值，取 $x_0^{(1)} = x_0^{(2)} = x_0^{(3)} = x_1$。

4. 计算预测模型

$$\tilde{x}_{T+L} = a_T + b_T L + c_T L^2 \tag{9.22}$$

式中：$\tilde{x}_{T+L}$ 为第 $T+L$ 时段的预测值；a_T、b_T、c_T 为平滑系数；T 为最后一个数据的编号；L 为续 T 的新编序号。

实际应用中，常采用下式计算平滑系数：

$$\left.\begin{array}{l} a_T = 2x_T^{(1)} - x_T^{(2)} \\ b_T = \dfrac{\alpha}{1-\alpha}[x_T^{(1)} - x_T^{(2)}] \\ c_T = \dfrac{\alpha}{1-\alpha}[x_T^{(1)} - 2x_T^{(2)} + x_T^{(3)}] \end{array}\right\} \quad (9.23)$$

5. 平滑系数 α 的选择

指数平滑法中，α 的选择对预测结果影响很大。由平滑的基本公式可知，α 越大，则近期实际数据的影响就越大；反之，近期实际数据的影响就减弱。α 的选择是一个比较复杂的问题。一般而言，对于数据趋势比较稳定的序列，α 取值应该小些，如果外部环境变化较快，数据系列起伏较大，则 α 取值应该大些，以充分反映近期数据对预测值的影响。

α 取值一般在 0.01~0.30 之间为宜。也可对 α 值进行试选，求出不同的预测模型后，再用历史数据检验其精度，选择最优 α 值。

【例 9.4】 某水土开发整治地区，其历年土地利用面积见表 9.6，试根据历年变化规律，预测 2001—2005 年土地利用值。

表 9.6　　　　　　　　历年土地面积统计表　　　　　　　　单位：亩

t	年份	x_t	$x_t^{(1)}$	$x_t^{(2)}$	$x_t^{(3)}$
0			201.00	201.00	201.00
1	1981	201.00	201.00	201.00	201.00
2	1982	560.00	308.70	233.31	210.69
3	1983	615.00	400.59	283.49	232.53
4	1984	1150.00	625.41	386.07	278.59
5	1985	1441.00	870.09	531.28	354.40
6	1986	2091.00	1236.36	742.80	470.92
7	1987	1248.00	1239.85	891.92	597.22
8	1988	981.00	1162.20	973.00	709.95
9	1989	875.00	1070.64	1002.29	797.66
10	1990	866.00	1009.25	1004.38	859.67
11	1991	1349.00	1111.17	1036.42	912.70
12	1992	1503.00	1228.72	1094.11	967.12
13	1993	1182.00	1214.70	1130.29	1016.07
14	1994	1537.00	1311.39	1184.62	1066.63
15	1995	2431.00	1647.28	1323.42	1143.67
16	1996	3537.00	2214.19	1590.65	1277.76
17	1997	2625.00	2337.43	1814.68	1438.84
18	1998	2071.00	2257.50	1947.53	1591.45
19	1999	2804.00	2421.45	2089.71	1740.92
20	2000	2838.00	2546.42	2226.72	1886.66

解:

(1) 历史数据统计见表 9.6。

(2) 计算平滑值。设 $\alpha=0.30$；$x_0^{(1)}=x_0^{(2)}=x_0^{(3)}=x_1=201$
按下列公式计算，将三次的平滑值列入表 9.6：

$$x_t^{(1)}=\alpha x_t+(1-\alpha)x_{t-1}^{(1)}$$

$$x_t^{(2)}=\alpha x_t^{(1)}+(1-\alpha)x_{t-1}^{(2)}$$

$$x_t^{(3)}=\alpha x_t^{(2)}+(1-\alpha)x_{t-1}^{(3)}$$

(3) 求平滑系数。已知平滑值：

$$x_T^{(1)}=x_{20}^{(1)}=2546.42$$

$$x_T^{(2)}=x_{20}^{(2)}=2226.72$$

$$x_T^{(3)}=x_{20}^{(3)}=1886.66$$

所以 $a_T=2x_T^{(1)}-x_T^{(2)}=2\times(2546.42)-2226.72=2866.12$

$$b_T=\frac{\alpha}{1-\alpha}[x_T^{(1)}-x_T^{(2)}]=\frac{0.30}{0.70}\times(2546.42-2226.72)=137.01$$

$$c_T=\frac{\alpha}{1-\alpha}[x_T^{(1)}-2x_T^{(2)}+x_T^{(3)}]=\frac{0.30}{0.70}\times(2546.42-2\times2226.72+1886.66)$$
$$=-8.73$$

(4) 求预测模型。已知 a_T，b_T，c_T 的数值，求预测数学模型。
线性指数平滑值模型：

$$\hat{X}_{T+L}=a_T+b_TL=2866+137L$$

该模型说明，将以 2000 年 2866 亩为基数 (a_T 数值，注意 x_T 为 2838 亩)。今后每年按 137 亩速度增长。

非线性指数平滑模型：

$$\hat{X}_{T+L}=a_T+b_TL+c_TL^2=2866+137L-8.73L^2$$

该模型说明，今后将比线性模型按 -8.73 减速发展。

(5) 模型应用。根据预测分析，考虑到资源潜力、劳力资源、生产力水平及市场状况，非线性指数平滑模型比较适宜。取 $L=1,2,3,4,5$，预测 2001—2005 年的土地面积数量。

当 $L=1$ 时，$\hat{X}_{2000+1}=2866+137-8.73=2994.27$(亩)

当 $L=2$ 时，$\hat{X}_{2000+2}=2866+137\times2-8.73\times2^2=3105.08$(亩)

其他多年预测值见表 9.7。

表 9.7　　　　　　　　　　2001—2005 年土地利用预测值

年份	2001	2002	2003	2004	2005
预测值/亩	2994.27	3105.08	3199.83	3274.32	3332.75

9.4 相关分析法

前面介绍的时间序列预测法，主要是研究预测对象的发展变化与时间变动之间的关系，而没有考虑所预测对象除时间变动以外其他经济因素的影响作用，这自然是一种简化的假定计算。相关分析预测法，就是从分析各种经济现象之间的相互关系出发，分析与预测对象有较好联系的现象的发展变化，去推算预测对象在未来时间里的变化数值。相关分析预测法是目前常用的预测方法，该法的核心是建立变量间的相关关系。其任务有两个：①寻找相关的变量（因素），并判断两个变量相关关系的密切程度（相关系数大小）；②确定两个变量之间的相关关系的数学形式（用回归分析理论）。

下面介绍区域工业耗用新水量的相关分析法。

9.4.1 相关分析预测工业新水量的一般步骤

在工业新水量预测中，相关分析法就是从分析工业用水量及其有关因素之间的关系出发，寻找、论证其关系的密切程度，再应用回归分析的理论，建立相应的回归方程（预测模型），从而由相应的已知因素的未来值预测工业未来的新水量。该法在工业新水量及有关因素的资料比较完整、可靠，而相关关系比较密切时，能收到较为满意的结果。相关分析预测法的一般步骤如下。

1. 分析工业新水量，寻找与工业新水量有关的主要因素

这些因素大体上可分成两类：第一类是相关因素。该因素直接影响工业新水量的大小，是预测工业新水量的一个主要因素。第二类是关联因素，该因素虽然不直接影响工业新水量，但同工业新水量的大小有直接联系。所选用的因素同工业新水量之间应有一定的统计关系。被选作用于预测工业新水量的有关因素，一般应具有下列条件。

(1) 证明确定该因素与工业新水量之间是相关关系或关联关系，并且，这种关系是明显的。分析的一般方法除必须进行定性分析外，还可以点绘散点图。如散点图中点子的趋势比较明显，并且，点子的散布比较密集，则可以初步判断该因素可用于工业新水量。

(2) 被用于预测的因素，与工业新水量之间有一段平行观测资料，一般要求在10～15年以上，因为这样建立的关系才比较可靠。另外，为了预测，要求被选用预测的因素，其资料应较长，可以达到预测工业新水量的要求。

目前常用的关系如下。

1) 工业年新水量与年工业增加值的关系。
2) 工业年新水量与年单位工业增加值新水量的关系。
3) 工业年新水量与年工业总产品的关系。
4) 工业单位增加值新水量与工业增加值的关系。
5) 工业单位产品新水量与工业总产品的关系等。

2. 计算相关系数

由初步确定的相关系数，用相关分析法计算其相关因素的相关系数，并以此进行

相关系数的显著性检验，进一步论证关系的密切程度。

3. 建立回归方程式

当直线关系较好时，可以建立直线回归方程式；当直线关系不好时，可建立曲线回归方程式；当一元回归关系不好时，可建立二元或多元回归方程式。总之，要选择一个比较理想的回归方程式。方程式求得的方法，就是利用回归分析的原理和方法，求出回归方程中的常数项和参数项，进而确定工业新水量与相关因素的回归方程式。

4. 用选定的回归方程式预测工业新水量

根据所选用的用于预测工业新水量的有关因素，即可预测出工业逐年或某年的新水量。由于预测存在误差，预测时要同时根据某一置信度，估算出预测的区间。一般置信度越高，预测值的区间越大，精度就低。因此，要选择一个合适的置信度作为预测值的区间估计。根据目前预测工业新水量的资料情况，置信度可在80%~95%左右选用。

5. 预测成果的合理性分析

对预测出的工业新水量，要进行合理性分析。分析时一般可与同行业的情况做比较，也可进行不同城市工业新水量情况的比较。还应该同其他方法预测成果进行比较。通过不同情况，不同时间，不同方法的同期预测成果的比较和对比分析，从而论证预测成果的合理性。

应该说明的是，预测的精度不仅取决于回归方程的自身精度，同时还取决于是否有可靠的自变量的估计预测值，并且自变量的预测值还要比因变量的预测值准确，并易于获得，这时回归方程才有使用价值。

9.4.2 相关分析预测工业新水量的具体应用

下面介绍几种常用的与工业新水量有关的相关分析预测方法。

1. 工业新水量与工业增加值相关分析

在工业生产中，工业增加值与其所取用的新水量有着密切的关系，通过对已有资料的分析表明，这种相关关系一般可用直线表示。即

$$V_{fi} = a + bZ_f \tag{9.24}$$

式中：V_{fi} 为预测年份的工业新水量；Z_f 为预测年份的工业增加值；a 为常数；b 为回归系数。

式（9.24）可由工业年新水量与工业增加值系列的历史资料，通过回归计算求得。然后，由预测年份的工业增加值 Z_f，求得预测年份的工业新水量 V_{fi}。如山东省水利科学研究院对某城市工业新水量与工业增加值建立的相关方程为

$$V_{fi} = 537 + 84.9 Z_f$$

值得注意的是，在这种预测方法中，年工业增加值是产品价格的函数，每一年的工业增加值将随着产品当年价格的变化而变化。因此，在产品数量不变的情况下，若其他条件相同，工业新水量应该是基本不变的。可是由于产品价格的变化，导致了工业增加值的变化，从而也使得按工业新水量与工业增加值相关分析求出的工业新水量发生了变化。这样预测的结果就必将同实际差别较大。所以，应用本法预测工业新水量时，对工业年增加值的计算，应按统一的可比价格进行，才能减少预测的误差。

此外，为了解决上述问题，可采用企业单位增加值新水量与工业增加值相关分析法，通过建立单位增加值新水量与工业增加值的关系，按预测年份的工业产值 Z_f，求出单位增加值新水量值，从而求出预测年份的工业新水量。对已有资料的分析证明，单位增加值新水量 V_{wf} 与工业增加值的关系为

$$\lg V_{wf} = a \lg Z_j + b \tag{9.25}$$

$$V_f = Z_f V_{wf} \tag{9.26}$$

利用此法，对某市综合单位增加值新水量与年工业增加值系列资料进行相关分析求得回归方程为

$$\lg V_{wf} = -0.75 \lg Z_j + 5.56 \tag{9.27}$$

2. 工业新水量与工业产品数量相关分析

工业生产的目的是生产高产优质的产品，以满足社会经济、生活发展的需要。而工业产品生产依赖于工业用水。因此，产品的数量与用水量存在着必然的联系。工业新水量与产品数量相关分析就是建立在这个基础之上的一种预测方法。一般讲，在生产结构，管理水平相对稳定的情况下，工业新水量的多少与工业产品数量呈线性关系，即

$$V_{fi} = a + bQ_i \tag{9.28}$$

式中：Q_i 为预测年份的工业产品数量；其他符号意义同前。

该法自变量与因变量都是"数量"之间的相关分析，不受其他因素尤其是价格因素的影响，从理论上讲应该是比较可靠的一种方法，其预测结果的精确性如何，主要取决于历史资料的可靠性。

另外，对其他工业用水相关联的因素，如单位产品新水量等，均可采用上述的方法，用相关分析、回归计算建立工业用水预测模型，以使工业用水预测找到最合理的结果。

最后应该指出，因为相关关系不是确定的数学关系，所以回归方程式只能是在一定原始资料下通过回归计算求得的特定关系式。由于各类工业对水的依赖程度以及水在工业中的作用不同，加之历史资料的精确度受到限制，所以在工业用水预测中，上述几个相关因素的相关关系，并不是完全相同的。在应用回归方程预测中，应视工业所具备的基本资料，通过相关分析确定。

9.5 灰色预测法

9.5.1 基本原理

灰色预测是建立一种以灰色模块为基础的描述系统动态变化特征的方法。灰色系统理论认为：一切随机量都是在一定范围内、一定时段上变化的灰色量和灰色过程。对于灰色量的处理，不是寻求它的统计规律和概率分布，而是将无规律的原始数据通过一定的方法处理，变成比较有规律的时间序列数据，即以数找数的规律，再建立动态模型。

若给定原始时间数据列为

$$X^{(0)} = [x^{(0)}(1), x^{(0)}(2), \cdots, x^{(0)}(n)]$$

如图 9.4 所示,这些数据多为无规律的、随机的,曲线有明显的摆动,不宜直接用于建模。若将原始数据列进行一次累加生成,就可获得新的数据列(图 9.5):

$$X^{(1)} = [x^{(1)}(1), x^{(1)}(2), \cdots, x^{(1)}(n)]$$

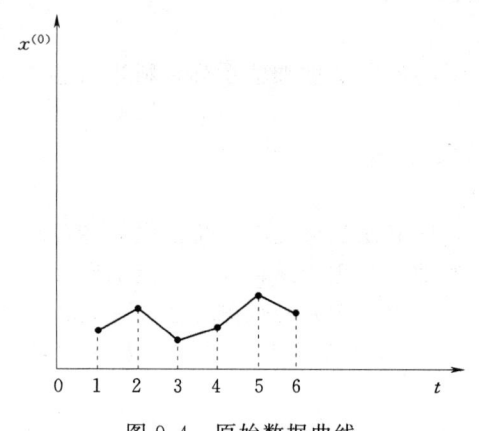

图 9.4 原始数据曲线

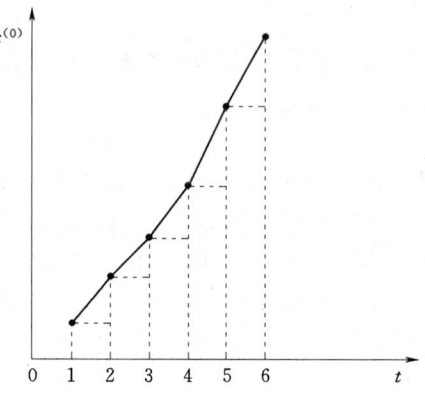

图 9.5 累加数据曲线

其中

$$x^{(1)}(i) = \sum_{k=1}^{i} x^{(0)}(k) \quad (i = 1, 2, \cdots, n)$$

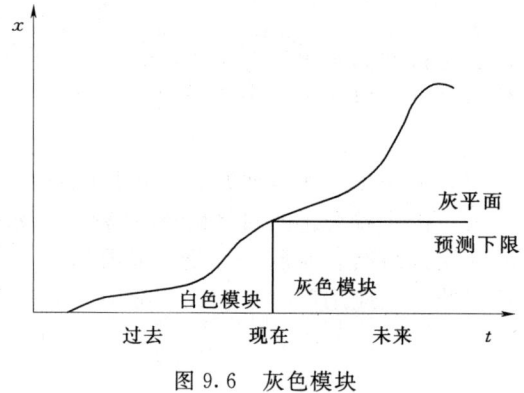

图 9.6 灰色模块

可见,新生成的数据列为一条单调增长的曲线,显然其增强了规律性,而弱化了随机性。一般来说,对非负的数据列,累加可以弱化随机性,增强规律性,这样就比较容易用某种函数去逼近拟合。

灰色系统理论把原始数据经过累加生成的新数据序列,在几何意义上称为"模块"。很显然,时间就是指序列在时间、数据的二维平面上所做的连续曲线与其底部(即横坐标)的总称,预测下限并将由已知数据列构成的模块称为白色模块;而由白色模块建模外推的未来模块,即预测值构成的模块,称为"灰色模块",见图 9.6。

9.5.2 灰色数列预测

1. 基本方法与计算步骤

一般情况下,对社会、经济、水土资源的发展变化进行分析预测时,只需研究一个效果变量,即"效果"的数据序列。对于阶数,一般不超过 3 阶,因为阶数越大,计算越复杂且计算精度未必就高,通常为计算简单,取阶数为 1,因此从预测的角度来建模,一般选定 $GM(1,1)$ 模型。

即
$$GM(1,1)$$
$$\text{Grey} \quad \text{Model} \quad 1\text{阶} \quad 1\text{个变量}$$

对于 $GM(1,1)$ 模型,其微分方程为
$$\frac{\mathrm{d}x^{(1)}}{\mathrm{d}t} + \alpha x^{(1)} = u$$

求解得其时间响应函数为
$$\hat{x}^{(1)}(t) = \left[x^{(1)}(0) - \frac{u}{\alpha}\right]\mathrm{e}^{-\alpha t} + \frac{u}{\alpha}$$

若给定原始数据序列为
$$X^{(0)} = [x^{(0)}(1), x^{(0)}(2), \cdots, x^{(0)}(n)]$$

可分别从 $X^{(0)}$ 序列中,选取不同长度的连续数据序列,则有
$$X_1^{(0)} = [x^{(0)}(2), x^{(0)}(3), \cdots, x^{(0)}(n)]$$
$$X_2^{(0)} = [x^{(0)}(3), x^{(0)}(4), \cdots, x^{(0)}(n)]$$
$$\vdots$$
$$X_{n-4}^{(0)} = [x^{(0)}(n-3), x^{(0)}(n-2), x^{(0)}(n-1), x^{(0)}(n)]$$

由于 $GM(1,1)$ 模型,要求数据序列至少有 4 个数据,所以共可有 $(n-3)$ 个数据序列被选取。显然,$X_i^{(0)}$ 序列是从 $X^{(0)}$ 序列中分别舍去一些数据后形成的,故称 $X_i^{(0)}$ 是 $X^{(0)}$ 的子数据列。一般子数据序列必被母数据列所包含,不过可认为母序列 $X^{(0)}$ 是一个特别的子数据序列。根据数据序列建立 $GM(1,1)$ 模型的步骤大致可以概括如下。

(1) 确定任一子数据列(以字母序列为例):
$$X^{(0)} = [x^{(0)}(1), x^{(0)}(2), \cdots, x^{(0)}(n)]$$

(2) 对于数据序列作一次累加生成,记为
$$\{X^{(0)}\} \to \{X^{(1)}\}$$
即
$$X^{(1)} = [x^{(1)}(1), x^{(1)}(2), \cdots, x^{(1)}(n)]$$
其中
$$x^{(1)}(t) = \sum_{k=1}^{t} x^{(0)}(k) \quad (t=1,2,\cdots,n)$$

(3) 构造矩阵 B 与向量 Y_n:
$$B = \begin{bmatrix} -\frac{1}{2}[x^{(1)}(2) + x^{(1)}(1)] & 1 \\ -\frac{1}{2}[x^{(1)}(3) + x^{(1)}(2)] & 1 \\ \vdots & \\ -\frac{1}{2}[x^{(1)}(n) + x^{(1)}(n-1)] & 1 \end{bmatrix}$$
$$Y_n = [x^{(0)}(2), x^{(0)}(3), \cdots, x^{(0)}(n)]$$

(4) 用最小二乘法求解系数 $\hat{a}$:
$$\hat{a} = (B^{\mathrm{T}}B)^{-1} B^{\mathrm{T}} Y_n$$

(5) 建立 $GM(1,1)$ 模型：

$$\hat{x}^{(1)}(k+1)=\left[x^{(0)}(1)-\frac{u}{\alpha}\right]\mathrm{e}^{-\alpha k}+\frac{u}{\alpha}$$

(6) 将 $\hat{X}$ 求导还原：

$$\hat{x}^{(0)}(k+1)=-\alpha\left[x^{(0)}(1)-\frac{u}{\alpha}\right]\mathrm{e}^{-\alpha k}$$

(7) 求出 $\hat{x}^{(0)}(k)$ 与 $x^{(0)}(k)$ 之差 ε^0 及相对误差 E^0：

$$\varepsilon^0=X^{(0)}-\hat{X}^{(0)}$$

$$E^0=\frac{\varepsilon^0}{X^{(0)}}\times 100\%$$

按上述步骤对每一个子序列建立 $GM(1,1)$，都有一组系数 $\hat{\alpha}$：

$$\hat{\alpha}_i=\begin{bmatrix}\alpha_i\\U_i\end{bmatrix}\quad(i=1,2,\cdots,n-3)$$

并有相应的一组预测值，即 $\hat{x}^{(0)}(k+1)$，$k>1$。

若记 α_i 与 u_i 的全体，分别为 A 与 U，则有

$$A=\{\alpha_i\,|\,i=1,2\cdots,n-4\}$$
$$B=\{u_i\,|\,i=1,2\cdots,n-4\}$$

记预测值的全体为 X，则有

$$X=\{\hat{x}_i^{(0)}(t+k)\,|\,i=1,2,\cdots,n-4;k>1\}$$

那么，称 A 为系统的发展灰数，U 为系统的内生控制灰数，X 为预测灰数。若用 $\overline{A}$ 与 $\underline{A}$ 分别表示 A 的上界和下界（或最大与最小），即 $A=[\overline{A},\underline{A}]$，则记 A 的"宽度"为 $m(A)$，则有

$$m(A)=\overline{A}-\underline{A}\geqslant 0$$

我们称 $m(A)$ 为发展灰数的测度，并且认为 $m(A)$ 越大，则发展灰数越大。当 $\overline{A}=\underline{A}$ 时，$m(A)=0$，则发展灰数为 0。这时所有模型的系数都相等，称相应的预测灰数为预测的唯一白化值。显然，这是一种特殊的情形，不易出现。

一般来讲，当数列较长时，不必要对所有的子数据序列都建立 $GM(1,1)$ 模型。在应用时，只需要根据预测的超前长度来适当选择子序列的长度进行建模与预测。大量的实践证明，进行近期或短期预测，可选用较短子数据序列（约 4~10 年左右）；进行中长期预测，则可选择较长的子数据序列（10 年以上）或母数据序列，结果较为满意。当然其关键是在于类比时间数据序列的特征与未来发展趋势是否接近。因此，在实际应用中，要定量与定性分析紧密结合，这样才能取得较好的效果。

2. 灰色数列预测实例

【例 9.5】 已知 1998—2003 年某市城镇用地情况见表 9.8，试通过建立 $GM(1,1)$ 模型对该市未来的城镇用地进行灰色数列预测。其具体的方法步骤如下。

表 9.8　　　　　　　　　　1998—2003 年某市城镇用地情况

年份	1998	1999	2000	2001	2002	2003
t	1	2	3	4	5	6
$x^{(0)}(t)$/万亩	3.936	4.575	4.968	5.063	5.968	5.507

解：

(1) 对原始数据列 $x^{(0)}$ 作累加计算，则

$$x^{(1)}(1)=x^{(0)}(1)=3.936$$
$$x^{(1)}(2)=x^{(0)}(1)+x^{(0)}(2)=3.936+4.575=8.511$$
$$x^{(1)}(3)=x^{(1)}(2)+x^{(0)}(3)=8.511+4.968=13.479$$
$$x^{(1)}(4)=x^{(1)}(3)+x^{(0)}(4)=13.479+5.063=18.542$$
$$x^{(1)}(5)=x^{(1)}(4)+x^{(0)}(5)=18.542+5.968=24.510$$
$$x^{(1)}(6)=x^{(1)}(5)+x^{(0)}(6)=24.510+5.507=30.017$$

(2) 构造数据矩阵 B 及数据向量 y_N：

因

$$-\frac{1}{2}[x^{(1)}(1)+x^{(1)}(2)]=-6.2235$$
$$-\frac{1}{2}[x^{(1)}(2)+x^{(1)}(3)]=-10.995$$
$$-\frac{1}{2}[x^{(1)}(3)+x^{(1)}(4)]=-16.0105$$
$$-\frac{1}{2}[x^{(1)}(4)+x^{(1)}(5)]=-21.526$$
$$-\frac{1}{2}[x^{(1)}(5)+x^{(1)}(6)]=-27.2635$$

故

$$B=\begin{bmatrix} -\frac{1}{2}[x^{(1)}(1)+x^{(1)}(2)]=-6.2235 & 1 \\ -\frac{1}{2}[x^{(1)}(2)+x^{(1)}(3)]=-10.995 & 1 \\ -\frac{1}{2}[x^{(1)}(3)+x^{(1)}(4)]=-16.0105 & 1 \\ -\frac{1}{2}[x^{(1)}(4)+x^{(1)}(5)]=-21.526 & 1 \\ -\frac{1}{2}[x^{(1)}(5)+x^{(1)}(6)]=-27.2635 & 1 \end{bmatrix}$$

$$y_N=[x^{(0)}(2),x^{(0)}(3),x^{(0)}(4),x^{(0)}(5),x^{(0)}(6)]^{\mathrm{T}}$$
$$=(4.575,4.968,5.063,5.968,5.507)^{\mathrm{T}}$$

(3) 计算 $B^{\mathrm{T}}B$：

$$B^\mathrm{T}B = \begin{bmatrix} -6.2235 & -10.995 & -16.0105 & -21.526 & -27.2635 \\ 1 & 1 & 1 & 1 & 1 \end{bmatrix} \begin{bmatrix} -6.2235 & 1 \\ -10.995 & 1 \\ -16.0105 & 1 \\ -21.526 & 1 \\ -27.2635 & 1 \end{bmatrix}$$

$$= \begin{bmatrix} 1622.6252 & -82.0185 \\ -82.0185 & 5 \end{bmatrix}$$

(4) 求 $(B^\mathrm{T}B)^{-1}$：

$$(B^\mathrm{T}B)^{-1} = \begin{bmatrix} 1622.6252 & -82.0185 \\ -82.0185 & 5 \end{bmatrix}^{-1}$$

$$= \frac{1}{5 \times 1622.625 - (82.0185)^2} \begin{bmatrix} 5 & 82.0185 \\ 82.0185 & 1622.6252 \end{bmatrix}$$

$$= \begin{bmatrix} 0.00360726 & 0.0591725 \\ 0.0591725 & 1.17065 \end{bmatrix}$$

(5) 计算 $B^\mathrm{T}y_N$：

$$B^\mathrm{T}y_N = \begin{bmatrix} -6.2235 & -10.995 & -16.0105 & -21.526 & -27.2635 \\ 1 & 1 & 1 & 1 & 1 \end{bmatrix} \begin{bmatrix} 4.575 \\ 4.968 \\ 5.063 \\ 5.968 \\ 5.507 \end{bmatrix}$$

$$= \begin{bmatrix} -442.7611 \\ 26.081 \end{bmatrix}$$

(6) 计算参数列 $\hat{a}$：

$$\hat{a} = \begin{bmatrix} \alpha \\ u \end{bmatrix} = (B^\mathrm{T}B)^{-1} B^\mathrm{T} y_N$$

$$= \begin{bmatrix} 0.00360726 & 0.0591725 \\ 0.0591725 & 1.17065 \end{bmatrix} \begin{bmatrix} -442.7611 \\ 26.081 \end{bmatrix}$$

$$= \begin{bmatrix} -0.053837 \\ 4.332 \end{bmatrix}$$

即
$$\alpha = -0.053837$$
$$u = 4.332$$

(7) 列出微分方程：

由
$$\frac{\mathrm{d}x^{(1)}}{\mathrm{d}t} + \alpha x^{(1)} = u$$

得
$$\frac{\mathrm{d}x^{(1)}}{\mathrm{d}t} - 0.053837 x^{(1)} = 4.332$$

(8) 求时间响应函数：解微分方程得时间响应函数：

$$\hat{x}^{(1)}(t)=\left(x^{(1)}(0)-\frac{u}{a}\right)\mathrm{e}^{-at}+\frac{u}{a}$$

令 $x^{(1)}(0)=x^{(0)}(1)=3.936$ 代入得

$$\hat{x}^{(1)}(t+1)=84.3262\mathrm{e}^{0.053837t}-80.3902$$

(9) 求导还原：对 $\hat{x}^{(1)}(t+1)$ 求导还原得

$$\hat{x}^{(0)}(t+1)=4.53987\mathrm{e}^{0.053837t}$$

(10) 回代检验计算误差：$\hat{x}^{(1)}$ 的模型计算结果与实际值比较见表 9.9。$\hat{x}^{(0)}$ 的模型计算结果与实际值比较见表 9.10。

表 9.9　　　　　　　$\hat{x}^{(1)}$ 的模型计算结果与实际值比较　　　　　　单位：万亩

模型计算值	实 际 值	误 差
$\hat{x}^{(1)}(2)=8.6000$	$x^{(1)}(2)=8.511$	$\varepsilon^{(1)}(2)=-0.0887$
$\hat{x}^{(1)}(3)=13.5213$	$x^{(1)}(3)=13.479$	$\varepsilon^{(1)}(3)=-0.0423$
$\hat{x}^{(1)}(4)=18.7151$	$x^{(1)}(4)=18.542$	$\varepsilon^{(1)}(4)=-0.1731$
$\hat{x}^{(1)}(5)=24.1961$	$x^{(1)}(5)=24.51$	$\varepsilon^{(1)}(5)=0.3139$
$\hat{x}^{(1)}(6)=29.9803$	$x^{(1)}(6)=30.017$	$\varepsilon^{(1)}(6)=0.0367$

表 9.10　　　　　　$\hat{x}^{(0)}$ 的模型计算结果与实际值比较

模型计算值	实 际 值	误 差	相对误差/%
$\hat{x}^{(0)}(2)=4.7909$	$x^{(0)}(2)=4.575$	$\varepsilon^{(0)}(2)=-0.2159$	$e(2)=-4.72$
$\hat{x}^{(0)}(3)=5.0559$	$x^{(0)}(3)=4.968$	$\varepsilon^{(0)}(3)=-0.0879$	$e(3)=-1.77$
$\hat{x}^{(0)}(4)=5.3355$	$x^{(0)}(4)=5.063$	$\varepsilon^{(0)}(4)=-0.2725$	$e(4)=-5.383$
$\hat{x}^{(0)}(5)=5.6306$	$x^{(0)}(5)=5.968$	$\varepsilon^{(0)}(5)=0.3374$	$e(5)=5.653$
$\hat{x}^{(0)}(6)=5.9420$	$x^{(0)}(6)=5.507$	$\varepsilon^{(0)}(6)=-0.4350$	$e(6)=-7.899$

表 9.9 和表 9.10 中：

$$\varepsilon^{(1)}(t)=x^{(1)}(t)-\hat{x}^{(1)}(t) \quad (t=2,3,4,5,6)$$
$$\varepsilon^{(0)}(t)=x^{(0)}(t)-\hat{x}^{(0)}(t) \quad (t=2,3,4,5,6)$$
$$e(t)=\varepsilon^{(0)}(t)/x^{(0)}(t) \quad (t=2,3,4,5,6)$$

(11) 预测：利用模型

$$\hat{x}^{(0)}(t+1)=4.53987\mathrm{e}^{0.053837t}$$

进行预测，其结果见表 9.11。

表 9.11　　　　　　　某市城镇用地预测表

预测年份	序号 t	$\hat{x}^{(0)}(t)$/万亩
2004	7	6.2706
2005	8	6.6174
2006	9	6.9834
2007	10	7.3696

最后需要说明的是，本章所阐述的预测方法都是最近几年常用的方法。随着科学技术的进步，计算工具的不断改善，对水土资源及其开发整治的变化将会出现新的更科学的预测方法。但是，无论哪种方法，都是认为未来也是按过去的规律发生变化，依据过去已发生的情形来预测未来将要发生的结果，并且每种方法都是根据有限的可以被"量化"处理的影响因素，通过数学手段的处理以求得未来值。由于选用的资料不同，可以选用不同的方法预测，得到的结果存在差异这也是必然的，都是不可避免的。对任何一种方法来说，都有自身固有的特点、优点、缺点和局限性，都有相对合理性与不合理性，很难得出一种方法优于另一种方法的结论。因此在进行预测时，应多选用几种方法同时进行预测，对预测的结果要认真对比分析，最后判断合理的预测值。

第 10 章 水土资源综合规划

10.1 指导思想和基本原则

水土资源综合规划是在一定的区域内,根据国民经济和社会发展对水土资源需求以及当地的自然、社会经济条件,对该地区范围内全部水土资源的开发、利用、整治和保护在时间上和空间上所做的总体的、战略性布局和统筹安排。它是从全局和长远利益出发,以区域内全部水土资源为对象,综合协调水土资源矛盾,合理调整水土资源利用模式和布局;以利用为中心,对水土资源开发、利用、整治和保护等方面做的统筹安排和工程规划。

10.1.1 指导思想

编制水土资源综合规划,要以可持续发展理论为指导,以建立优化的、治水保土为核心的生态经济系统为目标,采取"开发保护结合,多种工程措施配合,水土资源综合治理"等方式,维护和改善区域生态经济系统的物质循环、能量流动、价值增值和信息传递功能,使水土资源综合治理劳动耗费最省,资源消耗最小,综合效益最高。

水土资源综合治理规划,要为当地的经济繁荣、人民富裕、生态平衡和社会进步服务。所做规划不但有利于发挥当地自然优势和经济优势,有利于合理开发、利用和保护水土资源,而且有利于生态环境的改善。因此,编制综合治理规划,应一切从实际出发,实事求是地对本流域自然资源和社会资源的有利因素、制约因素和可开发因素进行综合分析,根据当地实际情况和国民经济发展需求确定发展方向和内容。规划措施要讲究科学,所做规划必须便于实施推广应用。使水土资源综合治理规划具有鲜明的科学性和实用性。

10.1.2 基本原则

水土资源综合治理规划作为国家经济建设实行宏观管理的重要手段,它是一种带有战略性很强的全局部署。它不同于一般的土地利用规划或其他专项规划,必须坚持以下基本原则。

1. 总体性（又称整体性或综合性）原则

规划对象是区域范围内的全部土地资源和水资源，要从开发、利用、整治、保护多方面统筹安排，全面考虑，治理与开发相结合，治理与管理相结合。规划的目标不是局部地区、某一部门的效益，而是提高规划区水土资源的整体效益。

2. 协调性原则

水土资源综合规划不仅要协调水土资源供给与各业需求之间的矛盾，调整土地资源用地结构与布局，制定合理的水资源开发利用方案及工程规划，而且要协调水资源开发与土地资源开发之间的矛盾，以水资源开发定土地资源开发，以土地资源开发促水资源开发，保证水土资源开发相互协调，因地制宜，科学配置水土资源。

3. 充分利用土地资源原则

合理安排各类农业用地和建设用地，使有限的土地资源发挥最大的使用效益。合理安排农林牧用地，建设高产稳产农田，提高单位农田产出，规划高效的耕作模式和农业结构。

4. 合理开发水资源原则

开发利用、节约和保护相结合，采用先进的工程措施和管理措施，全面解决区域经济发展中普遍所面临的"水多、水少、水脏"等水资源问题，流域上下游、左右岸协调，区域地面水地下水多水源联合，工农业生产、生活用水统筹规划，以水资源基础工程建设带动土地资源开发和区域经济发展。

5. 生态环境最优原则

贯彻"预防为主，防治管结合，因地制宜，综合治理，重点突破，积极推进"的水土保持方针，防治水土流失和土地资源退化；控制水资源污染，保持生态环境最优，恢复、维护和提高生产力。不但要有最大的经济效益，而且还要有良好的生态效益和社会效益。

6. 区域经济可持续发展原则

水土资源综合规划是全局性的战略规划，应紧紧服务于区域社会经济发展这一总体目标，应当前利益与长远利益相结合，近期发展和可持续发展相结合，合理利用水土资源，科学配置各项措施，形成多层次良性循环体系。

10.2 规 划 方 法

制定水土资源综合治理规划是一项涉及多学科、多部门、多层次、多因素的知识密集型系统工程，虽然目前各地所采取的规划方法不尽相同，但运用系统工程方法编制流域综合治理规划，是今后发展的方向。

10.2.1 系统工程三维结构

系统指具有系统特征的某一事物，而系统工程则是把研究对象作为系统来看待，用系统理论的最优化方法去开发、创建所需要的各种系统，或者对已有的系统进行改造，使之更加合理、更加完善。

系统工程有一套独特的思考方法，即系统方法，它是将对象作为系统来考虑进行分析、设计、建造和运用的方法；它有一套解决问题的程序体系，即在解决一个具体项目时，把项目分成若干个步骤按程序展开，使系统思想在各个部分和环节均能体现出来，当把问题按照程序展开到具体明确的环节时，应用运筹学或者其他科学技术来构造问题的数学模型并进行优化，使问题得到较好的解决。

水土资源综合治理规划，实际上是通过不同层次的研究，建立起各层次、各部门以及总体的不同形式的模型体系。为此，可参考美学者霍尔提出的系统工程三维结构，结合水土资源治理规划的特点，拟定规划模型的三维结构。区域水土资源规划模型的三维结构由规划逻辑维、建模程序维和研究层次维构成，如图 10.1 所示。

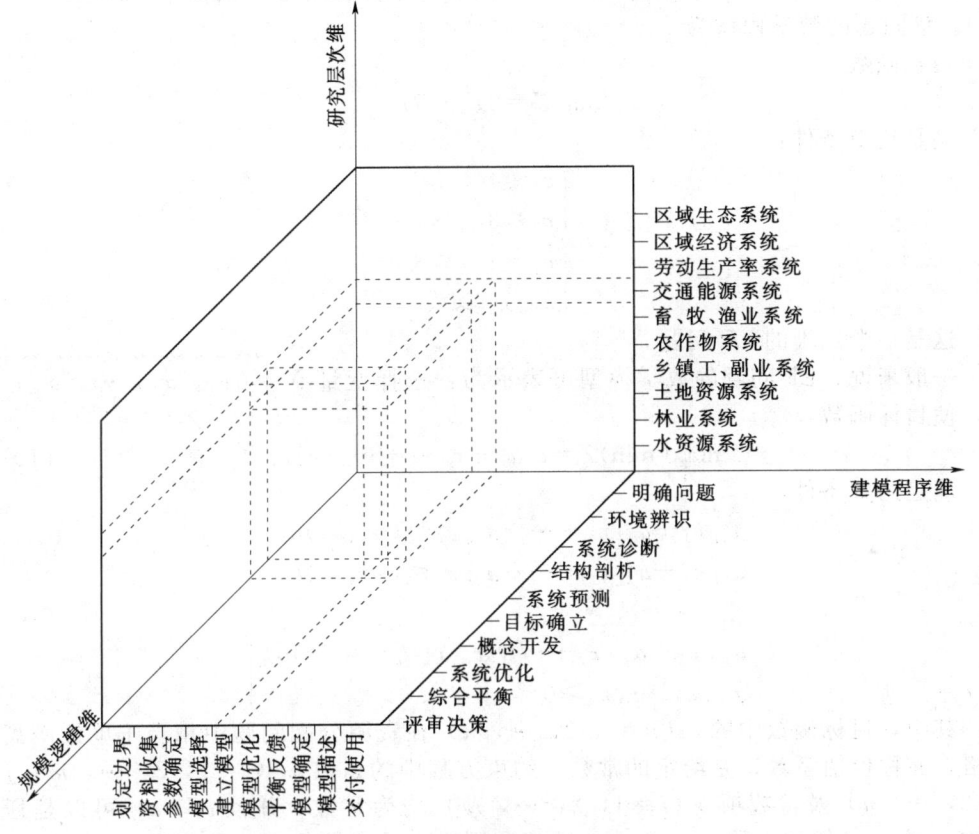

图 10.1　区域水土资源规划模型的三维结构

运筹学是系统工程的重要分支，是构建水土资源综合规划模型的理论基础。本节介绍最常用的运筹学模型——线性规划模型。

10.2.2　线性规划和计算机程序

1. 数学模型

线性规划（Linear Programming，LP）数学模型的基本结构要素是变量、约束条件和目标函数。变量是决策者对问题需要考虑和控制的因素，故称为决策变量；约束条件是实现目标的限制因素；目标函数是决策者在问题明确之后，对问题需要达到的数学描述，它是一个极值问题。

LP 问题，是求一组变量的值，在满足一组线性约束条件下，取得线性目标函数的最优解。它是水土资源综合规划中最基本的方法。

【例 10.1】 某灌区灌溉规划拟采用地面水与地下水联合运用方式。地面水单位水量的效益为 2 万元/100 万 m^3；地下水单位水量的效益为 5 万元/100 万 m^3。由于受河道可引水量限制，引地面水不得大于 400 万 m^3，抽引地下水受可开采储量限制，不得大于 300 万 m^3。且引抽水量受渠道容量限制，地面水加 2 倍的地下水不得大于 800 万 m^3，试确定灌溉效益最大时的地面水和地下水的抽引量。

解：设地面水的引水量为 x_1（100 万 m^3）；抽取地下水的水量为 x_2（100 万 m^3）。该问题的数学模型为

目标函数：
$$\max Z = 2x_1 + 5x_2$$

满足约束条件：
$$\begin{cases} x_1 \leqslant 4 \\ x_2 \leqslant 3 \\ x_1 + 2x_2 \leqslant 8 \\ x_1、x_2 \geqslant 0 \end{cases}$$

这是一个二维的 LP 问题。

一般来说，LP 问题的数学模型可表示为：选择变量 $X = (x_1, x_2, \cdots, x_n)$ 的值，使目标函数：

$$\max(\min) Z = c_1 x_1 + c_2 x_2 + \cdots + c_n x_n \tag{10.1}$$

满足约束条件：

$$\left. \begin{array}{l} a_{11}x_1 + a_{12}x_2 + \cdots + a_{1n}x_n \leqslant (=、\geqslant) b_1 \\ a_{21}x_1 + a_{22}x_2 + \cdots + a_{2n}x_n \leqslant (=、\geqslant) b_2 \\ \quad \vdots \\ a_{m1}x_1 + a_{m2}x_2 + \cdots + a_{mn}x_n \leqslant (=、\geqslant) b_m \\ x_1、x_2、\cdots、x_n \geqslant 0 \end{array} \right\} \tag{10.2}$$

其中，目标函数中的 $c_j (j = 1, 2, \cdots, n)$ 在资源分配问题中相当于单位产品的价格，亦称价值系数，是给定的常数。约束方程中的系数 $a_{ij} (i = 1, 2, \cdots, m; j = 1, 2, \cdots, n)$ 及常数项 $b_i (i = 1, 2, \cdots, m)$ 均为常数，并且 c_j、a_{ij} 可以是任意实数，而 b_i 必须是正数。a_{ij} 表示 i 项资源用于 j 项产品每单位的用量，b_i 项是 i 项资源的总和。

上述数学模型的缩写形式为

目标函数：
$$\max(\min) z = \sum_{j=1}^{n} c_j x_j \tag{10.3}$$

满足约束条件：

$$\left. \begin{array}{ll} \sum_{j=1}^{n} a_{ij} x_j \leqslant (=、\geqslant) b_i & (i = 1, 2, \cdots, m) \\ x_j \geqslant 0 & (j = 1, 2, \cdots, n) \end{array} \right\} \tag{10.4}$$

10.2 规划方法

如果把 LP 的数学模型写成矩阵的形式，则有

求向量 $X=(x_1, x_2, \cdots, x_n)^T$，满足

$$\left. \begin{array}{l} AX \leqslant b \\ X \geqslant 0 \end{array} \right\} \quad (10.5)$$

使

$$\max(\min) f(X) = CX \quad (10.6)$$

这里

$$A = \begin{bmatrix} a_{11} & a_{12} & \cdots & a_{1n} \\ a_{21} & a_{22} & \cdots & a_{2n} \\ \vdots & \vdots & & \vdots \\ a_{m1} & a_{m2} & \cdots & a_{mm} \end{bmatrix}, b = (b_1, b_2, \cdots, b_m)^T, \quad (10.7)$$

$C = (c_1, c_2, \cdots, c_n)$，0 表示零向量

从数学模型知，LP 问题可能有各种不同形式。目标函数有的要求实现最大化，有的要求最小化。约束条件可以是 "$\leqslant$" 形式的不等式，也可以是 "$\geqslant$" 形式的不等式，还可以是 "$=$" 形式。这种多样性给讨论问题带来不便。因此通常以目标函数为求最大化，且具有等号约束条件形式的 LP 问题，称为 LP 的标准形式。其数学模型表示为

目标函数：

$$\max Z = c_1 x_1 + c_2 x_2 + \cdots + c_n x_n \quad (10.8)$$

满足约束条件：

$$\left. \begin{array}{l} a_{11} x_1 + a_{12} x_2 + \cdots + a_{1n} x_n = b_1 \\ a_{21} x_1 + a_{22} x_2 + \cdots + a_{2n} x_n = b_2 \\ \vdots \\ a_{m1} x_1 + a_{m2} x_2 + \cdots + a_{mn} x_n = b_m \\ x_1, x_2, \cdots, x_n \geqslant 0 \end{array} \right\} \quad (10.9)$$

同样有其缩写形式为

目标函数：

$$\max Z = \sum_{j=1}^{n} c_j x_j \quad (10.10)$$

满足约束条件：

$$\left. \begin{array}{ll} \sum_{j=1}^{n} a_{ij} x_j = b_i & (i=1,2,\cdots,m) \\ x_j \geqslant 0 & (j=1,2,\cdots,n) \end{array} \right\} \quad (10.11)$$

实际上，具体问题的 LP 数学模型，通过简单变换后，均可以化成为标准形式，并借助于标准形式的求解方法进行求解。

(1) 要求目标函数实现最小化。任何一个求最小化的问题，都可以变换成为求最大化的问题。这种变换只需将目标函数式中的各项都乘以 -1，即有

$$\min Z^* = \sum_{j=1}^{n} c_j x_j \tag{10.12}$$

式（10.12）乘以 -1，得

$$\max Z = -\sum_{j=1}^{n} c_j x_j \tag{10.13}$$

（2）约束方程组为不等式。这里有两种情况，一种是约束条件为"$\leqslant$"形式的不等式，则可在"$\leqslant$"号的左端加入非负的松弛变量，把原"$\leqslant$"形式的不等式变为等式；另一种是约束条件为"$\geqslant$"形式的不等式，则可在"$\geqslant$"号的左端减去一个非负的松弛变量（也称为剩余变量），把不等式约束变为等式约束条件。即有

若

$$\sum_{j=1}^{n} a_{ij} x_j \leqslant b_i \quad (i=1,2,\cdots,m) \tag{10.14}$$

加上松弛变量 $x_{n+i}(x_{n+i} \geqslant 0)$，则

$$\sum_{j=1}^{n} a_{ij} x_j + x_{n+i} = b_i \quad (i=1,2,\cdots,m) \tag{10.15}$$

若

$$\sum_{j=1}^{n} a_{ij} x_j \geqslant b_i \quad (i=1,2,\cdots,m) \tag{10.16}$$

减去松弛变量 $x_{n+i}(x_{n+i} \geqslant 0)$，则

$$\sum_{j=1}^{n} a_{ij} x_j - x_{n+i} = b_i \quad (i=1,2,\cdots,m) \tag{10.17}$$

显然，约束条件中增加了这些松弛变量后，式（12.15）、式（12.17）和原来的约束式（12.14）、式（12.16）是等价的。变换后的等式约束相应的目标函数应为

$$\max Z = \sum_{j=1}^{n} c_j x_j + 0 \sum_{i=1}^{m} x_{n+i} \tag{10.18}$$

（3）决策变量 x_j 不限制为非负。当变量 x_j 并不限制为非负的情况下，则可以把该变量转换成两个非负变量之差，可以任取负值或正值。

即令 $x_r = x_r' - x_r''$，且使 $x_r' \geqslant 0$，$x_r'' \geqslant 0$。

2. 单纯形法

（1）单纯形法的基本概念。单纯形法是求解 LP 问题的一个最常用方法，为了便于理解该方法的实质，仍通过［例 10.1］来说明。

首先在直角坐标系中，以横轴和纵轴分别表示 x_1 和 x_2 的值。绘出约束条件 $x_1 \leqslant 4$；$x_2 \leqslant 3$；$x_1 + 2x_2 \leqslant 8$。由于 x_1 和 x_2 必须满足非负条件。在和的平面内得到凸五边形 $OABCD$。在它所包围的区域内，及边界上的点的集合，均满足约束条件，所求问题的各种可行解必落在其中，故称这个五边形为可行区（可行域），如图 10.2

所示。

现分析目标函数 $z = 2x_1 + 5x_2$，并把它写成

$$x_2 = -\frac{2}{5}x_1 + \frac{z}{5}$$

它表示以 z 为参数的一簇平行线，位于同一直线上的点，具有相同的目标函数值，因而称它为等值线。$\frac{1}{5}z$ 指在某一 z 值下，给定 x_1 后，x_2 轴的截距，$-\left(\frac{2}{5}\right)$ 指斜率，即 x_1 增加，相应 x_2 的变

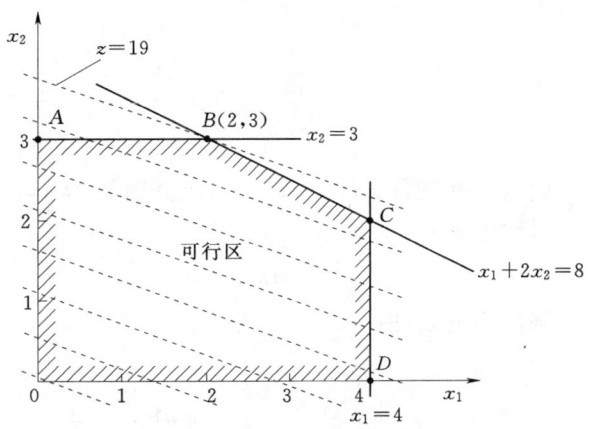

图 10.2　线性规划图解法

化。当 z 值由小到大时，直线 $x_2 = -\frac{2}{5}x_1 + \frac{1}{5}z$ 沿其法线方向向右上方移动。绘出以 z 为参数的一组平行线，在这组平行线中，要找到一条 z 值最大且又位于可行区的直线，其与凸五边形 $OABCD$ 有一个交点。那么这个交点必定既满足约束条件，又符合目标函数最大，这个点的坐标就是最优解。从图 10.2 可以找到一条 $z=19$ 的直线，其通过点的坐标就是最优解，相应 $x_1=2$，$x_2=3$，$\max z=19$。得到问题的最优解是引取地面水为 200 万 m^3，抽地下水为 300 万 m^3，获得最大灌溉效益为 19 万元。

从图解法可知，LP 问题的极值均出现在凸多边形的顶点，能使目标函数取极值的那个顶点就是该 LP 的最优解。因此，求 LP 问题的最优解，不必在可行区内探求，而只需要在那些顶点上寻找，这是解 LP 问题的出发点。

LP 的理论可以证明：如果一个 n 个变量，m 个等式约束的 LP 问题存在一个最优解，则在这个最优解中至少有 $(n-m)$ 个变量为 0，至多有 m 个变量不为 0，然后联合求解其余 m 个线性方程的 m 个未知数，所求的解称为基本解。单纯形法就是从某一个满足非负条件的基本解（称为基本可行）开始，转到另一个基本可行解，且使目标函数增加，经过有限次转移，最终得到满足目标函数最优的基本可行解，此即为最优解。

（2）单纯形法。前面介绍的图解法对小于三维的 LP 问题是可行的，当大于三维时，必须采用单纯形表法。现在仍用前面的例子，采用单纯形表法进行计算，并比较单纯形表法和图解法的计算结果。

【例 10.2】　LP 问题。

目标函数：

$$\max z = 2x_1 + 5x_2$$

满足约束条件：

$$\left.\begin{aligned} x_1 &\leqslant 4 \\ x_2 &\leqslant 3 \\ x_1+2x_2 &\leqslant 8 \\ x_1、x_2 &\geqslant 0 \end{aligned}\right\}$$

引入松弛变量 x_3，x_4，x_5，上式改写为

目标函数：

$$\max z=2x_1+5x_2+0x_3+0x_4+0x_5$$

满足约束条件：

$$\left.\begin{aligned} x_1+x_3 &=4 \\ x_2+x_4 &=3 \\ x_1+2x_2+x_5 &=8 \\ x_1,x_2,\cdots,x_5 &\geqslant 0 \end{aligned}\right\}$$

为了用单纯形表法进行迭代计算，将数学模型写成列向量形式，即 $p_0=(b_1,b_2,\cdots,b_m)^T$，$p_1=(a_{11},a_{21},\cdots,a_{m1})^T$，$\cdots$，$p_n=(a_{11},a_{12},\cdots,a_{mn})^T$，$p_{n+1}=(1,0,\cdots,0)^T$，$p_{n+m}=(0,0,\cdots,1)^T$。其步骤如下。

1) 进行首次迭代，求初始基本可行解。

初始单纯形表形式：

a. 将 p_0 这一列放在左方，作为第一次取值。接下来是 p_1、p_2 和松弛变量 p_3、p_4、p_5。

b. p_0 左方的一列称为基底。首先将 p_3、p_4、p_5 作为基底。

c. 标有 c_j 的横行，表示目标函数中各变量前的价值系数，也就是每一单位产品的价格。

d. 标有 c_i 的纵列，与 c_j 的意义相同，仅将行变成列而已。

e. z_j 横行元素，由式(10.19)决定：

$$z_j=\sum_i c_i a_{ij} \tag{10.19}$$

f. z_j-c_j 这一横行元素，表示 z_j 这一行的元素减去 c_j 横行内与之相应的元素而得，(z_j-c_j) 称为检验数，见表10.1。

作为基本初始可行解，设 $x_1=0$，$x_2=0$，$x_3=4$，$x_4=3$，$x_5=8$。显然，这个解满足约束条件，但这时变量 x_1、x_2 为0，实际上这一点无任何引抽水量，灌溉效益为零，尽管是一个"可行解"，却不是最优解，应该进行第二次迭代，现在的问题是迭代到什么地方能结束？一般可按以下准则判断。

a. 如果表10.1中任何一个检验数 $z_j-c_j<0$，且在相应的纵列中所有 $a_{ij}\leqslant 0$，则调入变量可无限增大，目标函数为无穷大。实际问题中此情况少见。

b. 如果表10.1中任何一个检验数 $z_j-c_j<0$，且在相应的纵列中有几个 $a_{ij}>0$。这种情况说明此问题有最优解，但尚没达到最大值，应该继续迭代。

c. 如果表10.1中所有检验数 $z_j-c_j\geqslant 0$，这表明目标函数已经达到了最大值，迭代计算结束。

按上述准则检查表 10.1 中初始迭代情况,这时检验数 $z_1-c_1=-2$,$z_2-c_2=-5$ 都为负值,这个灌溉效益为零的方案,显然是应该改善的,而且检验数相应纵列中有大于零的系数,故按准则 b 应该继续迭代下去。

表 10.1　　　　　　　　　　初 始 迭 代 计 算 表

迭代次数	i	c_i	$j\rightarrow$	0	1	2	3	4	5	$Q_i=\min\dfrac{b_i}{a_{ik}}$
			$c_j\rightarrow$	0	2	5	0	0	0	
			基底	P_0	P_1	P_2	P_3	P_4	P_5	
1	3	0	P_3	4	1	0	1	0	0	$4/0=\infty$
	4	0	P_4	3	0	1	0	1	0	$3/1=3$
	5	0	P_5	8	1	2	0	0	1	$8/2=4$
			$z_j=\sum\limits_{i=1}^{m}c_ia_{ij}$	0	0	0	0	0	0	
			z_j-c_j	0	-2	-5				

2）进行二次迭代。

作初始单纯形表,首先把松弛变量作为基底,得到初始可行解中的松弛变量虽不为 0,但由于它们在目标函数中的系数均为零,相应的函数值 $z=0$。如果我们将 x_1 或 x_2 放到基底中去而成为非零值,就可以使目标函数最大。所以进行第二次迭代,关键是要重新确定基底变量,且使新的基底构成后得到的基可行解,能使目标函数值增大。

a. 在所有的 $z_j-c_j<0$ 数中,找出一个绝对值最大的数,以其所在列的 p_k 为调入变量。在本例中 $z_2-c_2=-5$,其绝对值为最大,故以 p_2 作为调入变量 p_k 换入基底,用虚线框出。

b. 基底有调入就必须有调出,调出变量的选择可以通过计算判别数（将 p_k 列那些大于 0 的系数,分别除基底变量 b_i 所对应的系数）JU_i,JU_i 取最小的那一行相应的变量为调出变量：

$$JU_i=\min\left(\dfrac{b_i}{a_{ik}}\right) \qquad (10.20)$$

式中：JU_i 为相应于 i 个判别数；b_i 为相应于 p_0 列第 i 个系数（即 b_i）；a_{ik} 为换入变量 p_k 列的第 i 个系数。

这里选取最小值的目的是为满足变量非负条件。在本例中：

$$JU_3=\dfrac{b_3}{a_{32}}=\dfrac{4}{0}=\infty,\ JU_4=\dfrac{b_4}{a_{42}}=\dfrac{3}{1}=3,\ JU_5=\dfrac{b_5}{a_{52}}=\dfrac{8}{2}=4$$

因 $JU_4=3$ 为最小,故选此 p_4 作为调出向量 p_r,记 $p_r(p_r=p_4)$ 为调出行向量。

3）以 p_k 作为新的基底来代替原来的 p_r,称为换入 p_k,调出 p_r,并做出新的计算表格见表 10.2。

表 10.2 单纯形表法迭代计算表

迭代次数	j	c_j	$j \to$ $c_j \to$ 基层	0 0 P_0	1 2 P_1	2 5 P_2	3 0 P_3	4 0 P_4	0 0 P_5	$JU_i = \min \dfrac{b_i}{a_{ik}}$
1	3	0	p_3	4	1	0	1	0	0	
	4	0	$\leftarrow p_4$	3	0	1	0	1	0	$4/0=\infty$
	5	0	p_5	8	1	2	0	0	1	$3/1=3$
			z_j	0	0	0	0	0	0	$8/2=4$
			$z_j - c_j$	0	-2	-5	0	0	0	
2	3	0	p_3	4	1	0	1	0	0	
	2	5	p_2	3	0	1	0	1	0	$4/1=4$
	5	0	$\leftarrow p_5$	2	1	0	0	-2	1	$3/0=\infty$
			z_j	15	0	5	0	5	0	$2/1=2$
			$z_j - c_j$	15	-2	0	0	5	0	
3	3	0	p_3	2	0	0	1	2	-1	
	2	5	p_2	3	0	1	0	1	0	
	1	2	p_1	2	1	0	0	-2	1	
			z_j	19	2	5	0	1	2	
			$z_j - c_j$	19	0	0	0	1	2	

在新的表格中（第二次迭代），位于新换出变量那一行中的元素，可由式 (10.21) 计算：

$$a'_{kj} = \frac{a_{rj}}{a_{rk}} \tag{10.21}$$

这就是用原表格中 p_r 横行与 p_k 纵列交叉处的元素 a_{rk}（本例为 $a_{42}=1$）去除原来表格 p_r 行的各元素就可以了。

例如：

$$a'_{20} = \frac{a_{40}}{a_{42}} = \frac{3}{1} = 3, \; a'_{21} = \frac{a_{41}}{a_{42}} = \frac{0}{1} = 0, \; a'_{22} = \frac{a_{42}}{a_{42}} = \frac{1}{1} = 1,$$

$$a'_{23} = \frac{a_{43}}{a_{42}} = \frac{0}{1} = 0, \; a'_{24} = \frac{a_{44}}{a_{42}} = \frac{1}{1} = 1, \; a'_{25} = \frac{a_{45}}{a_{42}} = \frac{0}{1} = 0$$

在新的表格中，其他元素（不位于新换入向量的那一行元素）可用式 (10.22) 计算：

$$a'_{ij} = a_{ij} - \left(\frac{a_{ri}}{a_{rk}}\right) a_{ik} \tag{10.22}$$

例如：

$$a'_{30} = a_{30} - \left(\frac{a_{40}}{a_{42}}\right) a_{32} = 4 - \left(\frac{3}{1}\right) \times 0 = 4$$

$$a'_{31} = a_{31} - \left(\frac{a_{41}}{a_{42}}\right)a_{32} = 1 - \left(\frac{0}{1}\right) \times 0 = 1$$

$$a'_{32} = a_{32} - \left(\frac{a_{42}}{a_{42}}\right)a_{32} = 0 - \left(\frac{1}{1}\right) \times 0 = 0$$

同理

$$a'_{33} = 1, a'_{34} = 0, a'_{35} = 0$$

又如

$$a'_{50} = a_{50} - \left(\frac{a_{40}}{a_{42}}\right)a_{52} = 8 - \left(\frac{3}{1}\right) \times 2 = 2$$

$$a'_{51} = a_{51} - \left(\frac{a_{41}}{a_{42}}\right)a_{52} = 1 - \left(\frac{0}{1}\right) \times 2 = 1$$

$$a'_{52} = a_{52} - \left(\frac{a_{42}}{a_{42}}\right)a_{52} = 1 - \left(\frac{1}{1}\right) \times 2 = 0$$

同理

$$a'_{53} = 0, a'_{54} = -2, a'_{55} = 1$$

这样就可以求得第二次迭代后的表格。在这表格中，目标函数 $z' = z_0 = 15$ 较初始表中 $z = 0$ 是好的方案。第二次迭代得到的基可行解为 $x_j = (0, 3, 4, 0, 2)$。

但检查表中还有检验数 $z_1 - c_1 = -2$，按判别准则（2），还应继续迭代。

4) 按第二步方式继续进行迭代，直至求得最优解。

同理作出第三次迭代计算表格见表 10.2，这时所有检验数 $(z_j - c_j) \geqslant 0$，按判别准则 c，迭代计算结束，从而求得最优解为

$$x_j^* = (2, 3, 2, 0, 0); \max z = 19$$

问题的最优解为引取地面水 200 万 m^3，抽取地下水为 300 万 m^3，所得最大灌溉效益为 19 万元，与图解法计算结果完全相同。

3. 有关讨论

线性规划是系统工程中得到广泛应用的一种数学分析方法。由于计算机技术的飞速发展，现在已可以用它来处理成千上万个约束条件和变量的大规模 LP 问题。LP 模型之所以被人们接受和运用，是由于 LP 模型本身有严格的平衡机理，它不但能反映各因素间的纵横联系，而且在求解过程中能自动完成复杂的综合平衡和调整，使优化结果一次完成。

但 LP 也有其本身的缺陷，因为它的最优结果是在满足既定约束条件下为实现目标而得到的，即约束条件一定，它的最优解也是一定的，因而 LP 模型是静止的，它只表示既定因素下的既定结果。

在编制水土资源综合治理规划时，应用 LP 模型，需要通过收集大量数据资料来确定模型的各种参数。但由于历史的原因，这些参数往往不能反映区域的真实情况，由此而建立的 LP 模型难免带有很大的局限性。因此，应将 LP 模型置于一个更大的动态系统之中，建立一个以 LP 模型为中心的模型群，将诸子模型的输出作为 LP 模

型的输入，以充分发挥 LP 模型的优化功能。

通过对 LP 模型本身及求解过程的考查可以看出，对 LP 模型输入一组 X、A、B、C，则有相应的 Z 产生，即存在下列函数关系：

$$Z = F(X、A、B、C)$$

上式称作 LP 的系统结构式。如果赋给不同的 X、A、B、C，将有一个 Z 向量产生，而 Z 与 X、A、B、C 的有机结合将形成一个巨大的信息矩阵，大量的信息为优化决策提供了依据，这就是 LP 系统的潜力所在。因此，$Z = F(X、A、B、C)$ 是进行 LP 系统开发的理论基础。

LP 系统结构，是一个以 LP 模型为中心的模型群，LP 中心有 4 个接口与 4 个模型子块实行对接。

X：决策变量模块。是由决策者根据有关条件所采用的各种决策变量组合方案。决策变量向量 X 中的元素 x_j 称为决策变量，它是人类实现某目标的若干行动方式。x_j 可由人根据不同情况和条件加以选择。

A：生产函数模块。它可以向 LP 中心输入不同生产技术水平矩阵 A，A 中的元素 a_{ij} 称作投入产出系数或技术系数，它表示单位 j 项活动对 i 种资源的消耗量。一般由生产的投入和科技水平所决定。

B：约束条件模块。它可向 LP 中心输入资源或其他限制量的不同量值。B 包括 B_K 和 B_L 两部分，B_K 表示生产活动资源限制向量，一般由一组资源预测模型构成；B_L 表示外界需求对生产活动的限制向量，可以由一组需求模型所构成。

C：效益系数模块。它可向 LP 中心输入向量 X 的不同效益系数向量。向量 C 中的元素 c_j 表示单位活动 x_j 所产生的实际效益。活动效益受市场、价格等因素的限制和影响，因而模块 C 由一组预测模型所组成。

由 4 个子模块输入的不同 X、A、B、C，经中心 LP 处理后得向量 Z，Z 与相应的 X、A、B、C 不同组合，会产生不同的优化结构信息矩阵，从而为 LP 系统的开发提供了宝贵资源。这些优化结构信息矩阵经决策处理，可最终实现规划、预测或模拟的功能。

LP 系统结构图如图 10.3 所示。

4. 单纯形法 FORTRAN 语言程序

单纯形法是求解 LP 问题的一个最常用的方法。对于复杂的 LP 问题，可根据单纯形表法原理，编制 FORTRAN 语言程序，借助电子计算机处理。

（1）程序功能。本程序可求得 LP 问题的有解、无解答案，以及待求变量及目标函数的最优解值。

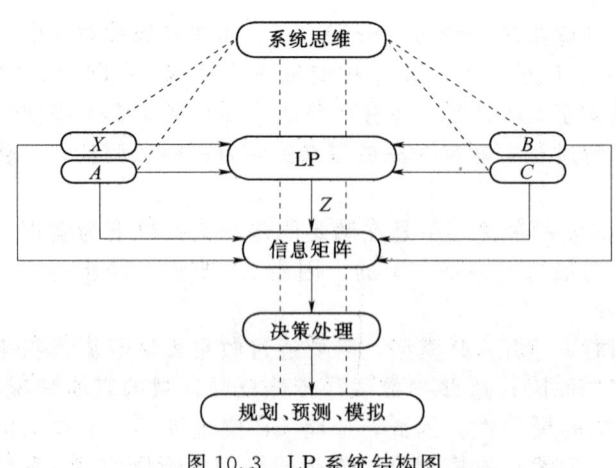

图 10.3 LP 系统结构图

(2) 使用说明。

1) 变量与参数说明：

M——原方程变量个数；

N——约束条件个数（不包括非负约束）；

$TYPE$——目标函数类型变量，求最小值时，$TYPE=-1$，求最大值时，$TYPE=1$；

$A(I, J)$——约束方程组增广矩阵（$I=l, 2, \cdots, N+2$；$J=1, 2, \cdots, N+M+1$），其中 $A(I, J)$ 存储目标函数系数；$A(I, M+1)$ 由 -1、0 或 1 组成。若约束条件是"≥"时，则输入-1，若约束条件是"="时，则输入 0，若约束条件是"≤"时，则输入 1，$A(I, M+2)$ 存储约束条件常数项；

Y——最优目标函数值；

$X(I)$——最优决策变量数组。

2) 输入方法及次序：将基本资料输入 ab1.txt 数据文件，先按序输入 M，N，$TYPE$ 值，再按 LP 约束方程组的增广矩阵数据逐行输入，最后输目标函数各变量系数。

3) 输出结果：计算结果存入 ab2.txt 数据文件。

INFEASIBLE   无解，即 LP 问题无可行解；

UNBOUNDED   无界，即问题无最优解；

X(I)：最优解的变量值，括号内数字为变量代号。

(3) 程序清单。程序清单见附录 1。

(4) 示例与计算结果。

【例 10.3】 求 $x_j (j=1, 2)$。

满足 $\begin{cases} 9x_1+4x_2 \leqslant 360 \\ 4x_1+5x_2 \leqslant 200 \\ 3x_1+10x_2 \leqslant 300 \\ x_j \geqslant 0 \quad (j=1,2) \end{cases}$，使 $f(x)=-7x_1-12x_2=\min$

本题输入的数据为

M=2, N=3, TYPE=-1

MATRIX a

9   4   1   360
4   5   1   200
3   10   1   300

OBJECTIVE FUNCTION COE

-7   -12

计算机计算并打印结果：

OBJ·FUNC=-428

X(1)=20

X(2)=24

5. 线性规划 Matlab 方法

20 世纪 90 年代，Math Works 公司推出了基于 Windows 平台的 Matlab 计算软件，它采用技术计算语言，几乎与专业领域中所使用的数学表达式相同。Matlab 中的基本数据元素是矩阵，它提供了各种矩阵的运算和操作，并有较强的绘图能力，所以得到广泛应用，并成为当今应用最广、备受人们喜爱的一种软件环境。Matlab 环境下的工具箱有最优化工具箱、神经网络工具箱、样条工具箱、模糊逻辑工具箱和非线性控制设计工具箱等。

下面具体介绍最优化工具箱中线性规划工具箱的使用方法。

(1) 数学模型。

已知约束条件：$\begin{cases} Ax \leqslant b \\ Aeqx = beq \\ lb \leqslant x \leqslant ub \end{cases}$，求解 $\min f_x^T x$。其中 f，x，b，beq，lb 和 ub 均是向量；A 和 Aeq 是矩阵。

(2) 优化工具箱的选用。

在 Matlab 6.5 优化工具箱中，用于求解非线性规划的函数有 linprog，常用语句包括：

x=linprog(f,A,b,Aeq,beq)
x=linprog(f,A,b,Aeq,beq,lb,ub)
x=linprog(f,A,b,Aeq,beq,lb,ub,x_0)
x=linprog(f,A,b,Aeq,beq,lb,ub,x_0,options)
[x,fval]=linprog(L)
[x,fval,exitflg]=linprog(L)
[x,fval,exitflg,output]=linprog(L)
[x,fval,exitflg,output,lambda]=linprog(L)

上述语句中：f 为目标函数的系数矩阵；lb，ub 为设置优化参数 x 的上、下界；$fval$ 为目标函数在最优解 x 点的函数值；exitflag 为算法的终止标志；output 为优化算法信息的一个数据结构。

(3) 工程应用举例。

例题同 [例 10.3]。下面是求解此例的 Matlab 程序。

f=[-7;-12];
A=[9,4;4,5;3,10];
b=[360;200;300];
lb=zeros(2,1);
[x,fval]=linprog(f,A,b,[],[],lb);

输出结果为：

x=20.0000
　24.0000
fval=-428.0000

10.3 研 究 实 例

研究地面水和地下水联合运用以及土地利用综合规划问题。地面水和地下水的联合运用，实行井、河结合，是充分利用水资源，趋利避害发挥优势的一项带根本性的水利措施。两种水源联合运用的线性规划模型，目标函数是使灌区总的灌溉净效益现值为最大，确定灌区的土地利用规模、最优种植模式和两种水源的时段引、抽水量。

1. 目标函数

(1) 灌溉年效益：

$$\varepsilon \sum_{j=1}^{J} A_j (y_j^* - y_j^0) p_j \quad (10.23)$$

式中：A_j 为 j 类作物的灌溉面积，亩；y_j^* 为 j 类作物灌溉后的产量，kg/亩；y_j^0 为 j 类作物灌溉前的产量，kg/亩；p_j 为 j 类作物单价，元/kg；ε 为灌溉效益分摊系数。

(2) 灌溉渠系年运行费用：

$$\sum_{i=0}^{I} C^{(w)} W_i$$

式中：$C^{(w)}$ 为渠道运行费用，元/m³；W 为 i 时段渠道从水库引水量，m³。

(3) 机井年运行费用：

$$\sum_{i=1}^{I} C^{(q)} q_i \quad (10.24)$$

式中：$C^{(q)}$ 为机井运行费用，元/m³；q_i 为 i 时段从地下水源抽取的水量，m³。

(4) 排水系统年运行费用：

$$\sum_{i=1}^{I} C^{(0)} Q_i \quad (10.25)$$

式中：$C^{(0)}$ 为排水系统年运行费用，元/m³；Q_i 为 i 时段的排水量，m³。

i 时段的排水量 Q_i 应包括渠道范围内（指引水部分）的地面流失；灌溉土地范围内灌溉和降雨所产生的地面流失；非灌溉土地上降雨所产生的地面流失。其值应为

$$Q_i = \alpha_1 W_i + \alpha_2 (\Delta_1 W_i + q_i) + \alpha_2 p_i \sum_{j=1}^{J} A_j + \alpha_3 p_i (T_c - \sum_{j=1}^{J} A_j) \quad (10.26)$$

式中：α_1、α_2、α_3 分别表示渠道段、灌溉土地、非灌溉土地地面流失率，%；$\Delta_1 W_i$ 为 i 时段输送到灌溉土地的水量。这部分水量是 i 时段引水量 W_i 扣除渠道段的地面流失、渠道水深层渗漏（入含水层）以及蒸发损失而得。$\Delta_1 = 1 - \alpha_1 - \beta_1 - \gamma_1$（$\beta_1$、$\gamma_1$ 分别表示渠道段范围内灌溉水深层渗漏、蒸发损失，%；p_i 为 i 时段天然降雨，m³/亩）；T_c 为灌区总耕地面积，亩。

在工程的有效使用期内，利用等额收付系列现值因子，在规定年利率下，将年效益、年运行费用折现，求得总净效益现值，目标函数可写成

$$\max z = \psi\left[\varepsilon \sum_{j=1}^{J} A_j (y_i^* - y_j^0)\right]$$
$$- \psi \sum_{i=1}^{I} \left\{C^{(w)} W_i + C^{(q)} q_i + C^{(0)}\left[\alpha_1 W_i + \alpha_2(\Delta_1 W_i + q_i) + \alpha_2 P_i \sum_{j=1}^{J} A_j + \alpha_3 P_i\left(T_c - \sum_{j=1}^{J} A_j\right)\right]\right\} \quad (10.27)$$

式中：ψ 为等额收付系列现值因子，$\psi = \dfrac{(1+i)^n - 1}{i(1+i)^n}$；$i$ 为年利率，%；n 为工程有效使用期限，年。

2. 约束条件

使上述目标函数最大，应满足以下约束条件。

(1) 各种作物种植面积之和不超过可以灌溉的总面积：

$$\sum_{j=1}^{J} A_j \leqslant A_{T1A} \quad (10.28)$$

式中：A_{T1A} 为可以灌溉总面积，亩。

(2) 各时段渠道引水量不超过水库（或河道）可供水量：

$$\left.\begin{array}{l} W_1 \leqslant S_1 \\ W_2 \leqslant S_2 \\ \cdots \\ W_I \leqslant S_I \end{array}\right\} \quad (10.29)$$

式中：S_1、S_2、…、S_I 为各时段水库（或河道）可供水量，m^3。

(3) 一年内地下含水层总出水量不超过允许开采量：

$$\sum_{i=1}^{I}\left[q_i - (\beta_1 W_i) - \beta_2(\Delta_1 W_i + q_i) - \beta_2 P_i \sum_{j=1}^{J} A_j - \beta_3 P_i\left(T_c - \sum_{j=1}^{J} A_j\right)\right]$$
$$+ e + R_{out} - R_{in} \leqslant E \quad (10.30)$$

式中：E 为允许年开采量，m^3；e 为地下含水层年蒸发量，m^3；R_{out} 为年流出含水层水量，m^3；R_{in} 为年流入含水层水量，m^3；β_3 为非灌溉土地流入含水层水量，%。

(4) 各时段灌溉作物需水量由渠道引水、机井抽水、降雨满足：

$$\left.\begin{array}{l} \sum_{j=1}^{J} A_j E_{1j} - \Delta_2(\Delta_1 w_1 + q_1) - \sum_{j=1}^{J} A_j P_1 \leqslant 0 \\ \sum_{j=1}^{J} A_j E_{2j} - \Delta_2(\Delta_1 w_2 + q_2) - \sum_{j=1}^{J} A_j P_2 \leqslant 0 \\ \vdots \\ \sum_{j=1}^{J} A_j E_{Ij} - \Delta_2(\Delta_1 w_I + q_I) - \sum_{j=1}^{J} A_j P_I \leqslant 0 \end{array}\right\} \quad (10.31)$$

其中 $\Delta_2 = 1 - \alpha_2 - \beta_2 - \gamma_2$

式中：E_{1j}、E_{2j}、…、E_{Ij} 为各时段 j 类作物需水量，m^3/亩；Δ_2 为满足作物需水要求，输水（引地表水、抽地下水）至灌溉土地，扣除损失后的灌溉水量的百分数，%；α_2、β_2、γ_2 分别表示输水至灌溉土地的地面径流损耗、灌溉回归水（入地下含水层）

损耗、蒸发损失。

(5) 各时段引入渠道水量不超过渠道输水能力：

$$\left.\begin{aligned}\frac{W_1}{t_1^{(w)}\eta^{(w)}} &\leqslant W \\ \frac{W_2}{t_2^{(w)}\eta^{(w)}} &\leqslant W \\ &\vdots \\ \frac{W_I}{t_I^{(w)}\eta^{(w)}} &\leqslant W\end{aligned}\right\} \qquad (10.32)$$

式中：W 为渠道输水能力，m^3/s；$\eta^{(w)}$ 为渠系有效水利用系数；$t_1^{(w)}$、$t_2^{(w)}$、…、$t_I^{(w)}$ 为各时段渠道运行时间，s。

(6) 各时段机井抽水量不超过机井抽水能力：

$$\left.\begin{aligned}\frac{q_1}{t_1^{(q)}\eta^{(q)}} &\leqslant q \\ \frac{q_2}{t_2^{(q)}\eta^{(q)}} &\leqslant q \\ &\vdots \\ \frac{q_I}{t_I^{(q)}\eta^{(q)}} &\leqslant q\end{aligned}\right\} \qquad (10.33)$$

式中：q 为机井抽水能力，m^3/s；$\eta^{(q)}$ 为机井有效水利用系数；$t_1^{(q)}$、$t_2^{(q)}$、…、$t_I^{(q)}$ 为各时段机井运行时间，s。

(7) 任何时段排出水量不超过排水沟输水能力：

$$\left.\begin{aligned}\frac{Q_1}{t_1^{(Q)}\eta^{(Q)}} &\leqslant D \\ \frac{Q_2}{t_2^{(Q)}\eta^{(Q)}} &\leqslant D \\ &\vdots \\ \frac{Q_I}{t_I^{(Q)}\eta^{(Q)}} &\leqslant D\end{aligned}\right\} \qquad (10.34)$$

式中：D 为排水沟输水能力，m^3/s；$\eta^{(Q)}$ 为排水沟效率系数；$t_1^{(Q)}$、$t_2^{(Q)}$、…、$t_I^{(Q)}$ 为各时段排水沟运行时间，s。

(8) 按计划，各种作物的灌溉面积受限在一定范围内：

$$\begin{cases}A_1 \leqslant t_1\lambda_1 A_{T1A} \\ A_2 \leqslant t_2\lambda_2 A_{T1A} \\ \vdots \\ A_J \leqslant t_J\lambda_J A_{T1A}\end{cases} \qquad (10.35)$$

式中：λ_1、λ_2、…、λ_J 为分配给 1、2、…、J 类作物的灌溉面积的百分比，%；t_1、t_2、…、t_J 分别为 1、2、…、J 类作物的复种指数。

(9) 满足非负条件：

$$A_j \geqslant 0 \quad (j=1,2,\cdots,J) \\ W_i \, 、 q_i \geqslant 0 \quad (i=1,2,\cdots,I)$$

(10.36)

上述线性规划问题，在目标函数和约束方程中，除 W_i、q_i、$A_j(i=1, 2, \cdots, I; j=1, 2, \cdots, J)$ 以外，其余均为已知数。解这个线性规划，需要将约束不等式化为等式，即引入松弛变量，把线性规划问题改写成标准形式，利用单纯形法计算，可求得各种作物最优种植面积，引、抽水量和总净效益现值。

3. 基本资料

(1) 灌区总耕地面积为 12 万亩，非耕地面积占总耕地面积的 8%。

(2) 灌区作物的种植比例、灌溉前产量、计算产量、作物单价均见表 10.3。

表 10.3　　　　　　　　灌区作物基本情况表

作　　物	水　稻	棉　花	其　他	
种植比例/%	70	30	70	灌溉前后农业技术措施基本相同
灌溉前产量/(kg/亩)	125.5	22	75	
计划产量/(kg/亩)	400	50	175	
单价/(元/kg)	0.16	0.70	0.18	

(3) 各种作物的需水量见表 10.4。

表 10.4　　　　　　　　作物逐月需水量表　　　　　　　　单位：m³/亩

作物	1月	2月	3月	4月	5月	6月	7月	8月	9月	10月	11月	12月
水稻					128	158	164	201	135	7		
棉花				10	35	15	90	75	60	10		
其他	30	50	80	100								

(4) 设计年降雨及分配、水库可供水量见表 10.5。

表 10.5　　　　　　　　逐月降雨及供水量表

月	1	2	3	4	5	6	7	8	9	10	11	12
降雨量/(m³/亩)	15	20	55	65	110	200	120	75	110	100	20	30
水库供水量/万 m³	40	80	100	150	500	700	400	800	300	300	40	60

(5) 含水层可供开采量为 1200 万 m³。含水层年蒸发量为 200 万 m³。邻近流域流入含水层的水量为 400 万 m³。从含水层流出的水量为 300 万 m³。

(6) 渠道段、灌溉土地，非灌溉土地的地面流失、渗漏损失、蒸发损失均见表 10.6。

(7) 灌溉工程有效寿命期为 40 年，年利率为 10%。

(8) 渠道、水井、排水沟的输水能力、效率系数、年运行费用均见表 10.7。

表 10.6   灌溉土地和非灌溉土地水量损失参数表   %

区域	α	β	γ	备注
河道段	10	15	11	
灌溉土地	12	15	11	占水量的百分数
非灌溉土地	11	15	11	

表 10.7   各类工程输水参数表

项目	渠道	水井	排水沟
输水能力/(m^3/s)	5.0	3.0	5.0
效率/%	70	80	80
运行费用/(元/m^3)	0.005	0.02	0.01

4. 计算成果分析

根据上述输入资料，采用单纯形法的计算机程序，求得最优化规划的总净效益现值为 62938000 元。水稻的最优种植面积为 54392 亩，棉花为 33120 亩，其他作物为 22888 亩。两种水源引、抽水量见表 10.8。

表 10.8   最优灌溉水量表

计算时段/月	1	2	3	4	5	6	7	8	9	10	11	12
渠道引水/万 m^3	40.0	80.0	100.0	150.0	244.8	0	400.0	800.0	300.0	0	0	0
水井抽水/万 m^3	30.0	60.0	27.8	32.4	0	0	128.0	589.0	25.8	0	0	0

从表 10.8 可知，满足灌溉用水的各月中，渠道最大引水量 800 万 m^3 是在 8 月，水井最大抽水量 589 万 m^3 也在 8 月，6 月、10 月引抽水量为 0，说明这个时期内的灌溉用水完全由降雨满足，无需引抽水量。11 月、12 月无灌溉要求，引抽水量也为 0。

第 11 章 水土资源现代化管理

水资源和土地资源是影响地区生态环境、人类生存和经济发展的决定性因素，水土资源的科学管理和有效利用是区域开发和生态环境建设的基本要求。随着人口的增长和社会经济的发展，水资源短缺、土地资源减少等矛盾日益突出，利用信息技术特别是空间信息技术（遥感、地理信息系统、卫星定位系统等）成果，推动区域水土资源信息化管理，已经成为当今世界解决水土资源合理开发利用的重要手段之一，受到世界各国政府的高度重视。

11.1 水资源管理

11.1.1 水资源管理的重要性

水资源对一个国家和地区的生存和发展，有着极为重要的作用。加强对水资源的管理，首先应从以下几层观念建立全面的认识。

1. 水的资源观念

水与地下的矿藏和地上的森林一样，同属国家有限的宝贵资源。我国是水资源短缺的国家，人均占有量仅是世界人均水资源占有量的 1/4。我国华北、西北地区严重缺水，人均占有量仅分别为世界人均水资源占有量的 1/10 和 1/20。

长期以来，人们的习惯思想认为：我国有长江、黄河等大江大河，水是取之不尽、用之不竭的。这些不科学的观点导致人们用水浪费严重，把本来应该珍惜的有限水资源随便滥用，水资源的污染也相当严重。过去常说"水利是农业的命脉"，这已远远不够，根据现代国民经济发展的实践，可以认为"水是生命之源、生产之要、生态之基"，对这样有限的宝贵资源，我们必须加以精心管理和保护。2011 年中央一号文件明确提出，实行最严格的水资源管理制度，建立用水总量控制、用水效率控制和水功能区限制纳污"三项制度"，相应地划定用水总量、用水效率和水功能区限制纳污"三条红线"。

2. 水的系统观念

水资源整个系统应包括天然降水形成的地表水和入渗所形成的地下水，天然河流、湖泊和人工水库所流动和蓄存的水，这是人类可以调节利用的水量，以供给农业、工业和居民生活使用，必须加强保护。工业、居民生活排放的废水、污水含有有害物质，应严格控制流入供水水域；应严格控制超量开采地下水，不应以短期行为或用以邻为壑的办法取水、排水，而必须从水的系统观念来保证水量和水质。

3. 水的经济观念

由于社会和经济的不断发展，对水的需求量不断增加，用传统的简单方法从天然状况取水已不可能。采用现代的工程措施修建水库、引水渠道以及抽水站、自来水厂等，都需投入大量的活劳动和物化劳动，这样使水具有了商品属性。取水用水就要交纳水资源费和水费，管理水的部门就要讲求经济效益。新中国成立以来，我国水利建设的社会效益与经济效益是巨大的，但长期以来无偿或低价供水，特别是农业供水，水费价格与价值长期背离，水利工程管理单位的水费收入不能维持其运行维修和更新改造，导致工程效益衰减，缺乏必要的资金来源，导致工程老化失修，以致不能抗御意外灾害。因此，近年来国家开始了水权改革试点工作，将出台农村阶梯水价改革的顶层设计，有效促进节约用水和经济可持续发展。

4. 水的法治观念

为了合理开发利用和有效保护水资源，兴修水利，防治水害，以充分发挥水资源的综合效益，适应国民经济发展和人民生活需要，必须制定水的法律和各种规章制度，由政府颁布并严格执行才能达到上述各种目的。我国依法管水起步较晚，自1984年起，在总结我国历史经验和参考国外水法的基础上，开始制定《中华人民共和国水法》（简称《水法》）。1988年1月，《水法》经全国人民代表大会常务委员会通过，从1988年7月1日起施行。2002年、2016年全国人民代表大会常务委员会分别对《水法》进行了修订。《水法》制定及修订为合理开发、利用、节约和保护水资源，实现水资源的可持续利用，适应国民经济和社会发展的需要提供了法律依据。

11.1.2 水资源管理体制

长期以来我国水资源管理较为混乱，水权分散，形成"多龙治水"的局面，例如，气象部门监测大气降水，水利部门负责地表水，地矿部门负责评价利用开采地下水，城建部门的自来水公司负责城市用水，环保部门负责污水排放和处理，再加上众多厂矿企业的自备水源，致使水资源开发和利用各行其是。实际上，大气降水、地表水、地下水、土壤水以及废水、污水都不是孤立存在的，而是有机联系的、统一而相互转化的整体。简单地以水体存在方式或利用途径人为地分权管理，必然使水资源的评价计算难以准确，开发利用难以合理。

对水资源进行科学合理的管理应从资源系统的观点出发，对水资源的合理开发与利用，规划布局与调配，以及水源保护等方面，建立统一的、系统的、综合的管理体制，按照《中华人民共和国水法》和有关规范由水行政主管部门实施管理，并主要应体现在以下几个方面。

1. 规划管理

对于大江大河的综合规划，应以流域为单位进行。应与国民经济发展目标相适应，并充分考虑国民经济各部门和各地区发展需要进行综合平衡，统筹安排。根据国民经济发展规划和水资源可能供水能力，安排国家和地区的经济和社会的发展布局。

水资源综合规划，应是江河流域的宏观控制管理和合理开发利用的基础，经国家批准后应具有法律约束力。

2. 开发管理

开发管理是实现流域综合规划对水资源进行合理开发和宏观控制的重要手段，也是水行政部门对国家水资源行使管理和监督权的具体体现。各部门、各地区的水资源开发工程，都必须与流域的综合规划相协调。

我国以往兴建水利工程开发水资源，是按照基建程序进行的，不须办理用水许可申请。现行我国《中华人民共和国水法》规定，直接从江河、湖泊或者地下取用水资源的单位和个人，应当按照国家取水许可制度和水资源有偿使用制度的规定，向水行政主管部门或者流域管理机构申请领取取水许可证，并缴纳水资源费，取得取水权。实际上，目前世界上许多国家都早已实行取水许可制度，限制批准用水量，并必须根据许可证规定的方式和范围用水，否则吊销其用水权。

3. 用水管理

在我国水资源日益紧缺情况下，实行计划用水和节约用水是缓解水资源短缺的重要对策。现行《中华人民共和国水法》规定，国家对用水实行总量控制和定额管理相结合的制度。水行政主管部门应对社会用水进行监督管理，各地区管水部门应制订水的中长期供求计划，优化分配各部门用水。为达到此目的，应制订各行业用水定额，限额计划供水；还应制订特殊干旱年份用水压缩政策和分配原则；提倡和鼓励节约用水，并制定出节水优惠政策。对节水单位进行奖励以促进全社会节水。

对于使用水利工程如水库供应的水，应按规定向供水单位缴纳水费；对直接从江河和湖泊取水和在城市中开采地下水的，应收取水资源费。这是运用经济杠杆保护水资源和保证供水工程运行维修，以促进合理用水和节约用水的行之有效的办法。

4. 环境管理

人类对于天然宝贵的水资源应加以精心保护，避免滥排污水造成水质污染，因为水源污染不仅使可用水量逐日减少，而且危害人类赖以生存的生态环境。为了解决保护水资源的问题，许多国家都成立了国家一级的专门机构，把水资源合理开发利用和解决水质污染问题有机地结合起来，大力开展水质监测、水质调查与评价、水质管理、规划和预报等工作。为了进行水环境管理工作，应制订江河、湖泊、水库不同水体功能的排污标准。排放污水的单位应经水管理部门批准后，才能向环保部门申请排污许可证，超过标准者处以经济罚款。水行政主管部门与环境保护部门，应共同制定出水源保护区规划。

世界各国水资源管理体制主要有：①以国家和地方两级行政机构为基础的管理体制；②独立性较强的流域或区域管理体制；③其他的或介于上述两种之间的管理体制。水的主管机关，有的国家设立了国家级水资源委员会，其性质，有的是权力机构，有的是协调机构，也有的国家如日本，没有设立这种统一机构，分别由几个部门协调管理水资源工作。

我国国务院设有全国水资源与水土保持领导小组，其日常办事机构设在水利部，负责领导全国水资源工作。根据《水法》规定，国务院的水行政主管部门是水利部，负责全国水资源的统一管理工作,其主要任务为:①负责水资源统一管理与保护等有关工作;②负责实施取水许可制度和水资源有偿使用制度的组织实施;③促进水资源的多目标开发和综合利用,编制流域综合规划和区域综合规划;④协调部门之间的和省、自治区、直辖市之间的水资源工作和水事矛盾;⑤会同有关部门制订跨省水分配方案和水的长期供求计划;⑥加强节水的监督管理和合理利用水资源等。

我国目前对水资源实行统一管理与分级、分部门管理相结合的制度,除中央统一管理水资源的部门外,各省、自治区、直辖市也建立了水资源办公室。许多省的市、县也建立了水资源办公室或水资源局,开展了水资源管理工作。与此同时,在全国七大江河流域委员会中建立健全了水资源管理机构,积极推进流域管理与区域管理相结合的制度。

11.2 土地资源管理

11.2.1 土地资源管理的概念

土地资源管理是指国家用来维护土地所有制,调整土地关系,合理组织土地利用,以及贯彻和执行国家在土地开发、利用、保护、改造等方面的改革而采取的行政、经济、法律和工程技术的综合性措施。现阶段我国土地管理的实质是国家政府处理土地事务、协调土地关系的活动,即行使国家权力的过程,这一概念包括以下几层含义。

1. 土地资源管理的主体

土地资源管理的主体是国家,即土地资源管理是一种国家行为。国家立法机关通过立法授权各级人民政府负责本行政区域内的土地资源管理,各级人民政府的土地资源管理部门具体执行政府的土地资源管理职能,所以说国土资源管理部门是代表政府和国家行使土地资源管理职能。

2. 土地资源管理的对象

土地管理的对象是人们占有、使用和利用土地的过程和行为。包括在占有、使用和利用土地的过程中产生的各种人与地、地与地及人与人之间的关系。

3. 土地资源管理的任务

土地资源管理的任务最终是为了维护社会主义土地公有制,调整土地关系和贯彻土地基本国策。

4. 土地资源管理的性质

土地资源管理是国家行政管理的组成部分,具有行政管理的一般属性和职能。一方面土地管理具有维护国家根本利益,维护社会主义公有制的阶级属性;另一方面具有对社会土地事务进行行政干预和管理,以便土地利用符合整个国民经济发展要求的社会属性。土地管理的二重性决定了土地管理具有决策和计划、组织、指挥、协调和控制、监督与教育等具体职能。

11.2.2 土地资源管理的特征

1. 统一性

即实行全国城乡地政的统一管理。采用全国城乡地政统一管理模式作为我国土资源管理体制。这一方面是我国法律规定的,是实现国家根本利益的需要,是国家意志的体现;另一方面也是由我国人多地少的基本国情决定的,只有实现全国土地、城乡地政的统一管理,才能充分发挥国家对土地利用的干预和引导作用,真正做到十分珍惜、合理利用土地和切实保护耕地。

2. 全面性

土地资源管理是一项复杂的系统工程,包括土地开发、利用、整治和保护4个环节的全部过程;既有生产过程中的土地资源管理,也有流通过程中的土地资源管理;既包括静态的规划等内容,也包括动态的监测。土地管理全面性的特点是受其目标决定的,土地管理目标又决定了全面性的范围,既强调全面性又不是无所不包。在社会主义市场经济条件下,着眼于发挥市场在资源配置中的基础性作用,土地管理工作要在现有基础上深入研究市场的作用。反对事无巨细、统包统揽。

3. 科学性

土地资源管理的核心内容是土地资源利用管理,用先进的科学管理理论和方法以及电子计算机、遥感等科学技术手段实施土地管理,从而不断提高土地资源管理绩效,在生产力高度发达的今天显得尤为重要。由于土地管理具有统一性和全面性的特征,所以要求我们在工作中运用管理科学理论诸如系统论思想、控制论等,来指导土地管理实践。土地管理科学性主要体现在以下两个方面。

(1) 遵循经济规律,科学利用土地。一方面,土地资源管理是国家综合性的经济监督管理,必须遵循社会主义市场经济条件下的基本经济规律,在制订土地利用规划和计划时,合理安排国民经济各行业、各部门的用地面积和用地结构;遵循区位理论合理制订城市土地的评价和分等定级指标体系,确定不同指标的权重,从而为地价评估提供实践操作的科学依据。另一方面,土地是社会生产不可缺少的生产资料,在流通过程中是一种特殊的商品,可以为所有权人和使用权人带来物质利益,必须深入研究土地在生产和流通过程甚至要研究其退出再生产过程成为一种保值增值工具时的价值变化规律,运用这种价值变化规律制定相应的政策、法规,既要能够促进土地资源的合理流动,又要保护所有权人和使用权人的合法权益,为打击土地投机和买空卖空等不法行为,创造良好的流转机制。

(2) 运用现代化的科学管理方法和手段实施土地资源管理活动。土地管理是一门技术性很强的管理活动,提高管理绩效和水平的主要途径就是用最先进的管理方法与手段来武装。计算机软硬件技术、网络技术、数据库技术、遥感、地理信息系统、全球定位系统技术的应用将大大提高土地资源管理的效率和水平。如数字化存储技术,在专用软件支持下,可以对图像、图形、特殊数据进行三维立体分析,把多种信息进行多层重叠,具有人机对话数据输入功能、编辑功能、联网功能、三维立体分析功能和自动绘图等5个方面的功能,广泛应用于土地适宜性评价和经济评价、土地利用状况的动态监测、土地规划的效果模拟等方面。

4. 法制性

土地资源管理是国家行政管理的主要组成部分,土地资源管理是国家的基本职能,国家通过立法规定了土地管理的内涵和外延,"十分珍惜、合理利用土地和切实保护耕地"是我国的三大基本国策之一;《中华人民共和国土地管理法》第三条明确规定:各级人民政府应当采取措施,全面规划,严格管理,保护、开发土地资源,制止非法占用土地的行为。土地管理机构设置、职权都有明确的法律规定,国土资源部是国务院土地行政主管部门。土地管理部门对土地事务的管理必须以法律为依据。

5. 服务性

土地资源管理服务于社会生产,追求全社会土地利用的最佳综合效益,最终服务于国民经济建设。

11.2.3 土地资源管理的任务

土地资源管理的基本任务是:维护社会主义土地公有制,保护土地所有者和使用者的合法权益;调整土地关系;合理组织土地利用。

土地资源管理是国家用以制止或约束对社会主义土地公有制的各种侵犯行为,保护土地所有者、使用者的合法权益,稳定土地利用方式的一项重要措施或手段。

土地关系,是指人们在占有使用和开发、利用土地过程中所发生的人与人的关系。其中,土地权属关系是土地关系的核心内容。土地关系调整包括在土地分配和再分配中对土地权属关系的调整,以及在土地开发、利用、整治、保护过程中对人与人、人与地行为关系的调整等两方面。调整土地关系的依据是土地法。

土地是人类生存的基本条件,是珍贵的生产资料。由于土地具有数量有限性、稀缺性和不可替代等特性,所以合理利用土地,就必须通过土地的分配和再分配进行土地资源合理配置,对未来的土地利用进行规划和计划,合理开发、利用、整治、保护,实行土地有偿使用等。所有这些工作都必须围绕合理利用土地这一目标进行。

在我国现阶段土地管理的具体任务是:宣传、贯彻《中华人民共和国土地管理法》及其他有关土地法律、法规;按照建设社会主义市场经济的要求,强化土地管理,积极探索全国土地统一管理新模式;做好土地管理基础工作;实行土地有偿使用制度,进一步深化土地使用制度改革;充分合理利用土地资源,实现土地资源利用的宏观管理、计划管理;加强土地管理科学研究和教育工作,加快土地管理专业人才的培养等。

11.2.4 土地资源管理的内容

土地资源管理是土地管理的主要内容,土地管理的内容大致可分为两大类:一是土地资源管理;二是土地资产管理,如图11.1所示。

土地资源管理以地籍管理为基础,以土地利用管理为主体核心内容。其中地籍管理包括地籍调查、土地统计、土地分等定级(土地评价)、地籍档案管理(信息管理)和土地登记;土地利用管理主要是土地开发、利用、整治和保护的全程管理,充分强调规划执行和按计划利用,加强土地利用情况的动态监测。土地资源管理今后的主要工作是逐步提高管理的科学化、规范化水平,完善常规管理。

土地资产管理由产权管理和土地市场管理两部分组成,土地产权管理包括产权的确立与变更、产权监督管理、土地征用与土地划拨等内容;土地市场管理包括土地交易行为管理、土地价格管理、市场中介服务机构管理和土地收益管理。其中产权管理是土地市场管理的基础和前提，土地市场管理为产权管理提供资料。

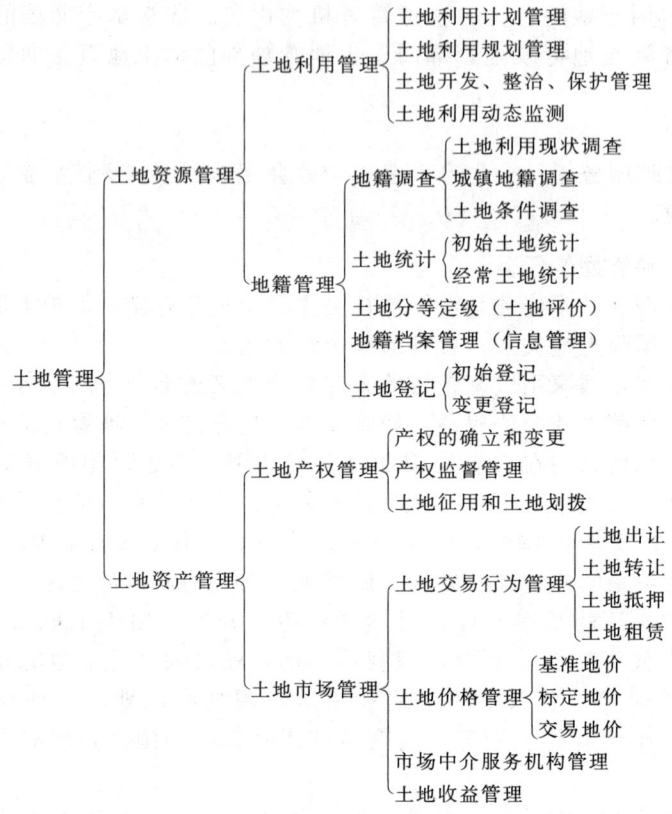

图 11.1 土地管理的内容

土地资源管理与土地资产管理是由于土地本身的双重特性即作为资源具有为人们提供使用价值的特性和作为资产为其所有者、使用者或经营者带来经济收益的特性而产生的。土地资源管理和土地资产管理是一个问题的两个方面，密切不可分割。实践证明，单纯强调土地资源管理，无视土地作为资产的经济属性，就不能够充分调动土地所有者、使用者和经营者的积极性，降低土地资源的利用效率，造成资源浪费，最终也无法达到土地资源管理的目的。

土地管理必须坚持土地资源管理与土地资产管理并重的原则，适应加快经济发展和建立社会主义市场经济体制的要求，继续深化土地管理体制改革和土地使用制度改革，不断提高依法、统一、全面、科学管理土地的水平。

11.2.5 土地资源管理的原则

土地管理原则是一种执行土地资源管理特殊职能过程中应遵守的分类原则。这是在土地实行全国统一管理条件下对土地管理实践的高度理论概括和总结。

1. 统一管理原则

所谓统一管理，就是依照《中华人民共和国土地管理法》的规定，实行全国土地的统一管理，城乡地政的统一管理。实行统一管理，一方面要建立健全统一的土地管理机构，建立健全适应社会主义市场经济体制的具有中国特色的土地管理体制；另一方面要按照统一管理、分工负责的原则正确处理国家、部门、地区、单位和个人之间的关系，协调和理顺各方面的土地关系，充分调动一切积极因素，合理利用每寸土地。

2. 依法管理原则

依法管理就是要按照《中华人民共和国土地管理法》和相关土地管理法律、法规，实施土地管理。《中华人民共和国土地管理法》颁布实施以来，我国土地立法速度加快，从最高权力机关到各级人民政府制定颁布了一系列土地政策、法规和行政规章，为依法统一管好土地，提供了法律依据。一个科学完整的土地法体系逐步形成，标志着我国土地管理工作已进入依法管理的新阶段。

3. 土地公有制原则

土地公有制是我国土地制度的基础和核心，维护土地的社会主义公有制是我国土地管理的重要目的之一。土地管理机关必须依法禁止土地买卖和其他非法转让、出租、抵押土地的活动，保护社会主义土地公有制不受侵犯。任何单位和个人使用土地，必须依法申请报批，除法律规定可以无偿使用土地者外，都必须办理转让手续，支付土地使用权出让金，按照合同规定进行开发利用。

4. 充分合理利用土地切实保护耕地的原则

社会主义国家的土地分配和利用，必须最大限度地满足整个社会日益增长的生产和建设用地的需要。为此，要按照土地的自然和经济性状以及国民经济各行业各部门对土地的要求，统筹兼顾，合理安排各部门的土地利用。从第一保证吃饭，第二保证建设出发，要优先安排农业土地，即将土地质量好、肥力高的适宜于农业利用的土地，首先用于农业生产。城镇、工矿、交通等非农业建设占用土地要贯彻节约的原则，要精打细算，严格控制用地指标，尽可能少占或不占耕地。

5. 土地资产管理和土地资源管理并重的原则

土地是宝贵的自然资源，同时又是蕴含巨大经济价值的资产或财产，土地管理工作强调要将土地资源管理和土地资产管理放在同等重要的地位上。土地资源管理与土地资产管理是一个问题的两个方面。土地资源管理的核心内容是促进土地的合理配置，归根结底是为了人类能在当前和长期利用土地，追求当前利益与长远利益的统一。经济效益是土地利用的基本追求，没有经济效益的土地利用是失败的利用，是对土地资源的浪费。

作为土地所有者的国家和农村村民集体或获得国有土地集体土地使用权的社会经济组织和个人都将土地所有权或土地使用权当作资产追求其价值增值。搞好土地资源管理可以通过促使全社会范围内的土地合理配置，提高全社会土地经济价值，即土地资产增值；反过来搞好土地资产管理，建立土地价格体系，逐步建立起合理的、以市场地价为主的土地价格形成机制，建立土地收益合理分配体系，建立土地市场中介服务体系等可以通过行政宏观调控手段—看得见的手和市场价值规律—看不见的手的共同作用促进土地资产的合理流动，达到土地资源合理配置的目的。所以说土地资源管理和土地资产管理是互相依赖、互相促进的一个问题的两个方面。

11.2.6 土地资源管理的体制

新中国成立以来，我国土地管理体制大体经历了统一、分散、统一三个阶段。第一个统一是适应新中国成立初期土地改革和生产资料社会主义改造的形势需要的土地统一管理，是在特定的历史条件下形成的，时间较好，效果较好；第二个阶段是从20世纪50—80年代初的土地分管时期，这其中包括从1982—1986年的统管与分管相结合的过渡时期；第三个阶段是从确立全国土地统一管理新体制至今。

所谓统管，是统一管理的简称，是指国家设立专门的土地管理机构，依法统一归口管理全国土地和城乡地政；分管是指分行业、分部门建立土地管理机构，归口管理本行业、本部门职能范围内的土地、从中央到地方没有一个统一的土地管理机构和制度，甚至也没有一个统一的法律法规来规范人们的用地行为；统管与分管相结合是指国家实行统一管理与归口管理相结合，即国家设省土地管理职能机关，负责协调各部门用地，制定统一的政策、法规，并与部门归口分管相结合的体制。

1986年2月，国务院举行第100次常务会议，对如何加强土地管理工作进行了专门研究，决定：针对我国人多地少，土地后备资源相对不足的国情，确定对全国土地资源实行统一管理体制；并成立直属国务院的土地管理机构——国家土地管理局，负责全国土地、城乡地政的统一管理工作。

1986年6月，第六届全国人民代表大会常务委员会第十六次会议通过了《中华人民共和国土地管理法》，其中规定，国务院土地管理部门主管全国土地的统一管理工作，县级以上地方人民政府土地管理部门主管本行政区域内的土地统一管理工作。这样城乡土地统一管理体制由全国人大以法律形式确认下来。从此，我国土地管理由多头分散管理阶段过渡到集中统一管理阶段，土地管理工作进入依法、统一、全面、科学管理的新阶段。

1998年第九届全国人民代表大会召开，批准国务院机构改革方案，将地质矿产部、国家土地管理局、国家海洋局和国家测绘局合并，成立国土资源部。2008年，根据第十一届全国人民代表大会第一次会议批准的国务院机构改革方案和《国务院关于机构设置的通知》（国发〔2008〕11号），设立国土资源部，管理国家海洋局、国家测绘地理信息局、国家土地督察局、中国地质调查，进一步理顺土地统一管理体制。2018年国务院机构改革，不再保留国土资源部、国家海洋局、国家测绘地理信息局等，组建自然资源部，主要职责是对自然资源开发利用和保护进行监管，建立空间规划体系并监督实施，履行全民所有各类自然资源资产所有者职责，统一调查和确权登记，建立自然资源有偿使用制度，负责测绘和地质勘查行业管理等。

土地是人类进行一切物质生产所必需的基本物质条件。历史和实践证明，土地分散多头管理，不能有力贯彻执行国家制定的土地法规、政策等，不能有力制止乱占耕地和滥用土地行为的发生，致使国家土地资源不断遭到破坏。国家才具有管理全国土地、城乡地政的权威；具有从宏观和微观两方面控制国民经济各部门之间的土地利用结构的功能和能力；也只有在国家和各级人民政府的统一管理下，才能真正做好综观全局，综合平衡，统筹兼顾社会各行业、各部门、各用地单位对土地的需求，理顺他们之间的土地关系，确保土地利用的最佳综合效益。

土地管理体制是整个国家体制的一个组成部分，实行城乡土地统一管理体制，既是国家政治体制改革的重要组成部分，也是经济体制改革的重要内容，是建立具有中国特色社会主义的客观要求，也是适应社会主义市场经济的需要。

11.3 水土资源信息化管理

当前，网络技术、数据库技术、计算机软硬件技术、多媒体技术、遥感、地理信息系统、全球定位系统技术都有了长足的发展，并且已渗透到每一个领域，正在深刻地改变着人们的生产、生活方式，把人类文明推向一个新的前所未有的高度。

信息是生活主体同外部客体之间有关情况的消息，其活动规律及功能一般是：生活主体—客体—消息—评价—选择行为—实现效能。信息对人们为实现某种预期目标而采取的行动，起着十分重要的作用。信息中所包含信息的多少称为信息量。信息的价值和效用称为信息的质。能起到应有的作用和效果的信息称为有效信息。相同的信息对于不同的对象，在不同的时间、地点和条件下，其效果和价值是不相同的。

为了准确、及时地掌握促进事物发展变化的各种相关关系，必须要做好信息传递及反馈控制工作。

根据管理的功能和管理的技术而组织起来的信息流，就是管理信息，任何管理系统为了提高管理效果，都应建立相应的信息系统，以一种有组织的程序和方法，将接收到的信息经过加工、处理，及时地提供准确而有针对性的信息。现代管理由于涉及面广，各种关系错综复杂，加上时间观念越来越强，为了及时、准确地把握不同事物间的各种相互作用的关系，必须加强系统间和系统内信息的快速传递。

进行动态管理，必须搞好反馈控制。事物始终处于动态变化之中，这就要求管理部门不断地搜集信息、检索信息、识别信息和加工信息；并根据信息进行决策；使决策变为行动；将决策执行结果与计划目标对比，得到偏差信息；再反馈给决策部门，从而对决策的再输出起调节控制作用，即通过信息反馈，对未来决策和行动进行控制，使之与管理对象的发展变化相适应，保证管理目标的实现。

大力推进国民经济和社会信息化，是覆盖现代化建设全局的战略举措。发达国家是在实现工业化的基础上进入信息化发展阶段的。新的历史机遇，使我们可以把工业化与信息化结合起来，以信息化带动工业化，发挥后发优势，实现生产力跨越式发展。要在全社会广泛采用信息技术，提高计算机和网络的普及应用程度。政府行政管理、社会公共服务、企业生产经营都要运用数字化、网络化技术，努力提高国民经济和社会信息化水平。

11.3.1 水土资源信息化管理需求

当今世界，信息化水平已成为衡量一个国家综合实力、国际竞争力和现代化程度的重要标志；信息化已成为社会生产力发展和人类文明进步的新的强大动力。

水土资源管理工作的整个过程都离不开信息，只有及时掌握大量有效信息，才能驾驭整个管理过程的发展和变化，从而实现管理的目标。信息化管理是水土资源现代化管理的基础和重要标志。

加强水土资源信息系统建设，实现水土资源信息服务社会化，建立并不断完善全国水土资源信息网络，实现水土资源信息共享，是水土资源现代化管理重要组成部分。

利用现代科技和管理手段，建立起水土资源动态监测系统，努力提高信息工作的水平。加强水土资源信息的采集、处理、加工和利用，既为政府决策提供科学依据，又为整个社会提供信息服务。积极推进水土资源信息应用和传播工作，对于提高全民保护和合理利用水土资源的意识具有重要意义。

在水土资源开发利用规划和实施管理中应用较多的是遥感（RS）、地理信息系统（GIS）和全球定位系统（GPS）技术。通过应用卫星遥感手段实时监测水土资源状况，为水土资源规划、防汛抗旱、水资源调度、水土保持提供全面、实时、准确的决策依据。

例如通过遥感技术等先进的手段，了解国家投资土地开发整理项目的真实情况，搞清楚每年通过土地开发整理复垦可以增加多少耕地。

水土资源信息化管理是国民经济和社会信息化的重要组成部分，其基本任务是通过现代信息技术的广泛应用，实现水土资源调查评价、政务管理和社会服务三项工作主流程的信息化，以信息化带动水土资源管理工作方式的根本转变，实现水土资源管理的科学化和工作方式的现代化。

信息化不是一种简单的计算机应用，它不仅涉及庞大的数字化信息资源的支持以及安全可靠的网络信息交换，而且涉及科学规范的管理以及以此为基础而构建的各种管理信息系统和应用信息系统。

例如，国土资源基础数据库的建立，意味着调查评价作业方式的变革和纸介质工作方式的摒弃，相应的工作规范、标准也都必须随之改变，工作人员的素质也需要相应提高。数据库是国土资源信息系统赖以运行的基础，是调查评价工作由手工作业转为现代化作业的重要标志，也是我国与发达国家相比存在最大差距之处。

基础数据库建设是一项庞大而又艰巨的任务。政务管理信息化更是如此。建设政务管理信息系统，必须理清、规范各种管理关系，优化管理模式，形成清晰、科学的管理流程。这显然不是一件轻而易举的事情。传统手工作业方式所形成的观念束缚以及现代化管理模式形成过程中的种种体制性、机制性障碍，都是在推进信息化进程中必然遇到的严重困难。因此，信息化建设是一个具有前沿性和创新性的复杂系统工程，是一项事关全局的战略任务。要在统一领导、统筹规划、统一标准的原则下，明确目标，落实责任，抓住重点，逐步推进。

对于土地开发整理项目管理信息化而言，可以概括为以下几个方面。

（1）实现项目报件电子化，建立电子项目库，实现对文本数据、矢量数据和遥感影像数据的一体化管理，向项目管理的无纸化办公过渡。

（2）通过项目相关资料的网络共享，实现不同职能部门之间协作办公。可以共享的项目资料包括项目原始申报材料、中期检查成果、竣工验收成果和项目后评价所形成的成果。通过给不同用户赋予不同的权限实现有条件的信息资源共享。

（3）建立灵活的查询、统计机制，提高项目日常管理的效率。

（4）通过建立项目评价指标体系和评价方法库，根据决策支持系统的原理，借助于空间信息技术和土地开发整理综合知识库，实现对项目的科学评价，根据专家系统的原理，得出对项目的审查结论，并能够自动生成一定格式的项目审查意见书。

（5）根据项目审查意见和其他因素，根据专家系统的原理，系统能够自动编制项目计划和预算。

（6）建立 3S 技术辅助决策子系统，将 3S 技术作为辅助项目决策、项目动态监测、项目竣工验收和项目后评价的手段。

11.3.2 计算机信息技术应用

现代管理理论认为，一个单位的构成包括两类资源：物质资源和概念资源。管理人员的任务就是管理好这些资源以最有效地利用他们。物质资源以实物的形式存在，包括人事、物资、设备和资金等，概念资源则指的是信息和数据。信息的采集、最有效地利用信息、信息的更新，所有这一切活动，称之为信息管理。

21 世纪是信息世纪，信息技术的发展对现在和未来社会的影响，无论如何估计都不过分。在这种背景下，无论是对一个企业还是对一个政府部门来说，对信息的管理都变得越来越重要。而以计算机为基础的信息系统则是进行信息管理的最有效的工具。

现代信息技术是推动企业信息化的根本动力，可表示为：现代信息技术＝设备＋网络技术＋信息处理软件技术。设备包括计算机设备、通信设备、办公自动化设备等，它们是企业信息化的硬件基础；网络技术是推进企业信息化的保证，包括以网络操作系统为代表的计算机网络技术和以网络互联为代表的通信网络技术；信息处理软件则是企业信息化的核心，即通常所称的管理信息系统软件，从面向单一业务处理系统（TPS）到面向多业务部门的综合管理信息系统（MIS）和面向企业全局决策支持系统（DSS）、专家系统（ES）等，极大地刺激了人们对软件工程技术、数据库技术、多媒体技术、虚拟现实技术和数据挖掘等技术的研究。

1. 业务处理系统（Transaction Processing System，TPS）

这是支持企业运行层日常的数据处理和事务管理系统。它是进行日常业务数据记录、分类、统计、汇总、修改操作并形成数据管理的文件系统，以实现对企业例行事务的自动化处理。TPS 还能为企业管理层提供部分管理决策支持信息，同时可以为信息系统其他高级应用形式提供基础数据。

TPS 的输入往往是原始单据，它的输出往往是分类或汇总的报表。如订货单处理、旅馆预约系统、工资系统、雇员档案系统以及领料和运输系统等。

这个系统由于处理的问题处于较低的管理层，因而问题比较结构化，也就是处理步骤较固定。其主要的操作是排序、列表、更新和生成，主要使用的运算是简单的加、减、乘、除，主要使用的人员是运行人员。常用的 TPS 类型有销售/市场系统、制造/生产系统、财务/会计系统、人事/组织系统等。

现代的企业若没有 TPS，简直无法工作。TPS 的故障将造成银行、超市、航空订票处的工作停止，将造成极大的损失。当代的企业 TPS 所处理的数据量大得惊人，是人用手工无法完成的。利用计算机 TPS 系统，一个人一天可以处理 500 笔业务，如不用计算机可能要 50 人才能完成。TPS 已成为现代企业无法离开的系统。

TPS 是企业信息的生产者，其他的系统将利用它所产生的信息为企业做出更多的贡献。TPS 现有跨越组织和部门的趋势。不同组织的 TPS 联结起来，如供应链系统和银行的清算系统相连，甚至可把这些组织结成动态联盟，因此 TPS 是企业的非常重要的系统。

2. 管理信息系统（Management Information System，MIS）

管理信息系统是 20 世纪 60 年代在欧美发展起来的管理理论的计算机应用实践，其基本思想基于著名的管理科学家 H. A. Simon 的观点，即"管理就是决策，决策依靠信息"。管理信息系统是将计算机应用于一个单位或部门的各种业务处理系统。它将数据处理和业务管理结合起来，使计算机的应用由数值计算领域拓宽到数据处理领域，形成了用于管理的信息系统。

MIS 的定义可以这样描述：管理信息系统是一个由人、计算机结合的对管理信息进行收集、传递、储存、加工、维护和使用的系统。管理信息系统的功能主要可以概括为以下几点。

（1）将管理业务中涉及的有关资料以数据库的形式统一组织存储，使管理者能有效地掌握尽可能多的信息和数据。

（2）对大量的信息和数据进行查询和统计分析工作。

（3）按管理工作的处理流程，对数据进行有效加工和使用。

（4）生成各级管理者所需要的报表并输出信息，为管理者的决策提供信息支持。

因此，管理信息系统可以简单地理解为：管理信息系统＝管理业务＋数据库技术。

3. 决策支持系统（Decision Support System，DSS）

决策是领导者的基本职能，无论是行政管理、科技管理还是企业的生产经营管理活动，都贯穿着一系列的决策。科学地进行决策是保证社会、经济、政治、文化、科技、教育等各项工作顺利开展的必要条件。对于不同的决策问题，决策途径也有所不同。H. A. Simon 把决策问题分为结构化决策（也称程序化决策）和非结构决策。

结构化问题是常规的和完全可重复的，每一个问题仅有一个求解方法，可以用程序来实现。非结构化问题不具备已知求解方法或不同求解方法得到的答案不一致，因此，它很难通过编制程序来完成。非结构化问题实质上包含着创造性或直观性，计算机难以处理，人却是处理这类问题的能手，非结构化问题的处理结果跟决策者的素质有很大关系。当把计算机与人有机地结合起来，就能有效地处理半结构化的问题。

决策支持系统就是综合利用各种数据、信息、知识，特别是模型技术，辅助各级决策者解决半结构化决策问题的人机交互系统。决策支持系统能够发展起来的动因就是它能有效地解决半结构化决策问题，并逐步使非结构化决策问题向结构化决策问题转化。

决策支持系统由 3 个子系统构成，即人机交互系统（对话部件）、模型库系统（模型部件）、数据库系统（数据部件）。其中，数据部件包括数据库 DB（Data Base）和数据库管理系统 DBMS（Data Base Management System）；模型部件由模型库 MB（Model Base）和模型库管理系统 MBMS（Model Base Management System）组成。模型库用来存放模型，模型库管理系统用来管理模型库，如模型库的建立和删除，模型的添加、删除、检索、统计等。

决策支持系统是在管理信息系统的基础上发展起来的。管理信息系统以数据库为核心进行数据处理,即进行数据的增加、删除、修改、数据的查询和统计以及报表输出等,属于事务性的系统。决策支持系统以数学模型为基础,对管理信息系统提供的大量数据进行分析、处理,给出决策层次上的辅助信息,为各级管理者的决策服务。在决策支持系统中,既需要数据库,又需要模型库、方法库,更需要强有力的人机交互手段,因此在发展中形成了以模型库、数据库、人机交互三者结合的结构。

需要强调的是,决策支持系统的建立可以为决策者提供辅助决策的有用信息,但它不能制定决策,决策制定是由决策支持系统和决策者共同来完成的。

4. 专家系统（Expert System, ES）

20世纪70年代发展起来的决策支持系统把管理信息系统和模型辅助决策系统结合起来,将数值计算与数据处理融为一体,提高了辅助决策的能力。决策支持系统的特点是其决策辅助功能表现在定量分析上。

所谓的专家系统就是一种在相关领域内具有专家水平解题能力的智能程序系统,它能运用领域专家多年积累的经验与专门知识,模拟人类专家的思维过程,求解需要专家才能解决的问题。20世纪70年代中期,专家系统的研究逐渐成熟,一些著名的专家系统相继建立,有代表性的有MYCIN、PEOSPWCTOR、CASNET等。20世纪80年代,专家系统已经逐步走向商业化,直接服务于社会生活和国民经济的各个方面。

目前,国内专家系统的应用已经很普遍,并出现了不少应用于水利、农业和土地方面的专家系统,产生了巨大的经济和社会效益。专家系统的出现使人工智能走上了实用化阶段。

专家系统的特点是它收集、存储大量的知识,并依据这些知识解决某些特定的实际问题。根据专家知识推理出问题结果的过程称为知识处理。知识处理具有下列特点：①知识包括事实和规则（状态转变过程）；②适合于符号处理；③推理过程是不固定形式的；④能做出判断与预测。

专家的知识表达方式是建立专家系统需要解决的重要问题之一。目前知识表达主要有以下几种方式：①产生式规则形式,通常用来表示基于经验的启发式知识；②过程性知识；③语义网络；④面向对象的知识表示方法,通过类、对象以及类的抽象、继承、多态等面向对象的编程概念的特性来表示知识及知识之间的关系。

专家系统和决策支持系统几乎同时兴起,各自沿着自己的道路发展。二者都能起到辅助决策的作用,但辅助决策的方式却不同。决策支持系统辅助决策的方式属于定量分析,专家系统辅助决策的方式属于定性分析,两者结合起来,辅助决策的效果将会大大改善。这种专家系统和决策支持系统结合形成的系统称为智能决策支持系统,它是决策支持系统发展的方向,见图11.2。

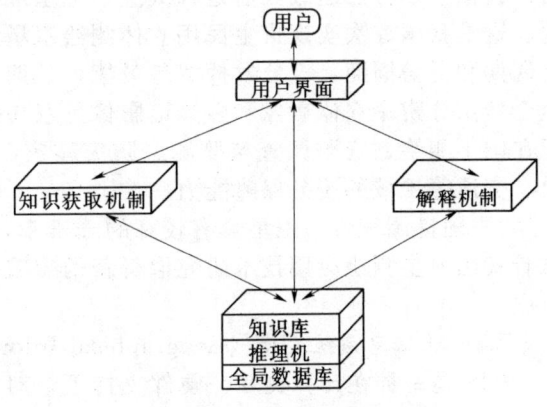

图11.2 典型的专家系统结构

11.3.3 3S 技术及其应用

所谓 3S 技术是指遥感 RS、地理信息系统 GIS 和全球定位系统 GPS 技术的统称。3S 技术及其集成是构成地球空间信息科学的技术体系中最核心的技术。

1. 遥感技术 RS（Remote Sensing）

遥感技术是从远距离感知目标反射或自身辐射的电磁波、可见光、红外线对目标进行探测和识别的技术。例如航空摄影就是一种遥感技术。人造地球卫星发射成功，大大推动了遥感技术的发展。

现代遥感技术主要包括信息的获取、传输、存储和处理等环节。完成上述功能的全套系统称为遥感系统，其核心组成部分是获取信息的遥感器。遥感器的种类很多，主要有照相机、电视摄像机、多光谱扫描仪、成像光谱仪、微波辐射计、合成孔径雷达等。传输设备用于将遥感信息从远距离平台（如卫星）传回地面站。信息处理设备包括彩色合成仪、图像判读仪和数字图像处理机等。

遥感技术广泛用于军事侦察、导弹预警、军事测绘、海洋监视、气象观测等。在民用方面，遥感技术广泛用于地球资源普查、植被分类、土地利用规划、农作物病虫害和作物产量调查、环境污染监测、地震监测等方面。

遥感技术总的发展趋势是：提高遥感器的分辨率和综合利用信息的能力，研制先进遥感器、信息传输和处理设备以实现遥感系统全天候工作和实时获取信息，以及增强遥感系统的抗干扰能力。

随着计算机技术、通信技术、数字化技术和光学技术的进步，遥感技术正在朝着高精度、多光谱、高分辨率的方向发展，遥感信息的应用分析已从单一遥感资料向多时相、多数据源的融合与分析过渡。目前，高分辨率的遥感影像已逐渐从军用转向民用，这将进一步拓宽 RS 的应用领域。

美国洛克希德-马丁公司为空间成像公司制造的 IKONOS 卫星于 1999 年 9 月 24 日在范登堡空军基地由一枚雅典娜（Athena）Ⅱ型火箭发射升空。这是第一颗能提供 1m 分辨率图像的商用卫星，人称"空中间谍（Spy in the Sky）"。IKONOS 卫星图像给出的世界城市的细节超过了以往任何商业卫星图像。

2016 年 5 月 30 日，中国自行研制的"中国资源三号"02 星在太原卫星发射中心由"长征"四号乙运载火箭送入太空，卫星准确进入太阳同步预定轨道，发射获得成功。这是我国首次实现自主民用立体测绘双星组网运行，形成业务观测星座，缩短重访周期和覆盖周期，充分发挥双星效能，长期、连续、稳定、快速地获取覆盖全国乃至全球高分辨率立体影像和多光谱影像。双星组网运行后，将进一步加强国产卫星影像在国土测绘、资源调查与监测、防灾减灾、农林水利、生态环境、城市规划与建设、交通等领域的服务保障能力。

"中国资源三号"卫星具有较高的分辨率，其成功发射与应用系统的全面建成标志着我国卫星测绘应用技术研究取得新的突破，填补了我国自主民用卫星测绘技术的空白。

2. 地理信息系统 GIS（Geographical Information System）技术

GIS 是一种在计算机软、硬件支持下，对空间数据进行录入编辑、存储、查询、显示和综合分析应用的技术系统。

与 RS 的结合是 GIS 发展的一个必然趋势，这体现在 GIS 是遥感图像处理和应用的技术支撑，如遥感影像的几何配准、专题要素的分析与提取等，而遥感图像则是 GIS 的重要数据源。

GIS 的分析功能主要有网络分析、影像分析和三维分析等，网络分析用来帮助解决各类地理网络问题，如寻找最佳路径；影像分析提供了对地学影像进行处理的功能，如影像的可视化、影像增强和影像分类等；三维分析功能是用来建立、显示以及分析三维数据，如等高线的计算、坡度坡向的计算、曲表面面积及体积计算等。

3. 全球定位系统 GPS (Global Positioning System) 技术

GPS 是一种以卫星为基础的现代定位方法。GPS 的用户设备简称 GPS 接收机，由天线、接收机、信号处理器和显示器组成，能同时接收四颗卫星发射的导航信号，经过对信号到达时间的测量、数据解调处理和计算，得出用户本身位置的三维坐标和运动速度。

GPS 卫星接收机种类很多，根据型号分为测地型、全站型、定时型、手持型、集成型；根据用途分为车载式、船载式、机载式、星载式、弹载式。

经过 30 余年的实践证明，GPS 是一个高精度、全天候和全球性的无线电导航、定位和定时的多功能系统。GPS 技术已经发展成为多领域、多模式、多用途、多机型的高新技术国际性产业。

2000 年 3 月 30 日美国副总统戈尔宣布开放 GPS 卫星的 L2 频道民用服务，进一步改善 GPS 卫星服务的精度和可靠性，拓宽了 GPS 技术在各行各业的应用范围。GPS 与 RS 结合应用，可以提高对地观测的精度，而且在时间和费用上具有无可比拟的优势。目前二者的结合主要应用于地形复杂的地区制图、地质勘探和生态环境的动态监测等方面。GPS 与 GIS 数据库的结合应用，可将现实调查的空间信息直接反映到 GIS 空间数据库中，可准确地新增调查地的数据，也可修正已有的 GIS 空间数据。可使 GIS 空间数据的更新、修改做到实时、准确。

中国自行研制的北斗卫星导航系统（BeiDou Navigation Satellite System，BDS）是继美国全球定位系统（GPS）、俄罗斯格洛纳斯卫星导航系统（GLONASS）之后第三个成熟的卫星导航系统。目前，北斗卫星导航系统已对全球提供无源定位、导航、授时服务。

4. 3S 技术的集成应用

RS、GIS 和 GPS 的集成应用，可以充分发挥各自的技术优势，是实时、准确、经济地为人们提供所需要的各种空间信息和决策辅助信息的有力手段。

3S 技术集成应用的基本思路是：以遥感 RS 技术周期性、多光谱、大范围、高分辨率地获取地面物体面状信息，以全球卫星定位系统 GPS 高精度、实时、动态地获取全球范围内任意实体的点、线信息，利用地理信息系统 GIS 在存储管理和分析处理空间点、线、面信息方面的特有功能，将客观世界真实地反映出来，按照人类的需求，提供高分辨率、高精度、及时准确的空间信息，具有可视化、自动化、实时化、动态化、数字化的特点。它以数字化方式获取、处理、分析和应用关于自然和人文要素的地理空间信息，以多种媒体的方式表现客观现实的空间关系，可提供数字地图、三维模型、跨时空预测模型、多光谱遥感影像等电子产品。

3S技术给空间信息技术带来的革命,类似于计算机操作系统中 WINDOWS 之于 DOS,它通过二维、三维和四维空间,将自然、社会和经济要素的地理空间关系转化为所见即所得形式,即一个虚拟现实。它把属性数据与空间实体对应起来,将具有复杂属性的空间数据处理简化为图形与图像的加减乘除。

5. 3S技术的主要应用举例

(1) 土地利用动态监测。在自然环境影响和人类活动的干预下,土地利用无论在利用方式、水平,乃至归属上都在频繁变化,土地资源的数量、质量、生产力、空间布局以及利用方式都处在不停的变化之中。开展土地利用动态监测,及时、准确、全面地掌握基层土地利用上的每一个变化,对调查资料即时修正,建立起健全的统计汇总及上报制度,形成从基层到全国的实时土地利用资料,是加强国土资源管理,切实保护耕地的必要前提。

土地利用动态监测是以土地利用调查的数据及图件为基础,运用遥感图像处理与识别技术,从遥感图像上提取变化信息,从而达到对土地利用变化情况进行及时的、直接的、客观的定期监测,核查土地利用总体规划及年度用地计划的执行情况,并重点检查每年土地变更调查汇总数据。与其他监测手段相比,遥感监测具有速度快、精度高、范围广等特点,并且能为国土资源管理工作提供基于事实影像的、可精确测量的、可作为基础信息的土地利用动态监测结果。

2007 年,第二次全国土地调查基于 3S 技术开展全国范围的土地利用状况调查,建立国家、省、市、县区四级土地调查数据库。"二调"工作结束后,我国初步建立了国土资源动态监管"一张图",实现了遥感、土地利用现状、基本农田、遥感监测以及基础地理等多源信息的集合,并与国土资源计划、审批、供应、补充、开发、执法等行政监管系统叠加,共同构建统一的综合监管平台。2018 年,第三次全国国土调查(以下简称"三调")全面采用优于 1m 分辨率的卫星遥感影像制作调查底图,广泛卫星定位、地理信息系统以及应用移动互联网、云计算、无人机等新技术,创新运用"互联网+调查"机制,全面查清了我国国土利用状况,建立了覆盖国家、省、地、县四级的国土调查数据库。

当前,建立国土空间规划体系并监督实施是党中央、国务院作出的重大部署。随着各级国土空间规划逐步编制完成,建立健全国土空间规划动态监测评估预警和实施监管机制成为工作重点。自然资源部启动了全国国土空间规划实施监测网络建设,依托自然资源三维立体"一张图"和国土空间基础信息平台,升级完善国土空间规划"一张图"实施监督信息系统,需要综合利用各种先进的观测与感知技术,结合大数据、人工智能等技术,推动多尺度、跨区域、多要素、数字化、网络化、智能化的规划实施联动监测、多维评估、协同预警和智慧决策,实现对国土空间规划实施状况的实时监测、动态预警、定期评估和综合研判,为国土空间规划的实施落地和优化调整提供支撑。

(2) 发展精细农业。"精细农业",即国际上已趋于共识的"Precision Agriculture"或"Precision Farming"学术名词的中译。国内科技界及媒体报道中目前尚有各种不同的译法和对其内涵的理解。如译为"精准农业""精确农业""精细农业"等。

实际上，目前国外关于 Precision Agriculture 的研究，主要是集中于利用 3S 空间信息技术和作物生产管理决策支持技术（DSS）为基础的面向大田作物生产的精细农作技术，即基于信息和先进技术为基础的现代农田"精耕细作"技术。目前，"精细农作"技术思想，已逐步扩展到设施园艺、集约养殖、节水灌溉、产品加工及农业系统的精细经营管理方面，而形成完整的"精细农业"技术体系。

"精细农业"技术是直接面向农业生产者服务的技术，这一技术体系的早期研究与实践，在发达国家始于 20 世纪 80 年代初期从事作物栽培、土壤肥力、作物病虫草害管理的农学家在进行作物生长模拟模型、栽培管理、测土配方施肥与植保专家系统应用研究与实践中进一步揭示的农田内小区作物产量和生长环境条件的明显时空差异性，从而提出对作物栽培管理实施定位、按需变量投入，或称"处方农作"而发展起来的；在农业工程领域，自 70 年代中期微电子技术迅速实用化而推动的农业机械装备的机电一体化、智能化监控技术，农田信息智能化采集与处理技术研究的发展，加上 80 年代各发达国家对农业经营中必须兼顾农业生产力、资源、环境问题的广泛关切和有效利用农业投入、节约成本、提高农业利润、提高农产品市场竞争力和减少环境后果的迫切需求，为"精细农业"技术体系的形成准备了条件。

"精细农业"亦可称为"3S 农业"。具体而言，就是利用卫星定位系统对采集的农田信息进行空间定位；利用遥感技术获取农田小区内作物生长环境、生长状况和空间变异的大量时空变化信息；利用地理信息系统建立农田土地管理、自然条件（土壤、地形、地貌、水分条件等）、作物产量的空间分布等空间数据库，并对作物苗情、病虫害、土壤墒情的发生趋势进行分析模拟，为分析农田内自然条件、资源有效利用状况、作物产量的时空差异性和实施调控提供处方信息；在获取上述信息的基础上，利用作物生产管理辅助决策支持系统对生产过程进行调控，合理地进行施肥、灌溉、施药、除草等耕作措施，以达到对田区内资源潜力的均衡利用和获取尽可能高的产量。

（3）数字城市。城市是人们现实生活中一个重要的活动场所。随着现代城市的飞速发展，人们对城市的了解不再停留在原有的平面图上，而是要求有一个直观的、现实的感受和了解，因此"数字城市"是"数字地球"的一个不可缺少的重要组成部分，可以看作是一个系统工程或发展战略，而不能看作是一个项目或一个系统。

数字城市的战略目标是实现城市各种数据的整合，使之便于共享和容易使用，使政府管理部门、企业、社区和个人都能方便有效地进行网上办公、网上查找信息、网上学习、网上工作、网上休闲等。

所谓"数字城市"是与"园林城市""生态城市"一样，是对城市发展方向的一种描述，是指数字技术、信息技术、网络技术要渗透到城市生活的各个方面。建设数字城市能够制止猖獗的违法建筑，并避免制约工程招标和房地产建设中的大量弊端。"数字城市"符合目前工业化和信息化并行的经济生活现状，在中国城市现代化建设中具有重要意义。

在"数字城市"的基础上，逐渐出现了"智慧城市"的概念。智慧城市是城市全面数字化基础之上建立的可视化和可量测的智能化城市管理和运营。智慧城市其实质是利用先进的信息技术，实现城市智慧式管理和运行，进而为城市中的人创造更美好的生活，促进城市的和谐、可持续成长，也是"数字城市"的进一步延伸。

(4) 洪灾监测与灾情评估。我国是世界上自然灾害最频繁的国家之一，灾害种类多、发生频度高、灾害损失严重。洪涝灾害是我国主要的自然灾害，据联合国统计，2000—2019 年我国洪涝灾害影响了 9 亿人，占世界受洪灾影响人口的 55%。

从 20 世纪 80 年代末期开始，我国即开始了 3S 技术在洪涝灾害监测中的应用研究。经过"八五"至"十二五"计划的科技攻关和应用试验，进一步完善了遥感监测的技术手段，形成了从卫星到飞机、从初级数据处理到综合性信息提取的灵活、高效的 3S 监测技术体系。这些高新技术，通过我国科技部门、产业部门及解放军空军、海军航空兵的通力合作，在 1998 年和 2016 年的防汛抗洪中，发挥了巨大作用。

(5) 荒漠化监测。荒漠化在世界上造成了严重的环境恶化和经济贫困，被列入威胁人类生存的十大环境与发展问题之首。它不仅威胁到整个人类的生存环境，而且是制约全球经济发展和影响社会稳定的重要因素。其危害已涉及全球 1/6 人口和 2/3 的国家和地区。与单纯以土地、森林、草原为对象的资源监测相比，荒漠化监测具有资源与生态环境综合监测的特点。而且荒漠化监测的内容复杂，监测的地域广阔，并应具有时间上的连续性和评价指标的可比性。这样一项起点高、难度大的工作，用传统的技术方法是无法完成的，必须有现代高新技术的支持。

3S 技术则是完成这一使命不可缺少的重要手段。遥感技术是一种宏观的观测与信息处理技术，它所具备的大范围、短周期、大信息量等特点，正是荒漠化监测的必要条件。而荒漠化监测具有广域性和周期性且地面调查困难，这也是遥感最能发挥作用的领域。遥感图像数据不仅以数字的形式记录了地表的各种与土地荒漠化有关的自然资源与环境信息，以便于计算机处理分析，这些数据还可以确定空间位置且连续分布，能以地图的形式客观地反映土地荒漠化的类型、程度和空间分布。

有了 GIS，对土地荒漠化情况的了解就不仅限于数字上的，我们可以把各种荒漠化属性信息与空间要素相匹配而看到表示于地图上的结果，从而更直观、准确地掌握土地荒漠化现状；利用 GIS 来集合各种与荒漠化有关的信息，建立荒漠化空间属性数据库，建立地图上各要素间的空间联系，并进行不同图层间空间要素的比较分析；结合各种数学模型进行土地荒漠化动态评价及荒漠化发展趋势预测。

通过遥感图像反映的土地荒漠化现状及变化，需要通过实地调查来核实、对比和分析。一般而言，荒漠化地区人口密度较小，交通不便，特别是明显地物点较少，图像与实地的配准定位十分困难。在这种情况下，GPS 是十分有效的定位工具。它不仅可以实时确定调查所在地点（典型地块和样地）的地理坐标，而且可以应用其导航功能引导调查人员到达欲进行考察评价的地点。因而 GPS 已成为荒漠化监测中的主要定位手段。

3S 技术的综合应用，使得空间数据的获取和分析更加得心应手。有了 3S 技术的支撑，荒漠化监测工作才能达到更及时、更可靠地获取荒漠化信息的能力，实现监测信息的共享和高效利用，为干旱区水资源与环境的评价、开发和荒漠化防治提供更有效的辅助决策服务。

附录1 单纯性法 FORTRAN 语言程序清单

```
      DIMENSION A(55,85),X(50),NR(55)
      REAL A,X,NR,TYPE,Y
      OPEN(1,FILE='AB1.TXT',STATUS='OLD')
      OPEN(2,FILE='AB2.TXT',STATUS='UNKNOWN')
      READ(1,*)M,N,TYPE
      WRITE(2,100)M,N,TYPE
100   FORMAT(2I3,E15.6)
      E=0.0001
      M1=M+2
      M2=M-1
      M3=M+1
      N1=N+1
      N2=N+M+1
      N3=N+M
      N4=N+2
      DO 105 J=1,N2
      DO 105 I=1,N4
105   A(I,J)=0.0
      DO 110 I=1,M
110   X(I)=0.0
      READ(1,*)((A(I,J),J=1,M1),I=2,N1)
      WRITE(2,115)((A(I,J),J=1,M1),I=2,N1)
115   FORMAT(5E15.6)
      READ(1,*)(A(1,I),I=1,M)
      DO 120 I=2,N1
      DO 120 J=1,M1
120   A(I,J)=SIGN(1.0,A(I,M1))*A(I,J)
      DO 125 I=1,M
125   A(1,I)=-TYPE*A(1,I)
      IF(N.EQ.1)GOTO 135
      DO 130 I=2,N1
      A(I,N2)=A(I,M1)
      A(I,M1)=0.0
      IF(I.EQ.2)GOTO 130
      M4=I+M2
      A(I,M4)=A(I,M3)
      A(I,M3)=0.0
130   CONTINUE
```

```
    135 L=1
    DO 145 I=2,N1
    M5=I+M2
    NR(I)=M5
    IF(A(I,M5).EQ.1.0)GOTO 145
    NR(I)=N2
    DO 140 J=1,N3
140 A(N4,J)=A(N4,J)-A(I,J)
    L=N+2
145 CONTINUE
150 L2=1
    DO 160 I=2,N3
    IF(A(L,I)-A(L,L2).GT.E)GOTO 160
    IF(A(L,I)-A(L,L2).LT.-E)GOTO 155
    IF(L.EQ.1)GOTO 160
    IF(A(1,I)-A(1,L2).GE.-E)GOTO 160
155 L2=I
160 CONTINUE
    IF(A(L,L2).LT.-E)GOTO 180
    IF(L.EQ.1)GOTO 230
    DO 165 I=1,N3
    IF(A(L,I).GT.E)GOTO 170
165 CONTINUE
    L=1
    GOTO 150
170 DO 175 I=2,N1
    IF(NR(I).LE.N3)GOTO 175
    IF(A(I,N2).GT.E)GOTO 210
175 CONTINUE
    GOTO 230
180 L1=1
    DO 190 I=2,N1
    IF(A(I,L2).LE.E)GOTO 190
    Y=A(I,N2)/A(I,L2)
    IF(L1.EQ.1)GOTO 185
    IF(Y.GE.(A(L1,N2)/A(L1,L2)))GOTO 190
185 L1=I
190 CONTINUE
    IF(L1.EQ.1)GOTO 220
    NR(L1)=L2
    Y=A(L1,L2)
    DO 195 I=1,N2
195 A(L1,I)=A(L1,I)/Y
```

```
      DO 205 I=1,N4
      IF(I. EQ. L1)GOTO 205
      Y=A(I,L2)
      DO 200 J=1,N2
  200 A(I,J)=A(I,J)-Y*A(L1,J)
  205 CONTINUE
      GOTO 150
  210 WRITE(2,215)
  215 FORMAT(1X,'INFEASIBLE')
      GOTO 250
  220 WRITE(2,225)
  225 FORMAT(1X,'INBOUNDED')
      GOTO 250
  230 DO 235 I=2,N1
      IF(NR(I). GT. M)GOTO 235
      J=NR(I)
      X(J)=A(I,N2)
  235 CONTINUE
      Y=TYPE*A(1,N2)
      WRITE(2,240)Y
  240 FORMAT(1X,20HOBJECTIVE FUNCTION= ,E15.6)
      WRITE(2,*)(I,X(I),I=1,M)
      CLOSE(1)
      CLOSE(2)
  250 STOP
      END
```

附录2 思 考 题

第1章 绪论
1. 简述水资源和土地资源的定义。
2. 国土、土地、土壤的联系与区别是什么？
3. 简述我国水资源的特点。
4. 简述我国土地资源的特点。
5. 水土资源的联系和制约主要包括哪些内容？
6. 水土资源的研究内容包括哪几个方面？
7. 简述我国水土地资源开发利用现状及其发展要求。

第2章 水资源计算
1. 自然界水循环的内外因是什么？水循环的基本特征有哪些？
2. 简述水循环与生态环境的关系。
3. 简述径流还原计算的内容与方法。
4. 天然年径流系列的一致性分析分为哪几个步骤？
5. 简述多年平均河川径流量的计算方法。
6. 简述地表水资源可利用量定义。
7. 简述地下水资源的定义。
8. 山丘区的地下水总补给量和总排泄量计算包括哪几部分？
9. 南、北方平原区的地下水总补给量和总排泄量计算包括哪几部分？
10. 简述水资源总量的定义及计算公式。
11. 简述提高地区水资源可利用量的途径。

第3章 水资源合理利用与节约
1. 我国水资源问题主要表现在哪几个方面？
2. 根据不同地区农作物对灌溉的要求，全国分为哪几种灌溉地带？及简述其划分方法。
3. 农田水分消耗有哪几种途径？
4. 简述作物需水量的估算方法。
5. 灌溉水的利用效率用哪几种系数来表示，分别简述其定义。
6. 林、牧、渔业用水包括哪几个部分？
7. 为了减少灌溉输水损失可以采取哪些措施？
8. 为了提高灌水技术水平可以采取哪些措施？
9. 简述工业用水的特点。
10. 简述工业用水的考核指标。
11. 某炼钢厂用水考核指标计算。

基本情况：某炼钢厂现有职工1800人，年生产钢材3600万吨，全长年工业增加值为4.24亿元，其用水水平测试成果见表1，试进行企业用水考核指标计算。

表1　　　　　　　　　　　全厂各类用水汇总表

项目名称	总用水量 V_t/(t/d)	新水量 V_f/(t/d)	冷却水循环量 V_{cr}/(t/d)	回用量 V_r/(t/d)	消耗量 V_h/(t/d)	排放量 V_d/(t/d)	占总用水量/%
间接冷却水	3675.58	1071.58	2460	144	51	1020.58	64.1
直接冷却水	20.5	20.5				20.5	0.4
生产工艺水	963.85	240.85		723	23.4	217.45	16.8
锅炉用水	130.1	130.1			33	97.1	2.3
生活用水	862.47	862.47			292.5	569.97	17
基建用水	42	42			42		0.7
其他用水	40.2	40.2				40.2	0.7
合计	5734.7	2407.7	2460	867	441.9	1965.8	100

12. 简述工业用水的节水措施。
13. 简述工业需水量估算方法。
14. 城市化水平如何预测？
15. 简述生活用水的估算方法。
16. 简述生态用水量的定义。
17. 简述生态用水量的组成部分。

第4章　水资源供需平衡分析

1. 分析为什么要开展水资源供需平衡分析？
2. 水资源供需分析分为哪几类，相互间有何关联？
3. 什么是水资源一次供需分析和二次供需分析？
4. 全国水资源如何分区，一级区包括哪些内容？
5. 简述如何开展水资源供需平衡分析？
6. 什么是水资源系统网络图？
7. 简述水资源系统网络图要素选择的原则。
8. 简述水资源供需分析水量平衡应考虑的因素。
9. 简述水资源供需分析的计算原则。
10. 如何进行供水量资料和需水资料的协调分析？
11. 如何进行现状各项供用水指标和计算参数合理性检查？
12. 分区水资源供需分析主要包括哪些内容？

第5章　水资源保护

1. 水污染的危害主要体现在哪几个方面？
2. 简述水体污染的主要来源。
3. 简述防治水污染的主要措施。

4. 简述地表水质分类及其对应的水域功能。
5. 简述水功能区划的定义。
6. 简述水体纳污能力的定义。
7. 影响水体纳污能力的主要因素有哪几种?
8. 水功能区纳污能力的计算方法主要有哪几种,分别简述其模型?
9. 简述污染物入河消减量和污染物入河控制量的定义及估算方法。
10. 简述水资源保护的工程措施。

第6章 土地资源计算与评价

1. 简述我国土地利用分类的发展历程。
2. 根据《土地利用现状分类》(GB/T 21010—2017),我国土地资源分为哪些类型? 说明其具体含义。
3. 如何开展土地利用现状调查?
4. 简述第三次全国国土调查土地利用分类、调查内容与调查方法。
5. 什么是土地资源生产力,如何测算土地资源生产力?
6. 什么是土地资源承载力? 如何计算土地资源承载力?
7. 调查分析我国土地资源承载力状况。
8. 什么是农用地? 包括哪些土地类型?
9. 什么是农用地分等定级? 农用地分等定级的目的和原则是什么? 思考农用地分等与定级的关系?
10. 简述农用地分等的主要步骤。
11. 简述农用地定级的主要步骤。
12. 分析我国耕地资源的基本状况与存在问题。
13. 耕地保护的主要内容是什么。
14. 简述我国耕地保护的主要制度。
15. 什么是永久基本农田,哪些耕地应优先划入?
16. 什么是高标准农田? 哪些地区属于重点建设区域?
17. 在长江中下游某平原区,某分等单元的土质为黏土,有效土层厚度为 90cm,距地表 60cm 处有白浆层;有机质含量为 3.5g/kg,土壤 pH 值为 4.7;在作物关键需水期水浇地有灌溉保证,排水沟道健全、完善。请用几何平均法和加权平均法计算该区的自然质量分。

第7章 国土空间规划

1. 阐述我国土地利用规划体系。
2. 我国土地利用总体规划经历了哪些发展阶段?
3. 简述土地利用总体规划的编制原则、程序与主要内容。
4. 什么是国土空间、国土空间规划和"三区三线"?
5. 国土空间规划中"三区"与"三区"有何联系?
6. 了解国土空间规划产生的背景。
7. 简述我国国土空间规划体系的内容。

8. 简述"五级""三类"国土空间规划的相互联系。
9. 我国国土空间规划"四体系"包括哪些内容？
10. 我国国土空间规划有哪些意义？
11. 如何构建国土空间规划"一张图"。
12. 了解如何开展各级国土空间规划。
13. 如何开展村庄规划编制。

第8章 土地整治

1. 阐述土地整治及其内涵。
2. 简述土地整治的原则和作用。
3. 简述土地整治规划的主要任务及主要内容。
4. 简述农用地整理的要求和目标。
5. 农用地整理规划设计的工作程序和主要内容包括哪些？
6. 分别简述土地平整设计中方格网法、散点法和截面法的设计步骤。
7. 简述农用田块规划设计的原则和内容。
8. 简述农田排灌系统规划设计的主要标准。
9. 农村道路主要包括哪几种类型？田间道和生产路如何规划布置？
10. 简述建设用地整理的要求和内容。

第9章 水土资源的预测内容及方法

1. 简述水土资源预测的内容和步骤。
2. 某市自来水公司，请20位专家对下一年本市生活用水增长百分数进行预测，自来水公司向专家提供了本市近几年生活用水的增长状况统计资料，经过多次反馈后，各位专家预测的结果见表2。试用特尔菲法，对该市生活用水增长百分数作出预测。

表2　　　　　　　　专家预测成果统计表

生活用水增长百分数/%	20	18	15	10	9
此种意见的专家/人	3	5	6	4	2

3. 由于各专家的知识和经验不同，如果对各位专家预测结果给予不同的权重（表3），问该城市下一年生活用水增长百分数的预测平均值应为多少？

表3　　　　　　　　专家预测值及权重值

序号	1	2	3	4	5~6	7	8	9~10	11	12	13~14	15~16	17	18	19~20
专家预测值 $\hat{m}_i$/%	20	20	20	18	18	18	18	15	15	15	15	10	10	10	9
加权系数 α_i	1.5	1.0	2.0	1.5	1.0	2.5	2.0	1.5	1.0	2.5	2.0	1.5	1.0	2.5	1.0

4. 什么是移动平滑法？如何用移动平滑法进行预测？
5. 简述灰色预测法的计算步骤。
6. 已知某市工农业生产总值2013—2022年的统计数据如表4所示，试用灰色数列预测方法预测2023—2026年的总产值。

表4　　　　　某市工农业总产值 2013—2022 年数据

序号 k	1	2	3	4	5
年份/年	2013	2014	2015	2016	2017
总产值/亿元	117.2	138.3	155.9	170.0	171.1
序号 k	6	7	8	9	10
年份/年	2018	2019	2020	2021	2022
总产值/亿元	172.3	197.1	220.7	257.2	285.1

第 10 章　水土资源综合规划

1. 简述水土资源综合规划的基本原则。
2. 线性规划数学模型的基本结构要素是什么？
3. 如何建立水土资源综合规划线性规划数学模型？
4. 某灌区拟对 $10km^2$ 土地资源进行开发，有农田、林地和果园三种方案可供选择，各方案所需投资、水资源需求量及年净效益见表 5。要求农田面积不小于 $6.5km^2$，果园面积不大于 $2km^2$，该地区可利用的水资源总量为 670 万 m^3，可能筹措的最大开发资金为 1500 万元，试确定开发方案使净效益最大。

表5　　　　　　　　灌区水土开发参数

方案	投资 /(万元/km^2)	水资源需求量 /(万 m^3/km^2)	年净效益 /(万元/km^2)
农田	150	75	30
林地	100	50	20
果园	220	65	40

第 11 章　水土资源现代化管理

1. 简述土地资源管理的特征和原则。
2. 土地资源管理主要包括哪些内容？
3. 什么是水土资源信息化管理？
4. 为什么要大力推进我国的水土资源信息化管理？

附录3 土地资源分类

附表1　　　　《土地利用现状分类》（GB/T 21010—2017）

一级类		二级类		含义
编码	名称	编码	名称	
01	耕地			指种植农作物的土地，包括熟地，新开发、复垦、整理地，休闲地（含轮歇地、休耕地）；以种植农作物（含蔬菜）为主，间有零星果树、桑树或其他树木的土地；平均每年能保证收获一季的已垦滩地和海涂。耕地中包括南方宽度＜1.0m、北方宽度＜2.0m固定的沟、渠、路和地坎（埂）；临时种植药材、草皮、花卉、苗木等的耕地，临时种植果树、茶树和林木且耕作层未破坏的耕地，以及其他临时改变用途的耕地
		0101	水田	指用于种植水稻、莲藕等水生农作物的耕地。包括实行水生、旱生农作物轮种的耕地
		0102	水浇地	指有水源保证和灌溉设施，在一般年景能正常灌溉，种植旱生农作物（含蔬菜）的耕地，包括种植蔬菜的非工厂化的大棚用地
		0103	旱地	指无灌溉设施，主要靠天然降水种植旱生农作物的耕地，包括没有灌溉设施，仅靠引洪淤灌的耕地
02	园地			指种植以采集果、叶、根、茎、汁等为主的集约经营的多年生木本和草本作物，覆盖度大于50%或每亩株数大于合理株数70%的土地。包括用于育苗的土地
		0201	果园	指种植果树的园地
		0202	茶园	指种植茶树的园地
		0203	橡胶园	指种植橡胶树的园地
		0204	其他园地	指种植桑树、可可、咖啡、油棕、胡椒、药材等其他多年生作物的园地
03	林地			指生长乔木、竹类、灌木的土地，及沿海生长红树林的土地。包括迹地，不包括城镇、村庄范围内的绿化林木用地，铁路、公路征地范围内的林木，以及河流、沟渠的护堤林
		0301	乔木林地	乔木郁闭度≥0.2的林地，不包括森林沼泽
		0302	竹林地	指生长竹类植物，郁闭度≥0.2的林地
		0303	红树林地	指沿海生长红树植物的林地
		0304	森林沼泽	以乔木森林植物为优势群落的淡水沼泽
		0305	灌木林地	指灌木覆盖度≥40%的林地，不包括灌丛沼泽
		0306	灌丛沼泽	以灌丛植物为优势群落的淡水沼泽
		0307	其他林地	包括疏林地（树木郁闭度≥0.1、＜0.2的林地）、未成林地、迹地、苗圃等林地

续表

一级类		二级类		含义
编码	名称	编码	名称	
04	草地			指生长草本植物为主的土地
		0401	天然牧草地	指以天然草本植物为主,用于放牧或割草的草地,包括实施禁牧措施的草地,不包括沼泽草地
		0402	沼泽草地	指以天然草本植物为主的沼泽化的低地草甸、高寒草甸
		0403	人工牧草地	指人工种植牧草的草地
		0404	其他草地	指树木郁闭度<0.1,表层为土质,不用于放牧的草地
05	商服用地			指主要用于商业、服务业的土地
		0501	零售商业用地	以零售功能为主的商铺、商场、超市、市场和加油、加气、充换电站等的用地
		0502	批发市场用地	以批发功能为主的市场用地
		0503	餐饮用地	饭店、餐厅、酒吧等
		0504	旅馆用地	宾馆、旅馆、招待所、服务型公寓、度假村等用地
		0505	商务金融用地	指商务服务用地,以及经营性的办公场所用地。包括写字楼、商业性办公场所、金融活动场所和企业厂区外独立的办公场所;信息网络服务、信息技术服务、电子商务服务、广告媒体等用地
		0506	娱乐用地	指剧院、音乐厅、电影院、歌舞厅、网吧、影视城、仿古城以及绿地率小于65%的大型游乐等设施用地
		0507	其他商服用地	指零售商业、批发市场、餐饮、旅馆、商务金融、娱乐用地以外的其他商业、服务业用地。包括洗车场、洗染店、照相馆、理发美容店、洗浴场所、赛马场、高尔夫球场、废旧物资回收站、机动车、电子产品和日用产品修理网点、物流营业网点,及居住小区及小区级以下的配套的服务设施等用地
06	工矿仓储用地			指主要用于工业生产、物资存放场所的土地
		0601	工业用地	指工业生产、产品加工制造、机械和设备修理及直接为工业生产等服务的附属设施用地
		0602	采矿用地	指采矿、采石、采砂(沙)场,砖瓦窑等地面生产用地,排土(石)及尾矿堆放地
		0603	盐田	指用于生产盐的土地,包括晒盐场所、盐池及附属设施用地
		0604	仓储用地	指用于物资储备、中转的场所用地,包括物流仓储设施、配送中心、转运中心等
07	住宅用地			指主要用于人们生活居住的房基地及其附属设施的土地
		0701	城镇住宅用地	指城镇用于生活居住的各类房屋用地及其附属设施用地,不含配套的商业服务设施用地
		0702	农村宅基地	指农村用于生活居住的宅基地

续表

一级类		二级类		含 义
编码	名称	编码	名称	
08	公共管理与公共服务用地			指用于机关团体、新闻出版、科教文卫、公共设施等的土地
		0801	机关团体用地	指用于党政机关、社会团体、群众自治组织等的用地
		0802	新闻出版用地	指用于广播电台、电视台、电影厂、报社、杂志社、通讯社、出版社等的用地
		0803	教育用地	指用于各类教育用地,包括高等院校、中等专业学校、中学、小学、幼儿园及其附属设施用地,聋、哑、盲人学校及工读学校用地,以及为学校配建的独立地段的学生生活用地
		0804	科研用地	指独立的科研、勘察、研发、设计、检验检测、技术推广、环境评估与监测、科普等科研事业单位及其附属设施用地
		0805	医疗卫生用地	指医疗、保健、卫生、防疫、康复和急救设施等用地。包括综合医院、专科医院、社区卫生服务中心等用地;卫生防疫站、专科防治所、检验中心和动物检疫站等用地;对环境有特殊要求的传染病、精神病等专科医院用地;急救中心、血库等用地
		0806	社会福利用地	指为社会提供福利和慈善服务的设施及其附属设施用地。包括福利院、养老院、孤儿院等用地
		0807	文化设施用地	指图书、展览等公共文化活动设施用地。包括公共图书馆、博物馆、档案馆、科技馆、纪念馆、美术馆和展览馆等设施用地;综合文化活动中心、文化馆、青少年宫、儿童活动中心、老年活动中心等设施用地
		0808	体育用地	指体育场馆和体育训练基地等用地,包括室内外体育运动用地,如体育场馆、游泳场馆、各类球场及其附属的业余体校等用地,溜冰场、跳伞场、摩托车场、射击场,以及水上运动的陆域部分等用地,以及为体育运动专设的训练基地用地,不包括学校等机构专用的体育设施用地
		0809	公共设施用地	指用于城乡基础设施的用地。包括供水、排水、污水处理、供电、供热、供气、邮政、电信、消防、环卫、公用设施维修等用地
		0810	公园与绿地	指城镇、村庄范围内的公园、动物园、植物园、街心花园、广场和用于休憩、美化环境及防护的绿化用地
09	特殊用地			指用于军事设施、涉外、宗教、监教、殡葬等、风景名胜的土地
		0901	军事设施用地	指直接用于军事目的的设施用地
		0902	使领馆用地	指用于外国政府及国际组织驻华使领馆、办事处等的用地
		0903	监教场所用地	指用于监狱、看守所、劳改场、戒毒所等的建筑用地
		0904	宗教用地	指专门用于宗教活动的庙宇、寺院、道观、教堂等宗教自用地
		0905	殡葬用地	指陵园、墓地、殡葬场所用地
		0906	风景名胜设施用地	指风景名胜景点(包括名胜古迹、旅游景点、革命遗址、自然保护区、森林公园、地质公园、湿地公园等)的管理机构,以及旅游服务设施的建筑用地。景区内的其他用地按现状归入相应地类

续表

一级类		二级类		含 义
编码	名称	编码	名称	
10	交通运输用地			指用于运输通行的地面线路、场站等的土地。包括民用机场、汽车客货运场站、港口、码头、地面运输管道和各种道路以及轨道交通用地
		1001	铁路用地	指用于铁道线路及场站的用地。包括征地范围内的路堤、路堑、道沟、桥梁、林木等用地
		1002	轨道交通用地	指用于轻轨、现代有轨电车、单轨等轨道交通用地,以及场站的用地
		1003	公路用地	指用于国道、省道、县道和乡道的用地。包括征地范围内的路堤、路堑、道沟、桥梁、汽车停靠站、林木及直接为其服务的附属用地
		1004	城镇村道路用地	指用于城镇、村庄范围内公用道路及行道树用地,包括快速路、主干路、次干路、支路、专用人行道和非机动车道,及其交叉口等
		1005	交通服务场站用地	指城镇、村庄范围内交通服务设施用地,包括公交枢纽及其附属设施用地,公路长途客运站、公共交通场站、公共停车场（含设有充电桩的停车场）、停车楼、教练场等用地。不包括交通指挥中心、交通队用地
		1006	农村道路	在农村范围内,南方宽度≥1.0m,≤8m,北方宽度≥2.0m,≤8m,用于村间、田间交通运输,并在国家公路网络体系之外,以服务于农村农业生产为主要用途的道路（含机耕道）
		1007	机场用地	指用于民用机场、军民合用机场的用地
		1008	港口码头用地	指用于人工修建的客运、货运、捕捞及工程、工作船舶停靠的场所及其附属建筑物的用地,不包括常水位以下部分
		1009	管道运输用地	指用于运输煤炭、矿石、石油、天然气等管道及其相应附属设施的地上部分用地
11	水域及水利设施用地			指陆地水域、滩涂、沟渠、沼泽、水工建筑物等用地。不包括滞洪区和已垦滩涂中的耕地、园地、林地、城镇、村庄、道路等用地
		1101	河流水面	指天然形成或人工开挖河流常水位岸线之间的水面,不包括被堤坝拦截后形成的水库区段水面
		1102	湖泊水面	指天然形成的积水区常水位岸线所围成的水面
		1103	水库水面	指人工拦截汇集而成的总库容≥10万 m^3 的水库正常蓄水位岸线所围成的水面
		1104	坑塘水面	指人工开挖或天然形成的蓄水量<10万 m^3 的坑塘常水位岸线所围成的水面
		1105	沿海滩涂	指沿海大潮高潮位与低潮位之间的潮浸地带。包括海岛的沿海滩涂。不包括已利用的滩涂
		1106	内陆滩涂	指河流、湖泊常水位至洪水位间的滩地;时令湖、河洪水位以下的滩地;水库、坑塘的正常蓄水位与洪水位间的滩地。包括海岛的内陆滩涂。不包括已利用的滩地
		1107	沟渠	指人工修建,南方宽度≥1.0m,北方宽度≥2.0m用于引、排、灌的渠道,包括渠槽、渠堤、护堤林及小型泵站
		1108	沼泽地	指经常积水或渍水,一般生长湿生植物的土地。包括草本沼泽、苔藓沼泽、内陆盐沼。不包括森林沼泽、灌丛沼泽和沼泽草地

续表

一级类		二级类		含义
编码	名称	编码	名称	
11	水域及水利设施用地	1109	水工建筑用地	指人工修建的闸、坝、堤路林、水电厂房、扬水站等常水位岸线以上的建（构）筑物用地
		1110	冰川及永久积雪	指表层被冰雪常年覆盖的土地
12	其他土地			指上述地类以外的其他类型的土地
		1201	空闲地	指城镇、村庄、工矿范围内尚未利用的土地，包括尚未确定用途的土地
		1202	设施农用地	指直接用于经营性畜禽养殖生产设施及附属设施用地；直接用于作物栽培或水产养殖等农产品生产的设施及附属设施用地；直接用于设施农业项目辅助生产的设施用地；晾晒场、粮食果品烘干设施、粮食和农资临时存放场所、大型农机具临时存放场所等规模化粮食生产所必需的配套设施用地
		1203	田坎	指梯田及梯状坡耕地中，主要用于拦蓄水和护坡，南方宽度≥1.0m、北方宽度≥2.0m的地坎
		1204	盐碱地	指表层盐碱聚集，生长天然耐盐植物的土地
		1205	沙地	指表层为沙覆盖、基本无植被的土地。不包括滩涂中的沙地
		1206	裸土地	指表层为土质，基本无植被覆盖的土地
		1207	裸岩石砾地	指表层为岩石或石砾，其覆盖面积≥70%的土地

资料来源：《土地利用现状分类》(GB/T 21010—2017)。

附表2 《土地利用现状分类》(GB/T 21010—2017)"湿地"归类表

三大类	土地利用现状分类	
	类型编码	类型名称
湿地	0101	水田
	0303	红树林地
	0304	森林沼泽
	0306	灌丛沼泽
	0402	沼泽草地
	0603	盐田
	1101	河流水面
	1102	湖泊水面
	1103	水库水面
	1104	坑塘水面
	1105	沿海滩涂
	1106	内陆滩涂
	1107	沟渠
	1108	沼泽地

资料来源：《土地利用现状分类》(GB/T 21010—2017)。

附表3　《土地利用现状分类》(GB/T 21010—2017) 与三大类对照表

三大类	土地利用现状分类	
	类型编码	类型名称
农用地	0101	水田
	0102	水浇地
	0103	旱地
	0201	果园
	0202	茶园
	0203	橡胶园
	0204	其他园地
	0301	乔木林地
	0302	竹林地
	0303	红树林地
	0304	森林沼泽
	0305	灌木林地
	0306	灌丛沼泽
	0307	其他林地
	0401	天然牧草地
	0402	沼泽草地
	0403	人工牧草地
	1006	农村道路
	1103	水库水面
	1104	坑塘水面
	1107	沟渠
	1202	设施农用地
	1203	田坎
建设用地	0501	零售商业用地
	0502	批发市场用地
	0503	餐饮用地
	0504	旅馆用地
	0505	商务金融用地
	0506	娱乐用地
	0507	其他商服用地
	0601	工业用地
	0602	采矿用地
	0603	盐田

续表

三大类	土地利用现状分类	
	类型编码	类型名称
建设用地	0604	仓储用地
	0701	城镇住宅用地
	0702	农村宅基地
	0801	机关团体用地
	0802	新闻出版用地
	0803	教育用地
	0804	科研用地
	0805	医疗卫生用地
	0806	社会福利用地
	0807	文化设施用地
	0808	体育用地
	0809	公共设施用地
	0810	公园与绿地
	1001	铁路用地
	1002	轨道交通用地
	1003	公路用地
	1004	城镇村道路用地
	1005	交通服务场站用地
	1006	农村道路
	1007	机场用地
	1008	港口码头用地
	1009	管道运输用地
	1109	水工建筑用地
	1201	空闲地
未利用地	0404	其他草地
	1101	河流水面
	1102	湖泊水面
	1105	沿海滩涂
	1106	内陆滩涂
	1108	沼泽地
	1110	冰川及永久积雪
	1204	盐碱地
	1205	沙地
	1206	裸土地
	1207	裸岩石砾地

资料来源：土地利用现状分类（GB/T 21010—2017）。

附表 4　　　　　　　　　　第三次全国国土调查工作分类

一级类 编码	一级类 名称	二级类 编码	二级类 名称		含　义
00	湿地				指红树林地，天然的或人工的，永久的或间歇性的沼泽地、泥炭地、盐田，滩涂等
		0303	红树林地		沿海生长红树植物的土地
		0304	森林沼泽		以乔木森林植物为优势群落的淡水沼泽
		0306	灌丛沼泽		以灌丛植物为优势群落的淡水沼泽
		0402	沼泽草地		指以天然草本植物为主的沼泽化的低地草甸、高寒草甸
		0603	盐田		指用于生产盐的土地，包括晒盐场所、盐池及附属设施用地
		1105	沿海滩涂		指沿海大潮高潮位与低潮位之间的潮浸地带。包括海岛的沿海滩涂。不包括已利用的滩涂
		1106	内陆滩涂		指河流、湖泊常水位至洪水位间的滩地；时令湖、河洪水位以下的滩地；水库、坑塘的正常蓄水位与洪水位间的滩地。包括海岛的内陆滩涂。不包括已利用的滩地
		1108	沼泽地		指经常积水或渍水，一般生长湿生植物的土地。包括草本沼泽、苔藓沼泽、内陆盐沼等。不包括森林沼泽、灌丛沼泽和沼泽草地
01	耕地				指种植农作物的土地，包括熟地，新开发、复垦、整理地，休闲地（含轮歇地、休耕地）；以种植农作物（含蔬菜）为主，间有零星果树、桑树或其他树木的土地；平均每年能保证收获一季的已垦滩地和海涂。耕地中包括南方宽度＜1.0m，北方宽度＜2.0m固定的沟、渠、路和地坎（埂）；临时种植药材、草皮、花卉、苗木等的耕地，临时种植果树、茶树和林木且耕作层未破坏的耕地，以及其他临时改变用途的耕地
		0101	水田		指用于种植水稻、莲藕等水生农作物的耕地。包括实行水生、旱生农作物轮种的耕地
		0102	水浇地		指有水源保证和灌溉设施，在一般年景能正常灌溉，种植旱生农作物（含蔬菜）的耕地。包括种植蔬菜的非工厂化的大棚用地
		0103	旱地		指无灌溉设施，主要靠天然降水种植旱生农作物的耕地，包括没有灌溉设施，仅靠引洪淤灌的耕地
02	种植园用地				指种植以采集果、叶、根、茎、汁等为主的集约经营的多年生木本和草本作物，覆盖度大于50%或每亩株数大于合理株数70%的土地。包括用于育苗的土地
		0201	果园		指种植果树的园地
				0201K 可调整果园	指由耕地改为果园，但耕作层未被破坏的土地
		0202	茶园		指种植茶树的园地
				0202K 可调整茶园	指由耕地改为茶园，但耕作层未被破坏的土地
		0203	橡胶园		指种植橡胶树的园地
				0203K 可调整橡胶园	指由耕地改为橡胶园，但耕作层未被破坏的土地

续表

一级类		二级类		含 义		
编码	名称	编码	名称			
02	种植园用地	0204	其他园地	指种植桑树、可可、咖啡、油棕、胡椒、药材等其他多年生作物的园地		
					0204K	可调整其他园地	指由耕地改为其他园地，但耕作层未被破坏的土地
03	林地			指生长乔木、竹类、灌木的土地。包括迹地，不包括沿海生长红树林的土地、森林沼泽、灌丛沼泽、城镇、村庄范围内的绿化林木用地，铁路、公路征地范围内的林木，以及河流、沟渠的护堤林		
		0301	乔木林地	指乔木郁闭度≥0.2的林地，不包括森林沼泽		
					0301K	可调整乔木林地	指由耕地改为乔木林地，但耕作层未被破坏的土地
		0302	竹林地	指生长竹类植物，郁闭度≥0.2的林地		
					0302K	可调整竹林地	指由耕地改为竹林地，但耕作层未被破坏的土地
		0305	灌木林地	指灌木覆盖度≥40%的林地，不包括灌丛沼泽		
		0307	其他林地	包括疏林地（树木郁闭度≥0.1、<0.2的林地）、未成林地、迹地、苗圃等林地		
					0307K	可调整其他林地	指由耕地改为未成林造林地和苗圃，但耕作层未被破坏的土地
04	草地			指生长草本植物为主的土地。不包括沼泽草地		
		0401	天然牧草地	指以天然草本植物为主，用于放牧或割草的草地，包括实施禁牧措施的草地，不包括沼泽草地		
		0403	人工牧草地	指人工种植牧草的草地		
					0403K	可调整人工牧草地	指由耕地改为人工牧草地，但耕作层未被破坏的土地
		0404	其他草地	指树木郁闭度<0.1，表层为土质，不用于放牧的草地		
05	商业服务业用地			指主要用于商业、服务业的土地		
		05H1	商业服务业设施用地	指主要用于零售、批发、餐饮、旅馆、商务金融、娱乐及其他商服的土地		
		0508	物流仓储用地	指用于物资储备、中转、配送等场所的用地，包括物流仓储设施、配送中心、转运中心等		
06	工矿用地			指主要用于工业、采矿等生产的土地。不包括盐田		
		0601	工业用地	指工业生产、产品加工制造、机械和设备修理，及直接为工业生产等服务的附属设施用地		
		0602	采矿用地	指采矿、采石、采砂（沙）场，砖瓦窑等地面生产用地，排土（石）及尾矿堆放地，不包括盐田		

续表

一级类		二级类		含义
编码	名称	编码	名称	
07	住宅用地			指主要用于人们生活居住的房基地及其附属设施的土地
		0701	城镇住宅用地	指城镇用于生活居住的各类房屋用地及其附属设施用地，不含配套的商业服务设施等用地
		0702	农村宅基地	指农村用于生活居住的宅基地
08	公共管理与公共服务用地			指用于机关团体、新闻出版、科教文卫、公用设施等的土地
		08H1	机关团体新闻出版用地	指用于党政机关、社会团体、群众自治组织、广播电台、电视台、电影厂、报社、杂志社、通讯社、出版社等的用地
		08H2	科教文卫用地	指用于各类教育，独立的科研、勘察、研发、设计、检验检测、技术推广、环境评估与监测、科普等科研事业单位，医疗、保健、卫生、防疫、康复和急救设施，为社会提供福利和慈善服务的设施，图书、展览等公共文化活动设施，体育场馆和体育训练基地等用地及其附属设施用地
		08H2A	高教用地	指高等院校及其附属设施用地
		0809	公用设施用地	指用于城乡基础设施的用地。包括供水、排水、污水处理、供电、供热、供气、邮政、电信、消防、环卫、公用设施维修等用地
		0810	公园与绿地	指城镇、村庄范围内的公园、动物园、植物园、街心花园、广场和用于休憩、美化环境及防护的绿化用地
09	特殊用地			指用于军事设施、涉外、宗教、监教、殡葬、风景名胜等的土地
10	交通运输用地			指用于运输通行的地面线路、场站等的土地。包括民用机场、汽车客货运场站、港口、码头、地面运输管道和各种道路以及轨道交通用地
		1001	铁路用地	指用于铁道线路及场站的用地。包括征地范围内的路堤、路堑、道沟、桥梁、林木等用地
		1002	轨道交通用地	指用于轻轨、现代有轨电车、单轨等轨道交通用地，以及场站的用地
		1003	公路用地	指用于国道、省道、县道和乡道的用地。包括征地范围内的路堤、路堑、道沟、桥梁、汽车停靠站、林木及直接为其服务的附属用地
		1004	城镇村道路用地	指城镇、村庄范围内公用道路及行道树用地，包括快速路、主干路、次干路、支路、专用人行道和非机动车道，及其交叉口等
		1005	交通服务场站用地	指城镇、村庄范围内交通服务设施用地，包括公交枢纽及其附属设施用地、公路长途客运站、公共交通场站、公共停车场（含设有充电桩的停车场）、停车楼、教练场等用地，不包括交通指挥中心、交通队用地
		1006	农村道路	在农村范围内，南方宽度≥1.0m、≤8.0m，北方宽度≥2.0m、≤8.0m，用于村间、田间交通运输，并在国家公路网络体系之外，以服务于农村农业生产为主要用途的道路（含机耕道）
		1007	机场用地	指用于民用机场、军民合用机场的用地
		1008	港口码头用地	指用于人工修建的客运、货运、捕捞及工程、工作船舶停靠的场所及其附属建筑物的用地，不包括常水位以下部分
		1009	管道运输用地	指用于运输煤炭、矿石、石油、天然气等管道及其相应附属设施的地上部分用地

续表

一级类 编码	一级类 名称	二级类 编码	二级类 名称	含 义
11	水域及水利设施用地			指陆地水域，沟渠、水工建筑物等用地。不包括滞洪区
		1101	河流水面	指天然形成或人工开挖河流常水位岸线之间的水面，不包括被堤坝拦截后形成的水库区段水面
		1102	湖泊水面	指天然形成的积水区常水位岸线所围成的水面
		1103	水库水面	指人工拦截汇集而成的总设计库容≥10m³的水库正常蓄水位岸线所围成的水面
		1104	坑塘水面	指人工开挖或天然形成的蓄水量<10m³的坑塘常水位岸线所围成的水面
			1104A 养殖坑塘	指人工开挖或天然形成的用于水产养殖的水面及相应附属设施用地
			1104K 可调整养殖坑塘	指由耕地改为养殖坑塘，但可复耕的土地
		1107	沟渠	指人工修建，南方宽度≥1.0m、北方宽度≥2.0m用于引、排、灌的渠道，包括渠槽、渠堤、护堤林及小型泵站
			1107A 干渠	指除农田水利用地以外的人工修建的沟渠
		1109	水工建筑用地	指人工修建的闸、坝、堤路林、水电厂房、扬水站等常水位岸线以上的建（构）筑物用地
		1110	冰川及永久积雪	指表层被冰雪常年覆盖的土地
12	其他土地			上述地类以外的其他类型的土地
		1201	空闲地	指城镇、村庄、工矿范围内尚未使用的土地。包括尚未确定用途的土地
		1202	设施农用地	指直接用于经营性畜禽养殖生产设施及附属设施用地；直接用于作物栽培或水产养殖等农产品生产的设施及附属设施用地；直接用于设施农业项目辅助生产的设施用地；晾晒场、粮食初烘干设施、粮食和农资临时存放场所、大型农机具临时存放场所等规模化粮食生产所必需的配套设施用地
		1203	田坎	指梯田及梯状坡地耕地中，主要用于拦蓄水和护坡，南方宽度≥1.0m、北方宽度≥2.0m的地坎
		1204	盐碱地	指表层盐碱聚集，生长天然耐盐植物的土地
		1205	沙地	指表层为沙覆盖、基本无植被的土地。不包括滩涂中的沙地
		1206	裸土地	指表层为土质，基本无植被覆盖的土地
		1207	裸岩石砾地	指表层为岩石或石砾，其覆盖面积≥70%的土地

资料来源：中华人民共和国自然资源部. 第三次全国国土调查技术规程（TD/T 1055—2019）. 北京：地质出版社，2019。

附表5 第三次全国国土调查城镇村及工矿用地

一级类		二级类		含义
编码	名称	编码	名称	
20	城镇村及工矿用地			指城乡居民点、独立居民点以及居民点以外的工矿、国防、名胜古迹等企事业单位用地,包括其内部交通、绿化用地
		201	城市	即城市居民点,指市区政府、县级市政府所在地(镇级)辖区内的,以及与城市连片的商业服务业、住宅、工业、机关、学校等用地,包括其所属的,不与其连片的开发区、新区等建成区,及城市居民点范围内的其他各类用地
		201A	城市独立工业用地	城市辖区内独立的工业用地
		202	建制镇	即建制镇居民点,指建制镇辖区内的商业服务业、住宅、工业、学校等用地,包括其所属的,不与其连片的开发区、新区等建成区,及建制镇居民点范围内的其他各类用地,不包括乡政府所在地
		202A	建制镇独立工业用地	建制镇辖区内独立的工业用地
		203	村庄	即农村居民点,指乡村所属的商业服务业、住宅、工业、学校等用地。包括农村居民点范围内的其他各类用地
		203A	村庄独立工业用地	村庄所属独立的工业用地
		204	盐田及采矿用地	指城镇村庄用地以外采矿、采石、采砂(沙)场,盐田,砖瓦窑等地面生产用地及尾矿堆放地
		205	特殊用地	指城镇村庄用地以外用于军事设施、涉外、宗教、监教、殡葬、风景名胜等的土地

注 对工作分类中05、06、07、08、09各地类,0603、1004、1005、1201二级类,以及城镇村居民点范围内的其他各类用地按此表进行归并。

资料来源:中华人民共和国自然资源部.第三次全国国土调查技术规程(TD/T 1055—2019)[S].北京:地质出版社,2019。

附表6 国土空间调查、规划、用途管制用地用海分类

一级类		二级类		三级类	
代码	名称	代码	名称	代码	名称
01	耕地	0101	水田		
		0102	水浇地		
		0103	旱地		
02	园地	0201	果园		
		0202	茶园		
		0203	橡胶园		
		0204	其他园地		

续表

一级类		二级类		三级类	
代码	名称	代码	名称	代码	名称
03	林地	0301	乔木林地		
		0302	竹林地		
		0303	灌木林地		
		0304	其他林地		
04	草地	0401	天然牧草地		
		0402	人工牧草地		
		0403	其他草地		
05	湿地	0501	森林沼泽		
		0502	灌丛沼泽		
		0503	沼泽草地		
		0504	其他沼泽地		
		0505	沿海滩涂		
		0506	内陆滩涂		
		0507	红树林地		
06	农业设施建设用地	0601	乡村道路用地	060101	村道用地
				060102	村庄内部道路用地
		0602	种植设施建设用地		
		0603	畜禽养殖设施建设用地		
		0604	水产养殖设施建设用地		
07	居住用地	0701	城镇住宅用地	070101	一类城镇住宅用地
				070102	二类城镇住宅用地
				070103	三类城镇住宅用地
		0702	城镇社区服务设施用地		
		0703	农村宅基地	070301	一类农村宅基地
				070302	二类农村宅基地
		0704	农村社区服务设施用地		
08	公共管理与公共服务用地	0801	机关团体用地		
		0802	科研用地		
		0803	文化用地	080301	图书与展览用地
				080302	文化活动用地
		0804	教育用地	080401	高等教育用地
				080402	中等职业教育用地
				080403	中小学用地
				080404	幼儿园用地

续表

一级类		二级类		三级类	
代码	名称	代码	名称	代码	名称
08	公共管理与公共服务用地	0804	教育用地	080405	其他教育用地
		0805	体育用地	080501	体育场馆用地
				080502	体育训练用地
		0806	医疗卫生用地	080601	医院用地
				080602	基层医疗卫生设施用地
				080603	公共卫生用地
		0807	社会福利用地	080701	老年人社会福利用地
				080702	儿童社会福利用地
				080703	残疾人社会福利用地
				080704	其他社会福利用地
09	商业服务业用地	0901	商业用地	090101	零售商业用地
				090102	批发市场用地
				090103	餐饮用地
				090104	旅馆用地
				090105	公用设施营业网点用地
		0902	商务金融用地		
		0903	娱乐康体用地	090301	娱乐用地
				090302	康体用地
		0904	其他商业服务业用地		
10	工矿用地	1001	工业用地	100101	一类工业用地
				100102	二类工业用地
				100103	三类工业用地
		1002	采矿用地		
		1003	盐田		
11	仓储用地	1101	物流仓储用地	110101	一类物流仓储用地
				110102	二类物流仓储用地
				110103	三类物流仓储用地
		1102	储备库用地		
12	交通运输用地	1201	铁路用地		
		1202	公路用地		
		1203	机场用地		
		1204	港口码头用地		
		1205	管道运输用地		
		1206	城市轨道交通用地		

续表

一级类		二级类		三级类	
代码	名称	代码	名称	代码	名称
12	交通运输用地	1207	城镇道路用地		
		1208	交通场站用地	120801	对外交通场站用地
				120802	公共交通场站用地
				120803	社会停车场用地
13	公用设施用地	1301	供水用地		
		1302	排水用地		
		1303	供电用地		
		1304	供燃气用地		
		1305	供热用地		
		1306	通信用地		
		1307	邮政用地		
		1308	广播电视设施用地		
		1309	环卫用地		
		1310	消防用地		
		1311	干渠		
		1312	水工设施用地		
		1313	其他公用设施用地		
14	绿地与开敞空间用地	1401	公园绿地		
		1402	防护绿地		
		1403	广场用地		
15	特殊用地	1501	军事设施用地		
		1502	使领馆用地		
		1503	宗教用地		
		1504	文物古迹用地		
		1505	监教场所用地		
		1506	殡葬用地		
		1507	其他特殊用地		
16	留白用地				
17	陆地水域	1701	河流水面		
		1702	湖泊水面		
		1703	水库水面		
		1704	坑塘水面		
		1705	沟渠		
		1706	冰川及常年积雪		

续表

一级类		二级类		三级类	
代码	名称	代码	名称	代码	名称
18	渔业用海	1801	渔业基础设施用海		
		1802	增养殖用海		
		1803	捕捞海域		
19	工矿通信用海	1901	工业用海		
		1902	盐田用海		
		1903	固体矿产用海		
		1904	油气用海		
		1905	可再生能源用海		
		1906	海底电缆管道用海		
20	交通运输用海	2001	港口用海		
		2002	航运用海		
		2003	路桥隧道用海		
21	游憩用海	2101	风景旅游用海		
		2102	文体休闲娱乐用海		
22	特殊用海	2201	军事用海		
		2202	其他特殊用海		
23	其他土地	2301	空闲地		
		2302	田坎		
		2303	田间道		
		2304	盐碱地		
		2305	沙地		
		2306	裸土地		
		2307	裸岩石砾地		
24	其他海域				

资料来源：自然资源部办公厅、国土空间调查、规划、用途管制用地用海分类指南（试行）。

参 考 文 献

[1] 国务院第三次全国国土调查领导小组办公室,自然资源部,国家统计局. 第三次全国国土调查主要数据公报［EB/OL］.

[2] 中华人民共和国水利部. 中国水资源公报2021［M］. 北京:中国水利水电出版社,2022.

[3] Food and Agriculture Organization of the United Nations. The State of the World's Land and Water Resources for Food and Agriculture:Systems at breaking point（SOLAW）［EB/OL］.

[4] 中共中央 国务院. 关于建立国土空间规划体系并监督实施的若干意见（中发〔2019〕18号）［EB/OL］.

[5] 江苏省自然资源厅. 关于做好"多规合一"实用性村庄规划编制工作的通知（苏自然资发〔2019〕233号）［EB/OL］.

[6] United Nations Office for Disaster Risk Reduction, Centre for Research on the Epidemiology of Disasters. The human cost of disasters:An overview of the last 20 years（2000-2019）［EB/OL］.

[7] 郭元裕. 农田水利学［M］. 3版. 北京:中国水利水电出版社,1997.

[8] 赵宝璋. 水资源管理［M］. 北京:中国水利水电出版社,1994.

[9] 钱正英,张光斗. 中国可持续发展水资源战略研究综合报告及各专题报告［M］. 北京:中国水利水电出版社,2001.

[10] 钱易,刘昌明,邵益生. 中国城市水资源可持续开发利用［M］. 北京:中国水利水电出版社,2002.

[11] 朱党生,王超,程晓冰. 水资源保护规划理论及技术［M］. 北京:中国水利水电出版社,2001.

[12] 李广贺,刘兆昌,张旭. 水资源利用工程与管理［M］. 北京:清华大学出版社,1998.

[13] 袁弘任,吴国平. 水资源保护及其立法［M］. 北京:中国水利水电出版社,2002.

[14] 水利部水利水电规划设计总院. 全国水资源综合规划技术细则［M］. 2002.

[15] 林培. 土地资源学［M］. 2版. 北京:中国农业大学出版社,1996.

[16] 师学义,武雪萍. 土地利用规划原理与方法［M］. 北京:中国农业科学技术出版社,2003.

[17] 国土资源部土地整理中心编. 土地管理基础知识［M］. 北京:中国人事出版社,2003.

[18] 于铜钢. 土地开发整理可行性研究理论与方法［M］. 北京:科学出版社,1991.

[19] 孙颔. 中国农业自然资源与区域发展［M］. 南京:江苏科学技术出版社,1994.

[20] 朱鹤健,何宜庚. 土壤地理学［M］. 北京:高等教育出版社,1992.

[21] 张占录,张正峰. 国土空间规划学［M］. 北京:中国人民大学出版社,2023.

[22] 王万茂,王群. 土地利用规划学［M］. 9版. 北京:中国农业出版社,2021.

[23] 彭补拙,周生路,陈逸,等. 土地利用规划学［M］. 南京:东南大学出版社,2013.

[24] 张京祥,黄贤金. 国土空间规划原理［M］. 南京:东南大学出版社,2021.

[25] 刘艳中,陈勇. 土地利用总体规划［M］. 武汉:中国地质大学出版社,2014.

[26] 胡光伟. 土地利用规划学［M］. 北京:中国建材工业出版社,2020.

[27] 李红举. 土地整治项目实施管理实务上［M］. 北京:中国大地出版社,2016.

[28] 李洪义,周就猫. 土地整治项目规划理论、方法与实践研究［M］. 北京:北京理工大学出

版社，2014.
- [29] 余建新. 土地整治体系 [M]. 北京：中国科学技术出版社，2015.
- [30] 徐盛荣. 土地资源评价 [M]. 北京：中国农业出版社，2000.
- [31] 倪绍祥. 土地类型与土地评价概论 [M]. 3版. 北京：高等教育出版社，2020.
- [32] 王秋兵. 土地资源学 [M]. 2版. 北京：中国农业出版社，2011.
- [33] 刘黎明. 土地资源学 [M]. 6版. 北京：中国农业大学出版社，2020.
- [34] 梁梦茵，孔凡，婕梁宜. 国土整治："十三五"土地整治规划的回顾与反思 [J]. 中国土地. 2021 (01)：36-38.
- [35] 陈家琦，王浩，杨小柳. 水资源学 [M]. 北京：科学出版社，2023.
- [36] 左其亭，窦明，马军霞. 水资源学教程 [M]. 2版. 北京：中国水利水电出版社，2016.
- [37] 孙秀玲，王立萍，娄山崇，等. 水资源利用与保护 [M]. 北京：中国建材工业出版社，2020.
- [38] 孔祥斌. 耕地"非粮化"问题、成因及对策 [M]. 中国土地，2020 (11)：17-19.
- [39] 魏后凯，黄秉信，李国祥，等. 农村绿皮书：中国农村经济形势分析与预测（2022—2023）[M]. 北京：社会科学文献出版社，2021.
- [40] 孟宪兰. 中国土地资源科学管理工作指导 上卷 [M]. 北京：人民日报出版社，2004.